GEOMETRIA ANALÍTICA NO PLANO

Blucher

Andrei Bourchtein
Ludmila Bourchtein
Giovanni da Silva Nunes

GEOMETRIA ANALÍTICA NO PLANO

Abordagem simplificada a tópicos universitários

Geometria analítica no plano: abordagem simplificada a tópicos universitários

Editora Edgard Blücher Ltda.

Blucher

Rua Pedroso Alvarenga, 1245, 4° andar
04531-934 – São Paulo – SP – Brasil
Tel.: 55 11 3078-5366
contato@blucher.com.br
www.blucher.com.br

Segundo o Novo Acordo Ortográfico, conforme 5. ed. do *Vocabulário Ortográfico da Língua Portuguesa*, Academia Brasileira de Letras, março de 2009.

Dados Internacionais de Catalogação na Publicação (CIP)
Angélica Ilacqua CRB-8/7057

Bourchtein, Andrei
Geometria analítica no plano : abordagem simplificada a tópicos universitários / Andrei Bourchtein, Ludmila Bourchtein, Giovanni da Silva Nunes. – São Paulo : Blucher, 2019.
352 p.

Bibliografia
ISBN 978-85-212-1402-1 (impresso)
ISBN 978-85-212-1409-0 (e-book)

1. Geometria analítica I. Título. II. Bourchtein, Ludmila. III. Nunes, Giovanni, da Silva.

19-0022 CDD 516

Índice para catálogo sistemático:
1. Geometria analítica

A Haim e Maria, com amor e gratidão.

A Natalia e Maxim, com amor e inspiração.

A Victoria e Valentina, com amor e esperança.

A. B. e L. B.

Conteúdo

Prefácio

Objetivo e conteúdo

O objetivo principal desse livro é oferecer um estudo da geometria analítica plana de nível universitário, usando as ferramentas mínimas, conhecidas pelos alunos do ensino médio, dar uma exposição de material que segue os padrões de rigorosidade da matemática universitária e, ao mesmo tempo, apela para a intuição geométrica, utilizando sistematicamente a relação íntima entre abordagem analítica e geométrica.

Entre os tópicos abordados, se encontram os seguintes: sistemas de coordenadas na reta e no plano, medidas de distâncias entre figuras planas, operações de projeção e simetria, retas em formas analíticas diferentes e sua relação com outras figuras, estudo completo de curvas quadráticas (cônicas), incluindo sua dedução, análise da forma geométrica, caracterizações geométricas e métodos de classificação. O material contém tanto a parte teórica como os exercícios resolvidos e vários outros propostos para resolução. Cada tópico tem desenvolvimento analítico e tratamento geométrico, ilustrado com figuras.

Assuntos e estrutura do texto

A geometria analítica estuda objetos geométricos usando a sua representação analítica baseada no uso de coordenadas. A introdução de coordenadas permite descrever figuras geométricas via equações e desigualdades e a análise das últimas possibilita revelar características importantes de figuras originais. Esse é o primeiro problema principal da geometria analítica. O segundo é, em certo sentido, inverso ao primeiro: determinar quais são as figuras geométricas que são descritas pelas equações e desigualdades dadas.

Na maioria dos casos, o sistema coordenado usado na representação de pontos do plano (ou espaço) é cartesiano, que é mais familiar e natural para os alunos, desde o ensino médio, e que permite, em muitos casos, estabelecer as relações analíticas mais simples na descrição de objetos geométricos. Usando coordenadas planares, as equações e desigualdades, que descrevem figuras, podem ser representadas numa das formas analíticas

– explícita, implícita ou paramétrica. As formas mais frequentes usadas nesse texto (e em qualquer livro tradicional de geometria analítica) são a explícita e a mais geral – implícita. Em coordenadas planares x, y, as equações na forma explícita podem ser escritas como $y = f(x)$ e na implícita – $F(x, y) = 0$, onde $f(x)$ e $F(x, y)$ são funções de uma e duas variáveis, respectivamente. Se a função $F(x, y)$ é um polinômio de grau n, então a equação implícita é chamada algébrica. Nos casos mais simples, quando esse grau é igual a 1 ou 2, temos equações lineares $ax + by + c = 0$ e quadráticas $ax^2 + bxy + cy^2 + dx + ey + f = 0$, onde a, b, c, d, e, f são coeficientes dados das equações. Na maioria dos casos, uma disciplina tradicional da geometria analítica universitária se restringe à consideração desses dois tipos de equações, uma vez que o estudo de equações algébricas de grau mais elevado é mais complicado, sem falar das irracionais e transcendentais. Tendo em vista que esse livro é pensado como o primeiro curso em geometria analítica universitária, acessível tanto para os alunos de graduação como para alunos do ensino médio, mantemos, nesse texto, as restrições tradicionais da disciplina: na maior parte do texto, usamos as coordenadas cartesianas e o estudo geral é dedicado as equações lineares e quadráticas.

De acordo com os objetivos do livro, estruturamos o seu conteúdo da seguinte maneira. O texto é dividido em cinco capítulos e cada um deles é dividido em seções. A numeração de seções é feita dentro de cada capítulo, independentemente da numeração em outros. Por exemplo, a seção 1.3 é a terceira seção do capítulo 1, enquanto a seção 4.3 é a terceira seção do capítulo 4. Além disso, algumas seções são divididas em itens quando há uma separação visível de tópicos tratados, embora unidos pelo assunto mais geral considerado numa seção.

No primeiro capítulo, revisamos os assuntos de conjuntos numéricos e coordenadas numa reta. Embora esses assuntos sejam objetos de estudo no ensino médio, consideramos que a definição mais rigorosa de números reais e demonstração da sua equivalência com o conjunto de pontos de uma reta é a base necessária para a posterior introdução de coordenadas no plano. No mesmo capítulo, são considerados, também, vários problemas de distâncias, transformações de coordenadas e relações entre descrições geométricas e analíticas de mesmos conjuntos na reta.

No segundo capítulo, definimos as coordenadas cartesianas e polares no plano, tendo em foco a relação de equivalência que deve ser estabelecida entre os pontos do plano e pares ordenados dos números reais. Consideramos três transformações básicas de coordenadas – mudança de escala, translação paralela e rotação – a serem usadas posteriormente no estudo de retas e, especialmente, de curvas quadráticas. Resolvemos, também, alguns problemas elementares envolvendo distâncias no plano – divisão de um segmento, projeção sobre uma reta, simetria em relação a um ponto e uma reta.

O terceiro capítulo trata de retas no plano e de suas formas de representação analítica. Definimos todas as formas usuais de equações de uma reta – explícita, geral (implícita), simétrica, paramétrica e estabelecemos a transformação entre essas formas e a relação dessas formas com características geométricas de uma reta, tais como o ângulo de inclinação, coeficiente de inclinação, vetor diretor, vetor normal, distância até origem. Resolvemos, na forma geral, o problema de relação entre duas retas no plano e de posição de um ponto em relação a uma reta.

Os quarto e quinto capítulos são dedicados aos tópicos mais avançados, que usualmente não entram no programa escolar – estudo de curvas quadráticas (cônicas) e respectivas equações quadráticas. O primeiro destes dois capítulos finais se concentra nas equações canônicas geométricas de cônicas. Ele começa com duas seções introdutórias: na primeira, consideramos um exemplo simples introdutório da curva quadrática – uma circunferência –, e de figuras planas correlatas – círculos e anéis. Na segunda seção, providenciamos uma breve revisão de funções (relativa ao programa de ensino médio) para subsidiar a posterior análise de formas canônicas de curvas quadráticas. Nas quatro seções restantes do quarto capítulo, realizamos um estudo detalhado e rigoroso de equações canônicas: efetuamos a dedução dessas equações, partindo das propriedades geométricas focais, estabelecemos a forma geométrica das cônicas com base nas suas equações canônicas, estudamos a caracterização universal de cônicas baseada nas propriedades de suas diretrizes, mostramos as propriedades ópticas das três cônicas e, finalmente, deduzimos as equações de retas tangentes para uma curva quadrática (sem envolver as técnicas de Cálculo diferencial).

No último, quinto, capítulo, analisamos diferentes métodos de classificação de equações quadráticas gerais. Na primeira seção, apresentamos o método de Lagrange, popular em Cálculos, mas carente de interpretação geométrica. Da segunda à quinta seção, consideramos vários métodos geométricos da redução de uma equação do segundo grau a forma canônica analítica e geométrica. Utilizamos os algoritmos de classificação com e sem uso explícito de transformações de coordenadas cartesianas. Na última seção desse capítulo, introduzimos o conceito de invariante de uma transformação e estabelecemos os invariantes de rotação e translação de coordenadas cartesianas. Os conjuntos de invariantes são de grande importância na geometria analítica porque representam as características geométricas da figura original, independentes da escolha do sistema de coordenadas. Com base nos invariantes encontrados, estabelecemos mais um algoritmo de classificação de equações quadráticas.

No decorrer de todo o texto, são resolvidos vários exercícios de diferentes graus de dificuldade e muitos outros, de simples até mais sofisticados, são propostos para o leitor. Tanto as exposições teóricas como resoluções de exercícios são acompanhados de ilustrações geométricas, o que permite revelar a essência geométrica da questão, simplificar os raciocínios e elaborar a intuição geométrica a ser utilizada em outras questões.

Figuras e fórmulas são numeradas (para realizar referências) independentemente dentro de cada capítulo com numeração composta do número da seção e de ordem da figura/fórmula dentro dessa seção. Por exemplo, a segunda figura que aparece na 1.4 (quarta seção do primeiro capítulo) tem numeração 4.2 e é referenciada dentro do primeiro capítulo como Fig.4.2 e fora desse capítulo na forma de Fig.4.2 do capítulo 1. De maneira semelhante, a quinta fórmula da seção 4.3 (terceira seção do quarto capítulo) é numerada como (3.5) e é referenciada como (3.5) dentro do quarto capítulo e (3.5) do capítulo 4 fora desse capítulo. Às vezes, para simplificar a busca da figura/fórmula, o capítulo onde ela se encontra é indicado mesmo quando a referência aparece dentro do capítulo da figura/fórmula.

Características especiais

A especificidade principal desse texto é o uso mínimo possível de pré-requisitos no desenvolvimento de todos os tópicos considerados. De fato, usamos só as técnicas matemáticas do ensino médio, nenhum conhecimento da matemática universitária é requerido para entendimento de lógica e métodos usados para dedução dos resultados e para aprendizagem de todo o material do livro. Isso faz com que o texto seja acessível tanto para alunos universitários, como para alunos do ensino médio. Para os últimos, gostaríamos de mostrar que alguns tópicos da matemática universitária são acessíveis ainda na escola e os alunos interessados em matemática podem ampliar e aprofundar seus conhecimentos da geometria analítica sem precisar dominar as técnicas mais complicadas (elaboradas) de matemática universitária. Esperamos que a abordagem proposta neste texto, que usa o mínimo de conhecimentos preliminares no estudo dos tópicos estudados, possa atrair mais alunos (tanto do ensino médio como da universidade) para conhecer os resultados principais e técnicas empregadas na geometria analítica universitária.

Ao mesmo tempo, gostaríamos de enfatizar que o uso de técnicas rudimentares da escola não compromete o nível de rigorosidade e profundidade usados no desenvolvimento da teoria nesse livro e que os pré-requisitos técnicos mínimos não restringem o espectro de tópicos considerados: a abordagem empregada na exposição de tópicos corresponde a nível de formalismo e profundidade usados nos cursos de matemática nas universidades e o conteúdo do texto cobre todos os tópicos usualmente considerados na geometria analítica plana lecionada nas universidades. Com objetivo de manter o nível de rigor universitário, a maioria das definições e técnicas escolares usadas no desenvolvimento do material são especificadas no texto. Isso possibilita fixar a terminologia usada para conceitos matemáticos, evitando qualquer ambiguidade ou discordância, e faz com que o texto seja autosuficiente, sem necessidade de buscar informações adicionais em outras fontes.

Embora a exposição do material seja baseada no princípio de pré-requisito mínimo de ensino médio, para os alunos com preparação avançada em matemática universitária, estamos propondo os métodos alternativos de dedução de resultados e resolução de exercícios, que usam as técnicas de Cálculo Diferencial e/ou Álgebra Linear. Isso permite indicar os caminhos mais diretos de atingir alguns dos objetivos de estudo e revelar o poder e a vantagem de uso de técnicas mais sofisticadas em comparação com as rudimentares. No entanto, essas técnicas avançadas são consideradas somente como adicionais, alternativas e podem ser omitidas pelos leitores que não as conhecem sem qualquer prejuízo ao entendimento das partes envolvidas e posteriores do texto.

Em termos técnicos, a diferença principal entre nossa exposição e a dos demais livros consiste em uso mínimo possível de vetores no desenvolvimento da teoria da Geometria Analítica. Realmente, a maioria absoluta de livros em Geometria Analítica seguem a abordagem tradicional baseada na introdução preliminar de vetores no plano e espaço, gastando um tempo e espaço considerável para cobrir os tópicos que não fazem parte da própria geometria analítica. Essa abordagem é praticada e popular na literatura dessa área pelo menos nos últimos 60 anos. Ela tem vantagens de tratar de modo unificado várias relações ligadas a retas e planos no espaço bi- e tri-dimensional. No entanto, ela não é obrigatória e, especialmente quando se trata da geometria no plano, é desnecessária no estudo e desenvolvimento da matéria geométrica, desviando atenção dos próprios tópicos da geometria analítica, sem trazer maiores benefícios no estudo da geometria. Até um leitor curioso e atento, no estudo da geometria analítica pela abordagem tradicional, pode perceber a seguinte inconsistência: para estudo de tópicos bastante simples, como equações lineares (retas), é preparada e usada uma ferramenta adicional – vetores e suas propriedades, enquanto a parte mais complicada, como estudo de equações quadráticas, se faz direto, sem envolver ferramentas preliminares.

Acontece, que, no caso de geometria plana, o uso de vetores é desnecessário, pelo menos na forma intensiva como se faz na abordagem tradicional, e, portanto, a parte do estudo de vetores pode ser omitida sem qualquer prejuízo ao estudo de objetos da geometria analítica. (Notamos, em passagem, que o uso da parte geométrica de vetores pode ser evitado, também, no estudo de retas e planos no espaço tri-dimensional, mas a sua parte algébrica, junto com a álgebra de transformações lineares, simplifica muito o tratamento de quádricas.) Em virtude disso, estamos propondo aqui um desenvolvimento da teoria da Geometria Analítica que evita o uso de vetores como ferramenta essencial, em particular para o tratamento de retas, o que possibilita fazer um estudo mais direto dos tópicos da própria Geometria Analítica.

Queríamos ressaltar que, durante toda a exposição do material, enfatizamos a interligação entre os dois lados dos objetos estudados – geométrico e analítico. Isso é a essência dessa disciplina que, por um lado, usa as coordenadas para representar figuras geométricas via equações e desigualdades e realizar o seu estudo analítico e, por outro, investiga as formas geométricas relacionadas às equações e/ou desigualdades escolhidas. Para mostrar melhor essa interligação, empregamos junto argumentos geométricos e analíticos, e oferecemos vários desenhos para ilustrar raciocínios teóricos e soluções de problemas, especialmente quando a solução é baseada no método analítico.

Resumindo, podemos listar as seguintes características essencias do nosso texto:

1) usamos só as técnicas matemáticas do ensino médio para fazer o texto acessível para os alunos da escola;

2) elaboramos uma abordagem diferente da tradicional, que possibilita o tratamento mais direto de todos os tópicos, sem necessidade de envolver qualquer ferramenta adicional;

3) oferecemos um texto autosuficiente, providenciando uma breve revisão daqueles tópicos da matemática escolar que são usados no desenvolvimento do material principal;

4) abordamos todos os tópicos essenciais da Geometria Analítica no plano para cobrir todo o conteúdo da geometria plana universitária;

5) seguimos os padrões rigorosos da matemática universitária e mantemos a profundidade necessária em todos os tópicos estudados;

6) regularmente destacamos a relação íntima entre tratamento analítico e geométrico, o que é a essência de disciplina da Geometria Analítica.

Pré-requisitos e público-alvo

Conforme a descrição de objetivos e características principais dada acima, a leitura do texto não requer nenhum conhecimento de qualquer disciplina universitária. Tudo o que o leitor deve saber é a matemática do ensino médio. Além disso, aquelas definições e resultados da matemática escolar que são essencialmente usados no desenvolvimento de tópicos da geometria analítica, têm uma breve revisão nas partes respectivas do texto, fixando a linguagem matemática usada e facilitando a leitura.

O texto é acessível para os alunos do ensino médio e mostra, para eles, como os tópicos de uma disciplina são tratados seguindo os padrões de rigorosidade e profundidade usados na matemática universitária, sem exigir qualquer conhecimento de técnicas avançadas. Por outro lado, o livro é destinado a alunos universitários que gostariam de utilizar uma abordagem mais direta e sem envolvimento de outras disciplinas no desenvolvimento da matéria da Geometria Analítica. O texto considera toda a matéria da geometria analítica plana usualmente apresentada nas universidades e vai até além, envolvendo a introdução construtiva de números reais, aplicação de resultados da geometria analítica no estudo de funções e vice-versa, diferentes métodos de classificação de curvas quadráticas, propriedades de invariância dessas curvas e suas características ópticas e focais, e vários outros tópicos que muitas vezes são omitidos nos livros tradicionais e nas disciplinas universitárias.

Professores do ensino médio podem utilizar partes desse texto nas aulas de geometria ou usar esse material nas atividades extra-classe, incentivando alunos mais interessados em matemática a aprender algumas questões mais profundas de geometria e entrar em contato com o raciocínio e lógica matemática empregados nas disciplinas universitárias. Professores universitários podem incluir vários tópicos desse livro nos cursos tradicionais da geometria analítica e/ou elaborar uma disciplina optativa de duração semestral para aprofundar conhecimentos da geometria analítica e expor várias questões frequentemente omissas nos livros de geometria.

Linguagem e denotações

A linguagem deste livro, como a maioria dos livros em matemática, é uma mistura da linguagem natural e da simbologia matemática, utilizada tradicionalmente para a expressão abreviada de vários conceitos, fatos e raciocínios lógicos. Na maioria dos casos, uma mistura de linguagem coloquial e simbologia matemática oferece o modo mais adequado (mais natural, direto e claro) de expressar as formulações e raciocínios matemáticos. Dependendo das necessidades da exposição do conteúdo, a utilização de símbolos matemáticos pode ser mais ou menos concentrada, mas sempre usamos as notações comuns, a maioria delas empregadas no ensino médio, e tentamos manter a exposição na forma mais simples possível, acessível para alunos da escola.

Capítulo 1

Geometria analítica na reta

Seção 1.1 Conjuntos

Conjunto é um dos conceitos iniciais, fundamentais em matemática. Intuitivamente, um *conjunto* é uma coleção de objetos unidos por algum critério. Na qualidade de tal critério, pode ser utilizado o mero fato dos objetos pertencerem ao conjunto em questão. Os objetos usados na construção de certo conjunto são chamados de elementos deste conjunto. Obviamente, esta não é uma definição formal, mas simplesmente é uma descrição intuitiva que faz referência aos outros conceitos, que podem parecer intuitivamente claros, mas cuja definição pode ser ainda mais complicada do que a definição do próprio conjunto. No entanto, essa descrição será suficiente para os tópicos da geometria analítica que pretendemos abordar nesse texto. Nessa definição intuitiva, as palavras "coleção", "família" e "classe" podem ser usadas como sinônimos de conjunto. Vamos denotar os conjuntos por letras maiúsculas e os seus elementos por letras minúsculas: $A = \{a\}$. O fato de algum elemento pertencer a um conjunto se denota na forma $a \in A$, e a sua negação na forma $a \notin A$. Vamos usar várias relações e operações elementares entre conjuntos que são estudadas ainda na escola. Mas, para completude do texto e, também, para fixar a terminologia e notação, reproduzimos essas definições e propriedades abaixo.

1 Conceitos básicos de conjuntos

1. *Conjunto vazio.* O conjunto A é chamado vazio (denota-se $A = \varnothing$) caso ele não contenha nenhum elemento.

2. *Conjunto finito e infinito.* Conjunto A é chamado finito se ele tem número finito de elementos. No caso em que A não é vazio e não é finito, ele é chamado infinito.

3. *Subconjunto.* Vamos dizer que A é subconjunto de B se qualquer elemento de A é também elemento de B. Neste caso, usamos a notação $A \subset B$.

4. *Igualdade entre conjuntos.* Dois conjuntos A e B são chamados iguais, usando a notação $A = B$, se simultaneamente $A \subset B$ e $B \subset A$. Em outras palavras, dois conjuntos são iguais se, e somente se, eles têm os mesmos elementos. Caso os dois conjuntos não sejam iguais, escrevemos $A \neq B$.

5. *União de conjuntos.* A união de dois conjuntos A e B é o conjunto C que contém todos os elementos de A e de B (lembramos que os elementos que pertencem tanto a A como a B são tomadas uma vez só em C). A notação padrão é $C = A \cup B$. Essa definição é facilmente extendida a união de qualquer número de conjuntos: $C = \bigcup\limits_i A_i$ se para qualquer $x \in C$ existe tal conjunto A_i, entre os considerados na união, que $x \in A_i$.

6. *Intersecção de conjuntos.* A intersecção de dois conjuntos A e B é o conjunto C que contém todos os elementos que pertencem tanto a A como a B. A notação usada é $C = A \cap B$. Extendendo a definição a qualquer número de conjuntos, temos $C = \bigcap\limits_i A_i$ se qualquer elemento $x \in C$ pertence a todos os conjuntos da intersecção: $x \in A_i$, $\forall i$.

7. *Diferença de conjuntos.* A diferença de dois conjuntos A e B (nessa ordem específica) é o conjunto C, denotado $C = A \backslash B$, que contém todos aqueles elementos de A que não pertencem a B.

8. *Produto cartesiano.* O produto cartesiano de dois conjuntos A e B é o conjunto C cujos elementos são todos os pares ordenados $c = (a, b)$ tais que $a \in A, b \in B$. A notação usual é $C = A \times B$.

2 Propriedades básicas de conjuntos

1. *Lei comutativa:* $A \cup B = B \cup A$, $A \cap B = B \cap A$. Notamos que $A \backslash B \neq B \backslash A$ e $A \times B \neq B \times A$.

2. *Lei associativa:* $(A \cup B) \cup C = A \cup (B \cup C)$, $(A \cap B) \cap C = A \cap (B \cap C)$.

3. *Lei distributiva:* $A \cup (B \cap C) = (A \cup B) \cap (A \cup C)$, $A \cap (B \cup C) = (A \cap B) \cup (A \cap C)$.

4. *Relações com conjunto vazio:* $\varnothing \subset A$, $A \cup \varnothing = A$, $A \cap \varnothing = \varnothing$, $A \times \varnothing = \varnothing$. Notamos que essas propriedades são válidas para qualquer

conjunto A.

5. *Leis de Morgan*: $A \backslash (B \cup C) = (A \backslash B) \cap (A \backslash C)$, $A \backslash (B \cap C) = (A \backslash B) \cup (A \backslash C)$.

As demonstrações dessas propriedades são bastante simples, feitas com emprego das definições acima e lógica elementar. Embora isso fuja do escopo deste texto, vamos dar alguns exemplos de tais demonstrações para os leitores interessados.

Demonstração da comutatividade para união: $A \cup B = B \cup A$. Qualquer elemento $x \in A \cup B$, pela definição, tem propriedade de que $x \in A$ ou $x \in B$, o que é o mesmo que dizer que $x \in B$ ou $x \in A$, isto é, $x \in B \cup A$. Do mesmo jeito, qualquer $y \in B \cup A$ também é elemento de $A \cup B$. Assim, os elementos de $A \cup B$ e $B \cup A$ coincidem, isto é, os dois conjuntos são iguais.

Demonstração da associatividade para intersecção: $(A \cap B) \cap C = A \cap (B \cap C)$. Qualquer elemento $x \in (A \cap B) \cap C$, pela definição, tem propriedade de que $x \in A \cap B$ e, ao mesmo tempo, $x \in C$. Especificando ainda a primeira inclusão, concluímos que x pertence simultaneamente aos três conjuntos – A, B e C. Por outro lado, qualquer $y \in A \cap (B \cap C)$, pela definição, tem propriedade de que $y \in A$ e, ao mesmo tempo, $y \in B \cap C$. Ou, abrindo a última relação, concluímos que y pertence simultaneamente aos três conjuntos – A, B e C. Assim, os elementos de $(A \cap B) \cap C$ e $A \cap (B \cap C)$ têm as mesmas propriedades e, portanto, esses dois conjuntos são compostos pelos mesmos elementos, isto é, são iguais.

Demonstração da primeira lei de Morgan: $A \backslash (B \cup C) = (A \backslash B) \cap (A \backslash C)$. Um elemento x pertence a $A \backslash (B \cup C)$ se x pertence a A e, ao mesmo tempo, não pertence a B ou C. Em outras palavras, x pertence àquela parte de A que não tem nenhum elemento de B nem de C. Por outro lado, um elemento y fica em $(A \backslash B) \cap (A \backslash C)$ se y pertence tanto àquela parte de A que não tem nenhum elemento de B como àquela parte de A que não tem nenhum elemento de C. Mas isso significa que y pertence à parte de A que não contém elementos de B nem de C. Assim, as propriedades dos elementos de $A \backslash (B \cup C)$ e $(A \backslash B) \cap (A \backslash C)$ coincidem e, portanto, estes dois conjuntos são iguais.

Exercícios resolvidos

1. Demonstrar que $A \backslash B = B \backslash A$ se, e somente se, $A = B$.

Solução.

Supomos que os dois conjuntos são diferentes. Nesse caso, pelo menos um deles tem pelo menos um elemento não contido no outro. Sem perda de generalidade, podemos supor que esse é o elemento a do conjunto A (caso contrário, simplesmente renomeamos os conjuntos). Então, a diferença $A\backslash B$ contém o elemento a, mas $B\backslash A$ não contém esse elemento, porque a não pertence a B. Por outro lado, se $A = B$, então $A\backslash B = B\backslash A = \varnothing$.

2. Seja A conjunto de números primos entre 15 e 30 e B conjunto de números ímpares entre 20 e 30. Encontrar $A \cup B$, $A \cap B$, $A\backslash B$ and $B\backslash A$.

Solução.

Primeiro, especificamos que $A = \{17, 19, 23, 29\}$ e $B = \{21, 23, 25, 27, 29\}$. Efetuando operações, obtemos $A \cap B = \{23, 29\}$, $A \cup B = \{17, 19, 21, 23, 25, 27, 29\}$, $A\backslash B = \{17, 19\}$, $B\backslash A = \{21, 25, 27\}$.

Exercícios

1. Demonstrar as seguintes propriedades:
1) $A \cap B = B \cap A$;
2) $(A \cup B) \cup C = A \cup (B \cup C)$;
3) $A \cup (B \cap C) = (A \cup B) \cap (A \cup C)$.

2. Demonstrar que $(A\backslash B)\backslash C = A\backslash(B\backslash C)$ se, e somente se, $A \cap C = \varnothing$.

3. Encontrar os conjuntos iguais entre os dados: $A = \{x : x^2 - 4x + 3 = 0\}$, $B = \{x : x^2 + x - 2 = 0\}$, $C = \{x : \frac{x^2-4x+3}{x-3} = 0\}$, $D = \{1, 3\}$, $E = \{1, -2\}$, $F = \{-2, 3, 1\}$, $G = A \cup B$, $H = A \cap B$.

4. Encontrar $A \cup B$, $A \cap B$, $A \cup C$, $A \cap C$, $A\backslash(B \cup C)$ e $(A\backslash B) \cup C$ se $A = \{1, 3, 4, 5\}$, $B = \{3, 5, 7\}$ e $C = \{1, 4, 7\}$.

5. Dar um exemplo quando $A \cap B = A \cap C$, mas $B \neq C$.

Seção 1.2 Números racionais e suas propriedades

Um dos principais objetivos da geometria analítica é elaborar técnicas para medir distâncias entre diferentes objetos geométricos e aplicar essas medidas no estudo de formas geométricas diferentes. Num caso mais simples, é preciso saber medir a distância entre dois pontos dados na reta, no plano e no espaço. Para realizar essa tarefa, precisamos de um conjunto dos números bastante rico para poder expressar todas as distâncias que podem surgir. Outro problema fundamental na geometria analítica é representar figuras geométricas na forma analítica via equações, desigualdades e funções, o que faça o estudo de suas propriedades mais simples e acessível.

Para isso, é necessário associar os pontos com os conjuntos numéricos, os quais, de novo, devem ter elementos suficientes para descrever todos os pontos dos espaços uni-, bi- e tri-dimensional.

Por exemplo, usando somente os números naturais não vamos poder medir distância entre quaisquer dois pontos na reta, porque, definindo a unidade de medida como distância entre dois pontos escolhidos, não teremos possibilidade de avaliar a distância entre um destes pontos e aquele que fica no meio dos dois. Analogamente, o conjunto dos números inteiros não é suficiente para associar a cada ponto de uma reta um único número de modo que diferentes pontos sejam relacionados com diferentes números. Grosso modo, isso acontece porque não há "furos" no conjunto dos pontos de uma reta – se marcar quaisquer dois pontos numa reta, então há outros pontos dessa mesma reta que ficam entre os dois marcados e todos estes pontos também pertencem à essa reta. Mas, no conjunto dos números inteiros, isso não se observa – não há nenhum número inteiro entre dois inteiros consecutivos. O conjunto dos racionais é mais amplo – ele contém o conjunto dos inteiros e satisfaz a propriedade de que entre quaisquer dois racionais há outros racionais, o que não é válido para os inteiros. No entanto, ele ainda não satisfaz a propriedade "sem furos", embora num sentido mais fino. (As explicações mais precisas exigem o uso da teoria dos limites ou de ínfimos/supremos, o que está fora do escopo deste texto.) Todos estes conjuntos numéricos – dos naturais, inteiros e racionais – são bastante simples na sua descrição intuitiva, a qual é suficiente para os objetivos deste texto. Portanto, vamos dar uma breve lembrança destes conjuntos numéricos e suas propriedades, que se estudam na escola.

1. Conjunto dos *números naturais* $\mathbb{N}$ consiste dos números utilizados para contagem $\mathbb{N} = \{1, 2, 3, ...\}$.

2. Conjunto dos *números inteiros* $\mathbb{Z}$ é composto dos números naturais, naturais negativos e zero: $\mathbb{Z} = \{..., -3, -2, -1, 0, 1, 2, 3, ...\}$.

3. Conjunto dos *números racionais* $\mathbb{Q}$ consiste de frações na forma $\frac{p}{q}$, onde $p \in \mathbb{Z}$ e $q \in \mathbb{N}$.

No conjunto dos números racionais, estão definidas, de modo usual, as operações de comparação e quatro operações aritméticas – adição, subtração, multiplicação e divisão. As propriedades da comparação, adição e multiplição são listadas abaixo e as da subtração e divisão são consequências da definição dessas últimas como operações inversas à adição e multiplicação, respectivamente. Todas essas são comuns, estudadas na escola, e são apresentadas para efeitos de completude do texto.

1. *Ordenação do conjunto de racionais.* Para quaisquer dois números

racionais a e b sempre é válida uma e somente uma das seguintes relações: $a = b$, $a < b$ ou $a > b$. Assim, o conjunto dos números racionais é ordenado.

2. *Propriedades de ordenação* (transitividade de sinais "maior", "menor", "igual"). Se $a > b$ e $b > c$, então $a > c$; se $a < b$ e $b < c$, então $a < c$; se $a = b$ e $b = c$, então $a = c$.

3. *Axioma de Arquimedes.* Para qualquer número racional a existe um número natural n tal que $n > a$. Ou uma formulação equivalente: para qualquer número racional $a > 0$ existe um número natural n tal que $\frac{1}{n} < a$.

4. *Soma dos racionais.* Para quaisquer números racionais $a = \frac{m}{n}$ e $b = \frac{p}{q}$ a sua soma é o número racional c definido pela fórmula $c = a + b = \frac{mq+pn}{nq}$.

5. *Produto dos racionais.* Para quaisquer números racionais $a = \frac{m}{n}$ e $b = \frac{p}{q}$ o seu produto é o número racional c definido pela fórmula $c = ab = \frac{mp}{nq}$.

6. *Propriedades de adição e multiplicação.* Para quaisquer $a, b, c, d \in \mathbb{Q}$ são válidas as seguintes propriedades:

1) comutatividade da adição e da multiplicação: $a + b = b + a, ab = ba$.

2) associatividade da adição e da multiplicação: $(a + b) + c = a + (b + c), (ab)c = a(bc)$.

3) distributividade: $(a + b)c = ac + bc$.

4) monotonia da adição: se $a > b$, então $a + c > b + c$; se $a > b$ e $c > d$, então $a + c > b + d$.

5) monotonia da multiplicação: se $a > b$ e $c > 0$, então $ac > bc$; se $a > b$ e $c < 0$, então $ac < bc$.

6) existência do elemento identidade (neutro) em relação à adição e multiplicação: $a + 0 = 0 + a = a\,,\ \forall a \in \mathbb{Q}$; $a \cdot 1 = 1 \cdot a = a\,,\ \forall a \in \mathbb{Q}$.

7) existência dos elementos inversos em relação à adição e à multiplicação: para qualquer número racional a existe um número racional $-a$ inverso em relação à adição, isto é, $a + (-a) = 0$; para qualquer número racional $a \neq 0$ existe um número racional $a^{-1} = \frac{1}{a}$ inverso em relação à multiplicação, isto é, $a \cdot a^{-1} = 1$.

Observação. Um conjunto que satisfaz as propriedades listadas acima é chamado de *corpo ordenado.*

Exercícios resolvidos

1. Mostrar que a expressão $\frac{\frac{13}{2} - \frac{7\cdot 2+1}{4}}{(\frac{1}{2})^3+2}$ é um número racional.

Solução.

Primeiro, notamos que a expressão é composta das operações aritméticas – soma, diferença, multiplicação, divisão e elevação numa potência

– aplicadas aos números racionais $-\frac{13}{2}$, 7, 2, 1, 4, $\frac{1}{2}$. Como todas essas operações deixam o resultado dentro do conjunto dos racionais, e todas são realizáveis na expressão dada (não tem divisão por 0 ou potência 0^0), então a expressão representa um número racional. Outra maneira de demonstrar isso é levar a expressão a forma da definição, efetuando as operações: $\frac{\frac{13}{2}-\frac{7\cdot 2+1}{4}}{(\frac{1}{2})^3+2} = \frac{\frac{13}{2}-\frac{15}{4}}{\frac{1}{8}+2} = \frac{\frac{11}{4}}{\frac{17}{8}} = \frac{22}{17}$. Assim, chegamos a uma fração com numerador e denominador dos números naturais, o que corresponde a definição de um número racional.

2. Comparar os números racionais $\frac{5}{2^{10}}$ e $\frac{1}{10^2}$.

Solução.

Uma das formas de resolver é reescrever as duas frações com o denominador comum e depois disso comparar os numeradores. Temos então $\frac{5}{2^{10}} = \frac{5\cdot 10^2}{2^{10}\cdot 10^2}$ e $\frac{2^{10}}{2^{10}\cdot 10^2}$. Como $5 \cdot 10^2 = 500 < 1024 = 2^{10}$, então a primeira fração é menor que a segunda. Nesse exercício, o modo de resolução mais rápido é notar que $2^{10} = 1024 > 10^3$ e, portanto, $\frac{5}{2^{10}} < \frac{5}{10^3} < \frac{10}{10^3} = \frac{1}{10^2}$.

3. Pode ser demonstrado que $1^2+2^2+\cdots+n^2 = \frac{n(n+1)(2n+1)}{6}$ para qualquer $n \in \mathbb{N}$. Nessa fórmula, do lado esquerdo, temos a soma dos naturais que é um número natural, enquanto do lado direito, temos uma fração. Explicar se este resultado é contraditório ou não.

Solução.

Mostremos que o numerador do lado direito é divisível por 6. Consideremos três casos diferentes dos valores de n. Primeiro, observamos que $n(n+1)$ é divisível por 2 para qualquer $n \in \mathbb{N}$. Se um destes números é divisível ainda por 3, então o numerador é divisível por 6. Se nenhum deles é divisível por 3, então n tem a representação $n = 3k+1$, $k \in \mathbb{N}$, e, consequentemente, o terceiro fator é divisível por 3 – $2n+1 = 2(3k+1)+1 = 6k+3$, o que garante a divisibilidade do numerador por 6. Assim, não há nenhuma contradição na fórmula.

Observação. A dedução da fórmula não é complicada. Um modo de demonstrá-la é via indução matemática. Apresentaremos outra técnica a seguir. Notemos, primeiro que $(k+1)^3 - k^3 = 3k^2 + 3k + 1$ para qualquer $k \in \mathbb{N}$. Portanto, a soma $S_2 = 1^2+2^2+\cdots+n^2$ está ligada com as somas $S_3 = (2^3-1^3)+(3^3-2^3)+\cdots+((n+1)^3-n^3)$, $S_1 = 1+\cdots+n$ e $S_0 = 1+\cdots+1$ via expressão $S_3 = 3S_2 + 3S_1 + S_0$. Calcular a soma $S_3 = 2^3 - 1^3 + 3^3 - 2^3 + \cdots + (n+1)^3 - n^3$ é simples, notando que todos os termos se cancelam, com exceção dos dois – o menor 1^3 e o maior $(n+1)^3$, e por isso, $S_3 = (n+1)^3 - 1$. As somas $S_1 = 1 + \cdots + n$ e $S_0 = 1 + \cdots + 1$ são elementares e iguais a $S_1 = \frac{n(n+1)}{2}$ e $S_0 = n$. Então, isolando S_2 da relação entre quatro somas $S_3 = 3S_2 + 3S_1 + S_0$ e utilizando os resultados já calculados para outras três somas, obtemos $S_2 = \frac{1}{3}((n+1)^3 - 1 - 3\frac{n(n+1)}{2} - n)$. Simplifando a última expressão, chegamos a fórmula $S_2 = \frac{n(n+1)(2n+1)}{6}$.

Exercícios

1. Escrever os seguintes números racionais na forma de inteiros:
1) $-\frac{14}{2}$;
2) $\frac{-21}{-7}$;
3) $\frac{12-60}{6 \cdot 3 - 22}$.
Quais destes números são positivos e quais são negativos?

2. Escrever o número racional cujo numerador é o menor número natural de 5 dígitos e o denominador é o maior número natural de 3 dígitos. Qual é a parte inteira deste número?

3. Simplificar a representação dos dois números racionais e compará-los:
1) $\frac{14+6}{2 \cdot 6 - 30}$ e $\frac{17-32}{25 - 5 \cdot 19}$;
2) $\frac{1}{3^2}$ e $\frac{1}{2^3}$.

4. Descrever o procedimento geral na comparação dos dois números racionais. (Começar em positivos com o mesmo denominador, depois passar para positivos gerais e zero, e, finalmente, extender a regra a todos os racionais.)

5. Encontrar n natural tal que $\frac{1}{n}$ é menor que o número racional dado:
1) $\frac{1}{99}$;
2) $\frac{13}{2778}$.

6. Descrever, na forma geral, como encontrar um número natural n tal que $\frac{1}{n}$ é menor que o número racional positivo $\frac{p}{q}$. (Começar notando que o número natural p é maior ou igual a 1.)

7. A soma da progressão aritmética $1 + 2 + \cdots + n$, $n \in \mathbb{N}$, que contém os números naturais e deveria então resultar num número natural, é dada via fração $\frac{n(n+1)}{2}$. Explicar se há contradição nesse resultado.

8. Verificar se a afirmação abaixo é falsa ou verdadeira:
1) qualquer número inteiro é racional;
2) qualquer número racional positivo é natural;
3) qualquer número racional tem infinitas representações via frações $\frac{p}{q}$, onde $p \in \mathbb{Z}, q \in \mathbb{N}$;
4) o conjunto dos números racionais consiste de frações $\frac{p}{q}$, onde $p \in \mathbb{Z}$,

$q \in \mathbb{Z} \backslash \{0\}$;
5) qualquer número racional $\frac{p}{q}$ com p positivo é maior que 0;
6) se o numerador p do número racional $\frac{p}{q}$ é maior que o numerador m do número racional $\frac{m}{n}$, então a primeira fração é maior que a segunda;
7) a diferença entre dois números racionais negativos é um número negativo;
8) se o produto de dois números racionais é dado, então, sabendo um dos fatores, sempre podemos encontrar o segundo.

Seção 1.3 Números reais e suas propriedades

1 Números decimais e reais

O conjunto dos racionais é bem mais completo do que o dos inteiros e, além disso, ele é fechado em relação a quatro operações matemáticas principais, isso quer dizer que a aplicação de qualquer uma dessas quatro operações a quaisquer números racionais resulta de novo em um número racional (exceto na divisão por 0 que não está definida). No entanto, isso ainda não é suficiente para efetuar as medidas de quaisquer distâncias entre dois pontos. Realmente, consideremos um triângulo retângulo de dois catetos de comprimento 1. Então, pelo teorema de Pitágoras, $d^2(A,C) = d^2(A,B)+d^2(B,C)$, onde $d(P_1,P_2)$ denota a distância entre os pontos P_1 e P_2 (veja Fig.3.1). Portanto, o comprimento da hipotenusa AC é igual a $\sqrt{2}$, mas o último número não pertence a $\mathbb{Q}$, ou seja, se nos restringirmos só aos números racionais, então, não há possibilidade de calcular a distância entre A e C neste triângulo.

Acontece que $\mathbb{Q}$ não é fechado em relação ao cálculo das raízes mesmo quando essa operação está definida: para alguns números racionais positivos, a raiz quadrada pode resultar em um número não racional e $\sqrt{2}$ é um exemplo disso. Demonstremos a seguir que o número $\sqrt{2}$ não é racional, isto é, não existe um número racional cujo quadrado é igual a 2. Suponhamos o contrário: seja $\sqrt{2}$ um número racional, isto é, $\sqrt{2} = \frac{m}{n}$, m, $n \in \mathbb{N}$ (como $\sqrt{2} > 0$ então ambos os números m e n são naturais). Sem perda de generalidade, podemos supor que a última fração é simplificada, isto é, m e n são primos entre si (não têm divisores comuns); caso não seja assim, então cancelamos todos os divisores comuns de m e n antes de iniciar o próximo passo do raciocínio. Da suposição que $\sqrt{2} = \frac{m}{n}$ segue que (elevando os dois lados ao quadrado) $2 = \frac{m^2}{n^2}$, de onde $m^2 = 2n^2$. O número m^2 é divisível por 2, isto é, m^2 é um número par, e então m é um número par

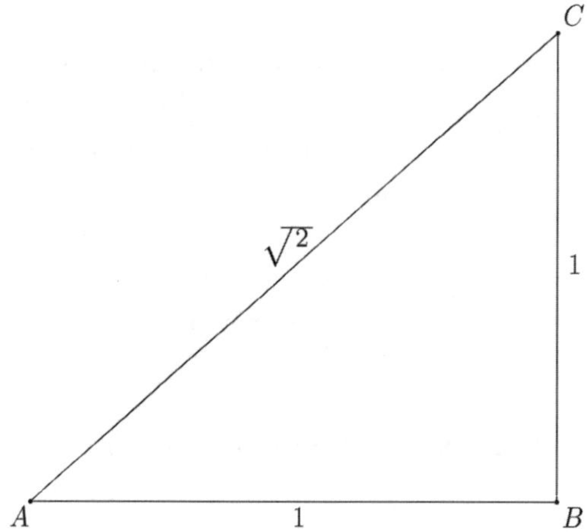

Figura 3.1 Triângulo retângulo com o comprimento da hipotenusa igual a $\sqrt{2}$.

também, isto é, podemos representar o numerador na forma $m = 2k, k \in \mathbb{N}$. Então, a relação entre m e n pode ser reescrita na forma: $4k^2 = 2n^2$ ou, simplificando, $2k^2 = n^2$. Daqui segue que n^2 é um número par e, portanto, n é par também. Dessa forma, encontramos que o número 2 é um divisor comum de m e n, o que contradiz a condição de que m e n são primos entre si. Assim, a suposição de que $\sqrt{2}$ é um número racional não é válida, isto é, o número $\sqrt{2}$ não é racional.

Para incorporar todas as raízes dos números não negativos (e vários outros que, também, não são números racionais) e construir um conjunto numérico "sem furos", vamos introduzir o conceito de *números decimais* que, assim como os racionais, são de uso comum, incluindo seu estudo na escola, embora numa forma menos rigorosa e formal que precisaremos neste texto. Vamos começar da definição.

Números decimais. Um *número decimal* a é a cadeia de *dígitos* (*algarismos*) *decimais* representada na forma $a = (\pm)\, a_0, a_1 a_2 \ldots a_n \ldots$, onde $a_0 \in \mathbb{N} \cup \{0\}$ e os dígitos $a_i \in \mathbb{N} \cup \{0\}$, $0 \leq a_i \leq 9$, $i = 1, 2, \ldots, n, \ldots$. A parte a_0 é chamada de *parte inteira* de a e toda a parte depois da vírgula é chamada de *parte fracionária* de a.

A referência ao *sistema decimal* se deve ao fato de usar 10 como a base de representação de posição. Para a parte inteira, isso significa que $a_0 = b_n \ldots b_2 b_1 b_0$, $b_i \in \mathbb{N} \cup \{0\}$, $0 \leq b_i \leq 9$, $i = 0, 1, 2, \ldots, n$, onde b_0 é a parte das unidades, b_1 é a parte de dezenas, b_2 é a parte de centenas etc., ou expressando em fórmula: $a_0 = b_0 + b_1 \cdot 10^1 + b_2 \cdot 10^2 + \ldots + b_n \cdot 10^n$. Para a parte fracionária, isso significa que a_1 indica a parte de décimos, a_2 – a parte de centésimos, etc., levando a seguinte representação $0, a_1 a_2 \dots a_n \dots = a_1 \cdot 10^{-1} + a_2 \cdot 10^{-2} + \dots + a_n \cdot 10^{-n} \dots$. A última é mais importante para nossos objetivos, porque para a parte inteira vai ser suficiente usar a informação de que ela é um número natural ou zero.

Um número decimal é chamado *finito* se $a_i = 0$ para todos $i \geq m$, onde m é algum número natural. Caso contrário, o número decimal é chamado *infinito*. Um número decimal é chamado *periódico* se $a_{k+i} = a_{k+i+p}$ para alguns $k \in \mathbb{N} \cup \{0\}$, $p \in \mathbb{N}$, e todos $i \in \mathbb{N}$, ou seja, existe uma cadeia finita de dígitos (de comprimento p), que se repete infinitamente começando do $(k+1)$-ésimo dígito. Um número decimal finito pode ser considerado o caso especial de um decimal periódico (com todos os dígitos nulos a partir de uma posição). Finalmente, um número decimal não finito e não periódico é chamado *infinito aperiódico* ou simplesmente *aperiódico*.

Números reais. O conjunto $\mathbb{R}$ dos *números reais* é o conjunto de todos os números decimais.

Observação. O uso de números decimais é uma maneira vantajosa de representar os números reais por ser intuitivamente clara e diretamente ligada com os números e operações entre eles que costumamos efetuar desde a escola. Há outras abordagens no estudo dos números reais, sendo uma delas a introdução axiomática, quando as propriedades desse conjunto são postuladas na forma de axiomas. O sistema de números decimais pode ser considerado como uma das realizações específicas, mais usada na prática, do conjunto axiomático dos números reais. Essas questões, mais teóricas, do estudo dos números reais estão fora do escopo deste texto, mas é importante notar que todas essas abordagens são equivalentes, isto é, qualquer que seja a definição do conjunto dos números reais ela pode ser transformada em conjunto de números decimais com propriedades respectivas que vamos considerar nessa seção.

Vamos verificar agora qual é a relação entre o conjunto de números racionais e o de reais. Mais especificamente, vamos mostrar que $\mathbb{Q}$ é igual ao conjunto de todos os números decimais finitos ou infinitos periódicos, que no momento vamos denotar por $\tilde{\mathbb{Q}}$.

Primeiro, vamos tomar qualquer elemento de $\mathbb{Q}$ e mostrar que ele pode ser representado via número decimal finito ou infinito periódico. Sem perda de generalidade, podemos considerar a fração $\frac{p}{q}$ positiva, porque a generalização aos números negativos é elementar. Vamos efetuar uma simples divisão de números inteiros, seguindo as regras comuns conhecidas da escola. Se $p \geq q$, então primeiro destacamos na divisão a parte inteira do número dado. O resto é uma fração própria $\frac{m}{q}$ onde $m < q$. Na divisão do número $m \cdot 10$ e números posteriores por denominador q, podem ocorrer os seguintes restos: $0; 1; 2; ...; q - 1$. Se for obtido o resto 0 em algum dos passos da divisão, então a divisão está terminada e temos uma fração decimal finita. Se o resto nunca for igual a 0, então a divisão continua infinitamente. No entanto, como existem só $q - 1$ restos distintos (diferentes de 0) na divisão por q, então, no máximo, dentro de q passos dessa divisão encontramos um resto que já foi obtido anteriormente e, portanto, os algarismos do número decimal começam a se repetir a partir desse momento. Assim, se o resto nunca se anula, obtemos uma fração decimal infinita com período menor ou igual a $q - 1$ algarismos.

Agora mostremos a implicação recíproca: qualquer elemento de $\tilde{\mathbb{Q}}$ pode ser representado na forma $\frac{p}{q}$, onde $p \in \mathbb{Z}$ e $q \in \mathbb{N}$. De novo, é suficiente considerar os números positivos. Seja a um elemento positivo de $\tilde{\mathbb{Q}}$. Há duas opções: a é um número finito ou periódico. Vamos começar da opção mais simples, quando a é finito. Então, $a = a_0, a_1a_2...a_n = a_0 + \frac{a_1}{10} + \frac{a_2}{10^2} + \ldots + \frac{a_n}{10^n} = a_0 + \frac{a_1 \cdot 10^{n-1} + a_2 \cdot 10^{n-2} + \ldots + a_n}{10^n} = a_0 + \frac{a_1a_2...a_n}{10^n}$. A última fração do lado direito tem a forma $\frac{p}{q}$, onde $p = a_1a_2 \ldots a_n \in \mathbb{N}$ e $q = 10^n \in \mathbb{N}$, ou seja, este é um número racional. A soma de um número natural com outro racional é de novo um número racional, o que mostra que um número decimal finito é, ao mesmo tempo, um número racional. Consideremos agora um decimal periódico: $a = a_0, a_1a_2...a_nb_1b_2...b_kb_1b_2...b_k... = a_0, a_1a_2...a_n\,(b_1b_2...b_k)$ onde os parênteses são usados para representar, na forma abreviada, o período desse número que contém k dígitos. Separamos este número em duas partes – a sem período e o próprio período: $a = a_0, a_1 \ldots a_n + 0, 0 \ldots 0\,(b_1b_2...b_k)$. A primeira parte já foi considerada antes e foi demonstrado que ela é um número racional. Resta então demonstrar o mesmo resultado para a parte periódica. Para isso, denotamos $s = 0, 0 \ldots 0\,(b_1b_2...b_k)$ e $t = s \cdot 10^n = 0, (b_1b_2...b_k)$. Observamos que $t \cdot 10^k = b_1b_2...b_k, (b_1b_2...b_k)$, isto é, $t \cdot 10^k - t = b_1b_2...b_k$ é um número natural. Então $t = \frac{b_1b_2...b_k}{10^k - 1}$ é um número racional como a razão de dois números naturais. Portanto, $s = \frac{t}{10^n}$ também é um número racional e, consequentemente, a é um número racional. Dessa maneira, provamos que qualquer elemento de $\tilde{\mathbb{Q}}$ pertence também a $\mathbb{Q}$. Junto com a primeira parte da demonstração, isso comprova que os conjuntos $\mathbb{Q}$ e $\tilde{\mathbb{Q}}$ contêm os mesmos elementos, isto é, são iguais.

Deste resultado, segue que o conjunto $\mathbb{Q}$ dos números racionais pode ser definido, de modo equivalente, como o conjunto de todos os números reais finitos e periódicos. A parte restante do conjunto dos reais representa todos os números decimais aperiódicos chamados de números *irracionais*. Assim, o conjunto dos irracionais $\mathbb{I}$ é composto de todos os números decimais aperiódicos.

Observação. Embora $\mathbb{I}$ não seja uma notação comum para o conjunto dos números irracionais, vamos usar este símbolo para abreviar notações (outra opção, mais comum, é $\mathbb{R}\backslash\mathbb{Q}$).

Notamos que, da mesma relação entre $\mathbb{Q}$ e $\tilde{\mathbb{Q}}$, seguem as seguintes relações entre os conjuntos: $\mathbb{N} \subset \mathbb{Z} \subset \mathbb{Q} \subset \mathbb{R}$, $\mathbb{I} \subset \mathbb{R}$, $\mathbb{Q} \cup \mathbb{I} = \mathbb{R}$, $\mathbb{Q} \cap \mathbb{I} = \varnothing$.

2 Propriedades dos números reais

Com base na representação decimal (ou alguma representação equivalente) pode ser mostrado que os números reais satisfazem as mesmas *propriedades aritméticas* e de *ordenação* que já foram listadas antes para os racionais (propriedades 1-6 da seção 1.2). Isso significa, em particular, que o conjunto $\mathbb{R}$ é um *corpo ordenado*. Adicionalmente, os números reais satisfazem as seguintes propriedades:

1. *Densidade* de $\mathbb{Q}$ em $\mathbb{R}$. Para quaisquer dois números reais a e b tais que $a < b$ existe um número racional r que satisfaz a relação $a < r < b$.

O Corolário dessa propriedade trata da densidade de $\mathbb{I}$ em $\mathbb{R}$: para quaisquer dois números reais a e b tais que $a < b$ existe um número irracional t que satisfaz a relação $a < t < b$.

2. *Completude* do conjunto $\mathbb{R}$. Em termos muito vagos, o conjunto dos reais é aquele que "não tem furos" (diferentemente do conjunto dos racionais). A ilustração intuitiva deste fato é o resultado sobre equivalência entre $\mathbb{R}$ e a reta coordenada que demonstraremos a seguir. A formulação exata pode ser dada em termos de limites ou de supremos/ínfimos: a primeira forma diz que qualquer sequência de Cauchy é convergente e a segunda que qualquer conjunto limitado superiormente (e não vazio) possui supremo.

A mera formulação da última propriedade numa forma rigorosa exige um conhecimento maior da área de análise. É evidente que a demonstração destes resultados fica muito além do contexto desta obra e os leitores interessados são direcionados aos livros de análise real.

3 Módulo

Como veremos em seguida, a operação do *módulo* (aplicada a números e expressões reais) surge naturalmente e frequentemente nas construções geométricas. Portanto, vale a pena relembrar a definição dessa operação e suas propriedades elementares (embora elas sejam conhecidas da escola).

Definição do *módulo*. O módulo de $a \in \mathbb{R}$ é denotado por $|a|$ e é definido analiticamente na forma $|a| = \begin{cases} a\,, & a \geq 0 \\ -a\,, & a < 0 \end{cases}$.

Propriedades básicas do módulo. Para quaisquer $a, b \in \mathbb{R}$ são válidas as seguintes propriedades:
1. $|a| \geq 0$, $|a| = 0 \leftrightarrow a = 0$;
2. $|a + b| \leq |a| + |b|$;
3. $|a - b| \geq ||a| - |b||$;
4. $|ab| = |a||b|$;
5. $|\frac{a}{b}| = \frac{|a|}{|b|}$, $b \neq 0$.

As demonstrações são elementares e ficarão como exercícios para os leitores.

Exercícios resolvidos

1. Transformar a fração $\frac{13}{7}$ em número decimal.

Solução.

O algoritmo comum da divisão de 13 por 7 leva ao seguinte resultado:

$$
\begin{array}{r|l}
13 & 7 \\ \cline{2-2}
-\ 7 & 1{,}857142\ldots \\ \hline
\mathbf{6}0 & \\
-\ 56 & \\ \hline
\mathbf{4}0 & \\
-\ 35 & \\ \hline
\mathbf{5}0 & \\
-\ 49 & \\ \hline
\mathbf{1}0 & \\
-\ 7 & \\ \hline
\mathbf{3}0 & \\
-\ 28 & \\ \hline
\mathbf{2}0 & \\
-\ 14 & \\ \hline
\mathbf{6} & \\
\ldots &
\end{array}
$$

Notemos que, na divisão por 7, podem ocorrer, no máximo, 6 restos diferentes. Essa sequência máxima se encontra na fração dada, cujos resíduos da divisão em cada passo estão marcados em negrito: $r_1 = 6$,

$r_2 = 4$, $r_3 = 5$, $r_4 = 1$, $r_5 = 3$, $r_6 = 2$. O próximo resíduo necessariamente deve coincidir com um dos já encontrados. Nesse exemplo, ele coincide com o primeiro resíduo $r_1 = r_7 = 6$ e, por isso, a partir do sétimo passo da divisão, as contas vão se repetir, oferecendo os mesmos resultados que já foram encontrados nos primeiros seis passos. Assim, o resultado final é $\frac{13}{7} = 1,(857142)$.

2. Transformar o número decimal $-5,42(376)$ em uma fração.

Solução.

É mais simples transformar o respectivo número positivo $5,42(376)$ e depois acrescentar o sinal negativo. Primeiro, separamos a parte periódica, representando o número na forma $5,42(376) = 5,42 + 0,00(376)$. Para primeira parte, temos $5,42 = \frac{542}{100}$ e a segunda reescrevemos como $0,00(376) = 0,(376) \cdot 10^{-2}$. O número $t = 0,(376)$ vamos transformar seguindo o procedimento geral: $t \cdot 10^3 - t = 376,(376) - 0,(376) = 376$ e, portanto, $t = \frac{376}{10^3-1} = \frac{376}{999}$. Juntando as partes, encontramos $5,42(376) = \frac{542}{100} + \frac{376}{999} \cdot 10^{-2} = \frac{542 \cdot 999 + 376}{999 \cdot 100}$, o que é uma fração com o numerador inteiro e o denominador natural, isto é, a representação procurada. Finalmente, para o número original, temos $-5,42(376) = -\frac{542 \cdot 999 + 376}{999 \cdot 100}$.

3. Responder as seguintes questões:

1) o produto de um número racional com um irracional é sempre um número irracional?

2) existem ou não dois números irracionais cuja soma e produto são racionais?

3) se as potências a^2 e a^3 são irracionais, a potência a^4 deve ser irracional também?

Solução.

1) Caso o número racional seja zero, então o produto vai ser o número racional – 0. Em todos os outros casos, o resultado vai ser um número irracional. Realmente, se o produto $c = a \cdot b$ com $a \neq 0$ racional e b irracional fosse racional, então dividindo c por a deveriamos encontrar um número racional, mas b é irracional, o que leva a contradição.

2) Existem, basta tomar $a = \sqrt{2}$ e $b = -\sqrt{2}$.

3) Não necessariamente, basta considerar $a = \sqrt[4]{2}$.

4. Verificar se os seguintes números são racionais ou irracionais:

1) $\sqrt[5]{50}$;

2) $\sqrt{2} + \sqrt{6}$;

3) $\sqrt{3-2\sqrt{2}} - \sqrt{3+2\sqrt{2}}$.

Solução.

1) Vamos supor que $\sqrt[5]{50}$ é um número racional, isto é, $\sqrt[5]{50} = \frac{m}{n}$, $m, n \in \mathbb{N}$. Sem perda de generalidade, podemos supor que a última fração é simplificada, isto é, m e n são primos entre si (não têm divisores comuns); caso não seja assim, então cancelamos todos os divisores comuns de m e n antes de iniciar o próximo passo do raciocínio. Da suposição que $\sqrt[5]{50} = \frac{m}{n}$, segue que $50 = \frac{m^5}{n^5}$, de onde $m^5 = 50n^5$. Então, o número m^5 é par e, consequentemente, m é um número par também, isto é, $m = 2k, k \in \mathbb{N}$. Por outro lado, da mesma relação $m^5 = 50n^5$ segue, também, que o número m^5 é divisível por 5 e, consequentemente, m é divisível por 5 também, isto é, $m = 5l, l \in \mathbb{N}$. Portanto, m é divisível por 2 e 5 ao mesmo tempo, isto é, $m = 10p, p \in \mathbb{N}$. Substituindo essa representação na relação entre m e n, obtemos $10^5p^5 = 50n^5$ ou $n^5 = 2 \cdot 10^3p^5$, o que significa que n^5 é divisível por 2 e 5 e então o mesmo é válido para n. Por isso, m e n tem divisores comuns (2 e 5) o que contradiz a nossa suposição. Assim, o número $\sqrt[5]{50}$ é irracional.

2) Vamos supor que $\sqrt{2} + \sqrt{6}$ seja um número racional. Então, o seu quadrado – $(\sqrt{2} + \sqrt{6})^2 = 2 + 6 + 2\sqrt{12} = 8 + 4\sqrt{3}$ – também deve ser racional. Disso segue que $\sqrt{3}$ é racional, o que não é verdade (esse último resultado pode ser demonstrado do mesmo modo como foi feita a demonstração para $\sqrt{2}$). Portanto, o número dado é irracional.

3) Observamos, primeiro, que as expressões dentro das raízes externas podem ser transformadas em quadrados completos: $3-2\sqrt{2} = (1-\sqrt{2})^2$ e $3+2\sqrt{2} = (1+\sqrt{2})^2$. Então, $\sqrt{3-2\sqrt{2}} - \sqrt{3+2\sqrt{2}} = \sqrt{(1-\sqrt{2})^2} - \sqrt{(1+\sqrt{2})^2} = -(1-\sqrt{2}) - (1+\sqrt{2}) = -2$, o que é um número racional.

5. Resolver a equação modular $\left|\frac{x-1}{x+2}\right| = 3$ e a desigualdade modular $\left|\frac{x-1}{x+2}\right| < 3$.

Solução.

1) A equação modular equivale às duas equações sem módulo: $\frac{x-1}{x+2} = 3$ e $\frac{x-1}{x+2} = -3$ (lembremos que $|a| = 3$ significa que $a = 3$ e $a = -3$). Resolvendo a primeira, obtemos $x - 1 = 3x + 6$ e então $x_1 = -\frac{7}{2}$. Da segunda temos $x - 1 = -3x - 6$ e então $x_2 = -\frac{5}{4}$. Essas são as duas soluções da equação modular.

2) Reescrevemos a desigualdade modular na forma sem módulo $-3 < \frac{x-1}{x+2} < 3$ (lembremos que $|a| < 3$ significa que $-3 < a < 3$). Para resolver a desigualdade à direita, temos que considerar duas situações. Primeiro, se $x + 2 > 0$, então a desigualdade direita se reduz a $x - 1 <$

$3x+6$, cuja solução é $x > -\frac{7}{2}$. Como a última solução deve ser escolhida do conjunto $x > -2$ (onde $x+2 > 0$), então a primeira solução é $x > -2$. Segundo, se $x+2 < 0$, então a desigualdade direita se reduz a $x-1 > 3x+6$ com a solução $x < -\frac{7}{2}$. Como essa solução satisfaz a condição $x < -2$ (i.e. $x+2 < 0$), então ela é a segunda solução. Portanto, a solução da desigualdade direita é $x > -2$ e $x < -\frac{7}{2}$, expressando essa em termos de conjuntos, temos $S_d = \{x : x > -2\} \cup \{x : x < -\frac{7}{2}\}$. Passamos à desigualdade esquerda, que resolvemos seguindo o mesmo algoritmo. Se $x+2 > 0$, então a desigualdade esquerda se reescreve como $x-1 > -3x-6$, levando à solução $x > -\frac{5}{4}$. Essa última satisfaz a condição $x > -2$ e, por isso, toda ela é a primeira parte da solução. Se $x+2 < 0$, então a desigualdade esquerda se reduz a $x-1 < -3x-6$, cuja solução é $x < -\frac{5}{4}$. Dela, temos que tomar a parte que satisfaz a condição $x < -2$ e, portanto, a segunda parte da solução é $x < -2$. Portanto, a solução da desigualdade esquerda é $x > -\frac{5}{4}$ e $x < -2$, ou, em termos de conjuntos, $S_e = \{x : x > -\frac{5}{4}\} \cup \{x : x < -2\}$. Finalmente, voltamos à desigualdade original. Como as desigualdades direita e esquerda devem ser satisfeitas ao mesmo tempo, temos que considerar a intersecção das soluções das duas. Assim, a solução da desigualdade original é $x < -\frac{7}{2}$ e $x > -\frac{5}{4}$, ou, em termos de conjuntos, $S = S_d \cap S_e = \{x : x < -\frac{7}{2}\} \cup \{x : x > -\frac{5}{4}\}$.

Notamos que, nesse algoritmo, resolvemos primeiro a desigualdade direita, depois a esquerda (para cada uma delas considerando ambas as opções do denominador) e depois achamos a solução final como intersecção das duas soluções obtidas. Naturalmente, alguns passos da resolução podem mudar de ordem. Por exemplo, primeiro, poderíamos fixar o sinal positivo do denominador e resolver a desigualdade dupla correspondente. Depois, fixamos o sinal negativo do denominador e resolvemos a segunda desigualdade dupla. Para finalizar, encontramos a união das soluções obtidas para os sinais diferentes. Obviamente, os dois algoritmos levam à mesma solução. Recomendamos ao leitor efetuar esse segundo procedimento e conferir dessa maneira a solução obtida acima.

Observação. O método de solução póde ser representado na forma mais transparente se juntarmos abordagem analítica e geométrica no método chamado de método de intervalos. Exploramos essa possibilidade nos exercícios da seção 1.5, depois de introduzir a relação entre números reais e pontos da reta, necessária para aplicação desse método.

Exercícios

1. Transformar as frações dadas em números decimais:

1) $\frac{3}{10}$;
2) $\frac{10}{3}$;
3) $-\frac{15}{8}$;
4) $-\frac{19}{12}$;
5) $-\frac{20}{7}$.

2. Transformar os números decimais em frações:

1) $0,3$;
2) $0,(3)$;
3) $-2,7(25)$;
4) $-5,617(23)$;
5) $6,01(522)$.

3. Indicar quais números são racionais e quais são irracionais:

1) $0,111111...$;
2) $0,101010...$;
3) $0,11011101...$;
4) $0,1010010001...$;
5) $0,0101101110....$

4. Verificar se os números dados são racionais ou irracionais:

1) $\sqrt{3}$;
2) $\sqrt[3]{3}$;
3) $\sqrt[3]{49}$;
4) $\sqrt[4]{7}$;
5) $\sqrt{2}+\sqrt{3}$;
6) $\sqrt{3-2\sqrt{2}}+\sqrt{3+2\sqrt{2}}$;
7) $\sqrt[3]{\sqrt{5}-2}+\sqrt[3]{\sqrt{5}+2}$;
8) $\sqrt[3]{\sqrt{5}-2}-\sqrt[3]{\sqrt{5}+2}$.

5. Sejam p e q números racionais, e a e b irracionais. Analisar se os seguintes números sao racionais ou irracionais:

1) $p+q$;
2) $a+b$;
3) $p+a$;
4) $p\cdot q$;
5) $a\cdot b$;
6) $p\cdot a$;
7) p^2;
8) a^2;

9) $\sqrt{p}$;
10) $\sqrt{a}$.

6. Comparar os números reais:
1) $\sqrt{2}$ e $1,4$;
2) $-\frac{2}{3}$ e $-0,(6)$;
3) $\sqrt{3}-\sqrt{2}$ e 1;
4) $\sqrt{3}+\sqrt{2}$ e $\sqrt{5}$;
5) $\sqrt{a}+\sqrt{b}$ e $\sqrt{a+b}$;
6) $\sqrt{2ab}$ e $\sqrt{a^2+b^2}$;
7) $\sqrt[3]{3}$ e $\sqrt{2}$;
8) π^2 e 2^π.

7. Encontrar todos os números reais x tais que
1) $10-x^2<6$;
2) $(x-1)^2\le 12$;
3) $(x-1)(x-5)<0$;
4) $x^2-6x+5\ge 0$;
5) $(x-\sqrt{3})(x-2)(x+3)>0$;
6) $10^x<\frac{1}{100}$;
7) $\frac{2}{x}-\frac{1}{1+x}\le 0$;
8) $x+2^x<3$.

8. Resolver as seguintes equações modulares:
1) $|x|=2$;
2) $|2x-1|=3$;
3) $|2+x|=2$;
4) $\left|\frac{2-x}{x-1}\right|=0$;
5) $\left|\frac{2x-1}{x-2}\right|=1$.

9. Resolver as seguintes desigualdades modulares:
1) $|x|<2$;
2) $|x|\ge 2$;
3) $|2x-1|\le 3$;
4) $|2x-1|>3$;
5) $\left|\frac{2-x}{x-1}\right|<2$;
6) $\left|\frac{2x-1}{x-2}\right|>1$.

10. Verificar se afirmação abaixo é falsa ou verdadeira:
1) qualquer número racional é real;
2) qualquer número irracional é real;
3) existem números que são racionais e irracionais ao mesmo tempo;
4) o conjunto dos irracionais é o conjunto de todas as raízes junto com

o número π e o número e;
5) o conjunto dos irracionais é o conjunto de todos os números que não são racionais;
6) o produto de dois números irracionais é um número irracional;
7) entre dois números irracionais sempre existe um racional;
8) se o produto dos dois números irracionais é dado, então, sabendo um dos fatores, sempre podemos encontrar o segundo.

Seção 1.4 Reta coordenada e sua equivalência com o conjunto dos reais

Definição da reta coordenada. Uma *reta coordenada* é a reta com as seguintes características introduzidas: o *ponto origem*, o *sentido positivo e negativo*, e, finalmente, a *unidade de medida*. É preciso fazer alguns comentários sobre essas características. Notamos que a origem O é um ponto escolhido de modo arbitrário, mas, depois de ser escolhido, ele é fixo. O sentido positivo é a parte da reta que fica de um dos lados do ponto origem, e então o negativo fica do lado oposto. A escolha da parte positiva é arbitrária, mas, caso a reta tenha orientação horizontal, então é tradicional chamar a parte à direita da origem de sentido positivo e, então, a parte negativa fica à esquerda da origem. Se a reta tem orientação vertical, então, normalmente, o sentido positivo é a parte acima da origem e o negativo fica abaixo. O sentido positivo é marcado pela letra x (ou qualquer outra letra apropriada) (veja Fig.4.1). Finalmente, a unidade de medida é da escolha arbitrária que representa a distância igual a 1 entre ponto origem e o ponto específico I (usualmente) localizado na parte positiva da reta coordenada (veja Fig.4.1). A reta coordenada também é chamada de *eixo coordenado* ou eixo Ox (caso x seja usado para marcar o sentido positivo).

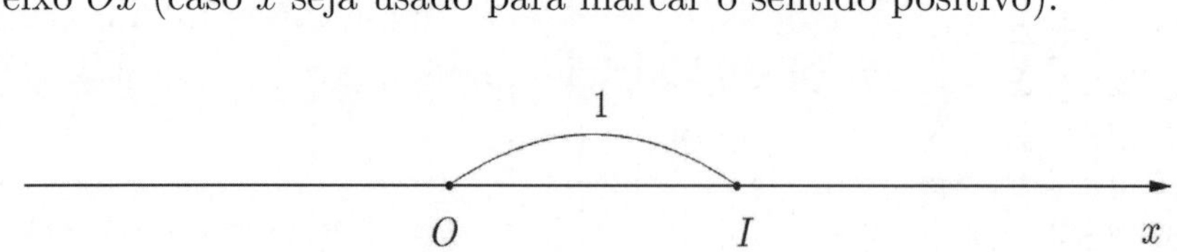

Figura 4.1 Reta coordenada: origem, sentido positivo e unidade de medida.

Vamos estabelecer uma relação de *equivalência* entre o conjunto de todos os pontos de uma reta coordenada e todos os números reais, isto é, vamos associar a cada ponto um único número real, e vice-versa, a cada número real vai corresponder um único ponto da reta (tal relação também é chamada de biunívoca ou bijetora). Notamos que há diferentes formas de gerar uma relação de equivalência entre os dois conjuntos. A especificidade da relação que vamos introduzir é que ela está intimamente ligada com a medida da distância do ponto origem até o ponto corrente da reta coordenada.

Primeiramente, observamos que basta nós conseguirmos estabelecer a equivalência procurada entre a parte positiva da reta coordenada e o conjunto dos números reais positivos. De fato, relacionamos (de modo único) o ponto origem com o número 0 e, usando a equivalência construída entre as partes positivas dos dois conjuntos, a cada ponto P_- da parte negativa, que é simétrico (em relação à origem) ao ponto P da parte positiva, associamos o número negativo $-x_P$, onde x_P é aquele número positivo que corresponde a P. Assim, a relação entre as partes positivas é realmente o problema principal, cuja resolução será suficiente para solucionar todo o problema de imediato.

Vamos fixar que o ponto origem O corresponde ao número 0. Marcamos um ponto arbitrário P e elaboramos o algoritmo que possibilita associar a P um único número real positivo. Inicialmente, marcamos os pontos (à direita de O) que correspondem aos múltiplos da unidade de medida: $I_1 \equiv I$ corresponde à unidade da medida, I_2 a duas unidades (tem distância igual a 2 até a origem), ..., I_n a n unidades (tem distância igual a n até a origem), etc. (veja Fig.4.2). A cada um destes pontos, associamos o número positivo igual àquela distância que o ponto tem até a origem: $I_1 \leftrightarrow 1$, $I_2 \leftrightarrow 2$, ..., $I_n \leftrightarrow n$, ... (veja Fig.4.2). Dessa maneira, nós estabelecemos a equivalência entre todos os pontos múltiplos da unidade de medida e todos os números naturais. Se P coincide com um destes pontos, por exemplo, com I_n, então o número correspondente x já é encontrado - $x = n$ - e o algoritmo terminou. Caso isso não ocorra, como P não coincide com nenhum dos I_n, então ele deve ficar entre os dois pontos consecutivos destes. Vamos supor (sem perda da generalidade) que ele fica entre I_n e I_{n+1}. Neste caso, determinamos a parte inteira do número procurado x na forma $x_0 = n$ e finalizamos o passo 0 do nosso algoritmo, prosseguindo então para o próximo passo. Começamos este passo dividindo o segmento $[I_n, I_{n+1}]$ com uso de um décimo da medida original. Obviamente, neste caso, $[I_n, I_{n+1}]$ (cujo comprimento é igual a 1) será dividido em dez partes de mesmo comprimento e os pontos da divisão marcaremos por (na ordem de esquerda para direita) $A_{1,0} \equiv I_n$, $A_{1,1}$, $A_{1,2}$, $A_{1,3}$, $A_{1,4}$, $A_{1,5}$, $A_{1,6}$, $A_{1,7}$, $A_{1,8}$, $A_{1,9}$,$A_{1,10} \equiv I_{n+1}$ (veja Fig.4.3). Se P coincidir com um destes pontos da primeira subdivisão, por exemplo, com $A_{1,7}$, então o número procurado já foi encontrado - $x = n,7$ - e terminamos o algoritmo. Caso contrário, supondo que P fica entre $A_{1,7}$ e $A_{1,8}$, determinamos o primeiro algarismo decimal após a vírgula, $x_1 = 7$, na representação decimal do número real $x = x_0, x_1x_2 \ldots x_i \ldots$ e finalizamos o passo número 1. Já é possível deduzir como determinamos o segundo algarismo decimal de x no passo número 2. Faremos uma subdivisão do intervalo $[A_{1,7}, A_{1,8}]$ da localização corrente de P em dez partes iguais, usando, então, um centésimo da medida original da unidade, e marcamos os pontos dessa subdivisão por $A_{2,0} \equiv A_{1,7}$, $A_{2,1}$, $A_{2,2}$, $A_{2,3}$, $A_{2,4}$, $A_{2,5}$, $A_{2,6}$, $A_{2,7}$, $A_{2,8}$, $A_{2,9}$, $A_{2,10} \equiv A_{1,8}$ (veja Fig.4.4). Se P coincidir com um dos pontos dessa segunda subdivisão, por exemplo, com $A_{2,3}$, então o número procurado já foi encontrado – $x = n, 73$ – e terminamos o algoritmo. Caso contrário, supondo que P fica entre $A_{2,3}$ e $A_{2,4}$, determinamos o segundo algarismo decimal de x após a vírgula $x_2 = 3$ e finalizamos o passo número 2. E assim por diante.

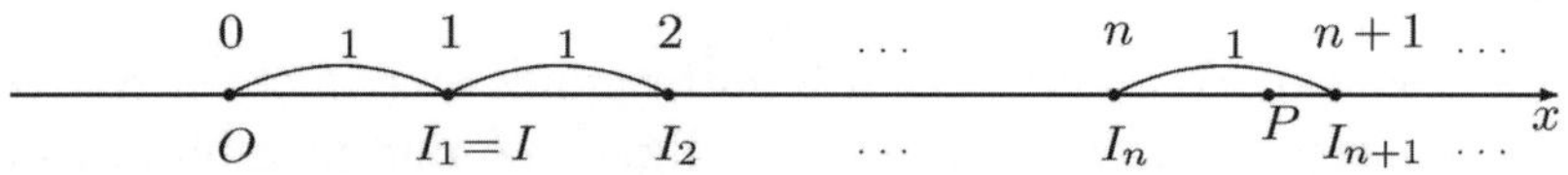

Figura 4.2 Determinação da parte inteira de x.

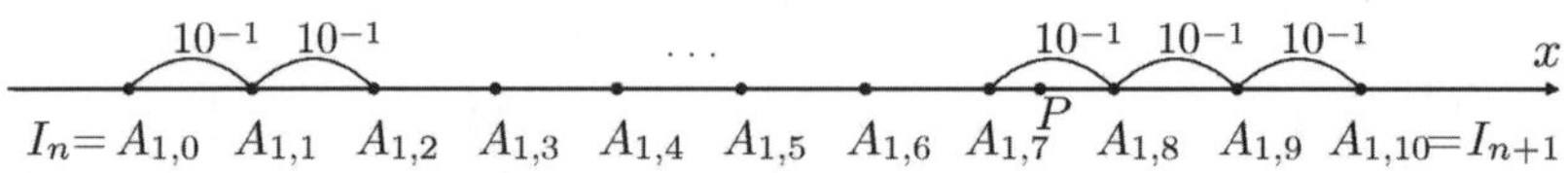

Figura 4.3 Determinação do primeiro algarismo decimal de x.

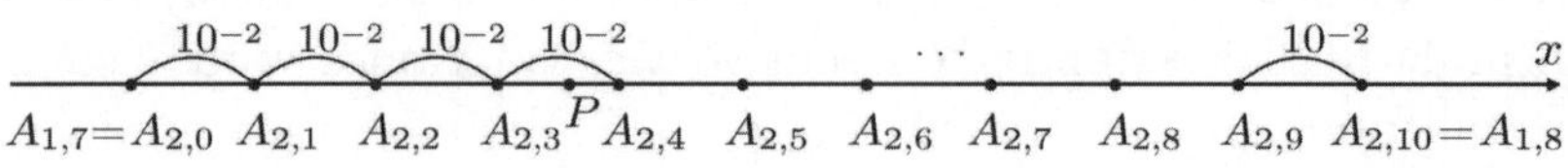

Figura 4.4 Determinação do segundo algarismo decimal de x.

No i-ésimo passo, determinamos o i-ésimo algarismo decimal x_i usando a i-ésima subdivisão do intervalo corrente de localização de P em dez partes de comprimento igual a 10^{-i} da medida unitária original. Se P coincidir com um dos pontos da i-ésima subdivisão, por exemplo, com $A_{i,1}$, então $x_i = 1$ e o número procurado é $x = x_0, x_1x_2 \ldots x_i$, finalizando o algoritmo neste passo. Caso contrário, supondo que P fica entre $A_{i,1}$ e $A_{i,2}$, determinamos $x_i = 1$, finalizamos o passo número i e passamos para o próximo. Dessa maneira, em cada passo do algoritmo, determinamos o algarismo corrente e, dependendo da localização de P, ou paramos o algoritmo (o que significa que os demais algarismos são nulos) ou passamos para o próximo passo, no qual será encontrado o próximo algarismo de x. Em qualquer uma das duas situações – um algoritmo finito ou infinito –, todos os algarismos de x serão definidos de modo único e, assim, vamos construir um único número x correspondente ao ponto escolhido P.

É importante notar que o número encontrado representa a distância de O a P, que denotamos via $d(O,P)$. Realmente, no passo 0, encontramos a distância de O até o primeiro ponto I_n à esquerda de P. Se $P = I_n$, então o número $x_P = n$ é igual à distância $d(O,P) = n$. Caso contrário, temos uma aproximação $x_0 = n$, inferior, para essa distância, sabendo que $d(O,P)$ é maior que n e menor que $n+1$ (uma vez que P fica entre I_n e I_{n+1}). Isso quer dizer que temos avaliação com erro $\epsilon_0 = d(O,P) - x_0$ menor que 1. No passo número 1, encontramos a distância exata x_0, x_1 caso P coincidir com um dos pontos da primeira subdivisão, ou sua aproximação inferior com precisão melhor que 10^{-1}. E assim por diante. No i-ésimo passo, ou encontramos a distância exata $d(O,P) = x_0, x_1 x_2 \ldots x_i$ caso P coincida com um dos pontos da i-ésima subdivisão, ou achamos sua aproximação inferior $x_0, x_1 x_2 \ldots x_i$ com erro $\epsilon_i = d(O,P) - x_0, x_1 x_2 \ldots x_i$ menor que 10^{-i} (uma vez que, no último caso, P fica entre os dois pontos consecutivos da subdivisão com distância entre estes igual a 10^{-i}). Notamos que, em cada passo, o erro ϵ_i definido acima é a diferença entre a distância exata $d(O,P)$ e a sua aproximação inferior $x_0, x_1 x_2 \ldots x_i$, isto é, $\epsilon_i \geq 0$ em todos os passos do algoritmo. Assim, se o algoritmo for finito, então determinamos a distância exata em i passos. Se for infinito, então, depois do i-ésimo passo, encontramos a aproximação para distância com erro menor que 10^{-i} e, em cada passo posterior, melhoramos a precisão de avaliação em 10 vezes comparando com o passo anterior. Desta maneira, efetuando um número bastante grande de passos, faremos com que o erro ϵ_i de aproximação da distância seja menor que qualquer número positivo. Como o erro considerado de aproximação é uma grandeza não negativa e o único número não negativo menor que qualquer positivo é 0, então, no final do algoritmo, encontramos a distância exata de O até P.

Usando o algoritmo similar no sentido inverso, isto é, partindo de um número real positivo e gerando o único ponto correspondente, podemos ver que a cada número real positivo corresponde um único ponto da reta coordenada (deixamos os detalhes deste algoritmo inverso como exercício para os leitores). Assim, a cada ponto da parte positiva da reta coordenada corresponde um único número real positivo e vice-versa. Isso significa que entre os dois conjuntos – o da parte positiva da reta coordenada e o dos números reais positivos – foi estabelecida uma relação de equivalência.

Como já foi comentado anteriormente, o resto é simples: o ponto O corresponde ao número 0 e, para qualquer ponto P_- da parte negativa da reta coordenada, basta encontrar o ponto simétrico P (que fica na mesma distância de O, mas na parte positiva), tomar o número positivo x_P correspondente a P e acrescentar a ele sinal menos – o número negativo $-x_P$ vai ser aquele que corresponde a P_-. Assim, usando o algoritmo proposto, é estabelecida uma relação de equivalência entre todos os pontos da reta coordenada e todos os números reais. O número x_P que corresponde a P é chamado de *coordenada do ponto P*. Devido à relação de equivalência, vamos usar com frequência a notação $P = x_P$, o que não significa a igualdade entre um ponto e um número e sim a equivalência entre os dois. Importante notar que a aplicação do algoritmo específico na elaboração da equivalência permitiu gerar as coordenadas intimamente ligadas com as distâncias até o ponto origem: se $P = O$, então a coordenada correspondente $x_P = 0$ representa a distância entre dois pontos coincidentes; se P fica na parte positiva, então x_P é igual à distância de O até P; finalmente, para qualquer P da parte negativa, x_P representa a distância de O até P acrescida do sinal negativo. Usando, como antes, a notação $d(O,P)$ para distâncias, reescrevemos isso na forma: $d(O,P) = 0$ caso $x_P = 0$ (o que equivale à condição $P = O$); $d(O,P) = x_P$ caso $x_P > 0$ (a última desigualdade equivale à condição de que P fica à direita de O); $d(O,P) = -x_P$ caso $x_P < 0$ (a última desigualdade equivale à condição de que P fica à esquerda de O). Lembrando a definição de *módulo* de uma grandeza, concluímos, imediatamente, que $d(O,P) = |x_P|$.

Observação 1. Devido à relação de equivalência entre conjunto dos reais e dos pontos de uma reta coordenada, muitas vezes, os números reais são chamados de pontos reais, e os pontos, de números. A reta coordenada (eixo coordenado) é chamada da *reta real* (*eixo real*). Prosseguindo com essa analogia, dizer que o ponto A fica à direita de B é dar a mesma informação que pode ser expressa em termos das suas coordenadas como $x_A > x_B$; afirmar que o ponto A fica entre B e C (com C localizado mais à direita entre os três pontos) é o mesmo que relacionar suas coordenadas via desigualdade $x_B < x_A < x_C$. E assim por diante. Isso quer dizer que, daqui para frente, podemos misturar no texto os conceitos de pontos e suas coordenadas, sem perder a precisão de raciocínio.

Observação 2. Às vezes, é conveniente considerar o *eixo real extendido*, incluindo infinitos positivo ($+\infty$) e negativo ($-\infty$). Neste caso, todos os pontos reais (geométricos) são chamados de *pontos finitos* e os infinitos são chamados de *pontos infinitos*.

Exercícios resolvidos

1. Marcar o ponto com coordenada $x = \sqrt{5}$.

Solução.

Da representação $5 = 1^2 + 2^2$, notamos que $\sqrt{5}$ pode ser considerado como o comprimento da hipotenusa do triângulo retângulo com os catetos de comprimento 1 e 2. Então, construímos o triângulo retângulo ABC com catetos AB e BC medindo, respectivamente, 1 e 2 unidades escolhidas, por exemplo, centímetros. Logo escolhemos a reta coordenada que passa por A e C, tem a origem em A, o sentido positivo na direção de A para C e a unidade de medida usada na construção de ABC (veja Fig.4.5). Então, o ponto C vai ter a coordenada $\sqrt{5}$ nesse sistema. Ou, equivalentemente, para usar uma reta coordenada já determinada antes, deslocamos o triângulo ABC (construído com a mesma unidade de medida usada na reta coordenada) de tal modo que o lado AC ficasse em cima da reta coordenada com o vértice A coincidindo com a origem e o vértice C localizado na parte positiva da reta coordenada. De novo, o ponto C vai ter coordenada $\sqrt{5}$ nessa reta.

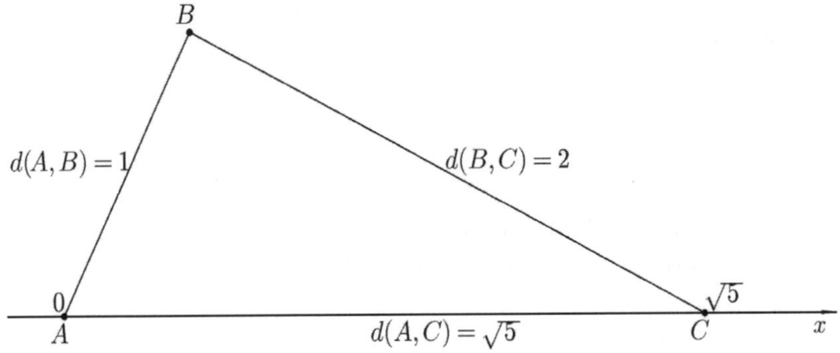

Figura 4.5 Ponto $\sqrt{5}$ na reta coordenada.

2. Marcar (aproximadamente) os pontos A e B com coordenadas $\sqrt{5} - \sqrt{3}$ e $\sqrt{2}$, respectivamente, explicando porque um fica à esquerda/direita de outro.

Solução.
Usamos as seguintes avaliações simples dos números irracionais: $\sqrt{5} < 2,5$, $\sqrt{3} > 1,5$, $\sqrt{2} > 1$. Então $\sqrt{5} - \sqrt{3} < 2,5 - 1,5 = 1 < \sqrt{2}$. Assim, o ponto A fica à esquerda de B (veja Fig.4.6).

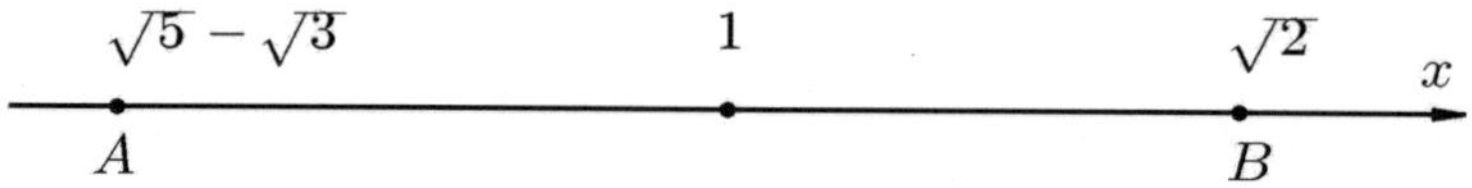

Figura 4.6 Pontos $\sqrt{5} - \sqrt{3}$ e $\sqrt{2}$ na reta coordenada.

Outra maneira de comparar a localização de A e B, é usando as propriedades das expressões envolvidas. Podemos mostrar que, em geral, o ponto A de coordenada $x_A = \sqrt{a} - \sqrt{b}$ fica à esquerda de B de coordenada $x_B = \sqrt{a-b}$ se $a > b \geq 0$. Realmente, como as duas coordenadas são positivas, podemos elevar ao quadrado sem modificar a sua relação: $x_A^2 = a + b - 2\sqrt{ab}$ e $x_B^2 = a - b$. Então, temos que comparar $b - 2\sqrt{ab}$ e $-b$. Como $a > b$, segue que $b - 2\sqrt{ab} < b - 2\sqrt{b^2} = b - 2b = -b$, isto é, x_A é menor que x_B e, portanto, A fica à esquerda de B.

Exercícios

1. Marcar os pontos cujas coordenadas são
1) $x = 2$;
2) $x = -3$;
3) $x = \frac{5}{3}$;
4) $x = -\frac{3}{5}$;
5) $x = \sqrt{2}$;
6) $x = -\sqrt{5}$.

2. Marcar (aproximadamente) os dois pontos com coordenadas dadas, explicando porque um fica à esquerda/direita de outro:
1) $\sqrt{2}$ e $1,4$;
2) $-\frac{2}{3}$ e $-0,(6)$;
3) $\sqrt{2} - \sqrt{3}$ e -1;
4) $\sqrt{3} + \sqrt{2}$ e $\sqrt{5}$;
5) $-\pi$ e $-3,14$;
6) $(-\pi)^2$ e $(-3,14)^2$.

3. Marcar os pontos cujas coordenadas são:
1) três números naturais menores que π;

2) três números inteiros que ficam entre $-\sqrt{3}$ e $\sqrt{3}$;
3) três números racionais que ficam entre $\sqrt{2}$ e $\sqrt{3}$;
4) três números irracionais múltiplos de $-\sqrt{5}$;
5) três números reais que satisfazem a relação $x^3 = 2x$.

Seção 1.5 Alguns problemas geométricos na reta coordenada

1 Distância entre dois pontos

Usando o módulo, podemos expressar a *distância entre quaisquer dois pontos* numa reta coordenada numa forma compacta. Primeiro, lembramos mais uma vez que a distância de qualquer ponto P até a origem O é o módulo da coordenada de P: $d(O,P) = |x_P|$. Consideremos agora dois pontos arbitrários A e B. Vamos supor, inicialmente, que B fica à direita de A, ou seja, $x_B > x_A$. Se ambos os pontos ficam na parte positiva da reta coordenada, então $d(A,B) = d(O,B) - d(O,A) = x_B - x_A$ (Fig.5.1). Se a origem fica entre A e B, então $d(A,B) = d(O,B) + d(O,A) = x_B + (-x_A) = x_B - x_A$ (Fig.5.2). Finalmente, se A e B ficam à esquerda do ponto O, então $d(A,B) = d(O,A) - d(O,B) = -x_A - (-x_B) = x_B - x_A$ (Fig.5.3). Portanto, em qualquer situação, temos $d(A,B) = x_B - x_A$. Se a relacão entre os pontos é diferente – A fica à direita de B – então basta trocar a nomeação dos pontos e suas coordenadas na fórmula já deduzida e obtemos $d(A,B) = x_A - x_B$. Assim, se $x_B > x_A$ (B fica à direita de A) então $d(A,B) = x_B - x_A$, se $x_A > x_B$ (A fica à direita de B) então $d(A,B) = x_A - x_B$, e se $x_B = x_A$ (A coincide com B) então $d(A,B) = 0$. Expressando com o módulo, temos

$$d(A,B) = |x_A - x_B| \tag{5.1}$$

qualquer que seja a posição de A e B.

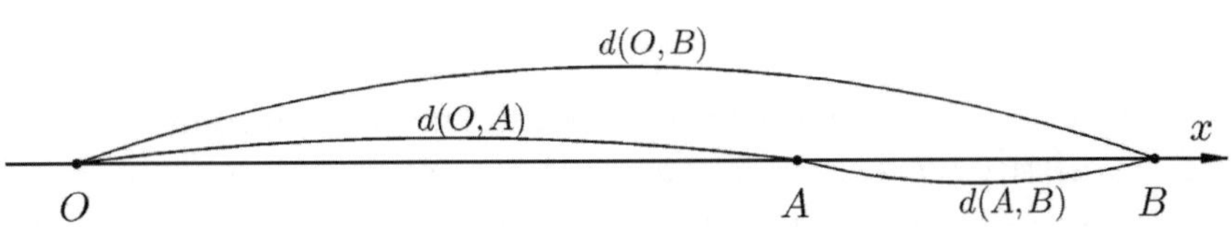

Figura 5.1 Distância entre A e B: B fica à direita de A, que fica à direita de O.

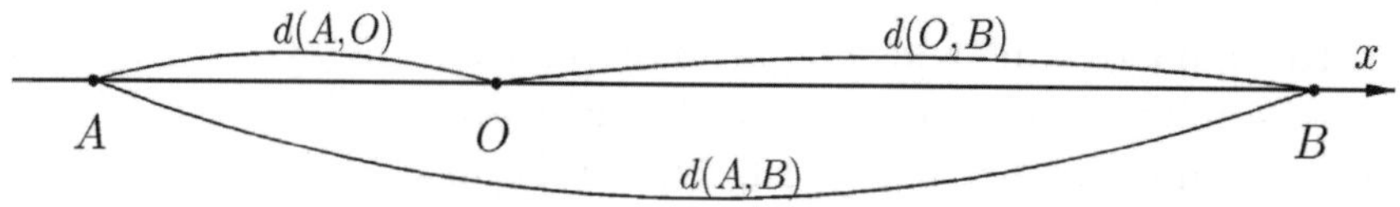

Figura 5.2 Distância entre A e B: B fica à direita de O, que fica à direita de A.

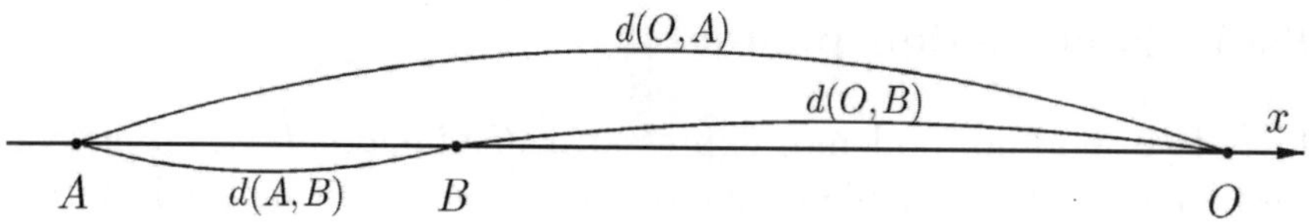

Figura 5.3 Distância entre A e B: O fica à direita de B, que fica à direita de A.

2 Intervalos, seu comprimento e divisão

A seguir, vamos usar as seguintes notações naturais para coordenadas de pontos: a coordenada do ponto A denotamos por a, de B – por b, de C – por c, etc.

Intervalo. Um *intervalo (segmento)* é o conjunto de todos os pontos da reta coordenada que ficam entre dois pontos dados A e B. Em termos de coordenadas, a formulação equivalente pode ser dada na forma: um intervalo é o conjunto de todos os números reais que ficam entre os dois dados a e b. Os pontos A e B (ou a e b), chamados de extremidades do intervalo, podem fazer ou não parte do intervalo. Dependendo disso, são diferenciados os seguintes tipos de intervalos: $a < x < b$ (*intervalo aberto*), ou $a \le x \le b$ (*intervalo fechado*), ou $a \le x < b$, ou $a < x \le b$ (os dois últimos intervalos são chamados *semi-abertos ou semi-fechados*). A notação comum é (a, b), $[a, b]$, $[a, b)$ e $(a, b]$, respectivamente. Em termos de pontos da reta coordenada, as notações correspondentes são (A, B), $[A, B]$, $[A, B)$ e $(A, B]$. A menos que seja dito o contrário, vamos considerar os intervalos "normais", isto é, aqueles onde a primeira extremidade A fica à esquerda da ou coincide com a segunda B (ou, equivalentemente, $a \le b$).

Observação 1. Devido à relação de equivalência entre conjuntos numéricos e geométricos, o convênio comum, já apontado na seção anterior, é usar as notações de intervalos numéricos para os geométricos e vice-versa, quando for conveniente.

Observação 2. No caso de uma desigualdade estrita, o ponto a pode ser $-\infty$ e o ponto b pode ser $+\infty$. No primeiro caso, a desigualdade formal

$-\infty < x < b$ (ou $-\infty < x \leq b$) significa simplesmente $x < b$ (ou $x \leq b$), e uma interpretação similar é usada no segundo caso.

Observação 3. Em muitos problemas da geometria analítica, o tipo de intervalo (aberto, fechado ou semi-aberto) não importa. Em particular, isso vale quando encontramos o comprimento de um intervalo ou ponto específico da sua divisão. Nestes casos, não vamos especificar o tipo de intervalo ou, sem perda de generalidade, vamos considerar um intervalo fechado.

Intervalo limitado. Um intervalo aberto (a, b) é *limitado* quando a e b são pontos finitos (ou seja, alguns pontos do eixo real). Se a ou b são infinitos, então o intervalo é *ilimitado.* Um intervalo fechado $[a, b]$ é considerado sempre limitado.

Observação. Às vezes, um intervalo limitado é chamado *intervalo finito* e um ilimitado de *infinito.* Obviamente, o número de pontos em qualquer intervalo não singular ($a < b$) é infinito. Usualmente, o significado específico do termo "finito/infinito" aplicado a intervalos fica claro no contexto em consideração.

Comprimento de intervalo. Pela definição, o *comprimento de um intervalo* é a distância entre suas extremidades. (Obviamente, o tipo do intervalo aqui não importa.)

Divisão de um intervalo. Outro problema importante na reta coordenada é a divisão de um segmento (intervalo) numa proporção dada. Vamos começar do encontro do ponto médio.

Ponto médio. O *ponto médio de um intervalo* é definido como aquele ponto que equidista das suas extremidades.

Para encontrar a coordenada do ponto médio C do intervalo $[A, B]$, expressamos a sua definição geométrica em termos analíticos: $d(A, C) = d(C, B)$ ou $c - a = b - c$ (veja Fig.5.4) ou, explicitando c:

$$c = \frac{a + b}{2}\,. \tag{5.2}$$

A generalização deste problema do ponto médio é a *divisão de um intervalo numa proporção dada*: encontrar o ponto C que divide o intervalo $[A, B]$ na proporção $\lambda > 0$, ou seja, $\frac{d(A,C)}{d(C,B)} = \lambda$ (Fig.5.5). De novo, a definição tem a forma geométrica, que deve ser transformada a forma analítica para encontrar a coordenada do ponto C: $\frac{d(A,C)}{d(C,B)} = \frac{c-a}{b-c} = \lambda$ ou $c - a = \lambda(b - c)$. Explicitando c, obtemos

$$c = \frac{a + \lambda b}{1 + \lambda}\,. \tag{5.3}$$

No caso particular $\lambda = 1$, voltamos à definição do ponto médio e à fórmula respectiva da sua coordenada.

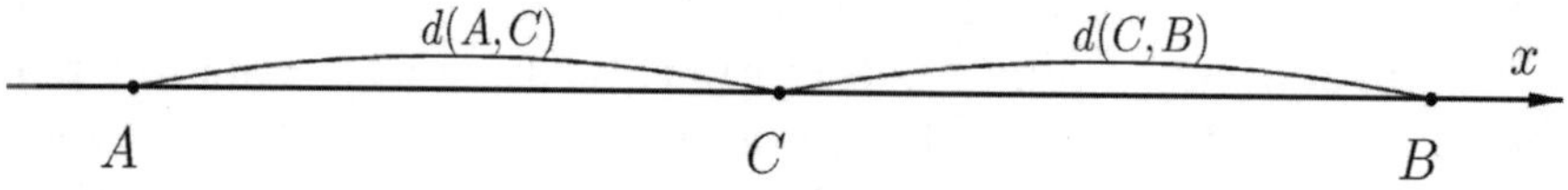

Figura 5.4 Encontro do ponto médio C do intervalo $[A, B]$.

Figura 5.5 Encontro do ponto C que divide o intervalo $[A, B]$ na proporção $\lambda > 0$.

3 Ponto simétrico

Mais um problema na reta é o encontro do *ponto simétrico*. Pela definição, o ponto B é simétrico ao ponto dado A em relação a um terceiro ponto C (chamado de *centro de simetria*), se B e A equidistam de C (sendo B e A dois pontos diferentes).

A partir da definição, notamos que a condição $d(B, C) = d(A, C)$ significa que C é o ponto médio do intervalo $[A, B]$ (veja Fig.5.4). Então, $c = \frac{a+b}{2}$ e, isolando b, obtemos

$$b = 2c - a\,. \tag{5.4}$$

Num caso particular, mais simples, quando o centro de simetria é a origem O, obtemos $b = -a$, a relação que já foi observada antes.

Observação. O conceito de simetria de um par de pontos em relação a um ponto C naturalmente se estende a um conjunto de pontos: um conjunto é simétrico em relação a C se qualquer ponto desse conjunto tem o ponto simétrico que também pertence a esse conjunto. Os domínios de funções pares e ímpares são conjuntos simétricos em relação à origem. (Lembremos que uma função $y = f(x)$ é chamada par se para qualquer x do seu domínio X é válido que $f(-x) = f(x)$; para uma função ímpar temos, respectivamente, $f(-x) = -f(x)$.)

Exercícios resolvidos

1. Caracterizar geometricamente os pontos cujas coordenadas satisfazem as seguintes relações:

1) $|1 + 3x| \leq 2$;

2) $x^3 + x^2 - 12x > 0$;

3) $\left|\frac{3-x}{x+1}\right| = 2$;

4) $\left|\frac{x-1}{x+2}\right| < 3$.

Solução.

Notamos que existem poucas situações em que as relações dadas admitem uma solução geométrica direta, isto é, podem ser interpretadas geometricamente sem a prévia solução analítica. A maioria absoluta das equações e desigualdades é tratada primeiro analiticamente e só depois de uma solução ser encontrada na forma analítica, se aplica sua interpretação geométrica. Nesse ponto, o uso das coordenadas se revela como uma ferramenta importante e até indispensável com maior clareza.

1) Reescrevemos a desigualdade dada na forma $-2 \leq 1 + 3x \leq 2$ (lembrando que $|a| \leq 2$ equivale a $-2 \leq a \leq 2$). Daí, segue que $-3 \leq 3x \leq 1$ ou $-1 \leq x \leq \frac{1}{3}$. Assim, a solução geométrica é o intervalo fechado $[-1, \frac{1}{3}]$. Observamos que, nesse caso particular simples, a desigualdade pode ser resolvida diretamente do modo geométrico, aplicando a caracterização do módulo. Realmente, a desigualdade original pode ser reescrita na forma $|x - (-\frac{1}{3})| \leq \frac{2}{3}$, o que significa que os pontos procurados devem ficar afastados do ponto $-\frac{1}{3}$ numa distância menor ou igual a $\frac{2}{3}$ (para esquerda e para direita). Então, marcamos o ponto central $-\frac{1}{3}$ do intervalo procurado e medimos dele a distância $\frac{2}{3}$ para os dois lados, obtendo a esquerda o ponto -1 e a direita $\frac{1}{3}$ (veja Fig.5.6). Todos os pontos desse intervalo $[-1, \frac{1}{3}]$ (incluindo as suas extremidades) representam soluções da desigualdade original.

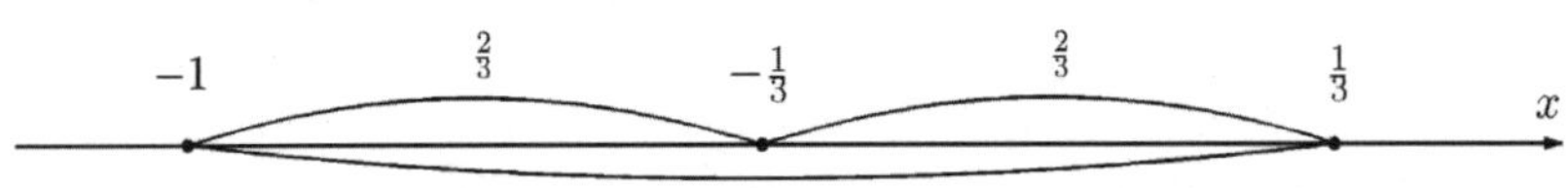

Figura 5.6 Solução geométrica da desigualdade $|x - (-\frac{1}{3})| \leq \frac{2}{3}$.

2) A desigualdade $x^3 + x^2 - 12x > 0$ não se resolve geometricamente direto. Temos que, primeiro, procurar sua solução analítica. Para isso,

fatoramos o polinômio do lado esquerdo: $x(x-3)(x+4)>0$ (isso é simples de fazer colocando x em evidência e encontrando duas raízes do polinômio quadrático restante). Observamos que os pontos críticos, onde cada termo linear muda seu sinal, são (na ordem crescente) -4, 0 e 3. Por conveniência, colocamos os fatores na mesma ordem: $(x+4)x(x-3)>0$. Se $x<-4$, então todos os fatores são negativos e, consequentemente, o produto é negativo, i.e., a desigualdade não está satisfeita; se $-4<x<0$, então o primeiro fator é positivo e os dois restantes – negativos, resultando em produto positivo, i.e., a desigualdade está satisfeita; para $0<x<3$, os dois primeiros fatores são positivos e o último é negativo, resultando em produto negativo, i.e., a desigualdade não está satisfeita; finalmente, para $x>3$, todos os três fatores são positivos e, portanto, o produto positivo, i.e., a desigualdade está satisfeita. Assim, a solução analítica é a união dos intervalos abertos $(-4,0)$ e $(3,+\infty)$, e a sua forma geométrica são dois intervalos correspondentes na reta coordenada.

Podemos chegar à mesma solução usando o método analítico-geométrico de intervalos. O raciocínio segue as considerações acima, mas, para melhor visualização, é acompanhado pela representação geométrica. Então, comecemos da desigualdade $(x+4)x(x-3)>0$ e seus pontos críticos -4, 0 e 3. Marcamos na reta coordenada os intervalos de sinal positivo e negativo para cada fator do lado esquerdo e, depois, interceptando esses sinais, fazemos a conclusão sobre o sinal do produto. Na Fig.5.7, são mostrados os intervalos do sinal fixo para os primeiros dois fatores (marcação do primeiro termo fica em cima e do segundo – abaixo da reta). A Fig.5.8 representa os intervalos do terceiro fator acima da reta coordenada e o sinal resultante do produto abaixo da reta, com a parte ondular representando a solução da desigualdade.

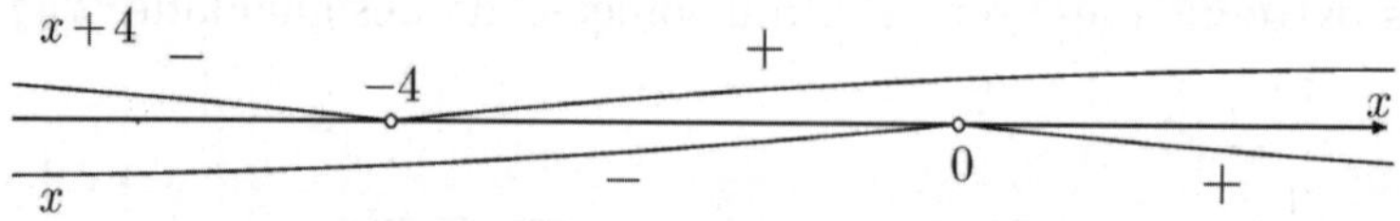

Figura 5.7 Pontos críticos e sinais dos termos $x+4$ e x.

3) A equação modular equivale as duas sem módulo: $\frac{3-x}{x+1}=2$ e $\frac{3-x}{x+1}=-2$ (lembramos que $|a|=2$ significa $a=2$ e $a=-2$). Resolvendo a primeira, obtemos $x_1=\frac{1}{3}$ e da segunda temos $x_2=-5$. Assim, temos dois pontos na reta real com coordenadas $\frac{1}{3}$ e -5. Notemos que, nesse

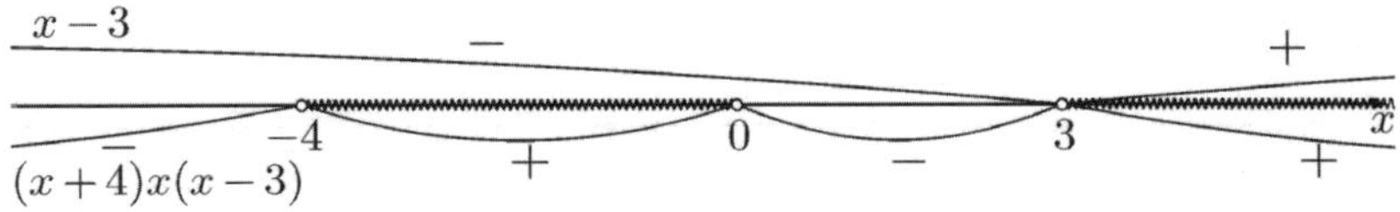

Figura 5.8 Pontos críticos e sinais do termo $x-3$ e do lado esquerdo $(x+4)x(x-3)$.

caso, embora a resolução analítica seja simples, a equação não dispõe de uma solução geométrica direta.

4) A desigualdade modular $\left|\frac{x-1}{x+2}\right| < 3$ já foi resolvida analiticamente no Exercício 5 da seção 3. Vamos refazê-la usando método analítico-geométrico de intervalos. Reescrevemos essa desigualdade na forma sem módulo $-3 < \frac{x-1}{x+2} < 3$. A desigualdade direita pode ser reescrita na forma $\frac{x-1}{x+2} - 3 = \frac{-2x-7}{x+2} < 0$ ou ainda $\frac{2x+7}{x+2} > 0$. Os zeros do numerador e denominador são $x = -\frac{7}{2}$ e $x = -2$, respectivamente. Marcamos estes pontos na reta coordenada e anotamos os intervalos onde o numerador e denominador mantém o mesmo sinal com símbolos "+" e "−": para não confundir, as anotações para o numerador fazemos acima da reta coordenada e para o denominador, abaixo (veja Fig.5.9). A razão $\frac{2x+7}{x+2}$ fica positiva quando os sinais do numerador e denominador coincidem, e essa parte da reta é marcada na forma ondulada. Da mesma maneira, a desigualdade esquerda pode ser reescrita na forma $\frac{x-1}{x+2} + 3 = \frac{4x+5}{x+2} > 0$. Fazendo as marcações semelhantes em relação aos zeros $x = -\frac{5}{4}$ e $x = -2$, concluímos imediatamente que a razão $\frac{4x+5}{x+2}$ tem sinal positivo na parte ondulada da reta coordenada (veja Fig.5.10). Para satisfazer ambas as desigualdades, devemos escolher a parte comum (fazer intersecção) das partes onduladas no primeiro e segundo desenho. Assim, chegamos à solução final $S = \{x : x < -\frac{7}{2}\} \cup \{x : x > -\frac{5}{4}\}$.

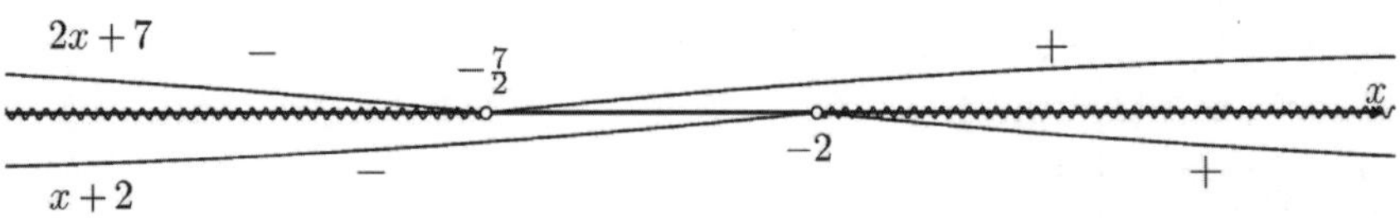

Figura 5.9 Pontos críticos e sinais das expressões da desigualdade direita.

2. Encontrar o ponto médio do intervalo AB, $A = -2$, $B = 6$ e o ponto C que divide esse intervalo na proporção $\frac{d(A,C)}{d(C,B)} = \frac{1}{5}$.

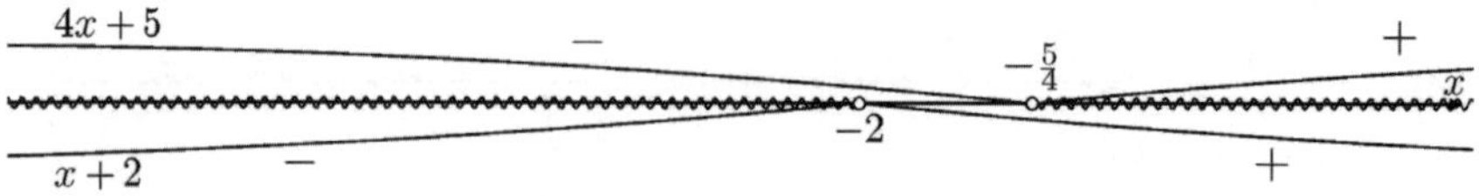

Figura 5.10 Pontos críticos e sinais das expressões da desigualdade esquerda.

Solução.

Da fórmula (5.2), segue imediatamente que o ponto médio D tem coordenada $d=\frac{-2+6}{2}=2$. Aplicando a fórmula (5.3), temos $c=\frac{-2+\frac{1}{5}\cdot 6}{1+\frac{1}{5}}=-\frac{2}{3}$.

3. Encontrar o ponto B simétrico a A em relação a C se:

1) $A=5$ e $C=-1$;

2) $A=-1$ e $d(A,C)=3$;

3) $d(A,B)=6$ e $C=2$.

Solução.

1) Usando fórmula (5.4), obtemos imediatamente $B=2\cdot(-1)-5=-7$.

2) Nas condições desse problema, temos duas opções. Se C ficar à direita de A, então $C=2$ e $B=2\cdot 2-(-1)=5$. Se C ficar à esquerda de A, então $C=-4$ e $B=2\cdot(-4)-(-1)=-7$.

3) Nas condições desse problema, temos duas opções. Se A ficar à direita de B, então $A=2+3=5$ e $B=2-3=-1$. Caso contrário, $A=-1$ e $B=5$.

Exercícios

1. Marcar pontos cujas coordenadas satisfazem as seguintes equações:

1) $|x|=2$;

2) $|2x-1|=3$;

3) $|2+x|=2$;

4) $x^2+x-2=0$;

5) $x^2+x+2=0$;

6) $x^2-2x+1=0$;

7) $x^2-8x+15=0$;

8) $x^3+2x^2-3x=0$;

9) $\frac{2-x}{x-1}=0$;

10) $\frac{2x-1}{x-2}=1$;

11) $\left|\frac{2-x}{x-1}\right|=0$;

12) $\left|\frac{2x-1}{x-2}\right| = 1$.

2. Caracterizar geometricamente todos os pontos cujas coordenadas satisfazem as seguintes relações:

1) $x < 2$;
2) $|x| < 2$;
3) $|x| \geq 2$;
4) $|2x-1| \leq 3$;
5) $|2x-1| > 3$;
6) $x^2 + x - 2 \leq 0$;
7) $x^3 + 2x^2 - 3x \geq 0$;
8) $x^3 + 2x^2 - 3x < 0$;
9) $\frac{2-x}{x-1} < 0$;
10) $\frac{2x-1}{x-2} > 1$;
11) $\left|\frac{2-x}{x-1}\right| < 2$;
12) $\left|\frac{2x-1}{x-2}\right| > 1$.

3. Encontrar a distância entre os pontos A e B cujas coordenadas são:

1) $a = 3$ e $b = 11$;
2) $a = 5$ e $b = 2$;
3) $a = -1$ e $b = 3$;
4) $a = -1$ e $b = -3$;
5) $a = 4$ e $b = -6$.

4. Encontrar o ponto médio entre os pontos A e B do Exercício 3.

5. Encontrar o ponto C que divide o intervalo AB na proporção $\frac{d(A,C)}{d(C,B)} = \frac{1}{2}$ e $\frac{d(A,C)}{d(C,B)} = 3$, usando os pontos A e B do Exercício 3.

6. Encontrar o ponto A se:

1) $B = -1$, $d(A,B) = 5$ e A fica à direita de B;
2) $B = -1$, $d(A,B) = 5$ e A fica à esquerda de B;
3) $B = -2$, e o ponto médio de AB é $C = 3$;
4) $B = -2$, e o ponto médio de AB é $C = -3$;
5) $B = 3$, e o ponto que divide AB na proporção $\frac{1}{2}$ é $C = 5$;
6) $B = 3$, e o ponto que divide AB na proporção 2 é $C = 5$;
7) $B = 3$, e o ponto que divide AB na proporção $\frac{1}{2}$ é $C = -3$;
8) $B = 3$, e o ponto que divide AB na proporção 2 é $C = -3$.

7. Encontrar o ponto B simétrico a A em relação a C se:

1) $A = 2$ e $C = 0$;
2) $A = 2$ e $C = 4$;
3) $A = -6$ e $C = 3$;
4) $A = -3$ e $d(A,C) = 4$;

5) $d(A, B) = 5$ e $C = -1$;
6) $A = 4$ e $d(C, B) = 3$.

8. Encontrar os pontos que dividem o intervalo AB em três partes iguais
1) $A = 2$ e $B = 6$;
2) $A = 1$ e $B = -8$;
3) $A = -5$ e $B = -1$.

10. Considerando que A e B são simétricos em relação a C, responder as seguintes questões:
1) todos os três pontos podem ficar na parte negativa da reta coordenada?
2) qual é a condição que garante que A e B fiquem nos lados opostos da reta coordenada?
3) se a coordenada de A é irracional, a coordenada de B também deve ser?
4) se as coordenadas de A e C são racionais, a de B também deve ser?
5) se as coordenadas de A e B são racionais, a de C também deve ser?
6) se as coordenadas de A e C são inteiros pares, a de B também deve ser?
7) existe um quarto ponto D simétrico tanto a A quanto a B em relação a C?

Seção 1.6 Transformações de coordenadas

Duas *transformações de coordenadas* a serem consideradas aqui são a *translação* e a *mudança de escala.*

1 Translação

A *translação* consiste em mudança do ponto de origem, mantendo todas as outras atribuições das coordenadas – a escolha do sentido positivo e da escala (unidade de distância).

Seja Q o novo ponto origem, com coordenada q no sistema original (com a origem O) e coordenada 0 no novo sistema de coordenadas. Mantemos a mesma notação de coordenadas originais e usaremos a notação com linha nas coordenadas novas: desta maneira, a coordenada de P no sistema original vai ser p e no sistema novo p'. A definição e o significado das coordenadas é o mesmo em cada um dos dois sistemas: a coordenada p de P é igual à distância de P até a origem quando P fica à direita da origem, e p igual à distância com sinal menos acrescido quando P fica à esquerda da origem.

Vamos supor, no momento, que a nova origem Q fica à direita de O. Então, das considerações geométricas, seguem as seguintes fórmulas: para os pontos P à direita de Q, temos $p' = d(Q,P) = d(O,P) - d(O,Q) = p - q$; para $P = Q$, temos $p' = 0 = p - p$; para P entre O e Q, segue $p' = -d(Q,P) = -(d(O,Q) - d(O,P)) = -(q - p) = p - q$; para $P = O$, temos $p' = -d(O,Q) = -q = 0 - q$; e para P à esquerda de O, segue $p' = -d(Q,P) = -(d(O,Q) + d(O,P)) = -(q + (-p)) = p - q$ (veja Fig.6.1). Juntando, chegamos a uma única fórmula

$$p' = p - q \tag{6.1}$$

qualquer que seja a posição de P.

Da mesma maneira, pode ser mostrado que a mesma fórmula é válida no caso em que o ponto Q fica à esquerda de O (deixamos isso como exercício para os leitores). Assim, para qualquer ponto P e qualquer posição de Q é válida a fórmula $p' = p - q$ da relação entre coordenadas originais p e coordenadas novas p', onde q é a coordenada da nova origem Q em coordenadas originais.

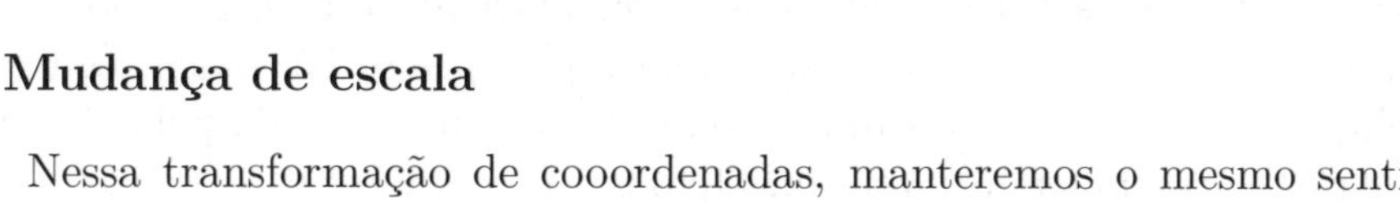

Figura 6.1 Translação: relação entre coordenadas.

2 Mudança de escala

Nessa transformação de cooordenadas, manteremos o mesmo sentido do eixo, o mesmo ponto origem, mas mudaremos a unidade de medida (de escala). Assim, na mesma reta vamos ter a unidade original que corresponde à distância de O até o ponto I (cuja coordenada é 1 no sistema original) e também a unidade nova que corresponde à distância de O até o ponto I' com coordenada k no sistema original (e coordenada 1 no novo sistema) (veja Fig.6.2). Como antes, para pontos P mantemos a mesma notação p de coordenadas originais e usaremos a notação p' nas coordenadas novas. As medidas das duas escalas vamos denotar pelas mesmas letras dos seus pontos da definição – I e I'. Como a coordenada de I' no sistema original é k, então entre essas duas medidas tem a relação $1' = k \cdot 1$, onde 1 e $1'$ são unidades no sistema original e novo, respectivamente.

Consideremos um ponto arbitrário P à direita da origem comum O dos dois sistemas de coordenadas. A coordenada p deste ponto é a distância de O em escala original. Como a nova medida é k vezes maior (ou $\frac{1}{k}$ menor) que a medida original, então a nova coordenada do ponto P vai ser

$$p' = \frac{1}{k}p\,. \tag{6.2}$$

Em particular, se $P = I'$ então $p' = \frac{1}{k} \cdot k = 1$ e se $P = I$, então $p' = \frac{1}{k} \cdot 1 = \frac{1}{k}$. Para um ponto à esquerda de O, temos a mesma relação entre coordenadas, uma vez que a relação entre as distâncias de P até O é a mesma e ambas as coordenadas são negativas.

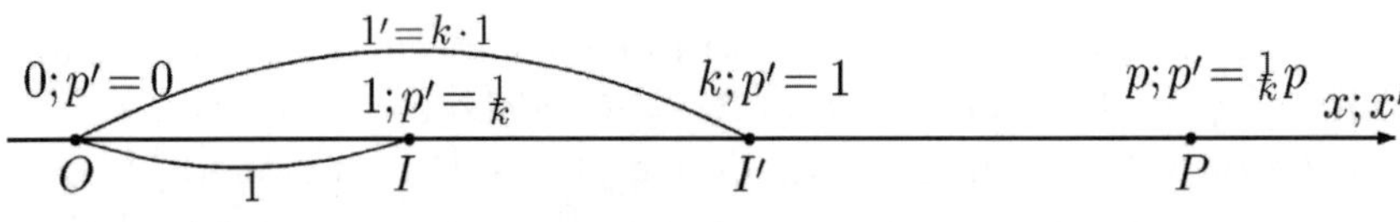

Figura 6.2 Mudança de escala: relação entre coordenadas.

3 Combinação de transformações

Caso seja realizada a mudança da origem de O para Q, com posterior mudança de escala de I para I', podemos aplicar as fórmulas já deduzidas acima para estabelecer a relação entre as coordenadas originais p e as da transformação resultante $\tilde{p}$. No primeiro passo, considerando as coordenadas intermediárias p' referentes à mudança da origem para Q (cuja coordenada é q no sistema original), temos $p' = p - q$. No passo seguinte, a relação entre coordenadas intermediárias e as finais é dada pela fórmula $\tilde{p} = \frac{1}{k}p'$. Juntando as duas relações, temos

$$\tilde{p} = \frac{1}{k}(p - q)\,. \tag{6.3}$$

De maneira semelhante, se a ordem de transformações é invertida – a mudança de escala é seguida pela mudança da origem, então a fórmula resultante é

$$\tilde{p} = \frac{1}{k}p - q'\,, \tag{6.4}$$

onde q' é o deslocamento nas coordenadas intermediárias. (A dedução dessa fórmula segue os mesmos passos da anterior e é deixada a cargo do leitor.)

Exercícios resolvidos

1. Encontrar a coordenada do ponto $P = -2$ no novo sistema se:
1) a origem foi transladada para o ponto $Q = 4$;
2) a nova unidade de medida é $1' = 4 \cdot 1$;
3) a translação da origem para o ponto $Q = -5$ foi seguida pela mudança de escala com a medida $1' = \frac{1}{3} \cdot 1$.

Solução.
1) Aplicando a fórmula (6.1) com $p=-2$ e $q=4$, temos $p'=-2-4=-6$.
2) Da fórmula (6.2), com $p = -2$ e $k = 4$, segue $p' = \frac{1}{4} \cdot (-2) = -\frac{1}{2}$.
3) Usando (6.3) com $p = -2$, $q = -5$ e $k = \frac{1}{3}$, temos $\tilde{p} = 3 \cdot (-2 - (-5)) = 9$.

2. Encontrar a translação efetuada se as coordenadas do ponto P são -1 e 6 no sistema original e novo, respectivamente.

Solução.
A relação entre a coordenada nova, a original e o valor da translação q é dada via fórmula (6.1), donde, isolando q, obtemos $q = p - p' = -1 - 6 = -7$. Assim, a origem O foi transladada 7 unidades para esquerda, onde ficou a origem nova.

3. Encontrar a mudança de escala efetuada se as coordenadas do ponto P são 3 e 5 no sistema original e novo, respectivamente.

Solução.
A relação entre a coordenada nova, a original e o coeficiente de escala k é dada via fórmula (6.2), donde, isolando k, obtemos $k = \frac{p}{p'} = \frac{3}{5}$. Assim, a unidade original foi reduzida $\frac{5}{3}$ vezes para corresponder à nova unidade de medida (por exemplo, o ponto 1 fica $\frac{5}{3}$ em novas coordenadas).

Exercícios

1. Dados pontos $A = 1$, $B = -3$ e $C = 7$, encontrar suas coordenadas no novo sistema se:
1) a nova origem é o ponto $Q = 4$;
2) a nova origem é o ponto $Q = -1$;
3) a nova unidade de medida é $1' = 2 \cdot 1$;
4) a nova unidade de medida é $1' = \frac{1}{3} \cdot 1$.

2. A origem é transladada para o ponto $I = 1$. Qual é a coordenada da origem no novo sistema de coordenadas?

3. Em qual ponto deve ser transladada a origem para que a coordenada original -3 do ponto A se torne -6?

4. As coordenadas do ponto A no sistema original e novo, obtido do original via translação, são 3 e 7, respectivamente. Encontrar a coordenada da nova origem no sistema original e a coordenada da origem inicial no sistema novo.

5. A nova unidade de medida é $1' = 3 \cdot 1$. Qual é a coordenada do ponto $I = 1$ no novo sistema de coordenadas.

6. Qual deve ser relação entre duas unidade de medida para que o ponto $A = 4$ tenha coordenada $3'$ no novo sistema?

7. As coordenadas do ponto A no sistema original e novo, obtido do original via mudança de escala, são 3 e $7'$, respectivamente. Encontrar a coordenada do ponto $I = 1$ no novo sistema e a coordenada do ponto $I' = 1'$ no sistema original.

Capítulo 2

Coordenadas no plano

Seção 2.1 Coordenadas gerais

Semelhante à situação na reta, o objetivo de introduzir *coordenadas no plano* é estabelecer a relação de *equivalência* ou *quase-equivalência* entre todos os pontos do plano e os pares ordenados dos números reais ou seus subconjuntos. Tal relação nos possibilita expressar os objetos geométricos na forma analítica e fazer estudo das suas propriedades usando equações, desigualdades, funções e todas as técnicas disponíveis de pré-cálculo, cálculo e análise.

Lembramos que a relação de *equivalência* entre dois conjuntos (de qualquer natureza) é uma correspondência entre dois conjuntos tal que a cada elemento do primeiro corresponde um único elemento do segundo e vice-versa. Essas relações também são chamadas de relações (ou funções) *biunívocas* (*bijetoras*).

Caso a relação estabelecida represente uma equivalência para todos os pontos do plano exceto um número finito de pontos e/ou linhas isolados, então tal relação é chamada de *quase-equivalência*.

Num sistema de coordenadas planares, o conjunto de pontos onde uma das coordenadas mantém o mesmo valor (é fixa) é chamado de *curva (ou linha) coordenada*. O nome reflete a forma geométrica mais comum desses conjuntos, mas não necessariamente uma curva coordenada é uma curva no sentido geométrico literal.

Seção 2.2 Coordenadas cartesianas

1 Definição das coordenadas

Definimos o *sistema cartesiano* no plano em dois passos: primeiro, introduzimos os *eixos de coordenadas* e depois descrevemos o algoritmo que permite associar a cada ponto do plano uma única *dupla ordenada dos números reais* e vice-versa.

Os *eixos de coordenadas* são introduzidos da seguinte maneira. Inicialmente, escolhemos uma reta qualquer no plano e fazemos dela uma reta coordenada, isto é, atribuimos a ela três características – ponto origem, unidade de medida e orientação positiva. Em seguida, construímos a segunda reta coordenada de tal maneira que ela é perpendicular à primeira, seu ponto origem coincide com o da primeira reta, a sua unidade de medida é igual à da primeira reta e, finalmente, a sua orientação positiva se encontra rotacionando a parte positiva da primeira reta no ângulo de $\frac{\pi}{2}$ no sentido anti-horário (que normalmente é considerado sentido positivo de rotação no plano). A primeira reta coordenada usualmente é chamada de eixo Ox e a segunda de Oy. Dessa maneira, os dois eixos coordenados são bem definidos e podemos passar à segunda etapa.

Agora, com eixos coordenados a nossa disposição, elaboramos o algoritmo (um dos vários possíveis) que leva à definição de *coordenadas cartesianas*. Consideremos um ponto arbitrário P no plano e encontremos os pontos respectivos da sua *projeção sobre eixos Ox e Oy*. Para isso, passamos por P uma reta perpendicular a Ox (paralela a Oy) e o ponto P_x, de intersecção dessa reta com Ox, chamamos de *projeção de P sobre Ox*. Da mesma maneira, passando por P uma reta perpendicular a Oy (paralela a Ox), encontramos o ponto P_y de intersecção dela com Oy e este é chamado de *projeção de P sobre Oy* (veja Fig.2.1). Como P_x fica na reta coordenada Ox, então a este ponto corresponde, de modo biunívoco, a coordenada x. Da mesma maneira, o ponto P_y da reta coordenada Oy gera uma única coordenada y. O par ordenado (x, y) é chamado de *coordenadas cartesianas do ponto P*, a primeira coordenada é chamada de *abscissa* e a segunda, de *ordenada*. Como, nesse algoritmo, P gera de modo único os pontos de projeção P_x e P_y, os quais, em sua vez, geram os únicos números reais x e y, então a dupla (x, y) é unicamente definida pela escolha de P. Notamos que, caso P tenha coordenadas (x, y), então suas projeções P_x e P_y têm as coordenadas $(x, 0)$ e $(0, y)$, respectivamente.

Usando a mesma construção na direção inversa (partindo da dupla arbitrária (x, y) e chegando a um único ponto correspondente P) pode ser visto

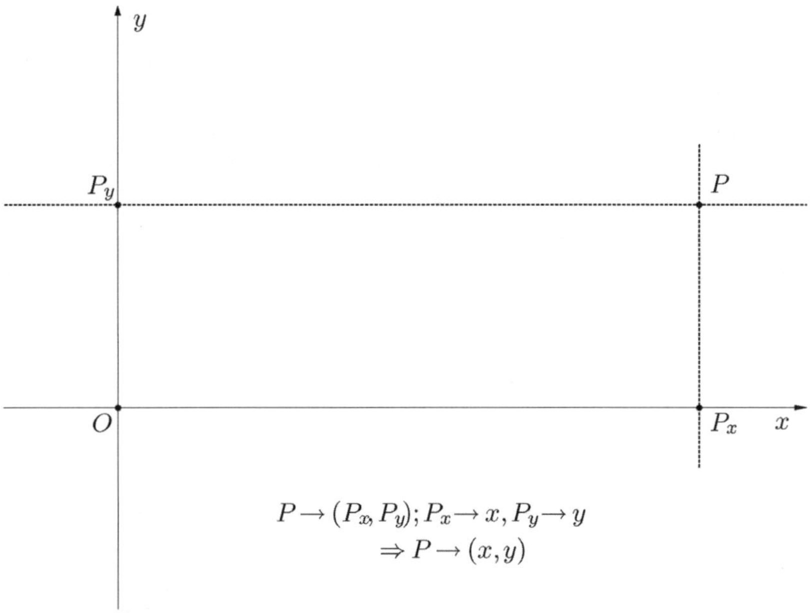

Figura 2.1 Determinição de coordenadas cartesianas de um ponto no plano.

que cada par ordenado dos números reais (x, y) define um único ponto no plano (deixamos os detalhes dessa implicação inversa a cargo do leitor). Assim, o algoritmo proposto estabelece a relação de equivalência entre todos os pontos do plano e todos os pares ordenados de números reais. Em virtude dessa equivalência, vamos usar a seguinte notação para os pontos e suas coordenadas $P = (x, y)$, entendendo aqui que a igualdade indica a relação de equivalência. Como os pares ordenados dos números reais podem ser obtidos considerando a operação do produto cartesiano $\mathbb{R} \times \mathbb{R}$, o plano com coordenadas cartesianas muitas vezes é denotado por $\mathbb{R}^2$.

2 Linhas coordenadas

De acordo com a definição geral, as *linhas coordenadas cartesianas* são definidas como conjuntos que satisfazem as equações $x = C_1$ e $y = C_2$, onde C_1 e C_2 são constantes. Em particular, se $y = 0$, então temos o conjunto de todos os pontos cuja projeção no eixo Oy fica na origem das coordenadas. Obviamente, todos os pontos com essa propriedade ficam na reta perpendicular a Oy que passa pela origem, ou seja, esses pontos representam o eixo Ox. Analogamente, os pontos da linha coordenada $x = 0$ formam o eixo Oy. Essas são duas *retas coordenadas principais*.

As demais curvas coordenadas também são visualisadas de modo simples. A equação $y = C_2$ define o conjunto dos pontos no plano cuja projeção sobre Oy tem a ordenada C_2, isto é, todos os pontos que ficam na reta perpendicular a Oy (paralela a Ox) e que passa pelo ponto $P_y = (0, C_2)$ (veja Fig.2.2). De modo análogo, $x = C_1$ representa a reta perpendicular a Ox (paralela a Oy) que passa pelo ponto $P_x = (C_1, 0)$. Assim, qualquer linha coordenada em coordenadas cartesianas é uma reta que coincide com um dos eixos de coordenadas (as *duas retas coordenadas principais*) ou é paralela a um dos eixos (as *demais retas coordenadas*).

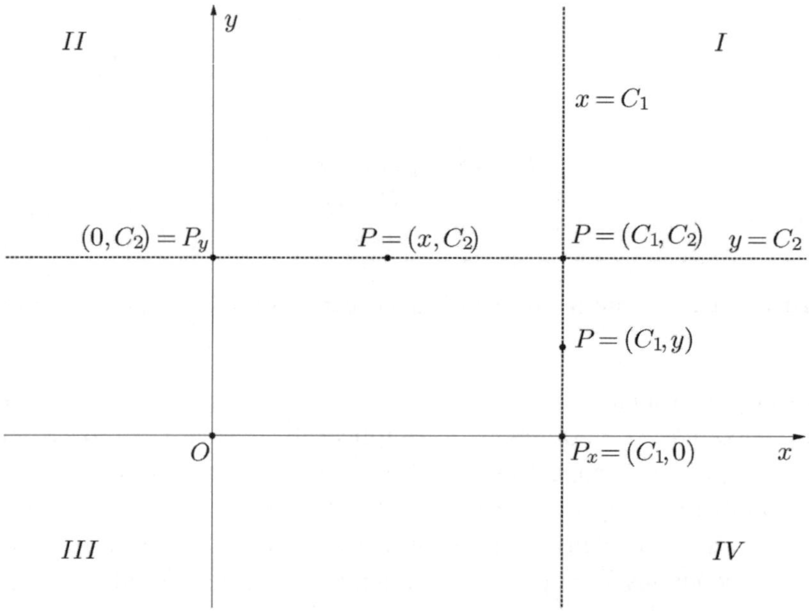

Figura 2.2 Retas coordenadas cartesianas.

Os eixos de coordenadas dividem todo o plano em quatro partes chamadas *quadrantes*: a região do plano localizada entre as partes positivas de Ox e Oy é chamada de I quadrante; a próxima no sentido anti-horário, que fica entre a parte negativa de Ox e a positiva de Oy, é o II quadrante; a terceira no sentido anti-horário é o III quadrante; e a última, entre a parte positiva de Ox e a negativa de Oy, é o IV quadrante (veja Fig.2.2).

3 Projeções sobre retas coordenadas

Já definimos antes as projeções de um ponto sobre eixos de coordenadas. Essa definição é facilmente estendida a *projeções sobre qualquer reta coordenada.* Consideremos o ponto $P = (x, y)$ e a reta coordenada $y = C$. A projeção de P sobre $y = C$ é o ponto $P_{y=C}$ de intersecção dessa reta com a reta perpendicular a $y = C$ (ela também é perpendicular ao eixo Ox) que passa por P. Obviamente, as coordenadas desse ponto são $P_{y=C} = (x, C)$. Da mesma maneira se define o ponto $P_{x=C}$ de projeção de $P = (x, y)$ sobre $x = C$ cujas coordenadas são $P_{x=C} = (C, y)$. No caso particular de $C = 0$, voltamos às projeções sobre eixos de coordenadas.

Consideremos agora a *projeção de um intervalo* P_1P_2 sobre o eixo Ox. Primeiramente, definimos (na forma geométrica) o que é um *intervalo* (*segmento*) no plano.

Definição (geométrica) de um intervalo. Um *intervalo* (*segmento*) P_1P_2 é a parte da reta passando por pontos P_1 e P_2 que fica entre estes dois pontos. Obviamente, P_2P_1 determina o mesmo intervalo que P_1P_2. Em particular, vamos considerar intervalos OP onde um dos pontos é a origem O das coordenadas (a ordem dos pontos não importa, mas, por conveniência, vamos colocar a origem como o primeiro ponto na denotação destes segmentos).

De modo semelhante a um intervalo numa reta coordenada, os intervalos no plano podem ser *fechados* (incluindo extremidades), *abertos* (excluindo extremidades) ou *semi-abertos/semi-fechados.* De agora em diante, neste texto, a menos que se diga o contrário, toda vez que nos referirmos a segmentos eles serão considerados fechados.

A definição da projeção de um intervalo P_1P_2 sobre Ox se reduz à projeção das extremidades $P_1 = (x_1, y_1)$ e $P_2 = (x_2, y_2)$ sobre Ox.

Definição da projeção de um intervalo. Sejam $P_{1x} = (x_1, 0)$ e $P_{2x} = (x_2, 0)$ projeções sobre Ox das extremidade P_1 e P_2, respectivamente, do intervalo P_1P_2. O intervalo $P_{1x}P_{2x}$ é chamado de *projeção do intervalo* P_1P_2 *sobre o eixo* Ox (veja Fig.2.3).

De modo semelhante se define a *projeção sobre o eixo* Oy (veja Fig.2.3).

Notamos que essa projeção pode resultar num intervalo "anormal" $P_{1x}P_{2x}$ para o qual $x_1 > x_2$. O mesmo pode ser dito sobre o intervalo $P_{1y}P_{2y}$, com $P_{1y} = (0, y_1)$ e $P_{2y} = (0, y_2)$, que representa a projeção do P_1P_2 sobre o eixo Oy (veja Fig.2.4). Vamos esclarecer porque um intervalo "anormal" de projeção pode surgir. Lembramos que há uma notação natural (normal) de intervalos a ser seguida numa reta coordenada: um intervalo é denotado AB se o ponto A fica à esquerda do ou coincide com o ponto B (caso contrário, a notação normal é BA). A possibilidade de estabelecer essa regra

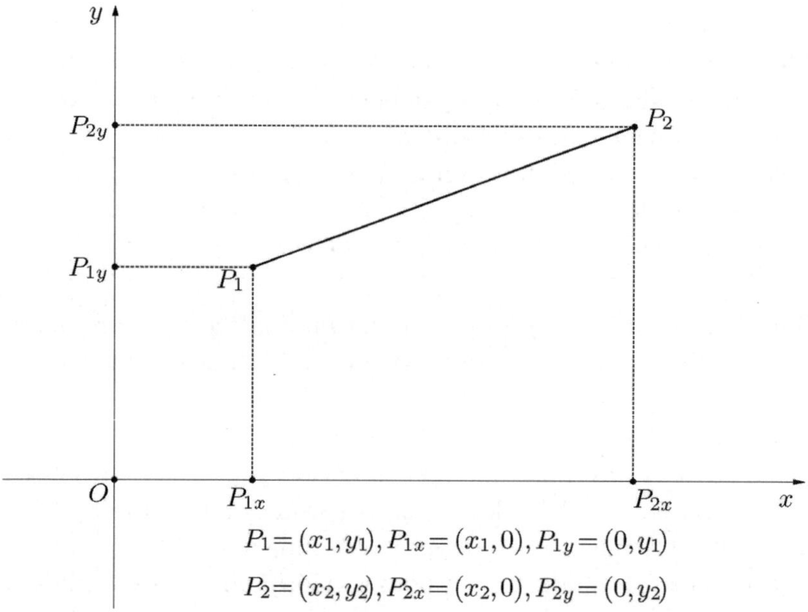

Figura 2.3 Projeção de um segmento.

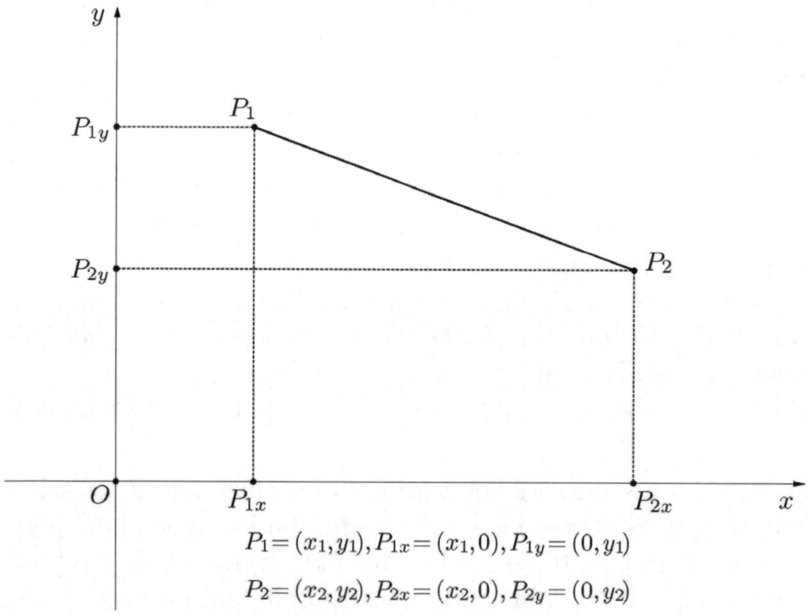

Figura 2.4 Projeção de um segmento, ordem invertida.

se deve ao fato de $\mathbb{R}$ ser um conjunto ordenado. A situação é diferente no plano: se $x_1 < x_2$, mas $y_1 > y_2$ (ou contrário), então não há uma forma natural de estabelecer uma regra se o ponto P_1 precede o ponto P_2 ou contrário, isto é, se o intervalo P_1P_2 é um intervalo normal ou P_2P_1. Isso está ligado com a impossibilidade de estabelecer a ordenação no conjunto $\mathbb{R}^2$ da mesma maneira como foi feito em $\mathbb{R}$.

Devido a essa ambiguidade da notação de intervalos no plano e, consequentemente, a possibilidade de encontrar intervalos "anormais" na projeção, às vezes, a definição da projeção de um intervalo é dada da seguinte maneira: a projeção de P_1P_2 sobre o eixo Ox é o intervalo $P_{1x}P_{2x}$ se $x_1 \le x_2$, e $P_{2x}P_{1x}$ caso $x_1 > x_2$. E o mesmo se faz com a projeção sobre Oy. Isso evita os intervalos "anormais" nas retas coordenadas. Nos problemas a seguir (por exemplo, na divisão de um intervalo ou encontro do ponto simétrico) é mais conveniente seguir a primeira definição da projeção que mantém a ordem dos pontos observada no intervalo original. De qualquer maneira, a ambiguidade vai ser eliminada dentro do contexto específico de cada problema.

A projeção de um intervalo sobre eixo de coordenadas é naturalmente estendida ao caso de retas coordenadas. No caso de uma reta coordenada $y = C$, a definição é a seguinte: o intervalo $P_{1C}P_{2C}$ é chamado de *projeção do intervalo P_1P_2 sobre a reta $y = C$* se P_{1C} e P_{2C} são projeções sobre $y = C$ dos pontos P_1 e P_2, respectivamente, ou seja, se $P_{1C} = (x_1, C)$ e $P_{2C} = (x_2, C)$. A definição análoga é válida para projeção sobre $x = C$.

Exercícios resolvidos

1. Marcar o ponto cujas coordenadas cartesianas são $A = (-3, 4)$ e encontrar suas projeções para os eixos coordenados e para as retas $x = 1$ e $y = -2$.

Solução.

De acordo com a relação de equivalência estabelecida na parte teórica, para encontrar o ponto no plano a partir das suas coordenadas cartesianas x_0 e y_0 precisamos, primeiro, localizar os pontos auxiliares (pontos de projeção) A_x e A_y nos eixos Ox e Oy, respectivamente. Como $x_0 = -3$, então temos que medir distância de 3 unidades à esquerda da origem no eixo Ox e lá marcar o ponto A_x. Em seguida, medimos 4 unidades para cima ($y_0 = 4$) da origem no eixo Oy e marcamos o ponto A_y. Traçamos agora a reta paralela ao eixo Oy que passa por A_x e a segunda, que é paralela a Ox e passa por A_y. Essas duas retas são perpendiculares e, portanto, possuem um único ponto de intersecção que é o ponto procurado A (veja a Fig.2.5).

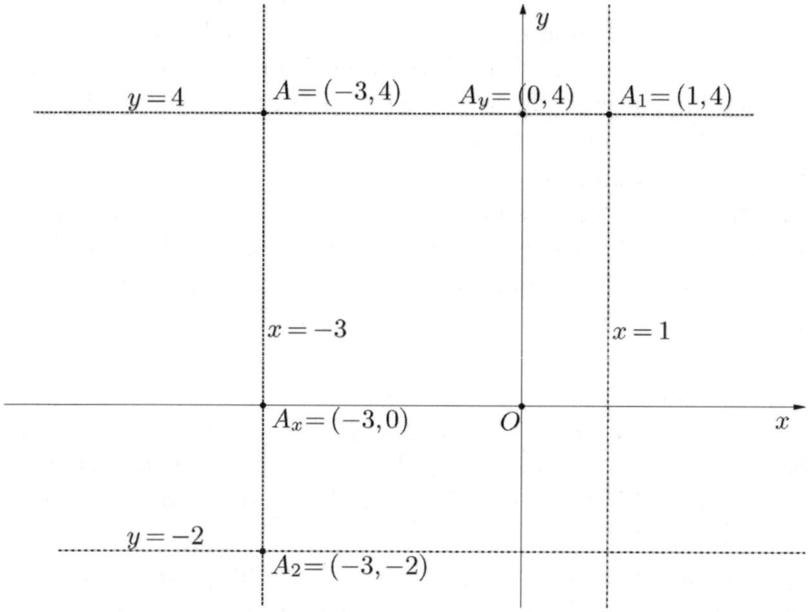

Figura 2.5 Construção do ponto e suas projeções a partir das coordenadas.

No meio do procedimento acima, criamos as projeções $A_x = (-3, 0)$ e $A_y = (0, 4)$ nos eixos Ox e Oy, respectivamente. Para encontrar a projeção sobre a reta $x = 1$, devemos passar pelo ponto A a reta paralela ao eixo Ox (isto é, a reta coordenada $y = 4$). O ponto de intersecção dessa reta com $x = 1$ é a projeção procurada com coordenadas $A_1 = (1, 4)$. Da mesma maneira, passando por A a reta paralela ao eixo Oy (isto é, a reta coordenada $x = -3$), encontramos a sua intersecção com $y = -2$ que é a última projeção procurada com coordenadas $A_2 = (-3, -2)$. (Veja a ilustração na Fig.2.5.)

2. Encontrar o lugar geométrico dos pontos cujas coordenadas satisfazem a relação $x - y < 0$.

Solução.

Primeiro, consideremos a equação correspondente $x - y = 0$. Como as coordenadas têm o mesmo sinal ($x = y$), então os pontos respectivos são localizados no I e III quadrantes. No I quadrante, o ponto $P_0 = (x_0, x_0)$ fica na mesma distância x_0 de cada um dos eixos coordenados: a distância até Ox é a distância entre P_0 e sua projeção $P_{0x} = (x_0, 0)$, ambos pertencendo à reta coordenada $x = x_0$ (e por isso sabemos como medir essa distância); analogamente, a distância até Oy é a distância entre P_0 e sua projeção $P_{0y} = (0, x_0)$ que ficam na reta coordenada $y = x_0$. Da mesma maneira, no III quadrante, as distâncias de P_0 até os eixos Ox e Oy também coincidem e são iguais a $-x_0$. Assim, temos o conjunto de todos os pontos equidistantes dos dois eixos de coordenadas, o que quer dizer que $y = x$ é a equação da bissetriz do I e III quadrantes. (Veja a ilustração na Fig.2.6.)

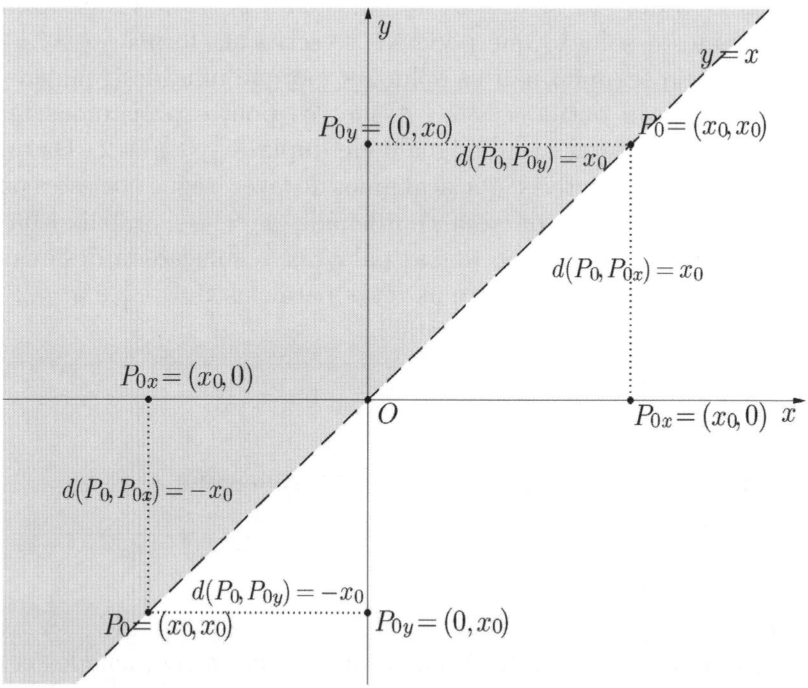

Figura 2.6 Encontro dos pontos a partir da relação $x - y < 0$, relações na bissetriz $y = x$.

Voltando à desigualdade original, vemos que precisamos escolher os pontos cuja ordenada é maior que a abscissa. Como os pontos com abscissas e ordenadas iguais ficam na reta-bissetriz $y = x$, então a solução da desigualdade representa todos os pontos acima dessa bissetriz. (Veja a ilustração na Fig.2.6.)

3. Encontrar o lugar geométrico dos pontos cujas coordenadas satisfazem a desigualdade $4y^2 - 7y - 2 < 0$.

Solução.

Comecemos, de novo, da equação correspondente $4y^2 - 7y - 2 = 0$.

As raízes dela são $y_1 = -\frac{1}{4}$ e $y_2 = 2$, o que quer dizer que a expressão quadrática original pode ser fatorada em termos lineares $4y^2 - 7y - 2 = (4y+1)(y-2) = 0$ e as duas soluções $y = y_1$ e $y = y_2$ representam, como sabemos da teoria, duas retas coordenadas (paralelas ao eixo Ox).

Voltando à desigualdade original, a reescrevemos de modo respectivo $(4y + 1)(y - 2) < 0$. A última desigualdade é satisfeita quando os dois fatores lineares têm sinais opostos, o que ocorre nos dois casos: 1) $4y + 1 > 0$ e $y - 2 < 0$, e 2) $4y + 1 < 0$ e $y - 2 > 0$. No primeiro caso, temos a solução que pode ser reescrita na forma $-\frac{1}{4} < y < 2$, enquanto no segundo não há soluções, porque uma desigualdade $y < -\frac{1}{4}$ contradiz a outra $y > 2$. Assim, os pontos procurados têm as ordenadas satisfazendo a desigualdade dupla $-\frac{1}{4} < y < 2$. Da análise das equações respectivas, que acabamos de fazer, segue que estes pontos têm que ficar acima da reta coordenada $y = -\frac{1}{4}$ e abaixo da reta coordenada $y = 2$, ou, em outras palavras, a solução da desigualdade é a faixa compreendida entre as retas paralelas $y = -\frac{1}{4}$ e $y = 2$ (sem incluir os pontos dessas duas retas).

Exercícios

1. Marcar os pontos cujas coordenadas cartesianas são:
1) $A = (2, 3)$;
2) $B = (-\frac{5}{3}, \frac{2}{3})$;
3) $C = (-\frac{3}{5}, -2)$;
4) $D = (1, -\sqrt{2})$.
Encontrar projeções destes pontos sobre os eixos coordenados e, também, sobre as retas coordenadas $x = -1$ e $y = 2$.

2. Encontrar o lugar geométrico dos pontos cujas coordenadas satisfazem as seguintes relações:
1) $x = 3$;
2) $y = -2$;
3) $xy = 0$;
4) $\frac{y}{x} = 1$;
5) $x + y = 0$;
6) $xy < 0$;
7) $x - y \geq 0$;
8) $x + y < 0$.

3. Encontrar o lugar geométrico dos pontos cujas coordenadas satisfazem as seguintes equações:

1) $|x| = 2$;
2) $|2y - 1| = 3$;
3) $x^2 + x - 2 = 0$;
4) $y^2 - 8y + 15 = 0$;
5) $\frac{2x+1}{y-2} = 0$;
6) $(2x + 1)(y - 2) = 0$;
7) $\left|\frac{2x+1}{y-2}\right| = 0$;
8) $|(2x + 1)(y - 2)| = 0$.

4. Encontrar o lugar geométrico dos pontos cujas coordenadas satisfazem as seguintes desigualdades:
1) $x > 2$;
2) $2y - 1 \leq 3$;
3) $|x| > 2$;
4) $|2y - 1| \leq 3$;
5) $y^2 + y - 2 < 0$;
6) $\frac{y}{x} \geq 1$;
7) $(2x + 1)(y - 2) > 0$;
8) $\frac{2x+1}{y-2} < 0$.

Seção 2.3 Coordenadas polares

1 Preliminares

As *coordenadas polares* são definidas usando como base as coordenadas cartesianas. Antes de considerar as coordenadas polares, precisamos introduzir conceitos de segmentos e ângulos no plano.

Definição do *ângulo direcionado e orientado* de um segmento. Um segmento OP define naturalmente um ângulo com a parte positiva do eixo Ox que é medido no sentido anti-horário (positivo) a partir do eixo Ox até OP. Notamos que esse é um *ângulo direcionado* uma vez que o mesmo ângulo medido no sentido horário (negativo) é considerado negativo e diferente do ângulo positivo (veja Fig.3.1). Essa é a diferença entre o ângulo de um segmento e o ângulo num triângulo. Notamos, também, que esse *ângulo é orientado* porque é medido a partir da parte positiva da reta Ox, mesmo se o ângulo com a parte negativa de Ox for menor, como acontece no II e III quadrantes (veja Fig.3.1).

Observação. No caso singular quando $P = O$, o ângulo efetivamente não está definido e é considerado que ao segmento OO pode ser atribuido qualquer valor do ângulo.

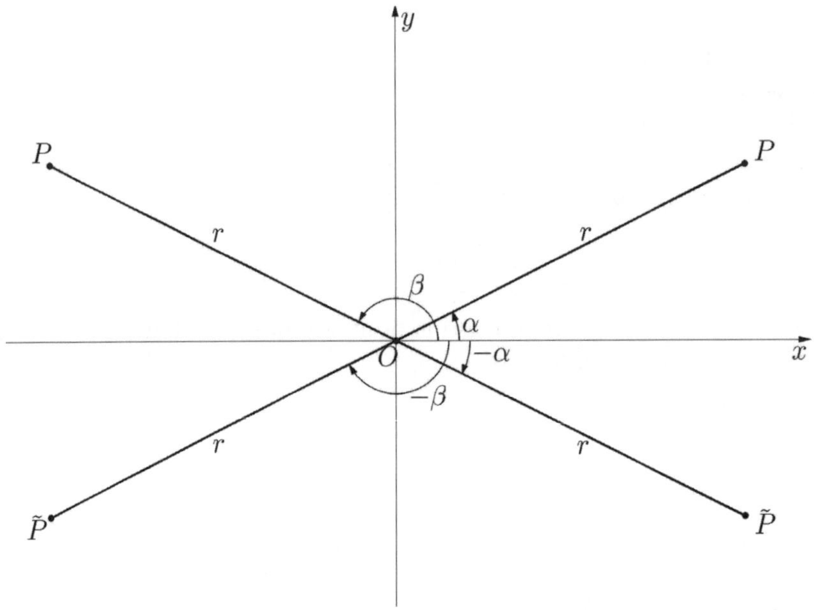

Figura 3.1 Ângulo direcionado.

2 Definição das coordenadas polares

Agora definiremos as *coordenadas polares*. A *primeira coordenada polar* r do ponto P representa a *distância* da origem O até P. Dessa definição segue que os valores que r pode assumir ficam no intervalo $[0, \infty)$. A *segunda coordenada polar* θ é o ângulo direcionado orientado do segmento OP (veja Fig.3.2). Obviamente, o mesmo ponto P gera um número infinito de ângulos correspondentes: basta encontrar um dos ângulos e depois acrescentar a ele tantas voltas completas em torno da origem quantas quiser, tanto no sentido anti-horário, como no horário. Isso quer dizer que um ângulo θ correspondente a P gera imediatamente um conjunto infinito dos ângulos na forma $\theta + 2k\pi$, $\forall k \in \mathbb{Z}$. Para manter a correspondência entre pontos e coordenadas mais próxima à de equivalência, restringimos a variação de θ pelo intervalo semi-aberto de comprimento 2π, por exemplo, pelo intervalo $[0, 2\pi)$ (os pontos do ângulo 2π já repetem os pontos do ângulo 0). Neste caso, a cada ponto $P \neq O$ vai corresponder um único ângulo θ. Mesmo assim, a relação de equivalência pode ser estabelecida só entre o conjunto de todos os pontos do plano excluindo a origem e o conjunto de todos os pares ordenados (r, θ) com $r \in (0, \infty)$ e $\theta \in [0, 2\pi)$. Se a origem está incluída, então vamos ter a relação de quase-equivalência: ao ponto O corresponde qualquer ângulo de $[0, 2\pi)$.

Observação 1. É uma tradição considerar o intervalo fechado de variação de θ, por exemplo, $[0, 2\pi]$. Vamos seguir essa tradição aqui. Neste caso, a equivalência entre pontos e coordenadas polares se perde em toda parte não negativa do eixo Ox.

Observação 2. Na qualidade do intervalo de variação de θ, muitas vezes, é conveniente usar o intervalo $[-\frac{\pi}{2}, \frac{3\pi}{2}]$ em vez de $[0, 2\pi]$. Neste caso, a equivalência entre pontos e coordenadas polares se perde em toda parte não positiva do eixo Oy.

Observação 3. Às vezes, são considerados, também, valores negativos de r, para tal, convenciona-se que a $(r, \theta), r < 0$ corresponde àquele ponto P que é ligado com $(-r, \theta + \pi)$. Neste caso, é inserida uma não equivalência maior ainda e não vamos usar essa ampliação de valores de r nesse texto.

3 Relações analíticas

Vamos determinar relações analíticas entre coordenadas polares e cartesianas. No interior do I quadrante (excluindo os eixos de coordenadas), das relações do triângulo retângulo OPP_x (veja Fig.3.2) segue que $x = d(O, P_x) = d(O, P)\cos\theta = r\cos\theta$ e $y = d(O, P_y) = d(P_x, P) = d(O, P)\sin\theta = r\sin\theta$. No interior do II quadrante (de novo sem os pontos dos eixos), temos $d(O, P_x) = d(O, P)\cos\gamma$ e $d(P_x, P) = d(O, P)\sin\gamma$. No mesmo quadrante, $d(O, P_x) = -x$, $d(P_x, P) = y$ e o ângulo γ é o complementar de θ: $\gamma = \pi - \theta$ (veja Fig.3.3). Substituindo essas relações nas fórmulas do triângulo, temos $-x = -r\cos\theta$ e $y = r\sin\theta$, isto é, chegamos às mesmas fórmulas do I quadrante. Deixamos ao cargo do leitor mostrar que as mesmas duas relações são válidas também nos interiores dos III e IV quadrantes. Finalmente, para os pontos do eixo Ox, temos imediatamente $x = r\cos 0 = r, y = r\sin 0 = 0$ se $x > 0$ e $x = r\cos\pi = -r, y = r\sin\pi = 0$ se $x < 0$; para os do eixo Oy - $x = r\cos\frac{\pi}{2} = 0, y = r\sin\frac{\pi}{2} = r$ se $y > 0$ e $x = r\cos\frac{-\pi}{2} = 0, y = r\sin\frac{-\pi}{2} = -r$ se $y < 0$. Assim, para qualquer ponto do plano são válidas as mesmas relações

$$x = r\cos\theta\,, \;\; y = r\sin\theta\,. \tag{3.1}$$

As relações inversas, expressando coordenadas polares em termos das cartesianas, podem ser encontradas tanto a partir das transformações analíticas das fórmulas (3.1), como das considerações geométricas do mesmo

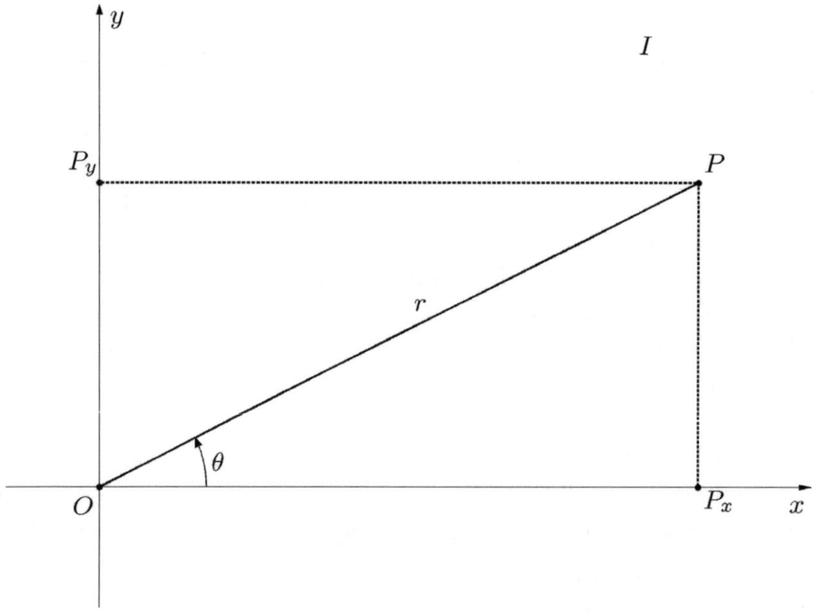

Figura 3.2 Coordenadas polares, I quadrante.

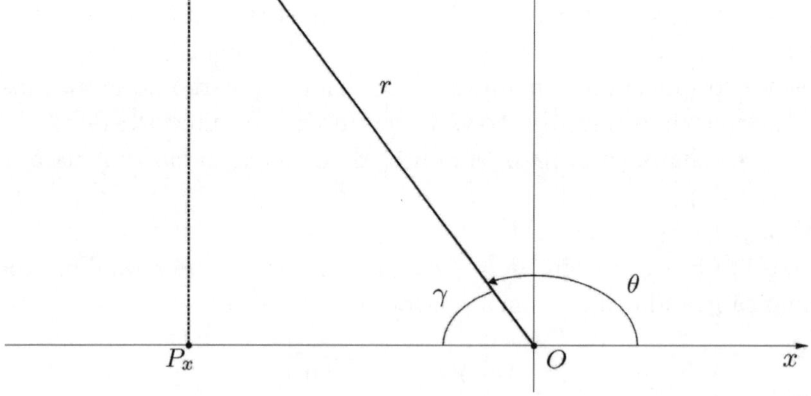

Figura 3.3 Coordenadas polares, II quadrante.

triângulo retângulo OPP_x. Para variar, consideremos a dedução analítica. Elevando as duas equações em (3.1) ao quadrado e somando os resultados temos $r^2 = x^2 + y^2$ ou (como $r \geq 0$)

$$r = \sqrt{x^2 + y^2}\,. \tag{3.2}$$

Dividindo a segunda equação em (3.1) pela primeira, obtemos

$$\tan\theta = \frac{y}{x} \tag{3.3}$$

para $\forall x \neq 0$ (isto é, para pontos fora do eixo Oy). Para os pontos restantes com $x = 0$ (que ficam no eixo Oy), a definição do ângulo é simples: escolhendo $[-\frac{\pi}{2}, \frac{3\pi}{2}]$ como intervalo de variação de θ, temos $\theta = -\frac{\pi}{2}$ para $y < 0$ e $\theta = \frac{\pi}{2}$ para $y > 0$. Para $x = 0, y = 0$ (o ponto origem) o ângulo não é unicamente definido.

Observação. A dedução geométrica das últimas duas fórmulas também é simples. Indicamos os passos principais dela. Das relações do triângulo retângulo OPP_x (veja Fig.3.2) segue que $r^2 = x^2 + y^2$ e, consequentemente (como $r \geq 0$), temos (3.2). Do mesmo triângulo, no I quadrante temos $\tan\theta = \frac{d(P_x,P)}{d(O,P_x)}$, $d(O, P_x) = x$, $d(P_x, P) = d(O, P_y) = y$ e então chegamos a (3.3). No II quadrante, do mesmo triângulo, temos $\tan\gamma = \frac{d(P_x,P)}{d(O,P_x)}$, mas $\theta = \pi - \gamma$, $d(O, P_x) = -x$, $d(P_x, P) = y$ e, simplificando, chegamos à mesma relação (3.3) (veja Fig.3.2 e 3.3). Deixamos a cargo do leitor verificar que a mesma fórmula é válida para III e IV quadrantes.

Para abrir a fórmula de $\tan\theta$ e determinar o próprio ângulo θ, lembremos que a função inversa $\arctan t$ tem imagem $(-\frac{\pi}{2}, \frac{\pi}{2})$ e, portanto, ela pode ser utilizada somente para os pontos do I e IV quadrantes (assumindo que o intervalo de variação de θ é $[-\frac{\pi}{2}, \frac{3\pi}{2}]$). Por outro lado, os pontos do I e III quadrantes, que ficam na mesma reta passando pela origem, são indistinguíveis na fórmula de $\tan\theta$ (veja Fig.3.4). O mesmo acontece com os pontos do IV e II quadrantes. Realmente, se escolhermos $P = (x, y)$ no I quadrante, então o correspondente no III quadrante é $\tilde{P} = (\tilde{x}, \tilde{y}) = (-x, -y)$ e a expressão da tangente é a mesma para os dois pontos: $\tan\theta = \frac{y}{x}$ e $\tan\tilde{\theta} = \frac{\tilde{y}}{\tilde{x}} = \frac{-y}{-x} = \frac{y}{x}$, mas os dois ângulos se diferenciam por π: $\tilde{\theta} = \theta + \pi$. Portanto, para encontrar o ângulo θ, além de saber a razão $\frac{y}{x}$ é necessário saber se P fica em IV e I ou em II e III quadrantes, o que pode ser descrito usando o sinal de x da seguinte maneira:

$$\theta = \begin{cases} \arctan \frac{y}{x}, x > 0 \\ \arctan \frac{y}{x} + \pi, x < 0 \\ \frac{\pi}{2}, x = 0, y > 0 \\ -\frac{\pi}{2}, x = 0, y < 0 \end{cases} . \tag{3.4}$$

Lembramos, mais uma vez, que na origem ($x = 0, y = 0$) o ângulo θ é indefinido.

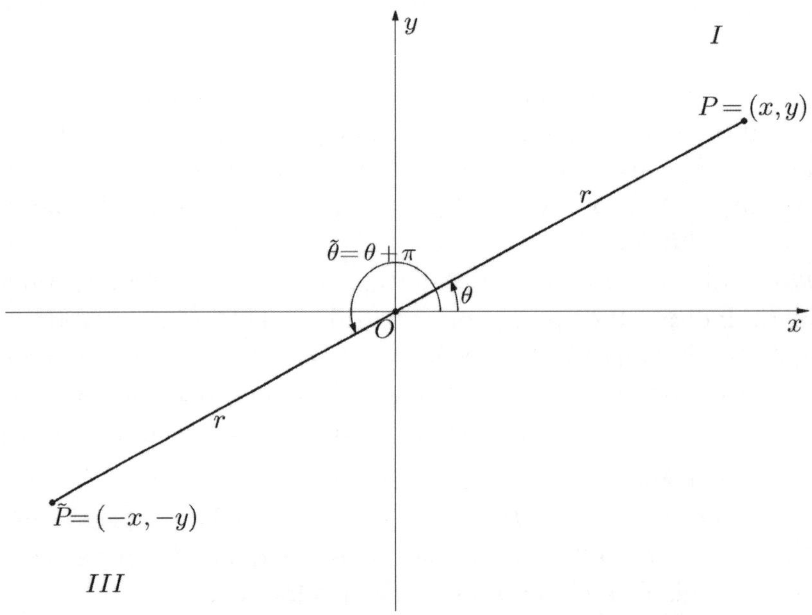

Figura 3.4 Coordenadas polares, especificação do ângulo.

4 Curvas coordenadas

As *curvas coordenadas polares* estão definidas pelas equações $r = C_1 \geq 0$ e $\theta = C_2$, onde C_2 é do intervalo escolhido de variação de θ. A primeira equação, no caso $C_1 > 0$, descreve o conjunto de todos os pontos equidistantes da origem, ou seja, uma *circunferência de raio* C_1 *com centro na origem* (veja Fig.3.5). Se $C_1 = 0$, então temos o caso singular que corresponde a um único ponto – origem das coordenadas. A segunda equação determina o *raio (infinito) partindo da origem* que forma o ângulo dado C_2 com sentido positivo de Ox (veja Fig.3.5). Em particular, para $C_2 = 0$ e

$C_2 = \pi$, temos a parte não negativa e não positiva do eixo Ox, respectivamente; para $C_2 = \frac{\pi}{2}$ e $C_2 = \frac{3\pi}{2}$, temos a parte não negativa e não positiva do eixo Oy, respectivamente.

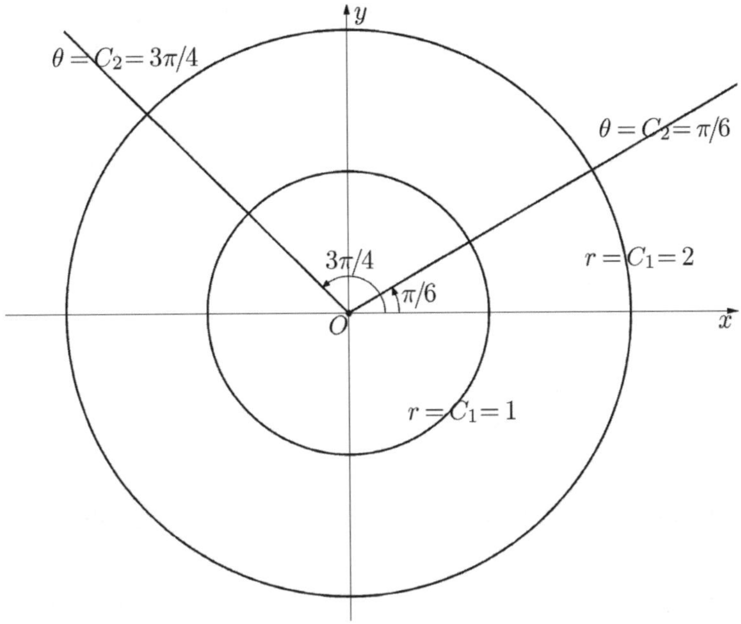

Figura 3.5 Coordenadas polares, curvas coordenadas.

Exercícios resolvidos

1. Marcar o ponto cujas coordenadas polares são $A = (2, \frac{7\pi}{6})$ e encontrar suas coordenadas cartesianas.

   Solução.

   A partir da origem das coordenadas passamos um raio que tem o ângulo $\frac{7\pi}{6}$ com o sentido positivo do eixo Ox (lembramos que o ângulo é medido no sentido anti-horário). Isso significa que o referido raio faz o ângulo $\frac{\pi}{6}$ com o sentido negativo de Ox e o ponto fica no III quadrante. Nesse raio medimos a distância 2 a partir da origem e o ponto correspondente é o procurado (veja Fig.3.6).

   Para transformar coordenadas polares em cartesianas, simplesmente aplicamos as fórmulas (3.1) com $r = 2$ e $\theta = \frac{7\pi}{6}$ e obtemos $x = 2\cos\frac{7\pi}{6} = -\sqrt{3}, y = 2\sin\frac{7\pi}{6} = -1$. Logo, $A = (-\sqrt{3}, -1)$.

2. Encontrar as coordenadas polares do ponto A cujas coordenadas cartesianas são $(-2, 2\sqrt{3})$ e marcar este ponto no plano coordenado.

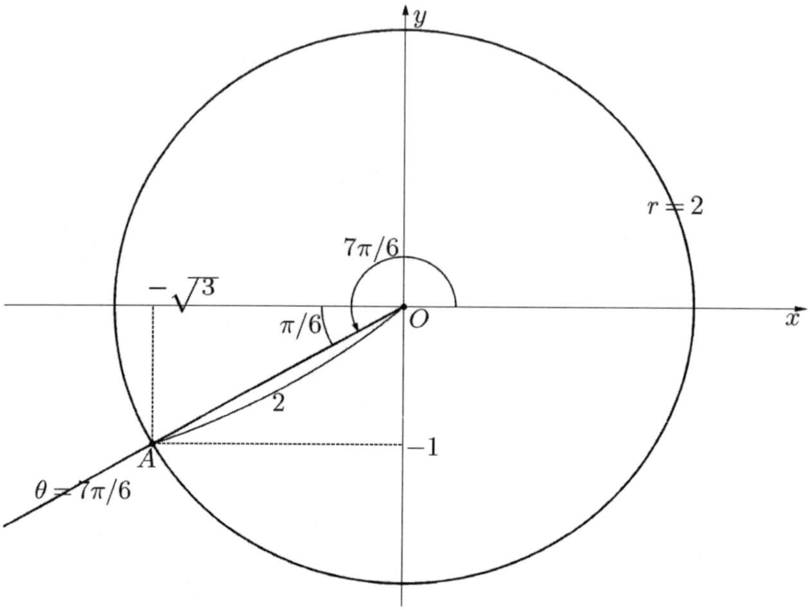

Figura 3.6 Coordenadas polares e cartesianas do ponto A.

Solução.

O raio r se encontra de imediato pela fórmula (3.2) com $x = -2$ e $y = 2\sqrt{3}$: $r = \sqrt{(-2)^2 + (2\sqrt{3})^2} = 4$. O ângulo θ se encontra aplicando a fórmula (3.4) (a segunda sentença dela): $\theta = \arctan \frac{2\sqrt{3}}{-2} + \pi = -\frac{\pi}{3} + \pi = \frac{2\pi}{3}$. Assim, em coordenadas polares $A = (4, \frac{2\pi}{3})$.

A marcação do ponto pode ser feita facilmente tanto em coordenadas cartesianas como em polares.

3. Escrever, em coordenadas polares, a equação de uma reta que passa pela origem.

Solução.

Sabemos que um raio (semi-reta) que parte da origem é a curva coordenada $\theta = C$ em coordenadas polares. Esse raio, junto com o raio $\theta = C + \pi$, forma uma reta completa passando pela origem. Essas duas equações podem ser expressas em uma única equação como segue: $(\theta - C)(\theta - C - \pi) = 0$.

4. Dar o esboço da curva $r^2 = 6 \sin 2\theta$ e sua representação em coordenadas cartesianas.

Solução.

Obviamente, é suficiente considerar a variação do ângulo θ no intervalo $[0, 2\pi]$ devido à periodicidade da função seno. Notamos, primeiro, que mesmo em $[0, 2\pi]$ são aceitos somente aqueles valores do ângulo que asseguram o valor não negativo de $\sin 2\theta$. Assim, temos que restringir a variação de θ pelos intervalos $[0, \frac{\pi}{2}]$ e $[\pi, \frac{3\pi}{2}]$. Lembrando as propriedades de seno, observamos que, quando θ varia de 0 até $\frac{\pi}{4}$ (isto é, 2θ varia de 0 até $\frac{\pi}{2}$), então $\sin 2\theta$ é uma função crescente com valores aumentando de 0 até 1. Na segunda metade do intervalo $[0, \frac{\pi}{2}]$ (quando θ varia de $\frac{\pi}{4}$ até $\frac{\pi}{2}$), a função $\sin 2\theta$ decresce de 1 até 0. Sendo assim, no I quadrante, temos r aumentando de 0 até $\sqrt{6}$ quando θ cresce de 0 até $\frac{\pi}{4}$, e depois r decresce de $\sqrt{6}$ até 0 quando θ percorre os valores de $\frac{\pi}{4}$ até $\frac{\pi}{2}$.

Como $r = \sqrt{6 \sin 2\theta}$ é uma função periódica de θ com período π, então podemos concluir que o mesmo comportamento de r se observa quando θ varia de $[\pi, \frac{3\pi}{2}]$. A única diferença é que os pontos correspondentes no plano coordenado agora são localizados no III quadrante. De acordo com esse comportamento de r em função de θ, obtemos o esboço da curva mostrado na Fig.3.7 . Essa curva é conhecida como lemniscata de Bernoulli.

Para chegar à representação dessa curva em coordenadas cartesianas, utilizamos as relações entre coordenadas polares e cartesianas, e fórmulas trigonométricas:

$$r^2 = x^2 + y^2, \ \sin 2\theta = 2 \sin\theta \cos\theta = 2 \tan\theta \frac{1}{1 + \tan^2\theta} = 2\frac{y}{x} \frac{1}{1 + \frac{y^2}{x^2}} .$$

Daqui segue que a equação original pode ser reescrita na forma

$$x^2 + y^2 = 6 \cdot 2\frac{y}{x} \frac{1}{1 + \frac{y^2}{x^2}} = 12xy \frac{1}{x^2 + y^2}$$

ou ainda

$$(x^2 + y^2)^2 = 12xy \, .$$

5. Determinar o lugar geométrico dos pontos cujas coordenadas polares satifazem as relações $1 < r \leq 4$ e $\theta^2 \leq \frac{\pi^2}{16}$.

Solução.

Vamos considerar, inicialmente, as restrições para o raio e o ângulo separadamente e depois juntamos os resultados obtidos, efetuando a

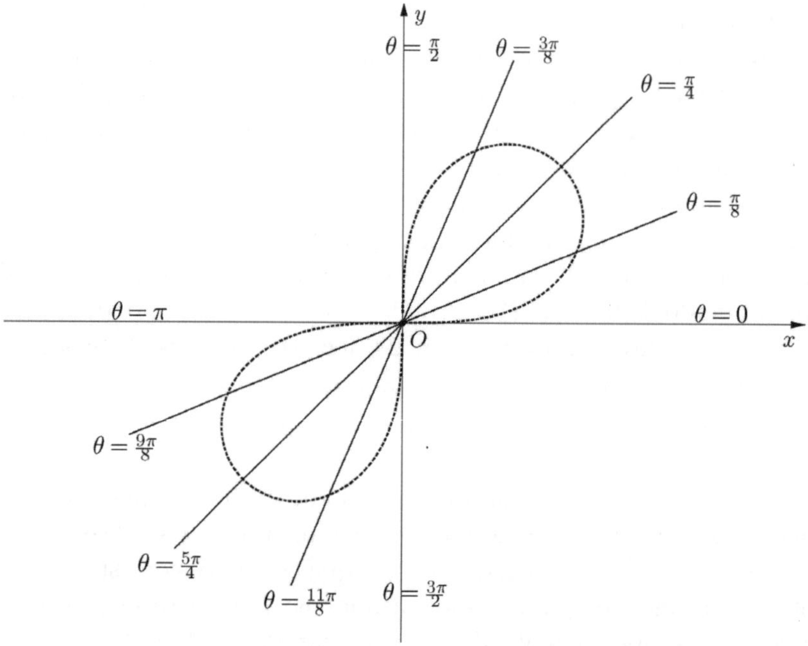

Figura 3.7 Esboço da curva definida em coordenadas polares: lemniscata de Bernoulli.

intersecção dos dois conjuntos – um que satisfaz as relações de r e outro que satisfaz as de θ.

A análise da desigualdade dupla $1 < r \leq 4$ é mais simples se começarmos a partir das duas equações relacionadas – $r = 1$ e $r = 4$. As duas são as curvas coordenadas, a primeira é a circunferência com o centro na origem e o raio 1 e a segunda, a circunferência com o mesmo centro e o raio 4. As desigualdades indicam, então, que precisamos escolher todos os pontos entre essas duas circunferências, excluindo a fronteira da primeira, mas incluindo a da segunda.

Do mesmo jeito, a desigualdade $\theta^2 \leq \frac{\pi^2}{16}$ pode ser reescrita na forma $-\frac{\pi}{4} \leq \theta \leq \frac{\pi}{4}$ e as duas últimas desigualdades são relacionadas às curvas coordenadas $\theta = -\frac{\pi}{4}$ e $\theta = \frac{\pi}{4}$ que representam dois raios partindo da origem e formando os ângulos $-\frac{\pi}{4}$ e $\frac{\pi}{4}$, respectivamente, com a parte positiva de Ox. Então, este conjunto dos pontos representa um setor infinito com centro na origem e compreendido entre os raios de ângulos $-\frac{\pi}{4}$ e $\frac{\pi}{4}$, incluindo esses dois.

Finalmente, escolhendo os pontos que satisfazem tanto a restrição para r como a para θ, chegamos à parte do anel, mostrada na Fig.3.8.

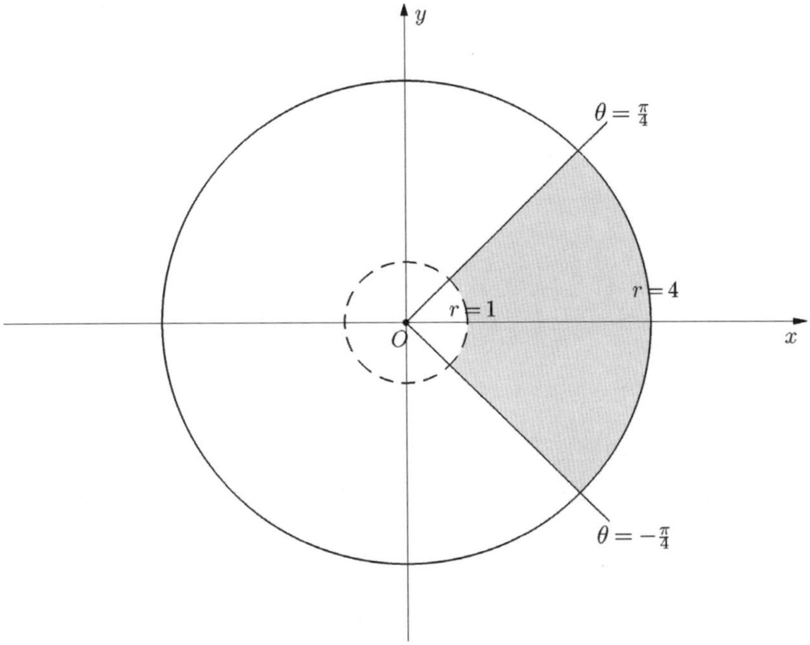

Figura 3.8 Construção da região definida em coordenadas polares.

Exercícios

1. Marcar os pontos cujas coordenadas polares são:

1) $A = (2, \frac{\pi}{3})$;
2) $B = (1, \frac{\pi}{2})$;
3) $C = (3, -\frac{\pi}{4})$;
4) $D = (1, \frac{3\pi}{4})$;
5) $E = (2, \frac{4\pi}{3})$;
6) $F = (1, 6)$.

Encontrar coordenadas cartesianas destes pontos e suas projeções para eixos coordenados.

2. Encontrar as coordenadas polares dos pontos cujas coordenadas cartesianas são:

1) $A = (2, 0)$;
2) $B = (1, 1)$;
3) $C = (-1, \sqrt{3})$;
4) $D = (-3, -\sqrt{3})$;
5) $E = (-2, -1)$;

6) $F = (\sqrt{3}, -1)$.

Marcar estes pontos no plano.

3. Dar o esboço das curvas:

1) $r = 1$;
2) $r = 4$;
3) $\theta = 0$;
4) $\theta = \frac{\pi}{4}$;
5) $\theta = \frac{5\pi}{3}$;
6) $r = \theta$;
7) $r = 1 + \sin\theta$;
8) $r = 1 - \sin\theta$;
9) $r = \cos 2\theta$;
10) $r = 2 + \sin 3\theta$.

4. Determinar o lugar geométrico dos pontos:

1) $r = 0$;
2) $r < 1$;
3) $r \geq 2$;
4) $1 < r \leq 2$;
5) $|\theta| \leq \frac{\pi}{6}$;
6) $\frac{\pi}{3} < \theta \leq \frac{5\pi}{6}$;
7) $1 < r < 3$ e $\frac{\pi}{4} \leq \theta \leq \frac{3\pi}{4}$;
8) $2 \leq r \leq 3$ e $\frac{4\pi}{3} < \theta < \frac{5\pi}{3}$;
9) $r < 1 + \sin\theta$;
10) $r \leq 2 + \sin 3\theta$.

Seção 2.4 Transformações elementares de coordenadas cartesianas

1 Translação paralela

Translação paralela consiste em trazer a origem para um novo ponto $P_0 = (x_0, y_0)$ mantendo as orientações dos eixos coordenados, isto é, em novas coordenadas x', y' o ponto origem será $O' = P_0$, os eixos Ox' e Oy' serão paralelos aos eixos Ox e Oy, respectivamente, e os sentidos positivos dos eixos também serão mantidos.

Vamos deduzir as relações entre coordenadas x, y do sistema cartesiano original (antigo) e coordenadas x', y' do sistema cartesiano novo. A seguir, vamos denotar $P = (x, y)$ as coordenadas no sistema original e $P = (x', y')'$ as coordenadas no sistema novo.

Pela definição, no novo sistema de coordenadas, a abscissa x' de um ponto P se encontra via projeção de P sobre o eixo $O'x'$ e encontro da abscissa do ponto $P_{x'}$ dessa projeção na reta coordenada $O'x'$. Obviamente, o mesmo resultado pode ser obtido fazendo projeção sobre o eixo Ox e encontrando a abscissa do ponto P_x em relação ao novo ponto origem P_{0x} que representa a projeção de P_0 sobre Ox (veja Fig.4.1). Dessa maneira, o encontro da nova abscissa se reduz à mudança da origem na reta coordenada Ox do ponto original O para o novo ponto P_{0x}. Este tipo de mudança de coordenadas na reta já foi considerado na seção 1.6 e a relação deduzida entre coordenadas é $x' = x - x_0$. Do mesmo jeito, considerando projeções sobre $O'y'$ e Oy, podemos concluir que $y' = y - y_0$. Resumindo,

$$x' = x - x_0\,,\ y' = y - y_0 \tag{4.1}$$

são as fórmulas de mudança de coordenadas originais para as novas e as relações inversas são

$$x = x' + x_0\,,\ y = y' + y_0\,. \tag{4.2}$$

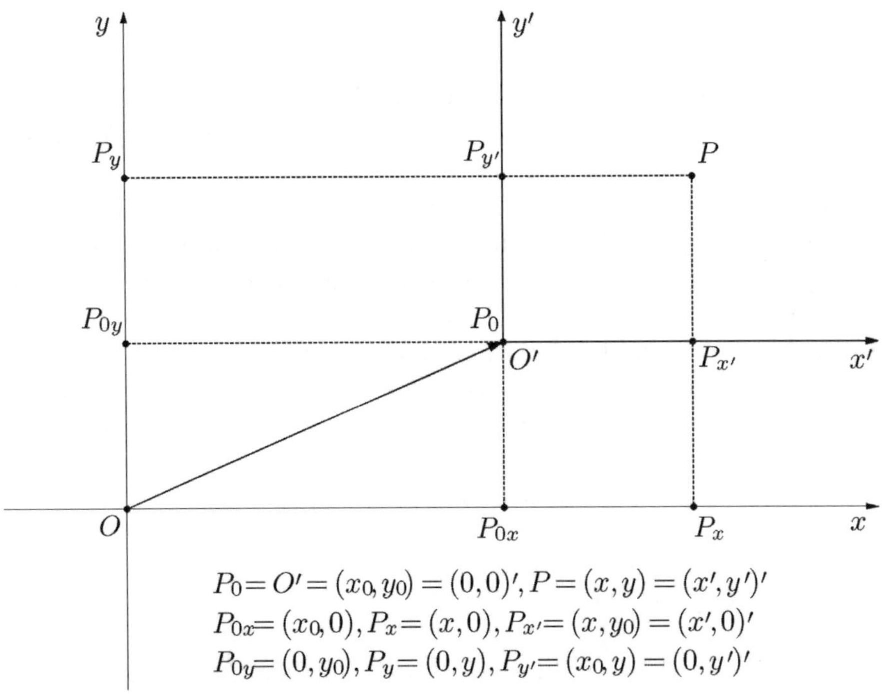

Figura 4.1 Translação de coordenadas.

2 Mudança de escala

Nessa transformação, mantemos a origem e orientações dos eixos, mas mudamos a unidade de medida (da mesma forma para ambos os eixos). Digamos que a nova unidade de medida I' é relacionada com a unidade original I pela fórmula $I' = kI$, $k > 0$. Como a mesma *mudança de escala* é válida separadamente no eixo Ox e Oy, então podemos aproveitar as fórmulas deduzidas para a reta coordenada na seção 1.6:

$$x' = \frac{1}{k}x\,,\ y' = \frac{1}{k}y \tag{4.3}$$

e, invertendo,

$$x = kx'\,,\ y = ky'\,. \tag{4.4}$$

3 Rotação em torno da origem

A relação entre as coordenadas na *rotação ao redor da origem* é mais simples descrever em coordenadas polares. Como antes, denotamos x, y as coordenadas cartesianas do sistema original e x', y' as coordenadas do sistema cartesiano novo. Em paralelo, denotamos r, θ as coordenadas polares originais (ligadas a x, y) e r', θ' – as coordenadas polares novas (ligadas a x', y'). As notações respectivas para coordenadas de um ponto serão $P = (x, y)$ e $P = (x', y')'$, $P = (r, \theta)$ e $P = (r', \theta')'$ para os sistemas originais (antigos) e novos, respectivamente.

Começamos com a relação entre as coordenadas polares originais e novas. Observamos, primeiro, que a rotação não muda a distância do ponto origem (comum para o sistema original e novo) até um ponto corrente e, por isso, $r' = r$. Segundo, como os ângulos θ e θ' representam rotação em torno do ponto origem a partir dos eixos Ox e Ox', respectivamente, e a própria transformação também é a rotação em torno da origem num ângulo α medido no sentido anti-horário, o mesmo sentido usado para medir θ e θ', então a relação entre os ângulos também é evidente e simples (veja Fig.4.2): $\theta' = \theta - \alpha$.

Usando essas relações e as fórmulas (3.1), que ligam as coordenadas cartesianas e polares, obtemos:

$$x' = r'\cos\theta' = r\cos(\theta - \alpha) = r\cos\theta\cos\alpha + r\sin\theta\sin\alpha = x\cos\alpha + y\sin\alpha\,,$$

$$y' = r'\sin\theta' = r\sin(\theta - \alpha) = r\sin\theta\cos\alpha - r\cos\theta\sin\alpha = y\cos\alpha - x\sin\alpha\,.$$

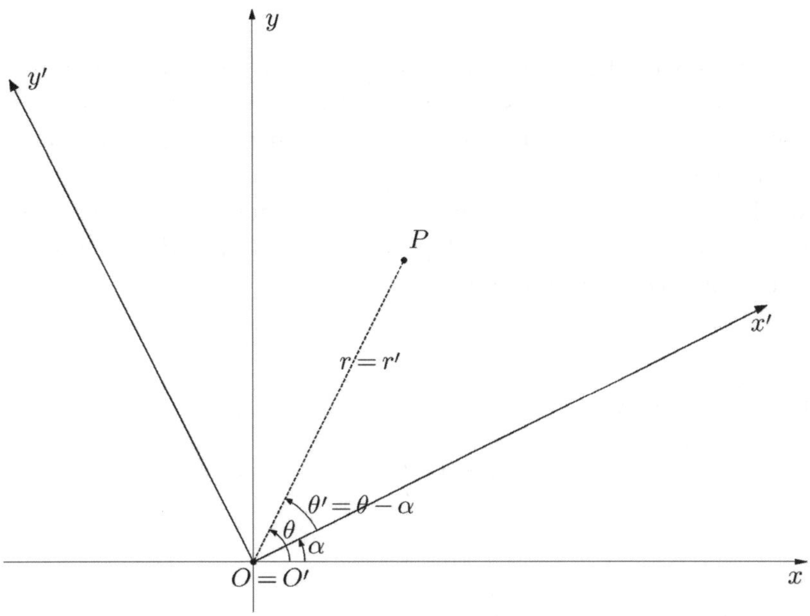

Figura 4.2 Rotação de coordenadas.

Resumindo,

$$x' = x \cos\alpha + y \sin\alpha\,,\;\; y' = -x \sin\alpha + y \cos\alpha\,. \tag{4.5}$$

As relações inversas são facilmente encontradas resolvendo o último sistema para as incógnitas x e y:

$$x = x' \cos\alpha - y' \sin\alpha\,,\;\; y = x' \sin\alpha + y' \cos\alpha\,. \tag{4.6}$$

Exercícios resolvidos

1. Encontrar as coordenadas do ponto $A = (2, -1)$ se a origem de coordenadas foi transferida via translação paralela para o ponto $Q = (7, -4)$.

Solução.

Usando as fórmulas (4.1) com $x_0 = 7$ e $y_0 = -4$

$$x' = x - 7\,,\;\; y' = y + 4\,,$$

substituímos lá as coordenadas de A e obtemos suas coordenadas no sistema transladado:

$$x' = 2 - 7 = -5\,,\;\; y' = -1 + 4 = 3\,.$$

2. O mesmo ponto A tem coordenadas $(3,-5)$ no sistema cartesiano original xOy e $(-1,-4)'$ no sistema $x'O'y'$ obtido via translação paralela. Encontrar as coordenadas do ponto O' no sistema original.

Solução.

Nas fórmulas (4.1) temos que descobrir os valores de x_0 e y_0 sabendo que $x = 3, y = -5$ e $x' = -1, y' = -4$. Substituindo as coordenadas especificadas em (4.1), obtemos

$$-1 = 3 - x_0\,,\ -4 = -5 - y_0$$

de onde segue (veja Fig.4.3)

$$x_0 = 4\,,\ y_0 = -1\,.$$

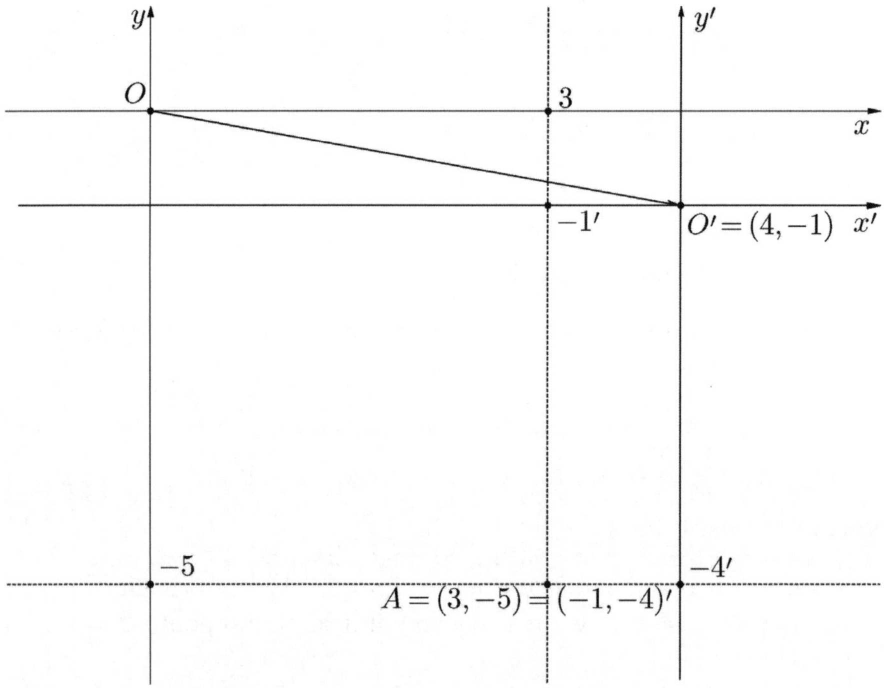

Figura 4.3 Coordenadas de A no sistema original e transladado.

3. Encontrar as novas coordenadas do ponto $A = (2,-6)$ se a unidade de medida foi trocada pela fórmula $1' = 4 \cdot 1$.

Solução.

De acordo com as fórmulas de mudança de escala (4.3), se a nova unidade de medida é o quádruplo da original, então as coordenadas se relacionam pelas fórmulas

$$x' = \frac{1}{4}x\,,\ y' = \frac{1}{4}y\,.$$

Substituindo nas últimas fórmulas as coordenadas $x = 2$ e $y = -6$, obtemos as novas coordenadas

$$x' = \frac{1}{4}\cdot 2 = \frac{1}{2}\,,\ y' = \frac{1}{4}\cdot(-6) = -\frac{3}{2}\,.$$

4. Qual é a relação entre duas unidades de medida se o ponto $A = (-3, 2)$ passa a ter coordenadas $(-9, 6)'$ no novo sistema?

Solução.

Substituímos os valores de $x = -3, y = 2$ e $x' = -9, y' = 6$ nas fórmulas (4.3) para determinar o coeficiente desconhecido k:

$$-9 = \frac{1}{k}\cdot(-3)\,,\ 6 = \frac{1}{k}\cdot 2\,.$$

Então $k = \frac{1}{3}$. (Obviamente, poderia ser usada somente uma das fórmulas em (4.3), a outra só serviu para verificar a coerência das condições do problema.)

5. Encontrar as coordenadas do ponto no sistema rotacionado se as coordenadas originais são $A = (2, -3)$ e o ângulo de rotação é $\frac{2\pi}{3}$.

Solução.

Especificando as fórmulas (4.5) para o ângulo $\alpha = \frac{2\pi}{3}$, obtemos

$$x' = x\cos\frac{2\pi}{3} + y\sin\frac{2\pi}{3} = \frac{1}{2}(-x + \sqrt{3}y)\,,$$

$$y' = -x\sin\frac{2\pi}{3} + y\cos\frac{2\pi}{3} = \frac{1}{2}(-\sqrt{3}x - y)\,.$$

Substituindo $x = 2$ e $y = -3$ nas últimas fórmulas, encontramos as coordenadas solicitadas

$$x' = \frac{1}{2}(-2+\sqrt{3}\cdot(-3)) = -\frac{2+3\sqrt{3}}{2}\,,\ y' = \frac{1}{2}(-\sqrt{3}\cdot 2-(-3)) = \frac{3-2\sqrt{3}}{2}\,.$$

6. As coordenadas no sistema rotacionado são $A = (-4, 2)'$ e o ângulo de rotação é $\frac{\pi}{4}$. Encontrar as coordenadas originais de A.

Solução.

Usamos o ângulo $\alpha = \frac{\pi}{4}$ nas fórmulas (4.6):

$$x = x' \cos\frac{\pi}{4} - y' \sin\frac{\pi}{4} = \frac{\sqrt{2}}{2}(x' - y'), \quad y = x' \sin\frac{\pi}{4} + y' \cos\frac{\pi}{4} = \frac{\sqrt{2}}{2}(x' + y').$$

Substituindo $x' = -4$ e $y' = 2$ nas últimas fórmulas, encontramos as coordenadas originais (veja Fig.4.4)

$$x = \frac{\sqrt{2}}{2}(-4 - 2) = -3\sqrt{2}, \quad y = \frac{\sqrt{2}}{2}(-4 + 2) = -\sqrt{2}.$$

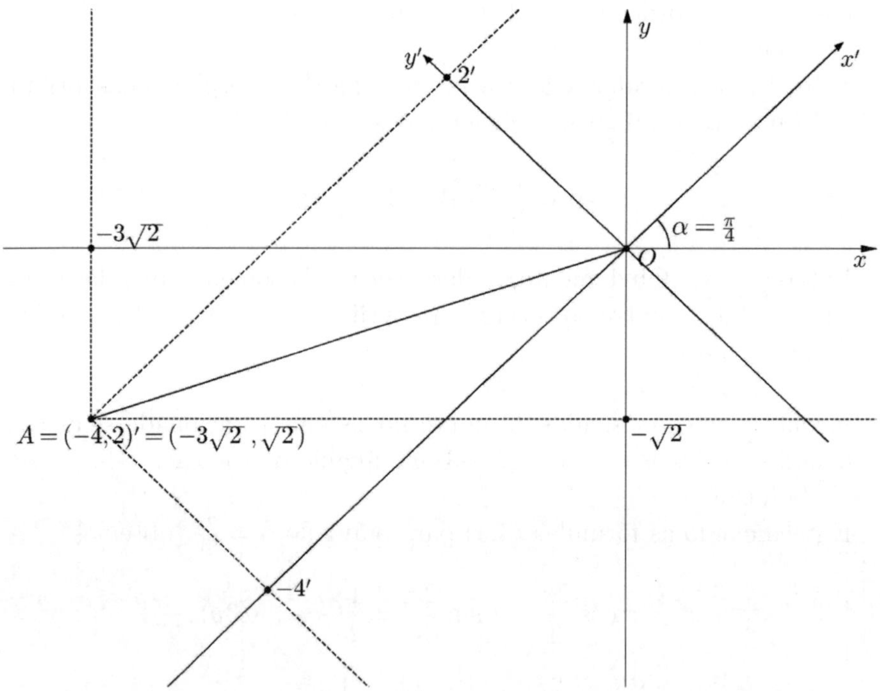

Figura 4.4 Coordenadas de A em sistema original e rotacionado.

7. Verificar se as fórmulas a seguir representam uma rotação do sistema cartesiano e, caso afirmativo, determinar o ângulo da rotação:

$$x = \frac{\sqrt{2}}{2}x' + \frac{\sqrt{2}}{2}y', \quad y = \frac{\sqrt{2}}{2}x' - \frac{\sqrt{2}}{2}y'.$$

Solução.

Comparando as relações dadas e as fórmulas gerais (4.6), percebemos que da primeira relação (para x) seguem duas equações $\cos\alpha = \frac{\sqrt{2}}{2}$ e $\sin\alpha = -\frac{\sqrt{2}}{2}$. No intervalo $[-\pi, \pi]$ tem um único ângulo $\alpha = -\frac{\pi}{4}$ que satisfaz essas duas equações. No entanto, da equação para y seguem mais duas equações $\sin\alpha = \frac{\sqrt{2}}{2}$ e $\cos\alpha = -\frac{\sqrt{2}}{2}$, que são incompatíveis com as duas anteriores, uma vez que cosseno (e seno) do mesmo ângulo não pode assumir valores diferentes. Assim, concluímos que as fórmulas dadas não representam rotação.

8. Verificar se as fórmulas a seguir representam uma rotação do sistema cartesiano e, caso afirmativo, determinar o ângulo da rotação:

$$x = \frac{4}{5}x' - \frac{3}{5}y', \; y = \frac{3}{5}x' + \frac{4}{5}y'.$$

Solução.

Como no exercício anterior, precisamos comparar as relações dadas com as fórmulas (4.6). Das fórmulas para x segue que $\cos\alpha = \frac{4}{5}$ e $\sin\alpha = \frac{3}{5}$. Como a identidade trigonométrica está satisfeita – $\cos^2\alpha + \sin^2\alpha = \frac{16}{25} + \frac{9}{25} = 1$, então essas duas relações são compatíveis. Como sabemos da trigonometria, no intervalo $[0, 2\pi]$ existe um único ângulo α satisfazendo essas duas equações. Devido aos valores positivos do cosseno e seno, este ângulo fica no I quadrante e o seu valor aproximado é $\alpha \approx 0,6435rad$. Analisando agora as fórmulas para y, concluímos que devem ser satisfeitas as equações $\sin\alpha = \frac{3}{5}$ e $\cos\alpha = \frac{4}{5}$, mas essas duas são repetições das duas já consideradas. Assim, as equações representam rotação com ângulo aproximado $\alpha \approx 0,6435rad$.

Exercícios

1. Encontrar as fórmulas de translação de coordenadas cartesianas se a origem de coordenadas foi transferida para o ponto:
1) $A = (4,3)$;
2) $B = (-1,2)$;
3) $C = (-3,-1)$.
Encontrar as novas coordenadas dos pontos $P = (3,4)$ e $Q = (2,-5)$.

2. A origem foi transferida para o ponto $Q = (-4,3)$ via translação. As novas coordenadas dos pontos A, B e C são $(1,2)$, $(-4,0)$ e $(-5,4)$, respectivamente. Achar as fórmulas da translação e coordenadas originais destes pontos.

3. Dados os pontos $A = (1, 2)$, $B = (2, -3)$ e $C = (-1, 5)$, achar as novas coordenadas destes pontos se a origem foi transladada para o ponto:
1) A;
2) B;
3) C.

4. A origem é transladada para o ponto $A = (2, -3)$. Quais são as coordenadas da origem no novo sistema de coordenadas?

5. Em qual ponto deve ser transladada a origem para que as coordenadas originais $(-3, 1)$ do ponto A se tornem $(-6, 3)$?

6. A nova unidade de medida é $1' = 3 \cdot 1$. Encontrar as fórmulas da mudança de escala e as novas coordenadas dos pontos:
1) $A = (4, 3)$;
2) $B = (-1, 2)$;
3) $C = (-3, -1)$.
Fazer o mesmo se a nova unidade de medida é $1' = \frac{1}{2} \cdot 1$.

7. A nova unidade de medida é $1' = 4 \cdot 1$. Quais são as coordenadas do ponto $(1, -4)$ no novo sistema de coordenadas?

8. Qual deve ser a relação entre duas unidades de medida para que o ponto $A = (3, -6)$ tenha coordenadas $(1, -2)'$ no novo sistema?

9. Escrever as fórmulas de rotação se os eixos coordenados estão rotacionados em:
1) $\frac{\pi}{4}$;
2) $-\frac{\pi}{3}$;
3) $\frac{5\pi}{6}$;
4) 240^0;
5) -30^0.
Encontrar as coordenadas dos pontos $A = (4, 3)$, $B = (-1, 2)$, $C = (-3, -1)$ em cada um destes sistemas rotacionados.

10. O ângulo de rotação é de $\frac{\pi}{3}$. As novas coordenadas dos pontos A, B e C são $(4, 3)'$, $(-1, 2)'$ e $(-3, -1)'$, respectivamente. Achar as fórmulas da rotação e as coordenadas originais destes pontos.

11. Verificar se as fórmulas a seguir representam uma rotação do sistema cartesiano e, caso afirmativo, determinar o ângulo da rotação:

1) $\begin{cases} x = \frac{\sqrt{2}}{2}x' + \frac{\sqrt{2}}{2}y' \\ y = -\frac{\sqrt{2}}{2}x' + \frac{\sqrt{2}}{2}y' \end{cases}$;

2) $\begin{cases} x = \frac{\sqrt{2}}{2}x' + \frac{\sqrt{2}}{2}y' \\ y = -\frac{\sqrt{2}}{2}x' - \frac{\sqrt{2}}{2}y' \end{cases}$;

3) $\begin{cases} x' = -\frac{\sqrt{2}}{2}x + \frac{1}{2}y \\ y' = -\frac{1}{2}x + \frac{\sqrt{2}}{2}y \end{cases}$;

4) $\begin{cases} x' = \frac{1}{2}x - \frac{\sqrt{3}}{2}y \\ y' = \frac{\sqrt{3}}{2}x + \frac{1}{2}y \end{cases}$;

5) $\begin{cases} x' = \frac{1}{2}x + \frac{\sqrt{3}}{2}y \\ y' = -\frac{1}{2}x + \frac{\sqrt{3}}{2}y \end{cases}$;

6) $\begin{cases} x = \frac{1}{2}x' + \frac{\sqrt{3}}{2}y' \\ y = -\frac{\sqrt{3}}{2}x' + \frac{1}{2}y' \end{cases}$;

7) $\begin{cases} x' = -\frac{\sqrt{3}}{2}x + \frac{1}{2}y \\ y' = -\frac{1}{2}x - \frac{\sqrt{3}}{2}y \end{cases}$.

Seção 2.5 Relações elementares envolvendo coordenadas: distância, divisão de um segmento, simetria

1 Distância entre dois pontos

Na seção 2.3 desse capítulo, considerando coordenadas polares, já encontramos (e deduzimos) a fórmula (3.2) da distância de um ponto até a origem. Generalizamo-la para o caso da *distância entre dois pontos* arbitrários $P_1 = (x_1, y_1)$ e $P_2 = (x_2, y_2)$. Do triângulo retângulo $P_1P_2P_3$, onde $P_3 = (x_2, y_1)$, segue que $d^2(P_1, P_2) = d^2(P_1, P_3) + d^2(P_3, P_2)$ (veja Fig.5.1). Como P_1 e P_3 ficam na mesma reta coordenada $y = y_1$, então $d(P_1, P_3) = |x_2 - x_1|$; como P_3 e P_2 ficam na mesma reta coordenada $x = x_2$, então $d(P_3, P_2) = |y_2 - y_1|$. Portanto, $d^2(P_1, P_2) = (x_2 - x_1)^2 + (y_2 - y_1)^2$ ou

$$d(P_1, P_2) = \sqrt{(x_2 - x_1)^2 + (y_2 - y_1)^2}. \tag{5.1}$$

A mesma distância representa o *comprimento do intervalo* P_1P_2.

2 Distância de um ponto até uma reta coordenada

Estamos em condições de definir, na forma geométrica, a distância entre um ponto e uma reta qualquer, mas, por enquanto, deduzimos a fórmula para essa distância só para as retas coordenadas, adiando a consideração da expressão geral até o capítulo de retas.

Definição da *distância entre um ponto e uma reta* (geral geométrica). Chamamos de distância entre um ponto P e uma reta R a menor de todas

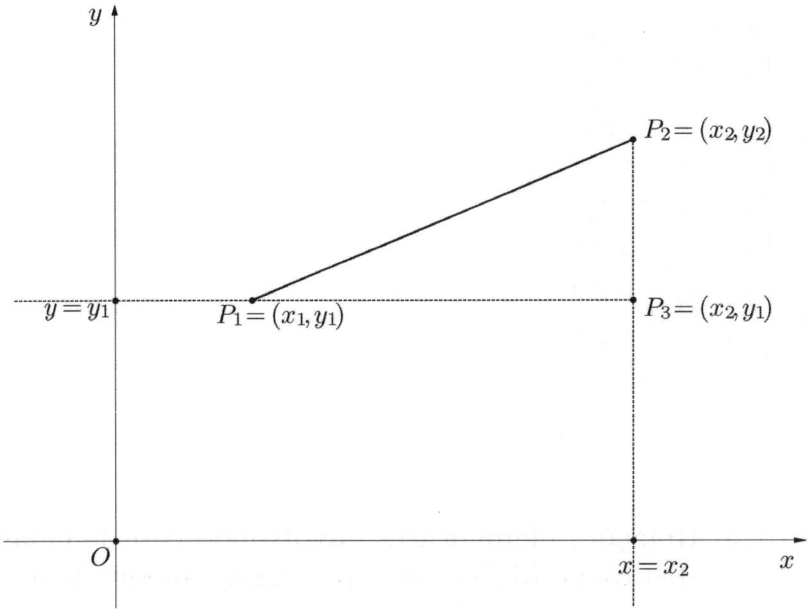

Figura 5.1 Distância entre dois pontos.

as distâncias entre P e os pontos de R. A notação a ser utilizada é $d(P, R)$. Em particular, se P pertence a R, então, pela definição, a distância é 0.

Obviamente, no caso de uma reta geral, essa definição pode ser reformulada na seguinte forma equivalente.

Definição. Chamamos de distância $d(P, R)$ entre um ponto P e uma reta R a distância entre P e o ponto Q obtido na intersecção de R e a reta perpendicular a R que passa por P. O ponto Q é chamado de projeção de P sobre R.

A equivalência entre as duas definições segue logo da relação do triângulo retângulo: para qualquer ponto P_1 da reta R diferente de Q temos que $d(P, Q) < \sqrt{d^2(P, Q) + d^2(Q, P_1)} = d(P, P_1)$ (veja Fig.5.2). Dessa equivalência e da realização geométrica da segunda Definição segue que a distância entre um ponto e uma reta sempre existe.

Agora, nos restringimos às retas coordenadas. Na seção 2.2 desse capítulo, já foram definidas as projeções dos pontos sobre retas coordenadas. Pela definição, a projeção $P_{y=C}$ do ponto P sobre a reta coordenada $y = C$ é o ponto de intersecção da reta $y = C$ com a reta perpendicular a $y = C$ que passa por P, ou seja, $P_{y=C}$ é o ponto procurado Q da Definição da distância entre P e R. Como as coordenadas $P_{y=C}$ são $P_{y=C} = (x, C)$, então, aplicando a fórmula da distância entre dois pontos, encontramos que

$$d(P, y = C) = d(P, P_{y=C}) = \sqrt{(x - x)^2 + (y - C)^2} = |y - C|\,. \qquad (5.2)$$

Em particular, a distância de P até o eixo Ox é igual a $|y|$.

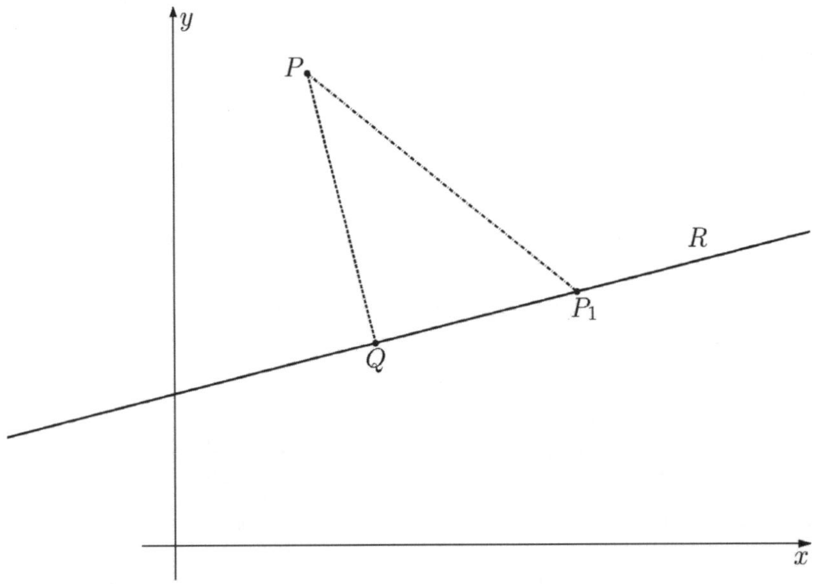

Figura 5.2 Distância de um ponto até uma reta.

Da mesma maneira, a distância do ponto P até a reta coordenada $x = C$ é a distância entre P e a projeção de P sobre $x = C$ que é o ponto $P_{x=C} = (C, y)$. Então,

$$d(P, x = C) = d(P, P_{x=C}) = \sqrt{(x - C)^2 + (y - y)^2} = |x - C|\,. \qquad (5.3)$$

Em particular, a distância de P até o eixo Oy é igual a $|x|$.

Observação 1. A fórmula para a distância entre um ponto e uma reta qualquer será deduzida posteriormente, na seção das retas.

Observação 2. Na forma geral, a *distância de um ponto até uma figura* é definida como a menor distância (caso exista) entre todas as distâncias deste ponto até os pontos da figura. Caso a menor distância não exista, o conceito se amplia, substituindo, em vez do mínimo entre todas as distâncias, o seu ínfimo (que sempre existe num conjunto de distâncias, pois qualquer distância é não negativa), mas isso já fica fora do escopo desse texto.

Observação 3. Tecnicamente, estamos prontos para deduzir a fórmula geral da distância de um ponto até uma reta, mas o conhecimento das equações de retas faz com que a solução dessa tarefa fique mais direta e natural e, por isso, adiamos a sua consideração até a seção 3.3 do próximo capítulo. Por enquanto, só daremos um exemplo de como pode ser deduzida a fórmula da distância, empregando as técnicas consideradas até o momento. Calculemos a distância do ponto $A = (-2, 3)$ até a reta $R : y = 2x + 1$. Lembrando da escola, que o coeficiente junto com x de uma reta (na forma explícita em relação a y) representa a tangente do ângulo φ entre essa reta e o sentido positivo do eixo Ox, temos $\tan\varphi = 2$. Rotacionamos agora as coordenadas x, y no ângulo φ no sentido anti-horário, o que vai tornar a reta $y = 2x+1$ uma reta coordenada. Embora possamos encontrar (aproximadamente) o ângulo $\varphi \approx 1,11rad \approx 63,4^0$, as fórmulas (4.5) e (4.6) dessa rotação indicam que não necessitamos do próprio ângulo e sim dos valores respectivos do cosseno e seno. Para obter os últimos, usamos as fórmulas trigonométricas conhecidas (válidas para o ângulo $\varphi \in (-\frac{\pi}{2}, \frac{\pi}{2})$):

$$\cos\varphi = \frac{1}{\sqrt{1+\tan^2\varphi}} = \frac{1}{\sqrt{5}}, \quad \sin\varphi = \frac{\tan\varphi}{\sqrt{1+\tan^2\varphi}} = \frac{2}{\sqrt{5}}.$$

Substituindo estes valores em (4.5) e (4.6), obtemos

$$x' = x\cos\varphi + y\sin\varphi = \frac{1}{\sqrt{5}}(x+2y), \; y' = -x\sin\varphi + y\cos\varphi = \frac{1}{\sqrt{5}}(-2x+y)$$

e

$$x = x'\cos\varphi - y'\sin\varphi = \frac{1}{\sqrt{5}}(x'-2y'), \; y = x'\sin\varphi + y'\cos\varphi = \frac{1}{\sqrt{5}}(2x'+y').$$

Usando as últimas fórmulas, certificamos que a reta R em coordenadas rotacionadas se torna a reta coordenada: $\frac{1}{\sqrt{5}}(2x'+y') = 2\frac{1}{\sqrt{5}}(x'-2y')+1$ ou, simplificando, $y' = \frac{1}{\sqrt{5}}$. Respectivamente, as coordenadas do ponto A mudam para $x'_A = \frac{1}{\sqrt{5}}(-2+2\cdot 3) = \frac{4}{\sqrt{5}}$, $y'_A = \frac{1}{\sqrt{5}}(-2\cdot(-2)+3) = \frac{7}{\sqrt{5}}$. Então, nas coordenadas rotacionadas, a distância de $A = \left(\frac{4}{\sqrt{5}}, \frac{7}{\sqrt{5}}\right)$ até $R : y' = \frac{1}{\sqrt{5}}$ é prontamente encontrada $d(A, R) = \frac{7}{\sqrt{5}} - \frac{1}{\sqrt{5}} = \frac{6}{\sqrt{5}}$ e, como a distância é preservada na rotação, essa é a distância entre $A = (-2, 3)$ e $R : y = 2x+1$.

3 Divisão de um segmento

Definição. Dados dois pontos $P_1 = (x_1, y_1)$ e $P_2 = (x_2, y_2)$, definimos o *ponto médio* P_m do segmento P_1P_2 como o ponto equidistante de P_1 e P_2: $d(P_1, P_m) = d(P_2, P_m)$.

Para encontrar as coordenadas (x_m, y_m) de P_m, reduzimos este problema ao caso unidimensional. Para isso, passamos as retas coordenadas $x = x_1, x = x_2$ e $x = x_m$ por pontos P_1, P_2 e P_m (veja Fig.5.3). As projeções destes pontos $P_{1x} = (x_1, 0)$, $P_{2x} = (x_2, 0)$ e $P_{mx} = (x_m, 0)$ ficam na mesma reta coordenada $y = 0$ e, por isso, são unicamente caracterizadas pela sua abscissa. Como as três retas $x = x_1, x = x_2$ e $x = x_m$ são paralelas, os segmentos $P_{1x}P_{mx}$ e $P_{mx}P_{2x}$ mantêm a relação dos segmentos originais: $d(P_{1x}, P_{mx}) = d(P_{2x}, P_{mx})$, ou seja, P_{mx} é o ponto médio do intervalo $P_{1x}P_{2x}$ no eixo Ox (veja Fig.5.3). A coordenada x do ponto médio de um segmento na reta coordenada se encontra pela fórmula $x_m = \frac{x_1+x_2}{2}$, conforme foi deduzido na seção 1.5. Da mesma maneira, fazendo projeções sobre Oy, encontramos os pontos $P_{1y} = (0, y_1)$, $P_{2y} = (0, y_2)$ e $P_{my} = (0, y_m)$, cujas coordenadas satisfazem a relação $y_m = \frac{y_1+y_2}{2}$. Assim, as coordenadas do ponto médio são definidas:

$$P_m = (x_m, y_m) : \; x_m = \frac{x_1 + x_2}{2}, \; y_m = \frac{y_1 + y_2}{2}. \tag{5.4}$$

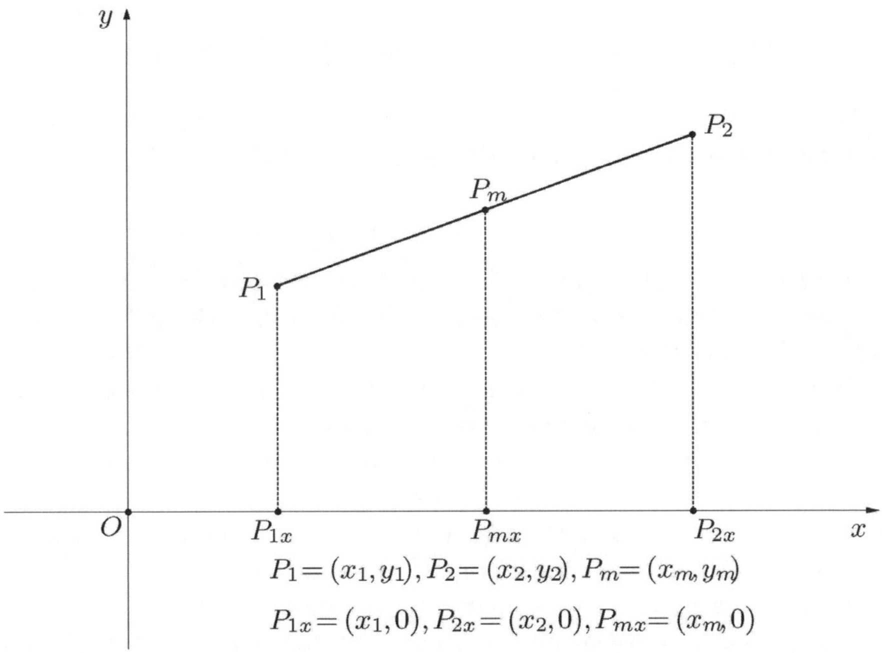

Figura 5.3 Ponto médio.

O problema da *divisão de um segmento* P_1P_2 por ponto P_3 numa proporção dada $\frac{d(P_1,P_3)}{d(P_2,P_3)} = \lambda$ pode ser resolvido de maneira semelhante, reduzindo-o ao problema já resolvido no caso unidimensional. Fazendo projeções sobre Ox, observamos que os pontos da projeção mantêm a mesma relação $\frac{d(P_{1x},P_{3x})}{d(P_{2x},P_{3x})} = \lambda$ e, portanto, a abscissa x_3 se encontra pela fórmula $x_3 = \frac{x_1+\lambda x_2}{1+\lambda}$. Da projeção sobre Oy segue que $y_3 = \frac{y_1+\lambda y_2}{1+\lambda}$. Assim,

$$P_3 = (x_3, y_3) : \; x_3 = \frac{x_1 + \lambda x_2}{1+\lambda}, \; y_3 = \frac{y_1 + \lambda y_2}{1+\lambda}. \tag{5.5}$$

Obviamente, caso $\lambda = 1$ corresponda ao encontro do ponto médio.

Observação. A construção realizada na solução do problema de divisão de um segmento pode ser interpretada como redução do problema original à divisão das projeções do segmento orignal sobre eixos de coordenadas.

4 Simetria em relação a um ponto

Consideremos agora o problema de encontro de um ponto P_2 simétrico ao ponto dado P_1 em relação ao ponto central da simetria P_0.

Definição. Dado um ponto $P_1 = (x_1, y_1)$, chamamos $P_2 = (x_2, y_2)$ de *ponto simétrico a* P_1 *em relação ao ponto central* $P_0 = (x_0, y_0)$, se todos os três pontos ficam na mesma reta e os pontos P_1 e P_2 são equidistantes de P_0, isto é, $d(P_1, P_0) = d(P_2, P_0)$.

Da definição segue que P_0 é o ponto médio do segmento P_1P_2 (isto é, P_0 coincide com P_m da Fig.5.3). Portanto, $x_0 = \frac{x_1+x_2}{2}, y_0 = \frac{y_1+y_2}{2}$, de onde obtemos

$$P_2 = (x_2, y_2) : x_2 = 2x_0 - x_1 \, , \; y_2 = 2y_0 - y_1 \, . \tag{5.6}$$

Em particular, se a simetria é realizada em relação à origem das coordenadas, isto é, $P_0 = O = (0, 0)$, então o ponto P_2 simétrico a $P_1 = (x_1, y_1)$ tem coordenadas $P_2 = (-x_1, -y_1)$.

Observação 1. O conceito de simetria de um par de pontos em relação a um ponto P_0 naturalmente se estende a um conjunto de pontos ou uma figura no plano. Uma *figura é simétrica em relação a* P_0 se todos os seus pontos puderem ser divididos em duplas, cada uma delas representando um par simétrico em relação a P_0. Em outras palavras, uma figura é simétrica em relação a P_0 se para qualquer ponto P dessa figura o seu ponto simétrico P_s em relação a P_0 também faz parte dessa figura.

Observação 2. Em Cálculo, os gráficos de *funções ímpares* têm a propriedade de simetria em relação à origem. Mais precisamente, uma função $y = f(x)$ definida num domínio X é chamada ímpar se para $\forall x \in X$ é válida a relação $f(-x) = -f(x)$, ou, em termos geométricos, se para qualquer ponto $P = (x, f(x))$ do gráfico da função, o ponto P_s simétrico a P em relação à origem – $P_s = (-x, -f(x))$ – também pertence ao gráfico dessa função. Essa situação naturalmente se estende à *simetria em relação a um ponto $P_0 = (x_0, y_0)$ diferente da origem*: o gráfico de $f(x)$ (e a própria $f(x)$) é simétrico em relação a P_0 se a qualquer um dos seus pontos $P = (x, f(x))$ corresponde um ponto P_s do mesmo gráfico, que é simétrico a P em relação a P_0. Em termos de coordenadas, isso significa que para $\forall(x_0+x) \in X$ é válida a condição $f(x_0+x)-y_0 = y_0-f(x_0-x)$ (grosso modo: os incrimentos dos valores da função, que correspondem aos incrimentos equidistantes das abscissas, são iguais). Obviamente, denotando as coordenadas $x_2 = x_0+x$, $x_1 = x_0 - x$, $y_2 = f(x_2)$ e $y_1 = f(x_1)$, imediatamente encontramos as relações (5.6). Como essas relações são um pouco mais complicadas que as da função ímpar e enxergar a simetria em relação a um ponto diferente da origem é mais problemático, as simetrias em relação a um ponto arbitrário acabam sendo pouco usadas em Cálculo.

5 Simetria em relação a uma reta

Outro tipo importante de simetria é a simetria em relação a uma reta.

Definição. Dado ponto P_1 e reta R, chamamos $P_2 \neq P_1$ de *ponto simétrico a P_1 em relação à reta R (eixo de simetria)*, se P_1 e P_2 ficam na reta S perpendicular a R e são equidistantes do ponto P_0 que é intersecção de R e S.

Dessa definição segue que a simetria em relação a uma reta se reduz a simetria em relação a um ponto específico – projeção do ponto original sobre a reta.

A última definição é válida para qualquer reta, mas a fórmula para encontro das coordenadas de P_2 vamos, por enquanto, deduzir só no caso de uma reta coordenada. (O tratamento geral deste problema será dado posteriormente na seção de retas.)

Consideremos a reta coordenada $R : y = C$. Nesse caso, a reta perpendicular a R que passa pelo ponto $P_1 = (x_1, y_1)$ é a reta coordenada $S : x = x_1$. A intersecção de R e S é o ponto de projeção $P_0 = (x_1, C)$ de P_1 sobre $R : y = C$. A condição de equidistância de P_1 até P_0 e de P_0 até o ponto procurado $P_2 = (x_2, y_2)$ – $d(P_1, P_0) = d(P_0, P_2)$ – diz que o ponto P_0 é o ponto médio do segmento P_1P_2 da reta S e, portanto, as suas coordenadas são $P_0 = (x_1, C) = (\frac{x_1+x_2}{2}, \frac{y_1+y_2}{2})$, de onde segue imediatamente que

$$P_2 = (x_2, y_2) : \ x_2 = x_1 \, , \ y_2 = 2C - y_1 \, . \tag{5.7}$$

Em particular, se a simetria é realizada em relação ao eixo Ox (isto é,

$C = 0$), então o ponto P_2 simétrico a $P_1 = (x_1, y_1)$ tem coordenadas $P_2 = (x_1, -y_1)$.

De modo análogo, o ponto P_3 simétrico a P_1 em relação à reta coordenada $x = C$ tem coordenadas

$$P_3 = (x_3, y_3) : \ x_3 = 2C - x_1 \, , \ y_3 = y_1 \, . \tag{5.8}$$

Em particular, se a simetria é realizada em relação ao eixo Oy, então o ponto P_3 simétrico a $P_1 = (x_1, y_1)$ tem coordenadas $P_3 = (-x_1, y_1)$.

As duas Observações semelhantes às dadas no item de simetria em relação a um ponto estão em ordem aqui.

Observação 1. O conceito de simetria de um par dos pontos em relação a uma reta R naturalmente se estende a um conjunto de pontos ou uma figura no plano. Uma *figura é simétrica em relação a* R se todos os seus pontos puderem ser divididos em duplas, cada uma delas representando um par simétrico em relação a R. Em outras palavras, uma figura é simétrica em relação a R se para qualquer ponto P dessa figura o seu ponto simétrico P_s em relação a R também faz parte dessa figura.

Observação 2. Em Cálculo, os gráficos de *funções pares* têm a propriedade de simetria em relação ao eixo Oy. Mais precisamente, uma função $y = f(x)$ definida num domínio X é chamada par se para $\forall x \in X$ é válida a relação $f(-x) = f(x)$, ou, em termos geométricos, se para qualquer ponto $P = (x, f(x))$ do gráfico da função, o ponto P_s simétrico a P em relação a Oy – $P_s = (-x, f(x))$ – também pertence ao gráfico dessa função. Essa situação naturalmente se estende à *simetria em relação a uma reta coordenada* $x = x_0$ diferente do eixo Oy: o gráfico de $f(x)$ (e a própria $f(x)$) é simétrico em relação à reta $x = x_0$ se a qualquer um dos seus pontos $P = (x, f(x))$ corresponder um ponto P_s do mesmo gráfico, que é simétrico a P em relação a $x = x_0$. Em termos de coordenadas, isso significa que para $\forall (x_0 + x) \in X$ é válida a condição $f(x_0 + x) = f(x_0 - x)$ (grosso modo: os valores da função, que correspondem às abscissas equidistantes de x_0, são iguais). Denotando as coordenadas $x_3 = x_0 + x$, $x_1 = x_0 - x$, $y_3 = f(x_3)$ e $y_1 = f(x_1)$, imediatamente encontramos as relações (5.8), onde $C = x_0$. Devido à maior complexidade dessas relações comparadas com as da função par, as simetrias em relação a uma reta $x = x_0$ são pouco usadas em Cálculo.

Mais uma observação trata do encontro do ponto simétrico em relação a uma reta arbitrária.

Observação 3. Embora nos restrinjamos, neste item, pela simetria em relação às retas coordenadas, já temos ferramentas necessárias para deduzir as fórmulas de simetria em relação a uma reta qualquer. Realmente, dado um ponto $P_1 = (x_1, y_1)$ e uma reta (não coordenada) R, usando rotação de coordenadas, sempre podemos fazer com que a reta dada seja uma reta coordenada, por exemplo, $y' = C$, em coordenadas rotacionadas $x'O'y'$. (Se acrescentarmos a translação, então podemos tornar a reta R um dos eixos de coordenadas, por exemplo, $O'x'$.) Então, aplicando as fórmulas de simetria (5.7) em x', y', encontramos as coordenadas do ponto simétrico a R no sistema rotacionado e, depois disso, voltando ao sistema cartesiano original, obtemos as coordenadas x, y do ponto simétrico procurado. No entanto, este algoritmo de resolução é mais trabalhoso e menos ilustrativo geometricamente do que aquele que vamos estudar na seção de retas. Portanto, aqui só vamos dar um exemplo de aplicação deste método num caso simples, quando a reta R é a bissetriz do I e III quadrantes, isto é, $y = x$. Com isso, além de ilustrar a aplicação dessa técnica no contexto de simetrias, temos em mente mais dois objetivos importantes: primeiro, esse método serve para ilustração de uma abordagem mais geral usada na resolução de problemas geométricos, que consiste em escolha de coordenadas mais adequadas para o problema formulado, o que pode simplificar significativamente a sua resolução; segundo, este tipo de simetria se usa com frequência em Cálculos no estudo de funções inversas. Assim, resolvemos agora o problema de encontro do ponto $P_2 = (x_2, y_2)$ simétrico a $P_1 = (x_1, y_1)$ em relação à reta $R : y = x$. Intuitivamente, fica claro que nessa simetria o eixo Ox reflete em Oy e vice-versa e, portanto, podemos esperar que as coordenadas troquem seus lugares, isto é, $P_2 = (y_1, x_1)$. Mostremos isso acuradamente. Rotacionamos as coordenadas x, y no ângulo $\frac{\pi}{4}$ para que o novo eixo Ox' coincida com a reta R. Usando as fórmulas (4.5) com ângulo $\alpha = \frac{\pi}{4}$, encontramos as novas coordenadas do ponto P_1:

$$x'_1 = \frac{1}{\sqrt{2}}(x_1 + y_1)\,,\ y'_1 = \frac{1}{\sqrt{2}}(-x_1 + y_1)\,.$$

Como em coordenadas $x'O'y'$ a simetria é realizada em relação ao eixo Ox', então imediatamente obtemos as coordenadas de P_2:

$$x'_2 = x'_1\,,\ y'_2 = -y'_1\,.$$

Voltando as coordenadas originais pelas fórmulas (4.6) com ângulo $\alpha = \frac{\pi}{4}$, achamos

$$x_2 = \frac{1}{\sqrt{2}}(x'_2 - y'_2) = \frac{1}{\sqrt{2}}(x'_1 + y'_1)$$

$$= \frac{1}{\sqrt{2}}\left[\frac{1}{\sqrt{2}}(x_1 + y_1) + \frac{1}{\sqrt{2}}(-x_1 + y_1)\right] = \frac{1}{2}2y_1 = y_1\,,$$

$$y_2 = \frac{1}{\sqrt{2}}(x_2' + y_2') = \frac{1}{\sqrt{2}}(x_1' - y_1')$$

$$= \frac{1}{\sqrt{2}}\left[\frac{1}{\sqrt{2}}(x_1 + y_1) - \frac{1}{\sqrt{2}}(-x_1 + y_1)\right] = \frac{1}{2}2x_1 = x_1 .$$

Assim, nas coordenadas originais, $P_2 = (y_1, x_1)$.

Lembremos que, uma função $y = f(x)$ e a sua inversa $x = f^{-1}(y)$ (caso exista) têm os mesmos gráficos, uma vez que façam a relação entre os mesmos pares de coordenadas (a original – de x para y e a inversa – de y para x). Para expressar a inversa na forma tradicional $y = f^{-1}(x)$, usando x como variável independente e y como valores da função, temos que trocar o sentido das coordenadas e, portanto, os pontos $P = (x, y)$ do gráfico da $x = f^{-1}(y)$ mudam para pontos $P = (y, x)$ do gráfico da $y = f^{-1}(x)$. Acabamos de mostrar que isso significa que $P = (y, x)$ do gráfico da inversa $y = f^{-1}(x)$ é simétrico a $P = (x, y)$ do gráfico de $y = f(x)$ em relação à reta $y = x$. Como isso é válido para qualquer par dos pontos dos dois gráficos, então o gráfico da inversa $y = f^{-1}(x)$ é simétrico ao gráfico da original $y = f(x)$ em relação à reta $y = x$. Essa propriedade importante é usada com frequência em Cálculo para construção de gráficos de funções inversas e estudo de suas propriedades.

Exercícios resolvidos

1. Calcular a distância entre os pontos $A = (-4, 3)$ e $B = (2, -1)$. Encontrar o ponto médio do intervalo AB e os pontos que dividem AB na proporção $\frac{1}{4}$ e 4.

Solução.

Substituindo as coordenadas dos pontos na fórmula (5.1), encontramos $d(A, B) = \sqrt{(x_A - x_B)^2 + (y_A - y_B)^2} = \sqrt{(-4-2)^2 + (3-(-1))^2} = \sqrt{52}$. As coordenadas do ponto médio encontramos a partir das fórmulas (5.4): $x_m = \frac{x_A + x_B}{2} = \frac{-4+2}{2} = -1, y_m = \frac{3+(-1)}{2} = 1$. As coordenadas do ponto C, que divide AB na razão $\frac{1}{4}$, isto é, $\frac{d(A,C)}{d(C,B)} = \frac{1}{4}$, se encontram das fórmulas (5.5) com $\lambda = \frac{1}{4}$: $x_C = \frac{x_A + \lambda x_B}{1+\lambda} = \frac{-4+\frac{1}{4}\cdot 2}{1+\frac{1}{4}} = \frac{-14}{5}, y_C = \frac{y_A + \lambda y_B}{1+\lambda} = \frac{3+\frac{1}{4}\cdot(-1)}{1+\frac{1}{4}} = \frac{11}{5}$. De modo análogo, para o ponto D, que divide AB na razão 4, temos $x_D = \frac{x_A + \lambda x_B}{1+\lambda} = \frac{-4+4\cdot 2}{1+4} = \frac{4}{5}, y_D = \frac{y_A + \lambda y_B}{1+\lambda} = \frac{3+4\cdot(-1)}{1+4} = \frac{-1}{5}$.

2. Os pontos $A = (5, 5)$ e $B = (x, y)$ ficam na bissetriz do I e III quadrantes e a distância entre os pontos é igual a 8. Encontrar as coordenadas do ponto B.

Solução.

Como B pertence à bissetriz do I e III quadrantes, então $B = (x, x)$. Da condição da distância encontramos $d(A, B) = \sqrt{(5-x)^2 + (5-x)^2} = \sqrt{2}|5-x| = 8$. A última equação tem duas raízes: $x - 5 = \pm 4\sqrt{2}$, ou seja, $x_1 = 5 - 4\sqrt{2}$ e $x_2 = 5 + 4\sqrt{2}$. Assim, temos dois pontos que satisfazem às condições do problema: primeiro, $B_1 = (5 - 4\sqrt{2}, 5 - 4\sqrt{2})$ fica no III quadrante e o segundo, $B_2 = (5 + 4\sqrt{2}, 5 + 4\sqrt{2})$ fica no I quadrante.

3. Determinar o tipo do triângulo (agudo, retângulo ou obtuso) cujos vértices são $A = (1, 2)$, $B = (-3, 1)$, $C = (2, -1)$.

Solução.

Calculando os comprimentos dos lados, temos $d(A, B) = \sqrt{4^2 + 1^2} = \sqrt{17}$, $d(A, C) = \sqrt{(-1)^2 + 3^2} = \sqrt{10}$, $d(B, C) = \sqrt{(-5)^2 + 2^2} = \sqrt{29}$. Observamos, que $d^2(B, C) = 29 > 17 + 10 = d^2(A, B) + d^2(A, C)$, isto é, o quadrado do comprimento do lado maior supera a soma dos quadrados dos comprimentos dos dois lados restantes, o que significa que o triângulo é obtuso.

4. Encontrar os pontos simétricos a $A = (-3, 2)$ em relação à origem das coordenadas, em relação aos eixos coordenados e em relação às retas coordenadas $x = 1$ e $y = -\frac{3}{2}$.

Solução.

Das fórmulas de simetria (5.6), (5.7) e (5.8) segue imediatamente que:
1) para simetria em relação à origem, temos $B = (3, -2)$;
2) para simetria em relação ao eixo Ox, temos $C = (-3, -2)$;
3) para simetria em relação ao eixo Oy, temos $D = (3, 2)$;
4) para simetria em relação à reta $x = 1$, temos $E = (5, 2)$;
5) para simetria em relação à reta $y = -\frac{3}{2}$, temos $F = (-3, -5)$.
(A ilustração se encontra na Fig.5.4.)

5. Encontrar as projeções do segmento AB, $A = (1, -2)$, $B = (3, 1)$ sobre os eixos coordenados e sobre as retas $x = 4$ e $y = -1$.

Solução.

Cada uma das projeções do segmento se reduz à projeção das suas extremidades:
1) para projeção sobre Ox, temos $A_1 = (1, 0)$, $B_1 = (3, 0)$ e o segmento

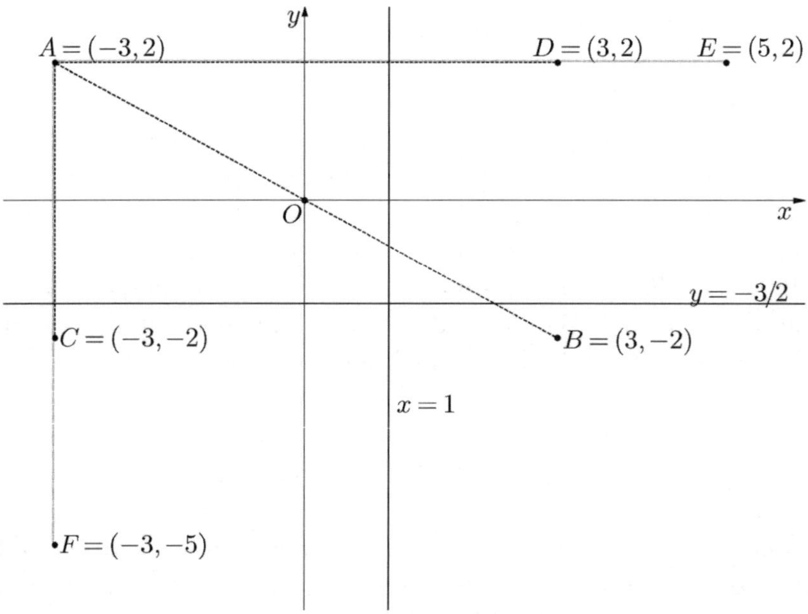

Figura 5.4 Pontos simétricos a $A = (-3, 2)$.

projetado A_1B_1;
2) para projeção sobre Oy, temos $A_2 = (0, -2)$, $B_2 = (0, 1)$ e o segmento projetado A_2B_2;
3) para projeção sobre $x = 4$, temos $A_3 = (4, -2)$, $B_3 = (4, 1)$ e o segmento projetado A_3B_3;
4) para projeção sobre $y = -1$, temos $A_4 = (1, -1)$, $B_4 = (3, -1)$ e o segmento projetado A_4B_4.

6. Dados os pontos médios $D = (7, 8)$, $E = (-4, 5)$ e $F = (1, -4)$ de três lados de um triângulo, encontrar os seus vértices.

Solução.

Denotamos os vértices procurados de $A = (x_A, y_A)$, $B = (x_B, y_B)$ e $C = (x_C, y_C)$ de tal modo que D é o ponto médio de AB, E, de AC e F, de BC. De acordo com as fórmulas do ponto médio, temos as seguintes relações: $\frac{x_A+x_B}{2} = 7$, $\frac{y_A+y_B}{2} = 8$, $\frac{x_A+x_C}{2} = -4$, $\frac{y_A+y_C}{2} = 5$ e $\frac{x_B+x_C}{2} = 1$, $\frac{y_B+y_C}{2} = -4$. As relações ímpares formam o subsitema separado:

$$x_A + x_B = 14\,,\ x_A + x_C = -8\,,\ x_B + x_C = 2\,.$$

A resolução desse é elementar. Por exemplo, somando as duas primeiras equações, obtemos $2x_A + x_B + x_C = 6$ e, com ajuda da terceira, concluímos que $2x_A + 2 = 6$, isto é, $x_A = 2$. Então, das primeiras duas equações imediatamente encontramos $x_B = 12$ e $x_C = -10$. Outro sistema desacoplado é formado pelas equações com ordenadas:

$$y_A + y_B = 16\,,\ y_A + y_C = 10\,,\ y_B + y_C = -8\,.$$

Resolvendo o último de maneira semelhante, obtemos $y_A = 17$, $y_B = -1$ e $y_C = -7$. Assim, os vértices são $A = (2, 17)$, $B = (12, -1)$ e $C = (-10, -7)$.

7. Dados três vértices $A = (2, 4)$, $B = (-3, 7)$ e $C = (-6, 6)$ de um paralelogramo, encontrar o seu quarto vértice.

Solução.

Há duas possibilidades de formação de um paralelogramo neste problema: primeiro, quando os vértices A e C são opostos (isto é, AB é um lado do paralelogramo) e, segundo, quando os vértices A e B são opostos (equivalentemente, AC é um lado do paralelogramo). O método de resolução é o mesmo para os dois casos. Por isso, vamos considerar somente a primeira opção.

Lembremos da geometria que as duas diagonais de um paralelogramo se interceptam no ponto médio das duas. Então, este ponto de intersecção é o ponto médio E da diagonal AC e suas coordenadas são calculadas pelas fórmulas $x_E = \frac{x_A+x_C}{2} = \frac{2+(-6)}{2} = -2$, $y_E = \frac{y_A+y_C}{2} = \frac{4+6}{2} = 5$. Este mesmo ponto é o ponto médio da segunda diagonal BD, onde D é o vértice procurado, e por isso, $x_E = \frac{x_B+x_D}{2}$, $y_E = \frac{y_B+y_D}{2}$. Sabendo as coordenadas de B e E, encontramos as de D das últimas relações: $x_D = 2x_E - x_B = 2 \cdot (-2) - (-3) = -1$, $y_D = 2y_E - y_B = 2 \cdot 5 - 7 = 3$. Assim, $D = (-1, 3)$.

Exercícios

1. Calcular a distância entre dois pontos dados:

1) $A = (2, 3)$ e $B = O = (0, 0)$;
2) $A = O = (0, 0)$ e $B = (1, -\sqrt{8})$;
3) $A = (2, 3)$ e $B = (-2, 6)$;
4) $A = (-3, -7)$ e $B = (5, -1)$.

Encontrar o ponto médio do intervalo AB e os pontos que dividem AB na proporção $\frac{1}{3}$ e 3.

2. Os pontos $A = (-4, 2)$ e $B = (x, y)$ ficam numa reta paralela ao eixo

Ox e a distância entre eles é igual a 2. Encontrar as coordenadas do ponto B.

3. Os pontos $A = (-5, 2)$ e $B = (x, y)$ ficam numa reta paralela ao eixo Oy e a distância entre eles é igual a 6. Encontrar as coordenadas do ponto B.

4. Os pontos $A = (5, 5)$ e $B = (x, y)$ ficam na bissetriz do I e III quadrantes e a distância entre eles é igual a 4. Encontrar as coordenadas do ponto B.

5. Os pontos $A = (-3, 3)$ e $B = (x, y)$ ficam na bissetriz do II e IV quadrantes e a distância entre eles é igual a 6. Encontrar as coordenadas do ponto B.

6. Determinar o tipo do triângulo (agudo, retângulo ou obtuso) se os seus vértices são:
1) $A = (2, 3)$, $B = (6, 7)$, $C = (-7, 2)$;
2) $A = (2, -5)$, $B = (-7, -4)$, $C = (-1, 6)$;
3) $A = (0, 0)$, $B = (4, 2)$, $C = (-2, 4)$.

7. Calcular as coordenadas do ponto médio do segmento AB e as coordenadas do ponto que divide AB na proporção $\frac{1}{2}$:
1) $A = (2, 3)$, $B = (6, 7)$;
2) $A = (-2, 4)$, $B = (-4, 10)$;
3) $A = (-7, 5)$, $B = (11, -9)$.

8. Dados a extremidade A e o ponto médio C do segmento AB, encontrar a segunda extremidade:
1) $A = (-5, -7)$, $C = (-9, -12)$;
2) $A = (-4, 2)$, $C = (-6, 5)$.

9. Dados a extremidade A e o ponto C que divide o segmento AB na proporção $\frac{1}{2}$, encontrar a segunda extremidade:
1) $A = (-5, -7)$, $C = (-9, -12)$;
2) $A = (-4, 2)$, $C = (-6, 5)$.

10. Encontrar os pontos simétricos ao dado em relação à origem das coordenadas e em relação aos eixos coordenados:
1) $A = (2, 3)$;
2)$B = (-1, -3)$;
3)$C = (-2, 1)$;
4)$D = (1, -4)$.

11. Dados os pontos $A = (2, -3)$ e $B = (-1, 4)$, encontrar:
1) o ponto C simétrico a A em relação a B;
2) o ponto D simétrico a B em relação a A.

12. Encontrar as projeções do segmento AB sobre os eixos coordenados:
1) $A = (2, 3)$ e $B = O = (0, 0)$;
2) $A = O = (0, 0)$ e $B = (-1, -3)$;
3) $A = (2, 3)$ e $B = (-1, -3)$;
4)$A = (-2, 1)$ e $B = (1, -4)$.

13. Dados os vértices $A = (2, -1)$, $B = (4, -3)$ e $C = (-3, 5)$ de um triângulo, encontrar os pontos médios dos seus lados.

14. Dados os pontos médios $D = (2, -1)$, $E = (-1, 4)$ e $F = (-2, 2)$ de três lados de um triângulo, encontrar os seus vértices.

15. Os vértices de um triângulo são $A = (1, 4)$, $B = (3, -9)$ e $C = (-5, 2)$. Encontrar os comprimentos das medianas desse triângulo.

16. Dados os dois vértices adjacentes $A = (-3, 5)$ e $B = (1, 7)$ de um paralelogramo e o ponto $P = (1, 1)$ de intersecção das suas diagonais. Encontrar os dois vértices restantes.

17. Dados três vértices $A = (2, 3)$, $B = (4, -1)$ e $C = (0, 5)$ do paralelogramo $ABCD$. Encontrar o quarto vértice.

18. Calcular a distância entre os pontos $A = (2, \frac{\pi}{3})$ e $C = (3, -\frac{\pi}{4})$ definidos em coordenadas polares. Encontrar as coordenadas cartesianas e polares do ponto médio do intervalo AC.

19. Deduzir a fórmula da distância entre dois pontos em coordenadas polares (na forma genérica).

20. Encontrar o ponto simétrico a $P_1 = (x_1, y_1)$ em relação à reta $y = -x$ (na forma genérica).

21. Encontrar o ponto simétrico a $P_1 = (x_1, y_1)$ em relação à reta R:
1) $P_1 = (-3, 2)$, $R : y = x$;
2) $P_1 = (-2, -4)$, $R : y = x$;
3) $P_1 = (-3, 2)$, $R : y = -x$;
4) $P_1 = (-2, -4)$, $R : y = -x$.

Capítulo 3

Retas no plano cartesiano

Seção 3.1 Equação de uma reta

1 Equação de uma reta que passa pela origem

Definição (geométrica) de um *segmento* (*intervalo*). Um *segmento* (*intervalo*) P_0P_1 é a parte da reta passando pelos pontos P_0 e P_1 que fica entre esses dois pontos. Obviamente, P_1P_0 determina o mesmo segmento que P_0P_1.

Em particular, vamos considerar segmentos OP_1 onde um dos pontos é a origem O das coordenadas (a ordem dos pontos não importa, mas, por conveniência, vamos colocar a origem como o primeiro ponto na denotação destes segmentos).

De modo semelhante a um intervalo numa reta coordenada, os segmentos podem ser *fechados* (incluindo extremidades), *abertos* (excluindo extremidades) ou *semi-abertos* (*semi-fechados*). Por implícito (se não for dito o contrário), vamos usar segmentos fechados.

Definição do *ângulo de um segmento*. Um segmento OP_1 define naturalmente um *ângulo com a reta Ox*, que é medido na direção anti-horária (positiva) a partir do eixo Ox até OP_1 e é compreendido entre 0 e π. Esse ângulo é chamado de *ângulo de inclinação*. Notamos que esse é um *ângulo direcional*, uma vez que o mesmo ângulo medido no sentido horário (negativo) é considerado negativo e diferente do ângulo positivo (veja a Fig.1.1). Essa é a diferença entre o ângulo de um segmento e o ângulo num triângulo. Notamos, também, que esse ângulo é medido a partir da parte mais "próxima" da reta Ox, devido à restrição para variação deste ângulo, ou seja, para segmentos localizados no I e II quadrantes, o ângulo se calcula a partir da parte positiva do eixo Ox, enquanto para segmentos localizados no III e IV quadrantes, o ângulo se calcula a partir da parte negativa de Ox (veja a Fig.1.1).

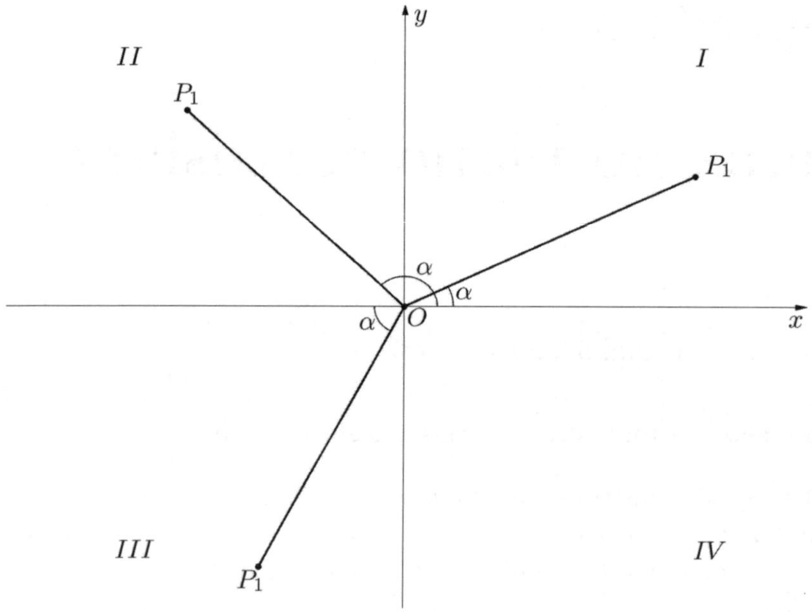

Figura 1.1 Ângulo de inclinação em diferentes quadrantes.

Observação 1. Na qualidade do intervalo de variação do ângulo de inclinação pode ser usado qualquer intervalo de comprimento π; às vezes, é conveniente usar o intervalo $[-\frac{\pi}{2}, \frac{\pi}{2}]$ no lugar de $[0, \pi]$.

Observação 2. No caso singular $P_1 = O$, o ângulo não está efetivamente definido e consideramos que, nesse caso, ao segmento OO pode ser atribuido qualquer valor de ângulo.

Agora estamos prontos para deduzir a *equação de uma reta* que passa pela origem das coordenadas. Primeiro, definimos essa reta geometricamente como o lugar de todos os pontos P em $\mathbb{R}^2$ cujos segmentos OP formam o mesmo ângulo (dado) com a reta coordenada $y = 0$. Para chegar à equação respectiva, analisemos inicialmente o caso quando o ângulo dado α fica em $(0, \frac{\pi}{2})$. Neste caso, os pontos $P = (x, y)$ ficam no I ou III quadrantes (dependendo se medimos o ângulo da parte positiva ou negativa de Ox, respectivamente). Se P ficar dentro do I quadrante, então as relações do triângulo retângulo OPP_x levam a

$$\frac{d(O,P_y)}{d(O,P_x)} = \frac{d(P_x,P)}{d(O,P_x)} = \tan\alpha = k\,,$$

onde, como sempre, $P_x = (x,0)$ e $P_y = (0,y)$ são projeções de P sobre Ox e Oy, respectivamente, e k é uma constante chamada *coeficiente angular de inclinação* ou *coeficiente angular/coeficiente de inclinação* ou simplesmente *inclinação* (veja a Fig.1.2, I quadrante). Observando que no I quadrante $d(O,P_x) = x$ e $d(O,P_y) = y$, obtemos então a equação na forma

$$\frac{y}{x} = \tan\alpha = k\,. \tag{1.1}$$

Da mesma maneira, se P ficar dentro do III quadrante, obtemos a mesma relação do triângulo retângulo OPP_x

$$\frac{d(O,P_y)}{d(O,P_x)} = \frac{d(P_x,P)}{d(O,P_x)} = \tan\alpha = k$$

(veja a Fig.1.2, III quadrante). Embora no III quadrante tenha $d(O,P_x) = -x$ e $d(O,P_y) = -y$, simplificando, chegamos à mesma equação (1.1) obtida no I quadrante. Assim, para $\alpha \in (0, \frac{\pi}{2})$ a equação de uma reta se escreve na forma

$$y = kx,\ k = \tan\alpha\,. \tag{1.2}$$

Caso $\alpha \in (\frac{\pi}{2}, \pi)$, o mesmo raciocínio resulta na mesma equação (1.2) (deixamos essa dedução a cargo do leitor). Finalmente, os casos singulares de $\alpha = 0$ e $\alpha = \frac{\pi}{2}$ (quando os triângulos OPP_x não podem ser formados) são resolvidos de modo ainda mais simples, observando que, para o primeiro ângulo, a reta procurada é o próprio eixo Ox, cuja equação é $y = 0$ e, para o segundo ângulo, a reta procurada é o eixo Oy, cuja equação é $x = 0$. (Note que o ângulo $\alpha = \pi$ é repetição geométrica de $\alpha = 0$, levando à mesma equação). Assim, para qualquer $\alpha \neq \frac{\pi}{2}$, a equação da reta tem a forma (1.2), com o caso $\alpha = 0$ (ou, o que é a mesma coisa, $\alpha = \pi$) incluido quando $k = 0$. Adicionalmente, para $\alpha = \frac{\pi}{2}$, a equação da reta é $x = 0$.

Qualquer segmento OP_1 com P_1 pertencendo à reta é chamado de *segmento diretor* e identificado pelas coordenadas do ponto $P_1 = (x_1, y_1)$. De modo respectivo, é introduzido o *vetor diretor* $\vec{v} = OP_1$ da reta, cujas coordenadas também são (x_1, y_1). De acordo com a equação (1.2), a relação entre as coordenadas do segmento ou vetor diretor e o coeficiente de inclinação é dada na forma $(x_1, y_1) = (x_1, kx_1)$ com qualquer $x_1 \neq 0$. Escolhendo $x_1 = 1$, obtemos o segmento ou vetor diretor específico $\vec{v} = OP_1 = (1, k)$.

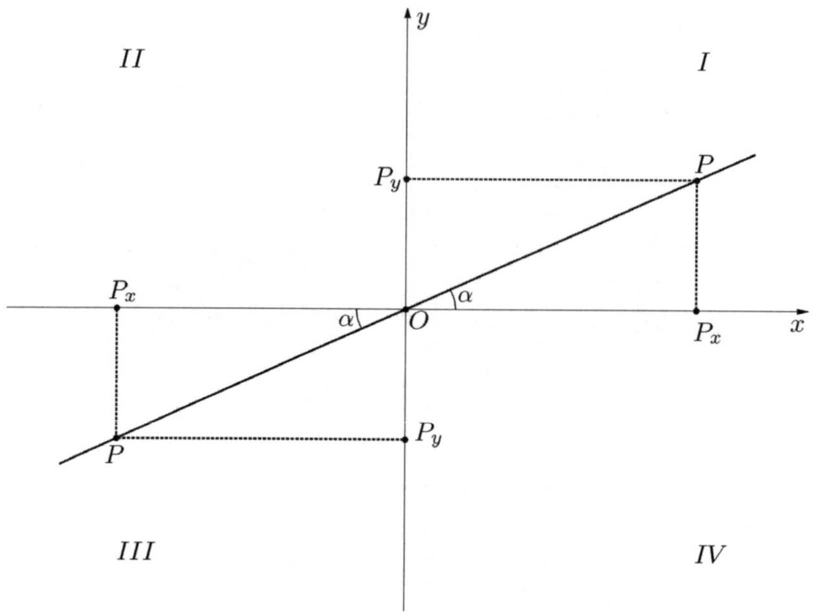

Figura 1.2 Elementos da reta no I e III quadrantes.

Usando raciocínio semelhante, mas indo na direção oposta, podemos concluir que qualquer equação (1.2) representa uma reta de acordo com a definição geométrica. Realmente, observamos primeiro que as coordenadas da origem satisfazem a relação (1.2) para qualquer valor de k. Consideremos agora o caso $k > 0$ e $x \neq 0$. Então, os pontos que satisfazem (1.2) ficam no I ou III quadrantes. Se $x > 0$, então o ponto respectivo $P = (x, y)$ fica no I quadrante e forma, junto com a sua projeção P_x, o triângulo OPP_x, cujo ângulo α do vértice O é definido pela fórmula $\tan\alpha = \frac{d(P_x,P)}{d(O,P_x)} = \frac{y}{x} = k$ (veja Fig.1.2, I quadrante). Como $\tan\alpha$ é uma constante, então o ângulo α também é. Notemos ainda que o ângulo α, pela definição, também é o ângulo entre o eixo Ox (sua parte positiva) e o segmento OP. Da mesma maneira, se $x < 0$, então o ponto respectivo P fica no III quadrante e forma, junto com a sua projeção P_x, o triângulo OPP_x com ângulo α do vértice O satisfazendo a mesma relação $\tan\alpha = \frac{d(P_x,P)}{d(O,P_x)} = \frac{-y}{-x} = k$ (veja Fig.1.2, III quadrante). Notemos que, para o III quadrante, o ângulo α de novo é o ângulo entre eixo Ox (sua parte negativa) e o segmento OP. Assim, no caso $k > 0$, verificamos que (1.2) representa o conjunto de todos os pontos cujos segmentos OP formam o ângulo fixo (dado via fórmula $\tan\alpha = k$) com o eixo Ox, isto é, estes pontos satisfazem a definição geométrica de uma reta. Para $k < 0$, a verificação é a mesma, só é necessário considerar os pontos do II e IV quadrantes. Finalmente, para $k = 0$, temos a reta coordenada $y = 0$.

Observação. Poderia ser considerada a relação invertida $\frac{d(O,P_x)}{d(O,P_y)}$, levando a equação

$$x = my\,, \ m = \cot\alpha\,. \tag{1.3}$$

para $\alpha \neq 0$ (ou $\alpha \neq \pi$) e, adicionalmente, $y = 0$ para $\alpha = 0$ (ou $\alpha = \pi$).

As duas formas da equação de uma reta, (1.2) e (1.3), são chamadas *explícitas*, a primeira em relação a y (a mais comum nos cálculos) e a segunda em relação a x. Essas formas podem ser unidas numa única fórmula, chamada de *forma geral*, que envolve todas as possíveis inclinações:

$$Ax + By = 0\,, \ A^2 + B^2 \neq 0\,. \tag{1.4}$$

Caso $B \neq 0$, a última equação se reduz a (1.2) com $k = -\frac{A}{B}$ e, se for $B = 0$, então temos o caso da reta $x = 0$. Para essa forma geral, acabamos de definir o coeficiente da inclinação como $k = -\frac{A}{B}$, e o segmento diretor correspondente é expresso por $(1, -\frac{A}{B})$ ou $(B, -A)$ ou ainda $(-B, A)$.

Outra maneira de representar a equação de uma reta é usando outras relações subsequentes da definição. Por exemplo, considerando dois pontos P_1 e P (o primeiro é dado e o segundo é genérico) pertencendo à mesma reta que passa pela origem, podemos ver que da semelhança entre os triângulos OP_1P_{1x} e OPP_x (veja a Fig.1.3) segue que

$$\frac{d(P_x, P)}{d(P_{1x}, P_1)} = \frac{d(O, P_x)}{d(O, P_{1x})} = t\,,$$

onde t é um parâmetro real arbitrário (correspondente à escolha do ponto genérico P da reta). Expressando a última relação em termos de coordenadas dos pontos envolvidos, obtemos

$$\frac{y}{y_1} = \frac{x}{x_1} = t\,, \ x_1 y_1 \neq 0\,, \ t \in \mathbb{R}\,, \tag{1.5}$$

que é a *forma simétrica*, naturalmente ligada ao problema de construção da equação de uma reta que passa por dois pontos dados (no caso considerado, um destes é a origem e outro é P_1).

Expressando as relações entre x e y via parâmetro t, chegamos à *forma paramétrica*

$$\begin{cases} x = x_1 t \\ y = y_1 t \end{cases}, \ x_1^2 + y_1^2 \neq 0\,, \ t \in \mathbb{R}\,. \tag{1.6}$$

Essa forma tem ligação direta com o problema de encontro de uma reta que passa na direção do vetor dado (nas equações acima, é vetor $\vec{v} = (x_1, y_1)$). É simples ver que as relações (1.6) e (1.4) são equivalentes: multiplicando a primeira equação em (1.6) por y_1, a segunda, por x_1, e subtraindo os resultados, obtemos $Ax + By = 0$ com $A = y_1$ e $B = -x_1$; por outro lado, partindo de (1.4), denotamos $Ax = -By = t$ e chegamos a (1.6) com $x_1 = \frac{1}{A}$ e $y_1 = -\frac{1}{B}$, caso $AB \neq 0$, ou $y = 0$, isto é, (1.6) com $y_1 = 0$, caso $A = 0$, ou ainda $x = 0$, isto é, (1.6) com $x_1 = 0$, caso $B = 0$.

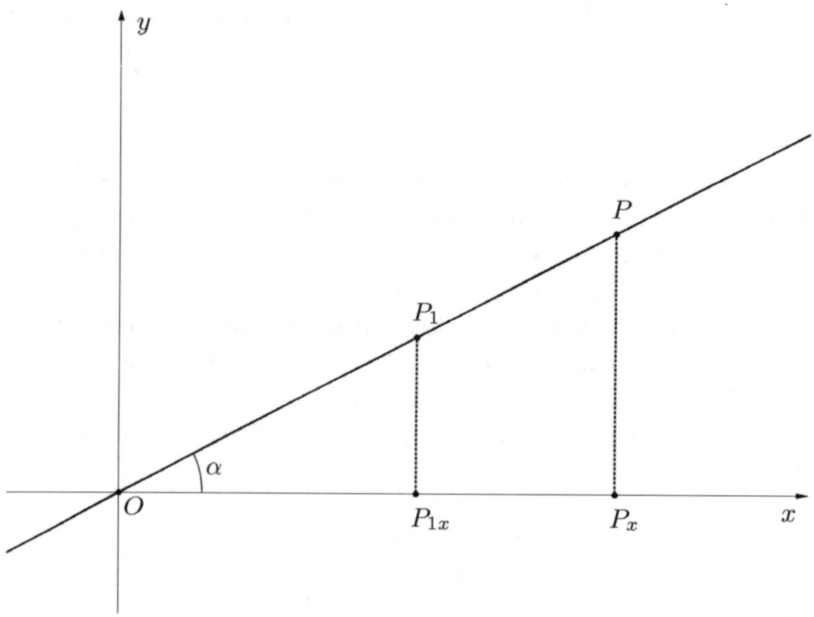

Figura 1.3 Triângulos semelhantes da reta no I quadrante.

A partir do significado geométrico ou ligando as duas últimas formas às equações (1.2) ou (1.4), podemos prontamente deduzir as expressões para o coeficiente de inclinação e para o vetor diretor: $k = \frac{y_1}{x_1}$ e $\vec{v} = (x_1, y_1)$.

Observamos que (1.6) é mais genérica que (1.5), admitindo na sua definição qualquer ponto P_1 diferente da origem ou, em outras palavras, admitindo o uso de qualquer vetor (segmento) diretor $\vec{v} = (x_1, y_1)$ não nulo. Já a forma (1.5) não possibilita o uso de pontos P_1 que ficam nos eixos de coordenadas (ou vetores diretores que venham na direção de eixos de coordenadas).

2 Equação de uma reta geral

A *equação de uma reta geral* pode ser deduzida usando os resultados do item anterior. Para fazer isso, qualquer um dos problemas da construção da equação da reta – construção a partir do ponto por onde ela passa e o ângulo que forma com eixo Ox, construção usando dois pontos dados, construção usando um ponto e o vetor diretor – pode ser reduzido ao problema correspondente considerado no item anterior via mudança de coordenadas. Consideramos esses problemas e as respectivas formas da equação da reta na ordem usada no item anterior.

Para definir o *ângulo de inclinação* que o segmento P_0P_1 forma com o eixo Ox, movemos a origem das coordenadas para o ponto $P_0 = (x_0, y_0)$, isto é, fazemos a mudança de coordenadas $x' = x - x_0, y' = y - y_0$, determinamos o ângulo do segmento $O'P_1'$ em novas coordenadas e definimos que este é o ângulo entre P_0P_1 e o eixo Ox. Na forma equivalente, poderíamos definir o ângulo entre P_0P_1 e Ox como o ângulo entre P_0P_1 e a reta coordenada $y = y_0$ repetindo, em essência, a definição do item anterior (veja Fig.1.4).

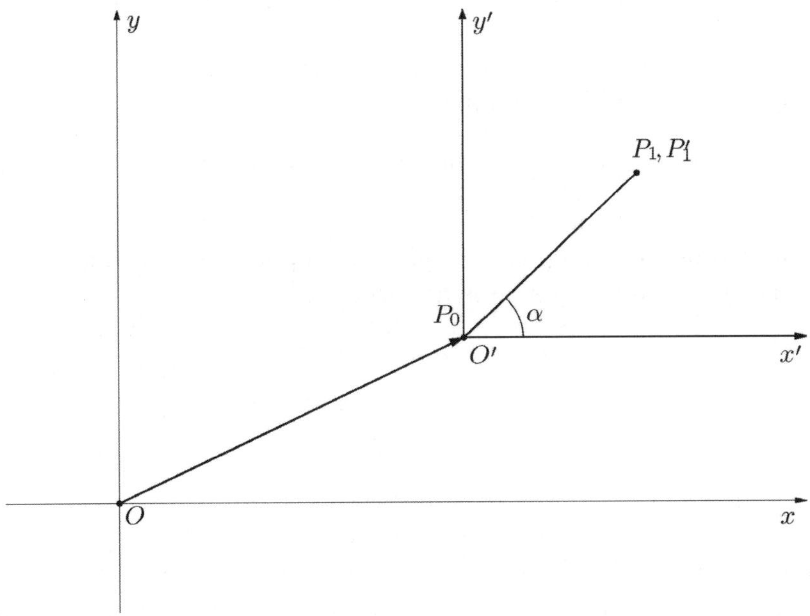

Figura 1.4 Elementos da reta em coordenadas transladadas.

Consideremos a reta como o lugar geométrico de todos os pontos P em $\mathbb{R}^2$ cujos segmentos P_0P formam o mesmo ângulo α (dado) com a reta coordenada $y = 0$. A equação analítica relativa deduzimos aplicando de novo a mudança de coordenadas $x' = x - x_0, y' = y - y_0$, isto é, trazendo a origem para o ponto $P_0 = (x_0, y_0)$. Então, em novas coordenadas, a reta passa pela origem $O' = P_0$ e a sua equação tem a forma (1.2):

$$y' = kx' \,,\; k = \tan\alpha \,,$$

onde k é o *coeficiente de inclinação* (*coeficiente angular*), ou, voltando às coordenadas originais:

$$y - y_0 = k(x - x_0) \,,\; k = \tan\alpha \,. \tag{1.7}$$

Essa equação é válida para qualquer ângulo $\alpha \neq \frac{\pi}{2}$. Adicionalmente, para $\alpha = \frac{\pi}{2}$, temos $x' = 0$, isto é, $x = x_0$.

Como antes, qualquer segmento ou vetor P_0P_1, com P_1 pertencendo à reta, é chamado de *segmento diretor* ou *vetor diretor* e suas coordenadas estão definidas pela fórmula: $\vec{v} = P_0P_1 = (a, b) = (x_1 - x_0, y_1 - y_0)$. A relação entre as coordenadas do segmento ou vetor diretor e o coeficiente de inclinação é dada na forma $(a, b) = (a, ka)$ com qualquer $a \neq 0$. Em particular, temos o segmento ou vetor diretor específico $\vec{v} = P_0P_1 = (1, k)$.

Da mesma maneira, para uma reta passando por P_0 com ângulo de inclinação α, a equação (1.3) assume a forma

$$x - x_0 = m(y - y_0) \,,\; m = \cot\alpha \tag{1.8}$$

para $\alpha \neq 0$ e, adicionalmente, $y = y_0$ para $\alpha = 0$.

Se as coordenadas do ponto P_0 não são importantes na equação, então (1.7) e (1.8) podem ser reescritos na forma:

$$y = kx + c \,,\; k = \tan\alpha \tag{1.9}$$

e

$$x = my + d \,,\; m = \cot\alpha \,, \tag{1.10}$$

onde $c = y_0 - kx_0$ e $d = x_0 - my_0$, respectivamente.

As formas (1.7)-(1.10) são chamadas *explícitas* (sendo (1.7) e (1.9) mais comuns em cálculos). Essas formas podem ser juntadas numa fórmula só, chamada de *forma geral*, que envolve todas as possíveis inclinações e generaliza a fórmula (1.4):

$$Ax + By + C = 0 \,, A^2 + B^2 \neq 0 \,. \tag{1.11}$$

Caso $B \neq 0$, a última equação se reduz a (1.9) com $k = -\frac{A}{B}$, e se for $B = 0$, então temos o caso da reta $x = x_0$. Caso $A \neq 0$, a última equação se reduz a (1.10) com $m = -\frac{B}{A}$, e se for $A = 0$, então temos o caso da reta $y = y_0$. Como era no item anterior para equação (1.4), o coeficiente de inclinação em (1.11) é $k = -\frac{A}{B}$ e o vetor diretor correspondente é $(1, -\frac{A}{B})$ ou $(B, -A)$ ou ainda $(-B, A)$.

De maneira semelhante, via mudança de coordenadas, a tarefa de construção da equação de uma reta que passa por dois pontos P_0 e P_1 se reduz ao problema da reta passando por pontos O' e P_1' que leva as fórmulas (1.5) em coordenadas novas x', y'. Voltando às coordenadas originais, essas fórmulas são generalizadas à seguinte *forma simétrica*

$$\frac{y - y_0}{y_1 - y_0} = \frac{x - x_0}{x_1 - x_0} = t\,,\;\; (x_1 - x_0)(y_1 - y_0) \neq 0\,,\;\; t \in \mathbb{R}$$

ou, usando as coordenadas do vetor diretor $(a, b) = (x_1 - x_0, y_1 - y_0)$, temos

$$\frac{y - y_0}{b} = \frac{x - x_0}{a} = t\,,\;\; ab \neq 0\,,\;\; t \in \mathbb{R}.$$

Notando que a segunda igualdade a t, nas duas formas simétricas, não traz nenhuma informação (uma vez que não há restrição para variação de t), as formas simétricas usualmente se escrevem de modo simplificado:

$$\frac{y - y_0}{y_1 - y_0} = \frac{x - x_0}{x_1 - x_0}\,,\;\; (x_1 - x_0)(y_1 - y_0) \neq 0 \tag{1.12}$$

e

$$\frac{y - y_0}{b} = \frac{x - x_0}{a}\,,\;\; ab \neq 0\,. \tag{1.13}$$

Como antes, expressando as relações entre x e y via parâmetro t, encontramos de (1.12) e (1.13) a sua forma mais genérica chamada *paramétrica*

$$\begin{cases} x - x_0 = (x_1 - x_0)t \\ y - y_0 = (y_1 - y_0)t \end{cases},\;\; (x_1 - x_0)^2 + (y_1 - y_0)^2 \neq 0\,,\;\; t \in \mathbb{R} \tag{1.14}$$

e

$$\begin{cases} x - x_0 = at \\ y - y_0 = bt \end{cases},\;\; a^2 + b^2 \neq 0,\;\; t \in \mathbb{R}\,. \tag{1.15}$$

Como no item anterior, é fácil mostrar que as relações (1.11) e (1.15) são equivalentes.

A partir do significado geométrico ou da ligação entre (1.11) e (1.15), podemos prontamente deduzir as expressões do coeficiente de inclinação e do vetor diretor nas fórmulas (1.15): $k = \frac{b}{a}$ e $\vec{v} = (a, b)$.

Observação 1. Em todos os tipos de fórmulas que definem as retas, existe uma prática comum de não utilizar a indicação de variação de variáveis, entendendo (por implícito) que as grandezas envolvidas podem assumir quaisquer valores admissíveis pela fórmula. Por exemplo, nas fórmulas (1.14) e (1.15) a indicação $t \in \mathbb{R}$ normalmente é omitida (ou seja, pressuposta implicitamente). Daqui em diante, vamos seguir essa regra nesse texto. (Lembremos que isso está em acordo com um convênio universal usado na interpretação de funções, cujo domínio não está definido explicitamente.) Observemos que já fizemos isso nas fórmulas (1.7)-(1.10), (1.12), (1.13), supondo (implicitamente) que a variável independente assume todos os valores admissíveis (o que segue naturalmente das condições geométricas da construção da equação de uma reta), ou seja, nas fórmulas (1.7) e (1.9) é suposto que $x \in \mathbb{R}$, nas fórmulas (1.8) e (1.10) é entendido que $y \in \mathbb{R}$, e nas fórmulas (1.12) e (1.13) para variável independente pode ser escolhido tanto x como y. Para equações das retas, dadas via fórmulas (1.7)-(1.10), (1.12)-(1.15), isso implica imediatamente que as coordenadas restantes, também, variam em todo o conjunto $\mathbb{R}$.

Observação 2. Como já foi notado acima, a mesma reta pode ser definida usando diferentes segmentos diretores, como, por exemplo, no caso da reta R definida pelas equações $2x - 3y + 5 = 0$ e $4x - 6y + 10 = 0$. No caso genérico, isso significa que as equações gerais $Ax + By + C = 0$ e $\alpha Ax + \alpha By + \alpha C = 0$ definem a mesma reta R para qualquer $\alpha \neq 0$. A mesma arbitrariedade é mantida na forma simétrica e paramétrica: as equações $\frac{x+1}{3} = \frac{y-1}{2}$ e $\frac{x+4}{6} = \frac{y+1}{4}$, e também $\begin{cases} x = -1 + 3t \\ y = 1 + 2t \end{cases}$ e $\begin{cases} x = -4 + 6t \\ y = -1 + 4t \end{cases}$ definem a mesma reta R. De novo, generalizando, temos que as equações simétricas $\frac{x-x_0}{a} = \frac{y-y_0}{b}$ e $\frac{x-x_0}{\alpha a} = \frac{y-y_0}{\alpha b}$ e as paramétricas $\begin{cases} x = x_0 + at \\ y = y_0 + bt \end{cases}$ e $\begin{cases} x = x_0 + \alpha at \\ y = y_0 + \alpha bt \end{cases}$ definem a mesma reta R para qualquer $\alpha \neq 0$. Na forma explícita, não tem essa indeterminação: a dupla de coeficientes k e c na fórmula (1.9) define uma única reta e vice-versa, isto é, as duplas diferentes correspondem a retas diferentes (o mesmo é válido para a forma explícita (1.10)).

Observação 3. No caso da forma paramétrica, podemos ainda notar que, devido ao papel intermediário do parâmetro t, a mesma reta pode ser definida via relações não lineares. Por exemplo, a reta R, definida na forma paramétrica como $\begin{cases} x = -1 + 3t \\ y = 1 + 2t \end{cases}$, pode ser reescrita, também, na forma $\begin{cases} x = -1 + 3t^3 \\ y = 1 + 2t^3 \end{cases}$, ou ainda $\begin{cases} x = -1 + 3\sinh t \\ y = 1 + 2\sinh t \end{cases}$. De modo genérico, a mesma reta R, além da equação paramétrica (1.15), pode ser definida, equivalentemente, nas formas $\begin{cases} x = x_0 + at^3 \\ y = y_0 + bt^3 \end{cases}$, $\begin{cases} x = x_0 + a\sinh t \\ y = y_0 + b\sinh t \end{cases}$ (nos dois $a^2 + b^2 \neq 0$) e muitas outras, obtidas de (1.15) com o uso de funções que estabelecem a relação de equivalência entre o parâmetro t em (1.15) e qualquer outro parâmetro.

Na tabela a seguir, juntamos, numa apresentação resumida, diferentes formas da definição de uma reta e suas caracterísiticas.

Tabela. Formas analíticas de uma reta e seus elementos geométricos

forma da equação	nomeação	características geométricas
$y - y_0 = k(x - x_0)$	forma explícita em y	$k = \tan\alpha$ – coeficiente de inclinação, α – ângulo com o eixo Ox, $\vec{v} = (1, k)$ – vetor diretor, $\vec{n} = (-k, 1)$ – vetor normal, $P_0 = (x_0, y_0)$ – ponto da reta, $\frac{\lvert y_0 - kx_0\rvert}{\sqrt{1+k^2}}$ – distância até origem
$y = kx + c$	forma explícita em y	$k = \tan\alpha$ – coeficiente de inclinação, α – ângulo com o eixo Ox, $\vec{v} = (1, k)$ – vetor diretor, $\vec{n} = (-k, 1)$ – vetor normal, $P_0 = (0, c)$ – ponto da reta, $\frac{\lvert c\rvert}{\sqrt{1+k^2}}$ – distância até origem
$x - x_0 = m(y - y_0)$	forma explícita em x	$m = \frac{1}{k} = \cot\alpha$ – coeficiente inverso de inclinação, α – ângulo com o eixo Ox, $\vec{v} = (m, 1)$ – vetor diretor, $\vec{n} = (1, -m)$ – vetor normal, $P_0 = (x_0, y_0)$ – ponto da reta, $\frac{\lvert my_0 - x_0\rvert}{\sqrt{1+m^2}}$ – distância até origem
$x = my + d$	forma explícita em x	$m = \frac{1}{k} = \cot\alpha$ – coeficiente inverso de inclinação, α – ângulo com o eixo Ox, $\vec{v} = (m, 1)$ – vetor diretor, $\vec{n} = (1, -m)$ – vetor normal, $P_0 = (d, 0)$ – ponto da reta, $\frac{\lvert d\rvert}{\sqrt{1+m^2}}$ – distância até origem
$Ax + By + C = 0$, $A^2 + B^2 \neq 0$	forma geral	$k = -\frac{A}{B} = \tan\alpha$, $B \neq 0$ – coeficiente de inclinação, $m = -\frac{B}{A} = \cot\alpha$, $A \neq 0$ – o inverso do coeficiente de inclinação, α – ângulo com o eixo Ox, $\vec{v} = (B, -A)$ – vetor diretor, $\vec{n} = (A, B)$ – vetor normal, $\frac{\lvert C\rvert}{\sqrt{A^2+B^2}}$ – distância até origem
$\frac{y-y_0}{y_1-y_0} = \frac{x-x_0}{x_1-x_0}$, $(x_1-x_0)(y_1-y_0) \neq 0$	forma simétrica	$k = \frac{y_1-y_0}{x_1-x_0} = \tan\alpha$ – coeficiente de inclinação, α – ângulo com o eixo Ox, $\vec{v} = (x_1 - x_0, y_1 - y_0)$ – vetor diretor, $\vec{n} = (-(y_1 - y_0), x_1 - x_0)$ – vetor normal, $P_0 = (x_0, y_0)$ e $P_1 = (x_1, y_1)$ – dois pontos da reta, $\frac{\lvert x_0y_1 - x_1y_0\rvert}{\sqrt{(x_1-x_0)^2+(y_1-y_0)^2}}$ – distância até origem
$\frac{y-y_0}{b} = \frac{x-x_0}{a}$, $ab \neq 0$	forma simétrica	$k = \frac{b}{a} = \tan\alpha$ – coeficiente de inclinação, α – ângulo com o eixo Ox, $\vec{v} = (a, b)$ – vetor diretor, $\vec{n} = (-b, a)$ - vetor normal, $P_0 = (x_0, y_0)$ – ponto da reta, $\frac{\lvert bx_0 - ay_0\rvert}{\sqrt{a^2+b^2}}$ – distância até origem
$\begin{cases} x-x_0 = (x_1-x_0)t \\ y-y_0 = (y_1-y_0)t \end{cases}$ $(x_1 - x_0)^2 + (y_1 - y_0)^2 \neq 0$	forma paramétrica	$k = \frac{y_1-y_0}{x_1-x_0} = \tan\alpha$ – coeficiente de inclinação, α – ângulo com o eixo Ox, $\vec{v} = (x_1 - x_0, y_1 - y_0)$ – vetor diretor, $\vec{n} = (-(y_1 - y_0), x_1 - x_0)$ – vetor normal, $P_0 = (x_0, y_0)$ e $P_1 = (x_1, y_1)$ – dois pontos da reta, $\frac{\lvert x_0y_1 - x_1y_0\rvert}{\sqrt{(x_1-x_0)^2+(y_1-y_0)^2}}$ – distância até origem
$\begin{cases} x - x_0 = at \\ y - y_0 = bt \end{cases}$, $a^2 + b^2 \neq 0$	forma paramétrica	$k = \frac{b}{a} = \tan\alpha$ – coeficiente de inclinação, α – ângulo com o eixo Ox, $\vec{v} = (a, b)$ – vetor diretor, $\vec{n} = (-b, a)$ – vetor normal, $P_0 = (x_0, y_0)$ – ponto da reta, $\frac{\lvert bx_0 - ay_0\rvert}{\sqrt{a^2+b^2}}$ – distância até origem

Exercícios resolvidos

1. Determinar coeficiente de inclinação, ângulo de inclinação, segmento diretor, vetor diretor e pontos de intersecção com eixos coordenados da reta $3x - 4y + 1 = 0$. Indicar a forma da reta e reescrevê-la nas demais formas.

Solução.

A equação é definida na forma geral (1.11) com $A = 3$ e $B = -4$. Correspondentemente, o coeficiente angular é igual a $k = -\frac{A}{B} = \frac{3}{4}$ e, então, o ângulo de inclinação é tal que $\tan\alpha = k = \frac{3}{4} \to \alpha \approx 37° \approx 0,64rad$. Como a equação está na forma geral, na qualidade do segmento diretor podemos usar o par $(-B, A) = (4,3)$ e para o vetor diretor – $\vec{v} = (-B, A) = (4,3)$. A intersecção com o eixo Ox ocorre quando $y = 0$: $3x - 4 \cdot 0 + 1 = 0 \to x = -\frac{1}{3}$, ou seja, a reta intercepta o eixo das abscissas no ponto $(-\frac{1}{3}, 0)$. Da mesma maneira, a intersecção com o eixo Oy é definida da condição $x = 0$: $3 \cdot 0 - 4y + 1 = 0 \to y = \frac{1}{4}$, isto é, a intersecsão com o eixo das ordenadas ocorre no ponto $(0, \frac{1}{4})$. As demais formas da representação da mesma reta são as seguintes: a forma explícita em relação a y – $y = \frac{3}{4}x + \frac{1}{4}$, a forma explícita em relação a x – $x = \frac{4}{3}y - \frac{1}{3}$, a forma simétrica (uma delas) – $\frac{x-1}{4} = \frac{y-1}{3}$, a forma paramétrica (uma delas) – $\begin{cases} x = 1 + 4t \\ y = 1 + 3t \end{cases}$.

2. Escrever na forma explícita, geral, simétrica e paramétrica a equação da reta que tem coeficiente angular igual a 3 e corta o eixo Oy no ponto cuja distância até a origem é igual a 4.

Solução.

Vamos partir da forma explícita em relação a y (1.9): $y = kx + c$. Das condições do exercício, o coeficiente angular $k = 3$ e a constante c satisfaz a equação $|y| = |k \cdot 0 + c| = |c| = 4$, donde temos $c = \pm 4$. Logo, temos duas retas satisfazendo as condições: $y = 3x + 4$ e $y = 3x - 4$. As formas restantes vamos deduzir a partir dessas duas equações obtidas. As formas explícitas em relação a x são $x = \frac{1}{3}y - \frac{4}{3}$ e $x = \frac{1}{3}y + \frac{4}{3}$. As formas gerais correspondentes são $3x - y + 4 = 0$ e $3x - y - 4 = 0$. Para as simétricas, temos $\frac{x+1}{1} = \frac{y-1}{3}$ e $\frac{x-1}{1} = \frac{y+1}{3}$. Finalmente, as paramétricas podem ser escritas como $\begin{cases} x = -1 + t \\ y = 1 + 3t \end{cases}$ e $\begin{cases} x = 1 + t \\ y = -1 + 3t \end{cases}$.

Exercícios

1. Determinar se o ponto dado fica na reta $2x - 3y - 3 = 0$ ou não:
1) $A = (3, 1)$;
2) $B = (2, 3)$;
3) $C = (6, 3)$;
4) $D = (-3, -3)$;
5) $E = (3, -1)$.

2. Determinar coeficiente de inclinação, ângulo de inclinação, segmento diretor, vetor diretor e pontos de intersecção com eixos coordenados da reta dada:
1) $y = 2x - 4$;
2) $x = \frac{y-4}{\sqrt{3}}$;
3) $2x - 3y + 5 = 0$;
4) $\frac{2-x}{3} = \frac{y+3}{5}$;
5) $\begin{cases} x = 3t - 2 \\ y = 1 + 4t \end{cases}$.
Indicar a forma da reta e reescrevê-la nas demais formas.

3. Escrever a equação da reta que:
1) tem coeficiente angular igual a -2 e corta o eixo Ox no ponto cuja distância até a origem é igual a 3;
2) tem coeficiente angular igual a -5 e passa pelo ponto $(2, 3)$;
3) passa pelo ponto $(-1, 4)$ e é paralela ao eixo Ox;
4) passa pelo ponto $(3, -2)$ e é paralela ao eixo Oy;
5) passa pelos pontos $(2, 3)$ e $(-4, -6)$.
Representar a mesma reta na forma explícita, geral, simétrica e paramétrica.

Seção 3.2 Relações entre duas retas

1 Posição

Duas retas no plano podem ser *paralelas* ou *concorrentes* (*interceptas*). O primeiro ocorre quando as retas não têm ponto de intersecção, e o segundo, quando elas têm um único ponto de intersecção. Normalmente, são consideradas duas retas distintas, pois o caso singular quando as duas retas coincidem pode ser incorporado em qualquer um dos dois casos principais: se considerar duas retas coincidentes como paralelas, então é melhor redefinir paralelismo via o ângulo (nulo) formado pelas duas retas e, se considerar as retas coincidentes como concorrentes, então as últimas devem ser definidas como as retas que têm pelo menos um ponto de intersecção. Como, usualmente, a situação de duas retas coincidentes não vai nos interessar, vamos manter as duas definições de paralelismo e intersecção dadas inicialmente.

2 Ângulo

Qualquer que seja a relação entre duas retas, sempre podemos definir o *ângulo* entre elas. Caso duas retas sejam paralelas, o ângulo entre elas (pela definição) é igual a 0 (o mesmo é válido para duas retas coincidentes). Caso duas retas sejam concorrentes, então elas formam quatro ângulos, dos quais as duas duplas são ângulos opostos pelo vértice e têm o mesmo valor (veja Fig.2.1). Mesmo assim, ainda restam dois ângulos diferentes (a menos que todos eles sejam de $\frac{\pi}{2}$) e, na definição do ângulo entre duas retas, é escolhido o menor (o ângulo α na Fig.2.1). Assim, o *ângulo entre duas retas* sempre varia de 0 até $\frac{\pi}{2}$. Note que este ângulo não é direcionado, ou seja, ele pode ser medido tanto no sentido anti-horário como no horário sem diferença do resultado (ao contrário do caso do ângulo entre um segmento e reta).

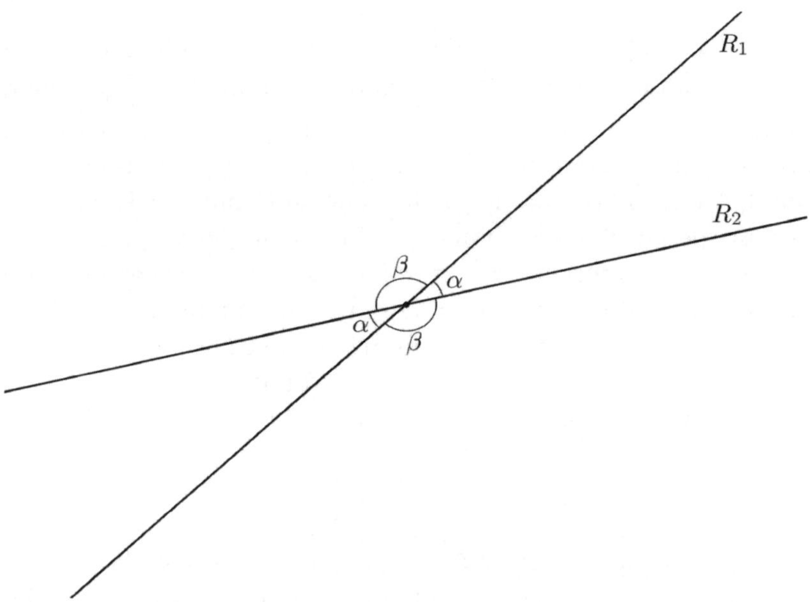

Figura 2.1 Ângulos entre duas retas.

Vamos deduzir duas fórmulas úteis para calcular o ângulo entre duas retas. Primeiro, partimos da definição explícita (1.9) das retas R_1 e R_2: $y = k_1 x + c_1$ e $y = k_2 x + c_2$, respectivamente. Lembramos que $k_1 = \tan\alpha_1$ e $k_2 = \tan\alpha_2$ e, sem perda de generalidade, podemos assumir que $\alpha_2 > \alpha_1$. Observamos que $\gamma = \alpha_2 - \alpha_1$ (veja Fig.2.2) e, aplicando as fórmulas trigonométricas, temos:

$$\tan\gamma = \tan(\alpha_2 - \alpha_1) = \frac{\tan\alpha_2 - \tan\alpha_1}{1 + \tan\alpha_2 \tan\alpha_1} = \frac{k_2 - k_1}{1 + k_2 k_1},$$

onde deve ser $k_1 k_2 \neq -1$. O problema principal dessa fórmula é que os ângulos α_1 e α_2 pertencem ao intervalo $[0, \pi]$, implicando que $\gamma = \alpha_2 - \alpha_1$ pertence a $[0, \pi]$ também, enquanto o ângulo entre duas retas deve ficar entre 0 e $\frac{\pi}{2}$. Por isso, a última fórmula determina ou o próprio ângulo α entre duas retas ou o ângulo complementar (β na Fig.2.2). Há duas maneiras de corrigir isso. Primeiro, depois de encontrar γ pela última fórmula, verificamos se este ângulo fica no intervalo $[0, \frac{\pi}{2}]$: se sim, então $\alpha = \gamma$, se não, então $\alpha = \pi - \gamma$. A segunda maneira é impor a restrição adequada na última fórmula, o que é feito usando o módulo:

$$\tan\alpha = |\tan(\alpha_2 - \alpha_1)| = \left| \frac{k_2 - k_1}{1 + k_2 k_1} \right|, \tag{2.1}$$

sob a condição $k_1 k_2 \neq -1$. Neste caso, a expressão do lado direito é não negativa e a aplicação da função inversa $\alpha = \arctan\left|\frac{k_2 - k_1}{1 + k_2 k_1}\right|$ garante que o ângulo fique em $[0, \frac{\pi}{2})$. Naturalmente, a expressão para α é determinada em função de inclinações k_1 e k_2 e não depende das constantes c_1 e c_2. Notamos que o caso $k_1 k_2 = -1$, não incluído na fórmula (2.1), corresponde a duas retas perpendiculares, uma vez que a equação $\tan\alpha_1 \tan\alpha_2 = -1$ pode ser reescrita na forma $\sin\alpha_1 \sin\alpha_2 + \cos\alpha_1 \cos\alpha_2 = \cos(\alpha_2 - \alpha_1) = 0$ e a última tem uma única raiz $\alpha = \alpha_2 - \alpha_1 = \frac{\pi}{2}$ no intervalo $[0, \pi]$.

Caso as retas sejam definidas na forma geral (1.11) – $R_1 : A_1 x + B_1 y + C_1 = 0$ e $R_2 : A_2 x + B_2 y + C_2 = 0$ – as fórmulas deduzidas acima são facilmente reformuladas de modo respectivo. Por exemplo, a fórmula (2.1) é reescrita na forma

$$\tan\alpha = \left| \frac{A_1 B_2 - A_2 B_1}{A_1 A_2 + B_1 B_2} \right|, \tag{2.2}$$

sob a condição $A_1 A_2 + B_1 B_2 \neq 0$. Como antes, o caso $A_1 A_2 + B_1 B_2 = 0$ corresponde a duas retas perpendiculares. A reformulação de (2.1) no caso de definições simétrica e paramétrica das retas deixamos a cargo do leitor.

Notamos que ambas as fórmulas (2.1) e (2.2) não admitem o ângulo $\alpha = \frac{\pi}{2}$, porque a função tangente não está definida para esse ângulo. No

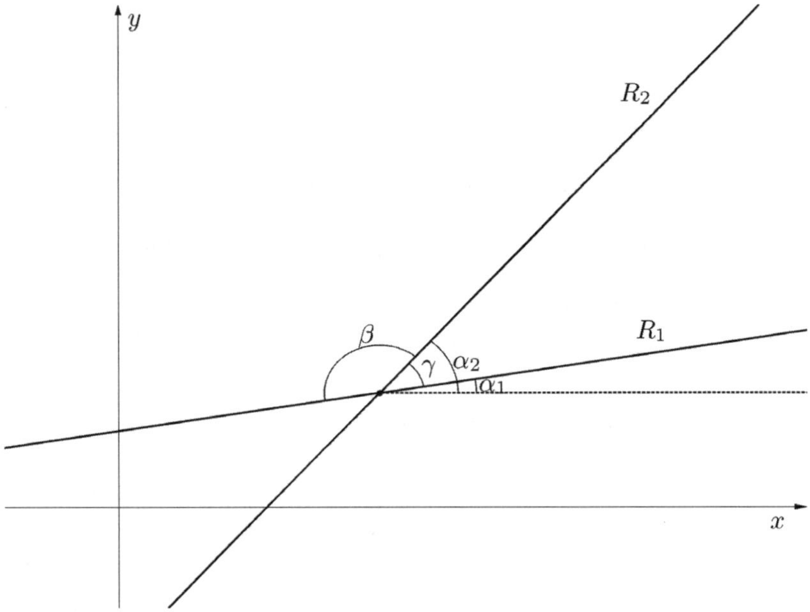

Figura 2.2 Relação dos ângulos entre retas e eixo Ox.

entanto, observando que o valor da tangente aumenta sem restrição quando α se aproxima de $\frac{\pi}{2}$ à esquerda, podemos supor que o caso $\alpha = \frac{\pi}{2}$ (isto é, ortogonalidade entre duas retas) corresponde à condição $A_1A_2 + B_1B_2 = 0$. Esta conjectura foi provada acima e pode ser também demonstrada usando outra representação do ângulo α entre duas retas, a qual é considerada a seguir.

Outra fórmula do ângulo segue da consideração do teorema do cosseno no triângulo $P_0P_1P_2$, formado pelo ponto de intersecção P_0 e dois pontos P_1 e P_2 marcados (arbitrariamente) nas retas R_1 e R_2, respectivamente (veja Fig.2.3):

$$d^2(P_1, P_2) = d^2(P_0, P_1) + d^2(P_0, P_2) - 2d(P_0, P_1)d(P_0, P_2)\cos\gamma\,.$$

Isolando $\cos\gamma$ dessa equação, obtemos

$$\cos\gamma = \frac{d^2(P_0, P_1) + d^2(P_0, P_2) - d^2(P_1, P_2)}{2d(P_0, P_1)d(P_0, P_2)}\,.$$

O numerador pode ser transformado da seguinte maneira:

$$d^2(P_0, P_1) + d^2(P_0, P_2) - d^2(P_1, P_2)$$

$$= (x_1 - x_0)^2 + (y_1 - y_0)^2 + (x_2 - x_0)^2 + (y_2 - y_0)^2 - (x_2 - x_1)^2 - (y_2 - y_1)^2$$
$$= 2(x_0^2 - x_1x_0 - x_2x_0 + x_1x_2 + y_0^2 - y_1y_0 - y_2y_0 + y_1y_2)$$
$$= 2[(x_1 - x_0)(x_2 - x_0) + (y_1 - y_0)(y_2 - y_0)]\,.$$

Substituindo essa expressão na fórmula anterior, obtemos:

$$\cos\gamma = \frac{(x_1 - x_0)(x_2 - x_0) + (y_1 - y_0)(y_2 - y_0)}{\sqrt{(x_1 - x_0)^2 + (y_1 - y_0)^2}\sqrt{(x_2 - x_0)^2 + (y_2 - y_0)^2}}\,.$$

Observando que $\vec{v}_1 = (a_1, b_1) = (x_1 - x_0, y_1 - y_0)$ e $\vec{v}_2 = (a_2, b_2) = (x_2 - x_0, y_2 - y_0)$ são vetores (segmentos) diretores de R_1 e R_2, respectivamente, podemos reescrever a última fórmula usando produto escalar e módulos dos vetores diretores

$$\cos\gamma = \frac{a_1a_2 + b_1b_2}{\sqrt{a_1^2 + b_1^2}\sqrt{a_2^2 + b_2^2}} = \frac{\vec{v}_1 \cdot \vec{v}_2}{|\vec{v}_1||\vec{v}_2|}\,.$$

Notemos que essa fórmula foi deduzida sob a restrição de que as duas retas não coincidem. Neste último caso, o triângulo $P_0P_1P_2$ não pode ser formado, mas a fórmula obtida continua sendo válida, uma vez que, para duas retas coincidentes, podemos usar os mesmos vetores diretores (ou os mesmos pontos P_1 e P_2), o que simplifica a fórmula do ângulo à forma $\cos\gamma = 1$ com a solução $\gamma = 0$, que corresponde à definição do ângulo entre duas retas coincidentes.

A última fórmula tem o mesmo problema da fórmula para $\tan\gamma$: o ângulo α entre duas retas deve ficar entre 0 e $\frac{\pi}{2}$, enquanto γ pode ficar no intervalo $[0, \pi]$. Os mesmos procedimentos usados para remediar o caso de $\tan\gamma$ podem ser aplicados aqui: 1) se o ângulo γ encontrado da última fórmula fica no intervalo $[0, \frac{\pi}{2}]$ (o que corresponde ao triângulo $P_0P_1P_2$ agudo ou retângulo), então $\alpha = \gamma$, mas se ele fica no intervalo $(\frac{\pi}{2}, \pi)$ (o que corresponde ao triângulo $P_0P_1P_2$ obtuso), então $\alpha = \pi - \gamma$; 2) a fórmula para $\cos\gamma$ pode ser corrigida, forçando que o ângulo fique no intervalo $[0, \frac{\pi}{2}]$:

$$\cos\alpha = \frac{|a_1a_2 + b_1b_2|}{\sqrt{a_1^2 + b_1^2}\sqrt{a_2^2 + b_2^2}} = \frac{|\vec{v}_1 \cdot \vec{v}_2|}{|\vec{v}_1||\vec{v}_2|}\,. \qquad (2.3)$$

Nesse caso, a expressão do lado direito é não negativa e a aplicação da função inversa $\alpha = \arccos\frac{|\vec{v}_1 \cdot \vec{v}_2|}{|\vec{v}_1||\vec{v}_2|}$ garante que o ângulo fique em $[0, \frac{\pi}{2}]$.

A expressão (2.3) determina α em função de vetores diretores $\vec{v}_1$ e $\vec{v}_2$, o que é conveniente para a forma paramétrica ou simétrica da definição

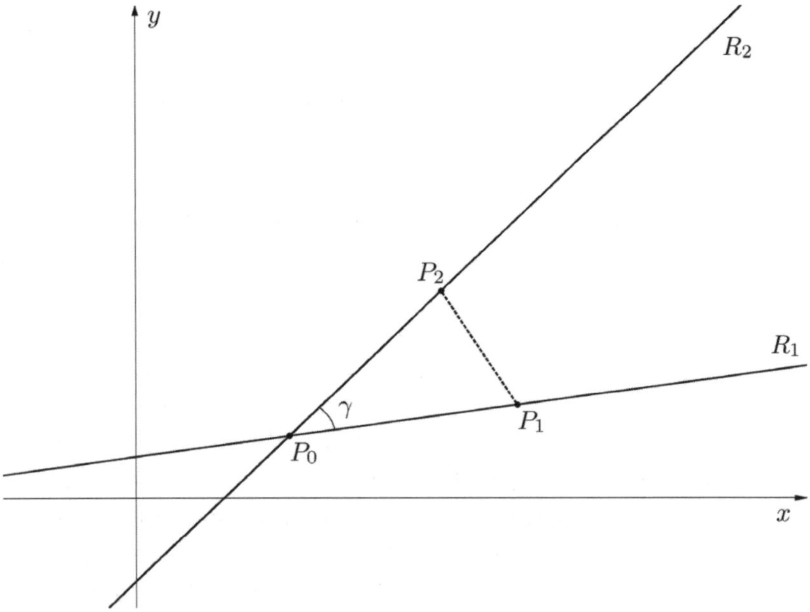

Figura 2.3 Triângulo $P_0P_1P_2$ formado na intersecção das retas R_1 e R_2.

das retas. Reescrevemos esse mesmo resultado em termos de inclinações da forma explícita e de coeficientes da forma geral. No primeiro caso, temos $R_1 : y = k_1x + c_1$, $R_2 : y = k_2x + c_2$ e as relações entre vetores diretores e coeficientes de inclinação estabelecidas no item anterior: $\vec{v}_1 = (1, k_1)$ e $\vec{v}_2 = (1, k_2)$. Substituindo as últimas relações em (2.3), obtemos

$$\cos\alpha = \frac{|1 + k_1k_2|}{\sqrt{1+k_1^2}\sqrt{1+k_2^2}}. \tag{2.4}$$

Notemos que a mesma expressão pode ser obtida analiticamente partindo de (2.1) e usando fórmulas trigonométricas:

$$\cos\alpha = \frac{\cos\alpha}{\sqrt{\cos^2\alpha + \sin^2\alpha}} = \frac{1}{\sqrt{1+\tan^2\alpha}} = \frac{1}{\sqrt{1 + \frac{(k_2-k_1)^2}{(1+k_2k_1)^2}}}$$

$$= \frac{|1 + k_1k_2|}{\sqrt{(1+k_1k_2)^2 + (k_2-k_1)^2}} = \frac{|1 + k_1k_2|}{\sqrt{(1+k_1^2)(1+k_2^2)}}.$$

(essa última dedução é válida para $\alpha \in [0, \frac{\pi}{2})$).

No segundo caso, as equações das retas são $R_1 : A_1x + B_1y + C_1 = 0$, $R_2 : A_2x + B_2y + C_2 = 0$ e as relações entre vetores diretores e coeficientes de inclinação: $\vec{v}_1 = (-B_1, A_1)$ e $\vec{v}_2 = (-B_2, A_2)$. Substituindo as últimas em (2.3), temos

$$\cos\alpha = \frac{|A_1A_2 + B_1B_2|}{\sqrt{A_1^2 + B_1^2}\sqrt{A_2^2 + B_2^2}}. \tag{2.5}$$

De novo, a fórmula (2.5) pode ser deduzida também analiticamente, a partir de (2.2) com emprego de relações trigonométricas, o que deixamos para o leitor verificar.

Para finalizar as relações de ângulos entre duas retas, especificamos as condições quando duas retas são paralelas ou perpendiculares. O caso de *retas paralelas* (ou coincidentes) corresponde ao ângulo 0 e, como mostra a equação (2.1), isso equivale a condição $k_1 = k_2$. Já para a forma geral da equação de retas, a *condição de paralelismo*, como mostra (2.2), é dada pela $A_1B_2 = A_2B_1$. Supondo que $A_1 \neq 0$, reescrevemos a última relação na forma $\frac{A_2}{A_1} = \frac{B2}{B_1} = c$, onde c é uma constante, ou ainda $A_2 = cA_1, B_2 = cB_1$ o que leva à seguinte condição de paralelismo em termos dos segmentos (vetores) diretores: $\vec{v}_2 = (-B_2, A_2) = c(-B_1, A_1) = c\vec{v}_1$. Isto é, as duas retas são paralelas (ou coincidentes) se, e somente se, existe uma constante $c \neq 0$ tal que $\vec{v}_2 = c\vec{v}_1$.

As *condições de ortogonalidade* de duas retas são mais simples de obter usando as relações (2.4) e (2.5): da primeira, segue que ortogonalidade equivale a $k_1k_2 = -1$, e da segunda, que $A_1A_2 = -B_1B_2$. Lembrando a definição do produto escalar entre dois vetores, podemos concluir que as duas retas são perpendiculares se, e somente se, o produto escalar dos seus vetores diretores é igual a 0: $\vec{v}_1 \cdot \vec{v}_2 = A_1A_2 + B_1B_2 = 0$.

3 Ponto de intersecção

Mais uma questão a considerar neste item é o *ponto de intersecção de duas retas* concorrentes que sempre pode ser encontrado resolvendo o sistema que inclui as equações das duas retas. Caso duas retas estejam definidas na forma geral $R_1 : A_1x + B_1y + C_1 = 0$, $R_2 : A_2x + B_2y + C_2 = 0$, o sistema a ser resolvido é

$$\begin{cases} A_1x + B_1y = -C_1 \\ A_2x + B_2y = -C_2 \end{cases}.$$

O seu determinante é $A_1B_2 - A_2B_1 \neq 0$, porque $A_1B_2 = A_2B_1$ só no caso das retas paralelas (ou coincidentes). A solução (as coordenadas x_1, y_1 do ponto de intersecção P_1) prontamente se encontra na forma

$$x_1 = \frac{B_1C_2 - B_2C_1}{A_1B_2 - A_2B_1}, \; y_1 = \frac{A_2C_1 - A_1C_2}{A_1B_2 - A_2B_1}. \qquad (2.6)$$

Se uma reta é definida na forma paramétrica – $R_1 : \begin{cases} x - x_0 = at \\ y - y_0 = bt \end{cases}$ e a segunda na forma geral – $R_2 : A_2x + B_2y + C_2 = 0$, então, substituindo as expressões de x e y em termos de t dadas em R_1 na equação de R_2, obtemos a única equação para a única incógnita (parâmetro t)

$$A_2(x_0 + at) + B_2(y_0 + bt) = -C_2 .$$

Essa equação tem uma única solução, porque o coeficiente de t é diferente de 0: $A_2a + B_2b = A_1B_2 - A_2B_1 \neq 0$, onde $A_1 = b$ e $B_1 = -a$ são coeficientes da forma geral equivalente à paramétrica da primeira reta: $R_1 : A_1x + B_1y + C_1 = 0$. Após encontrar t, substituímos este valor nas equações de R_1 e achamos x_1 e y_1. Este é o modo mais direto de resolver o sistema de relações para coordenadas x e y para essa forma de equações de retas.

Os demais casos são considerados de modo semelhante e são deixados à resolução pelo leitor.

4 Distância entre duas retas

Finalmente, notamos que, no caso de duas retas paralelas, pode ser definida a *distância entre essas retas*. A princípio, pode ser definida a distância entre quaisquer duas retas, seguindo o padrão geral de definição de distância entre duas figuras: a distância entre duas retas é a menor entre todas as distâncias medidas entre pontos da primeira e da segunda reta. De acordo com essa definição (ou qualquer outra definição equivalente), a distância entre duas retas concorrentes é nula (ela é igual a distância do ponto de intersecção até ele mesmo, uma vez que este ponto pertence às duas retas). Portanto, não há interesse algum em considerar a distância entre duas retas concorrentes.

Resta então a distância entre duas retas paralelas (e não coincidentes) que não é nula e pode ser encontrada como distância entre os pontos de intersecção de uma reta R_P perpendicular às retas paralelas R_1 e R_2. Obviamente, não importa a escolha específica de uma reta perpendicular, porque qualquer uma vai dar os pontos de intersecção com R_1 e R_2 que tem a mesma distância entre si: os comprimentos de dois segmentos paralelos

P_1P_2 e Q_1Q_2 compreendidos entre duas retas paralelas R_1 e R_2 são iguais (veja ilustração na Fig.2.4). Além disso, a distância de P_1 até qualquer outro ponto S_2 da reta R_2 é maior que a distância de P_1 até P_2 devido às relações do triângulo retângulo $P_1P_2S_2$: o comprimento da hipotenusa P_1S_2 é maior que o comprimento do cateto P_1P_2 (veja Fig.2.4). Portanto, a distância entre P_1 e P_2, pela definição, é a distância entre as retas R_1 e R_2.

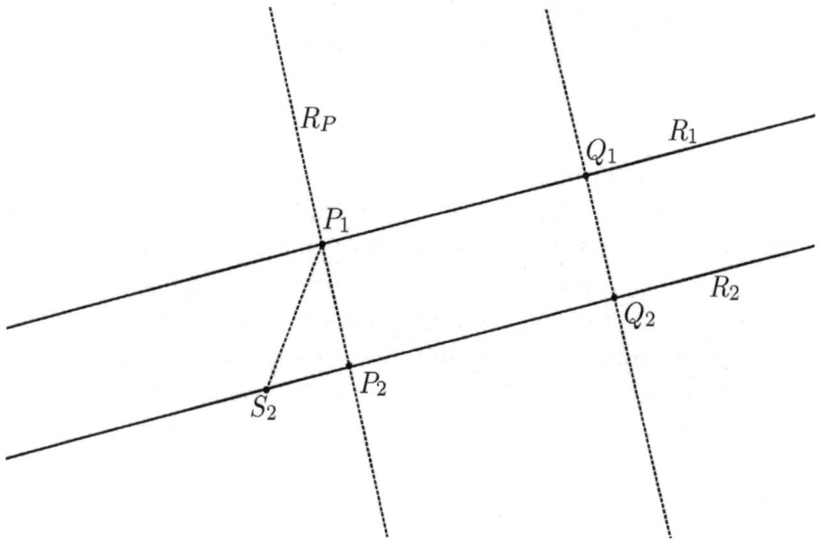

Figura 2.4 Distância entre duas retas R_1 e R_2.

Para encontrar a fórmula dessa distância, consideremos duas retas paralelas definidas na forma geral. Como o segmento diretor de qualquer reta se define com precisão até uma constante, podemos (sem perda de generalidade) usar os mesmos segmentos diretores nas equações das duas retas $R_1 : Ax + By + C = 0$, $R_2 : Ax + By + D = 0$, $C \neq D$. Escolhemos a reta perpendicular que passa pela origem: $R_P : Bx - Ay = 0$. Para encontrar o ponto P_1 de intersecção de R_P com R_1 temos que resolver o sistema $\begin{cases} Ax + By + C = 0 \\ Bx - Ay = 0 \end{cases}$. Da segunda equação segue $Bx = Ay$ e, substituindo essa relação na primeira, multiplicada por A, temos $A^2x + B^2x + AC = 0$. Então, $x_1 = -\frac{AC}{A^2+B^2}$ e, voltando para a ordenada, obtemos $y_1 = -\frac{BC}{A^2+B^2}$. Da mesma maneira, as coordenadas do ponto de intersecção P_2 de R_P com

R_2 se encontram via fórmulas $x_2 = -\frac{AD}{A^2+B^2}$ e $y_2 = -\frac{BD}{A^2+B^2}$. Finalmente,

$$d(P_1, P_2) = \sqrt{(x_2 - x_1)^2 + (y_2 - y_1)^2}$$

$$= \sqrt{\frac{A^2(D-C)^2}{(A^2+B^2)^2} + \frac{B^2(D-C)^2}{(A^2+B^2)^2}} = \sqrt{\frac{(D-C)^2}{A^2+B^2}} = \frac{|D-C|}{\sqrt{A^2+B^2}}.$$

Assim,

$$d(R_1, R_2) = d(P_1, P_2) = \frac{|D-C|}{\sqrt{A^2+B^2}}. \tag{2.7}$$

No final da próxima seção, voltamos à questão da distância entre duas retas paralelas, que pode ser encontrada, também, escolhendo algum ponto P_1 de R_1 e calculando a distância de P_1 até R_2 (ou vice-versa – escolhendo um ponto P_2 de R_2 e calculando sua distância até P_1).

Exercícios resolvidos

1. Escrever a equação da reta que é perpendicular à reta $\begin{cases} x = 3t+2 \\ y = 2t-1 \end{cases}$ e passa pelo ponto $(4, -7)$.

Solução.

O vetor diretor da reta dada é $\vec{v} = (3, 2)$ e um dos vetores perpendiculares a ele é $\vec{n} = (2, -3)$ (e, também, qualquer múltiplo ao último). Então, qualquer reta perpendicular à original pode ser escrita na forma paramétrica $\begin{cases} x = 2t + a \\ y = -3t + b \end{cases}$, onde a, b são constantes a serem determinados da segunda condição do exercício. Substituindo as coordenadas do ponto por onde passa a reta procurada na última equação, obtemos $\begin{cases} 4 = 2t + a \\ -7 = -3t + b \end{cases}$. Assumindo que o ponto $(4, -7)$ corresponde ao valor $t = 0$, especificamos $a = 4, b = -7$ e chegamos à equação da reta na forma $\begin{cases} x = 2t + 4 \\ y = -3t - 7 \end{cases}$.

Notemos que o valor do parâmetro, que corresponde ao ponto dado, é escolhido de modo arbitrário. Por exemplo, se escolhermos $t = 1$, então obteremos $a = 2, b = -4$ e a equação da reta assume a forma $\begin{cases} x = 2t + 2 \\ y = -3t - 4 \end{cases}$. Obviamente, as duas formas paramétricas representam a mesma reta: reescrevendo a primeira definição na forma

$\begin{cases} x = 2(t+1)+2 \\ y = -3(t+1)-4 \end{cases}$ e fazendo reparametrização $p = t+1$, imediatamente chegamos à segunda definição com o parâmetro p renomeado de t. Como já foi apontado na Observação 2 da seção 1 (após da fórmula (1.15)), há infinitas fórmulas equivalentes que definem a mesma reta.

2. Encontrar a relação entre as retas R_1 e R_2. Caso duas retas sejam concorrentes, encontrar o ângulo entre elas; caso sejam paralelas, encontrar a distância entre elas:

1) $R_1 : \frac{x-1}{3} = \frac{y-4}{2}$, $R_2 : \begin{cases} x = 2t+1 \\ y = 2-6t \end{cases}$;

2) $R_1 : 3x + 9y = -5$, $R_2 : \begin{cases} x = 2+3t \\ y = -t \end{cases}$.

Solução.

Neste exercício, devemos começar analisando os vetores diretores e/ou os coeficientes angulares das retas dadas. Se os vetores diretores forem paralelos, então as retas são paralelas; caso contrário, as retas são concorrentes. Em relação aos coeficientes angulares: se eles forem iguais, as retas são paralelas; caso contrário, as retas são concorrentes.

1) O vetor diretor da primeira reta é $\vec{v}_1 = (3,2)$ e da segunda é $\vec{v}_2 = (2,-6)$. Como não existe constante c tal que $\vec{v}_1 = (3,2) = c \cdot (2,-6) = c \cdot \vec{v}_2$, então os dois vetores diretores não são paralelos e, consequentemente, as retas também não são paralelas. Reescrevendo as duas retas na forma geral – $2x - 3y + 10 = 0$ e $6x + 2y - 10 = 0$ – e aplicando a fórmula (2.2), encontramos o ângulo entre essas retas:

$$\tan\alpha = \left|\frac{2\cdot 2 - 6\cdot(-3)}{2\cdot 6 + (-3)\cdot 2}\right| = \frac{11}{3} \to \alpha \approx 75^\circ = \frac{5\pi}{12} rad.$$

2) O vetor diretor da primeira reta é $\vec{v}_1 = (9,-3)$ e da segunda é $\vec{v}_2 = (3,-1)$. Então, $\vec{v}_1 = (9,-3) = 3\cdot(3,-1) = 3\cdot\vec{v}_2$, isto é, os dois vetores são paralelos, o que implica em paralelismo das duas retas. (Em termos das suas inclinações, temos $k_1 = k_2 = -\frac{1}{3}$.) Para encontrar a distância entre as retas, reescrevemos a segunda na forma geral $x + 3y = 2$ e normalizamos a última para obter o mesmo vetor diretor da primeira: $3x + 9y = 6$. Agora, podemos aplicar a fórmula (2.7) da distância entre $R_1 : Ax + By + C = 0$ e $R_2 : Ax + By + D = 0$: $d(R_1, R_2) = \frac{|D-C|}{\sqrt{A^2+B^2}} = \frac{|6-(-5)|}{\sqrt{3^2+9^2}} = \frac{11}{3\sqrt{10}}$.

3. Os dois vértices do paralelogramo $ABCD$ são $A = (-3,-1)$ e $B = (2,2)$, e o ponto de intersecção das suas diagonais é $Q = (3,0)$. Encontrar as equações dos lados deste paralelogramo.

Solução.

Comecemos encontrando a equação do lado AB: $\frac{x-x_A}{x_B-x_A} = \frac{y-y_A}{y_B-y_A}$ ou, especificando as coordenadas de A e B, $\frac{x+3}{2+3} = \frac{y+1}{2+1}$ ou, na forma geral, $3x - 5y + 4 = 0$. Para encontrar o ponto C da diagonal AC, lembremos que as diagonais de um paralelogramo interseccionam-se nos seus pontos médios, ou seja, Q é o ponto médio das diagonais AC e BD desse paralelogramo. Isso significa que C é simétrico a A em relação a Q e, portanto, as coordenadas de C são calculadas pelas fórmulas $x_C = 2x_Q - x_A = 2 \cdot 3 - (-3) = 9$ e $y_C = 2y_Q - y_A = 2 \cdot 0 - (-1) = 1$. Sabendo o vértice $C = (9, 1)$, achamos a equação do lado BC: $\frac{x-x_B}{x_C-x_B} = \frac{x-2}{9-2} = \frac{y-2}{1-2} = \frac{y-y_B}{y_C-y_B}$ ou, na forma geral, $x + 7y - 16 = 0$. (Veja ilustração na Fig.2.5.)

Da mesma maneira, podemos encontrar o vértice D como o ponto simétrico a B em relação a Q e, consequentemente, construir equações das retas AD e CD. Outro modo de encontrar o mesmo resultado é aproveitando o paralelismo entre os lados do paralelogramo. Usando isso, temos a equação do lado AD paralelo a CB na forma $x + 7y + c_1 = 0$, onde a constante c_1 se encontra da condição de que essa reta passa pelo ponto A: $(-3) + 7 \cdot (-1) + c_1 = 0$ e então $c_1 = 10$. Semelhante, a equação do lado CD paralelo a AB tem a forma $3x - 5y + c_2 = 0$, onde a constante c_2 se encontra da condição: $3 \cdot 9 - 5 \cdot 1 + c_2 = 0$, o que resulta em $c_2 = -22$. Assim, as equações dos lados AD e CD são $x + 7y + 10 = 0$ e $3x - 5y - 22 = 0$, respectivamente. (Obviamente, da intersecção das duas últimas retas imediatamente seguem as coordenadas do último vértice $D = (4, -2)$.)

Exercícios

1. Escrever a equação da reta que:

1) passa pelo ponto $(1, -5)$ e é paralela à reta $4x + 2y = 3$;

2) é paralela à reta $\frac{x+2}{4} = \frac{1-y}{3}$ e tem distância 5 até essa reta;

3) é paralela à reta $\frac{x+2}{4} = \frac{1-y}{3}$ e tem distância 5 até a origem das coordenadas;

4) é paralela à reta $\frac{x+2}{4} = \frac{1-y}{3}$ e tem distância 5 até o ponto $(-2, -3)$;

5) é perpendicular à reta $\begin{cases} x = 2t - 1 \\ y = -6 - t \end{cases}$ e tem distância 5 até a origem;

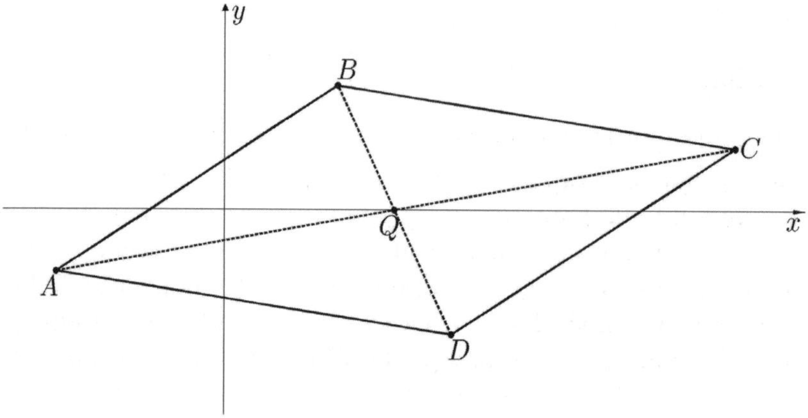

Figura 2.5 Paralelogramo $ABCD$ determinado pelos vértices A, B e intersecção das diagonais Q.

6) é perpendicular à reta $\begin{cases} x = 2t - 1 \\ y = -6 - t \end{cases}$ e passa pelo ponto $(-5, 1)$.

Representar a mesma reta na forma explícita, geral, simétrica e paramétrica.

2. Encontrar a relação entre as retas R_1 e R_2. Caso duas retas sejam concorrentes, encontrar o ângulo entre elas; caso sejam paralelas, encontrar a distância entre elas:

1) $R_1 : 2x + 3y - 1 = 0$, $R_2 : 7 - 4x - 6y = 0$;

2) $R_1 : 2y - 5x = 1$, $R_2 : \frac{x-1}{2} = \frac{y-2}{3}$;

3) $R_1 : y = 2x + 3$, $R_2 : 2y + x - 4 = 0$;

4) $R_1 : \begin{cases} x = 5 + 4t \\ y = -2 - 2t \end{cases}$, $R_2 : \begin{cases} x = 1 - 2t \\ y = 7 + t \end{cases}$;

5) $R_1 : 3x - 4y - 9 = 0$, $R_2 : y = \frac{3-2x}{5}$;

6) $R_1 : 6y - 2x + 5 = 0$, $R_2 : \begin{cases} x = 3 - 2t \\ y = 6t - 1 \end{cases}$;

7) $R_1 : \begin{cases} x = t + 2 \\ y = \frac{t}{2} + \frac{7}{4} \end{cases}$, $R_2 : x - 2y - 4 = 0$;

8) $R_1 : y = 5 - 3x$, $R_2 : \frac{x+2}{-6} = \frac{1-y}{2}$.

3. Sabendo as equações de dois lados de um paralelogramo – $x - 3y = 0$ e $2x + 5y + 6 = 0$ – e um dos seus vértices – $A = (4, -1)$, encontrar as equações dos dois lados e três vértices restantes.

4. Os três vértices de um triângulo são $A = (-1, 2)$, $B = (3, -1)$ e $C =$

$(0,4)$. Encontrar a equação da reta que passa pelo vértice A e é paralela ao lado BC.

5. Os três vértices de um triângulo são $A = (-2,3)$, $B = (4,1)$ e $C = (6,-5)$. Encontrar a equação da sua mediana traçada do ponto A.

6. As equações dos dois lados de um retângulo são $5x + 2y - 7 = 0$ e $5x + 2y - 36 = 0$, e a equação de uma das diagonais é $3x + 7y - 10 = 0$. Encontrar as equações dos dois lados restantes e da segunda diagonal.

7. Os dois vértices opostos de um quadrado são $A = (-1,3)$ e $C = (6,2)$. Encontrar equações dos lados deste quadrado.

8. Encontrar os ângulos entre as três retas dadas, os vértices do triângulo que essas retas formam e os ângulos desse triângulo:
1) $3x - y + 6 = 0$, $x - y + 4 = 0$ e $x + 2y = 0$;
2) $2y - x = 1$, $3y + x = 4$ e $9y - 2x = 2$.

Seção 3.3 Relações entre um ponto e uma reta

Neste item, vamos considerar os seguintes conceitos e operações relacionados a um ponto que fica fora de uma reta: *projeção do ponto sobre a reta*, *distância do ponto até a reta* e *ponto simétrico ao dado em relação à reta*.

1 Projeção de um ponto sobre uma reta

Dados uma reta R e um ponto P_0 fora dessa reta, vamos dizer que P_1 é a *projeção de* P_0 *sobre* R se P_1 é o ponto de intersecção da reta R com a reta perpendicular a ela que passa pelo ponto P_0 (veja Fig.3.1). No caso singular quando $P_0 \in R$, a projeção é considerada o próprio ponto P_0. Essa definição geométrica já implica a existência e a unicidade do ponto P_1 (sempre existe uma única reta que passa pelo ponto dado e é perpendicular à reta dada, e o ponto de intersecção de duas retas perpendiculares também é único). Partindo dela, montaremos um algoritmo simples para encontrar as coordenadas desse ponto, que também mostra a existência e a unicidade do ponto P_1.

Consideremos a equação geral da reta R: $Ax+By+C = 0$, $A^2+B^2 \neq 0$. Uma reta perpendicular a essa é dada pela fórmula $-Bx + Ay + D = 0$. A condição dessa reta passar por $P_0 = (x_0, y_0)$ define a constante D: $-Bx_0 + Ay_0 + D = 0$ ou $D = Bx_0 - Ay_0$. Dessa maneira, a reta perpendicular está unicamente definida. O ponto $P_1 = (x_1, y_1)$ de intersecção das duas retas

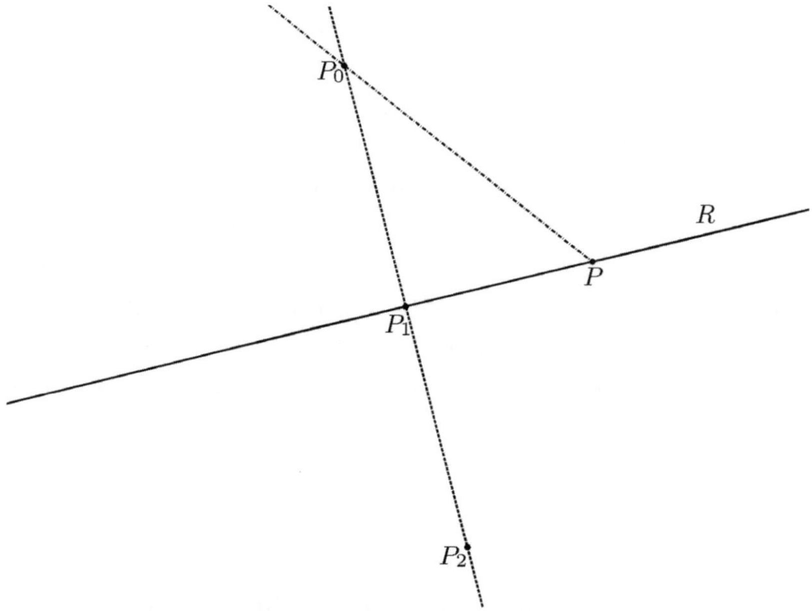

Figura 3.1 Construções relacionadas ao ponto P_0 e a reta R: projeção P_1, distância $d(P_0, P_1)$ e ponto simétrico P_2.

se define via resolução do sistema

$$\begin{cases} Ax + By = -C \\ -Bx + Ay = -D \end{cases},$$

cujo determinante $A^2 + B^2 > 0$, garantindo então a unicidade da solução que se encontra na forma:

$$x_1 = \frac{-AC + BD}{A^2 + B^2}, \; y_1 = \frac{-BC - AD}{A^2 + B^2}. \tag{3.1}$$

2 Distância de um ponto até uma reta

A *distância $d(P_0, R)$ de um ponto P_0 até uma reta R* pode ser definida como a distância entre P_0 e sua projeção sobre a reta. Outra definição natural, que determina que a distância de um ponto P_0 até uma reta R é a menor de todas as distâncias entre P_0 e os pontos da reta, equivale à primeira. Realmente, conforme ilustra a Fig.3.1, qualquer ponto P de R diferente de P_1 define um triângulo retângulo P_0P_1P com relação

$d^2(P_0,P) = d^2(P_0,P_1) + d^2(P_1,P)$, implicando que $d(P_0,P) > d(P_0,P_1)$ para $\forall P \neq P_1$. Portanto, o ponto P_1 da intersecção da reta R com a perpendicular que passa por P_0 assegura a menor distância até P_0 entre todos os pontos de R. Pela definição, no caso singular $P_0 \in R$, a distância é igual a 0.

Para encontrar a fórmula da distância, utilizamos as expressões para x_1, y_1, dadas em (3.1), junto com a especificação de $D = Bx_0 - Ay_0$. Substituindo essas expressões na fórmula da distância entre dois pontos, obtemos:

$$d^2(P_0,P_1) = (x_1 - x_0)^2 + (y_1 - y_0)^2$$

$$= \left(\frac{-AC+B(Bx_0-Ay_0)}{A^2+B^2} - x_0\right)^2 + \left(\frac{-BC-A(Bx_0-Ay_0)}{A^2+B^2} - y_0\right)^2$$

$$= \frac{1}{(A^2+B^2)^2}\left[(-AC - A^2x_0 - ABy_0)^2 + (-BC - ABx_0 - B^2y_0)^2\right]$$

$$= \frac{1}{(A^2+B^2)^2}(A^2+B^2)(Ax_0+By_0+C)^2 = \frac{(Ax_0+By_0+C)^2}{A^2+B^2}$$

de onde segue

$$d(P_0,R) = d(P_0P_1) = \frac{|Ax_0+By_0+C|}{\sqrt{A^2+B^2}}\,. \tag{3.2}$$

3 Ponto simétrico em relação à reta

O *ponto simétrico a P_0 em relação à reta R* é definido como o ponto simétrico a P_0 em relação à sua projeção P_1 na reta perpendicular a R contendo P_0 (veja o ponto P_2 na Fig.3.1). Note que o conceito de simetria de um ponto em relação a outro numa reta já foi definido antes. De acordo com a definição, as fórmulas para coordenadas do ponto simétrico $P_2 = (x_2, y_2)$ são as seguintes:

$$x_2 = 2x_1 - x_0\,, y_2 = 2y_1 - y_0\,. \tag{3.3}$$

4 Distância entre duas retas

No final deste item, voltamos à questão da *distância entre duas retas* paralelas R_1 e R_2. É evidente que essa distância pode ser encontrada escolhendo qualquer ponto P_1 de R_1 e calculando sua distância até R_2, ou vice-versa – escolhendo qualquer ponto P_2 de R_2 e calculando sua distância até P_1 (veja Fig.2.4). Realmente, se escolhermos qualquer outro ponto Q_1

de R_1, então as distâncias de P_1 até R_2 e de Q_1 até R_2 serão iguais, uma vez que são comprimentos de dois segmentos paralelos compreendidos entre duas retas paralelas R_1 até R_2 (segmentos P_1P_2 e Q_1Q_2 na Fig.2.4). Desta maneira, o cálculo da distância entre duas retas paralelas se reduz ao cálculo da distância de um dos pontos da primeira reta até a segunda, e a fórmula dessa última distância acabamos de deduzir.

Exercícios resolvidos

1. Dados o ponto $P_0 = (-6, 4)$ e a reta $R : 4x - 5y + 3 = 0$, encontrar a projeção de P_0 sobre R, a distância de P_0 até a reta e o ponto simétrico a P_0 em relação a R.

Solução.

Primeiro, encontramos a equação da reta S perpendicular a R, que passa pelo ponto P_0. Como o vetor diretor de R é $\vec{v} = (5, 4)$, o vetor diretor de S podemos escolher na forma $\vec{u} = (4, -5)$. Então, a equação de S é $5x + 4y + c = 0$, onde c se encontra substituindo as coordenadas de P_0 na última equação: $5 \cdot (-6) + 4 \cdot 4 + c = 0$, isto é, $c = 14$. Sabendo a definição analítica de S: $5x+4y+14 = 0$, encontramos o seu ponto de intersecção com R resolvendo o sistema $\begin{cases} 4x - 5y + 3 = 0 \\ 5x + 4y + 14 = 0 \end{cases}$. Multiplicando a primeira equação por 5, a segunda por (-4) e somando os resultados, temos $-41y-41 = 0 \to y = -1$. Substituindo a ordenada encontrada numa das equações do sistema (por exemplo, na primeira), encontramos a abscissa: $4x - 5 \cdot (-1) + 3 = 0 \to x = -2$. Assim, o ponto de intersecção é $P_1 = (-2, -1)$ e este ponto é a projeção de P_0 sobre R. A distância de P_0 até P_1, pela definição, é a distância de P_0 até R: $d(P_0, reta\ R) = d(P_0, P_1) = \sqrt{(-6-(-2))^2 + (4-(-1))^2} = \sqrt{41}$. (Outra maneira de calcular essa distância é usando a fórmula (3.2).) Por fim, encontramos na reta S o ponto P_2 simétrico a P_0 em relação a R (isto é, em relação a P_1) usando as fórmulas (3.3): $x_2 = 2 \cdot (-2) - (-6) = 2$, $y_2 = 2 \cdot (-1) - 4 = -6$, ou seja, $P_2 = (2, -6)$.

2. Encontrar os pontos da reta $x + 2y - 12 = 0$ que são equidistantes das retas $x + y - 5 = 0$ e $7x - y + 11 = 0$.

Solução.

Usaremos as seguintes notações das retas dadas $R_1 : x + 2y - 12 = 0$, $R_2 : x + y - 5 = 0$ e $R_3 : 7x - y + 11 = 0$. Tomamos um ponto arbitrário $P = (x, y)$ e expressamos a condição de igualdade das distâncias de P até R_2 e R_3 usando a fórmula (3.2): $d(P, reta\ R_2) = \frac{|x+y-5|}{\sqrt{1^2+1^2}} =$

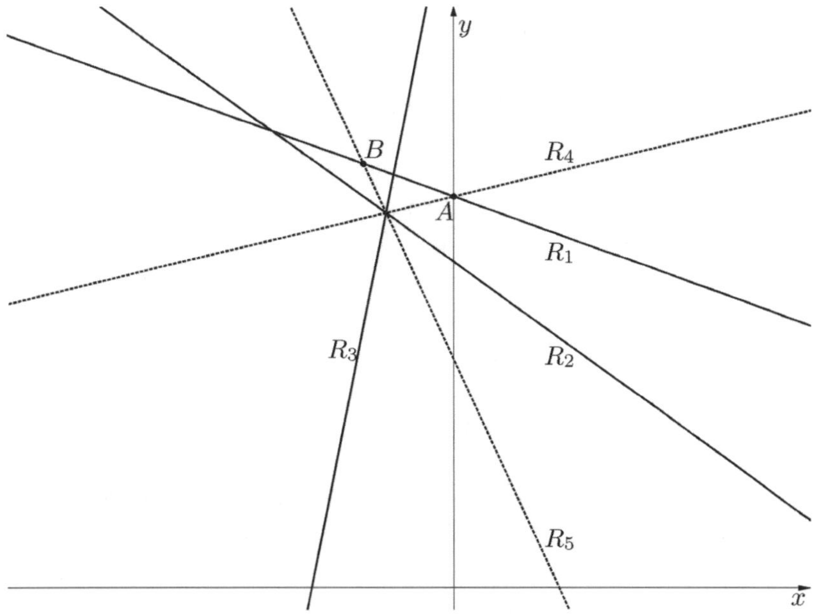

Figura 3.2 Retas R_4 e R_5 e pontos A e B da reta R_1 equidistantes das retas R_2 e R_3.

$\frac{|7x-y+11|}{\sqrt{7^2+(-1)^2}} = d(P, reta\ R_3)$. Simplificando, obtemos $5|x + y - 5| = |7x - y + 11|$, ou, abrindo módulo, temos duas equações: $5(x+y-5) = 7x-y+11$ e $5(x+y-5) = -(7x-y+11)$. A primeira se reduz à equação da reta $R_4 : 3y - x - 18 = 0$ e a segunda – à reta $R_5 : 6x + 2y - 7 = 0$ (veja a Fig.3.2). Essas retas representam o conjunto de todos os pontos equidistantes das retas R_2 e R_3. Resta agora satisfazer à condição de que os pontos procurados devem pertencer à reta R_1.

Para um ponto P das retas R_4 ou R_5 pertencer à reta R_1, temos que encontrar os pontos de intersecção das retas R_4 e R_1 e, também, de R_5 e R_1, o que se faz resolvendo os sistemas $\begin{cases} x + 2y - 12 = 0 \\ 3y - x - 18 = 0 \end{cases}$ e $\begin{cases} x + 2y - 12 = 0 \\ 6x + 2y - 7 = 0 \end{cases}$, respectivamente. A solução do primeiro sistema é $x = 0, y = 6$ e do segundo – $x = -1, y = \frac{13}{2}$. Assim, temos dois pontos que satisfazem as condições do problema – $A = (0, 6)$ e $B = (-1, \frac{13}{2})$ (veja Fig.3.2).

3. Encontrar o ponto da reta $2x - y - 5 = 0$, tal que a soma das distâncias desse ponto até os pontos $A = (-7, 1)$ e $B = (-5, 5)$ seja mínima.

Solução.

Começemos de duas observações gerais. Primeiro, se os dois pontos A e C ficam de lados diferentes da reta, então o ponto P_0 da reta que assegura a menor soma das distâncias até A e C é o ponto da intersecção da reta com o segmento AC. Isso segue direto das relações de um triângulo – o comprimento de um dos lados é menor que a soma dos comprimentos dos dois outros (veja ilustração com pontos A e C e triângulo APC na Fig.3.3). Segundo, as distâncias de dois pontos simétricos em relação a uma reta até qualquer ponto dela são iguais. Isso segue da congruência entre os triângulos formados pelos pontos simétricos e os da reta (veja os triângulos congruentes BPD e CPD na Fig.3.3). Usando essas duas observações, a solução do problema se torna simples. Inicialmente, notamos que os pontos $A = (-7, 1)$ e $B = (-5, 5)$ ficam do mesmo lado da reta $R : 2x-y-5 = 0$. Realmente, $y_A = 1 > y_R = 2x_A-5 = 2\cdot(-7)-5 = -19$ e $y_B = 5 > y_R = 2x_B-5 = 2\cdot(-5) - 5 = -15$. Portanto, conforme as observações feitas, para resolver o problema, é necessário construir o ponto C simétrico a B em relação a R e, depois disso, encontrar o ponto P_0 de intersecção do segmento AC com R: esse ponto P_0 é o ponto procurado e a menor soma das distâncias é igual ao comprimento de AC. Para achar o ponto C, construimos a reta R_1 que passa por B e é perpendicular a $R : y = 2x - 5$ (veja a Fig.3.3): a sua equação é $y - 5 = -\frac{1}{2}(x + 5)$ ou $x + 2y - 5 = 0$. O ponto $D = (x_D, y_D)$ da intersecção de R com R_1 se encontra resolvendo o sistema

$$2x - y = 5\,,\ x + 2y = 5\,,$$

cuja solução é $(x_D, y_D) = (3, 1)$ (veja a Fig.3.3). Sabendo D, calculamos as coordenadas de $C = (x_C, y_C)$ das relações de simetria: $x_C = 2x_D - x_B = 2\cdot 3 - (-5) = 11$, $y_C = 2y_D - y_B = 2\cdot 1 - 5 = -3$. A reta R_2 que passa por A e C satisfaz a equação $\frac{x-(-7)}{11-(-7)} = \frac{y-1}{-3-1}$, isto é, $y - 1 = -\frac{2}{9}(x + 7)$ ou $2x + 9y + 5 = 0$. O ponto procurado $P_0 = (x_0, y_0)$ é a intersecção de R com R_2 (veja a Fig.3.3), ou seja, a solução do sistema

$$2x - y = 5,\ 2x + 9y = -5\,.$$

A solução do último é $(x_0, y_0) = (2, -1)$, e a soma mínima das distâncias é

$$d(A, P_0) + d(P_0, B) = d(A, P_0) + d(P_0, C) = d(A, C)$$

$$= \sqrt{(11 - (-7))^2 + (-3 - 1)^2} = \sqrt{340}\,.$$

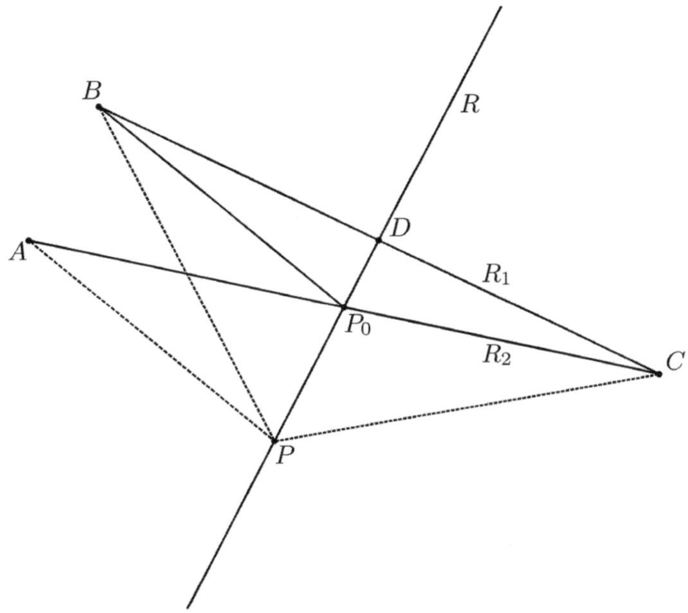

Figura 3.3 Soma mínima das distâncias.

Exercícios

1. Determinar onde ficam os pontos dados em relação às retas $2x-5y+6=0$ e $2x-5y-7=0$:

1) $A = (2, 1)$;
2) $B = (3, 2)$;
3) $C = (4, 3)$;
4) $D = (2, 8)$;
5) $E = (-4, 6)$;
6) $F = (-3, -3)$.

2. Determinar onde ficam os pontos dados em relação às retas $2x+3y-5=0$ e $x-y-1=0$:

1) $A = (3, 1)$;
2) $B = (2, 2)$;
3) $C = (-2, 1)$;
4) $D = (1, -1)$;
5) $E = (1, 2)$;
6) $F = (-3, -4)$.

3. Determinar onde ficam os pontos dados em relação às retas $\frac{x+4}{2} = \frac{3-y}{3}$ e $\frac{2x-7}{4} = -\frac{y+3}{3}$:
1) $A = (0, 0)$;
2) $B = (1, 2)$;
3) $C = (-1, 4)$;
4) $D = (-1, -2)$;
5) $E = (-4, 3)$;
6) $F = (-4, -3)$.

4. Determinar onde ficam os pontos dados em relação às retas $\frac{y+1}{3} = 1 - x$ e $\frac{1-y}{2} = \frac{x+4}{5}$:
1) $A = (1, 1)$;
2) $B = (1, -1)$;
3) $C = (-1, 1)$;
4) $D = (-1, -1)$;
5) $E = (2, -2)$;
6) $F = (-2, 2)$.

5. Calcular distância da reta $3x + 4y = 1$ até os pontos:
1) $A = (3, 1)$;
2) $B = (2, -4)$;
3) $C = (5, -1)$;
4) $D = (-3, -2)$;
5) $E = (-4, 3)$.

6. Dados o ponto A e a reta R, encontrar a projeção de A sobre R, a distância de A até a reta e o ponto simétrico a A em relação a R:
1) $A = (-5, 13)$, $R : 2x - 3y = 3$;
2) $A = (-5, 6)$, $R : 7x - 13y = 105$;
3) $A = (-2, 9)$, $R : 2x - 3y + 18 = 0$;
4) $A = (-2, -9)$, $R : 2x + 5y - 38 = 0$.

7. Encontrar os pontos dos eixos coordenados que são equidistantes das retas $5x - y + 6 = 0$ e $5x + y - 3 = 0$.

8. Encontrar o ponto que tem distância igual a 5 até cada uma das duas retas $4x - 3y + 20 = 0$ e $3x + 4y - 60 = 0$.

9. Encontrar o ponto da reta $3x - y - 1 = 0$, tal que o módulo da diferença das distâncias desse ponto até os pontos $A = (4, 1)$ e $B = (0, 4)$ seja máxima.

10. Encontrar as equações de bissetrizes do triângulo ABC com os vértices $A = (1, -2)$, $B = (5, 4)$ e $C = (-2, 0)$.

Capítulo 4

Curvas quadráticas: formas canônicas

Seção 4.1 Circunferência e círculo

1 Definições básicas

Na seção 2.3 de coordenadas polares, já consideramos circunferências com centro na origem das coordenadas que representam as curvas coordenadas polares. Vamos generalizar o conceito de uma circunferência e considerar, também, os círculos (discos) e aneis.

Definição. O conjunto de todos os pontos do plano equidistantes de um ponto dado P_0 é chamado de *circunferência*. O ponto P_0 é o *centro da circunferência*, e a distância de seus pontos até P_0 é o *raio da circunferência*.

A forma analítica (equação) da circunferência segue imediatamente dessa definição geométrica: considerando um ponto arbitrário $P = (x, y)$ da circunferência, o seu centro $P_0 = (x_0, y_0)$, e denotando o raio de $a > 0$, temos que $d(P, P_0) = a$, ou, lembrando a fórmula da distância entre dois pontos, $\sqrt{(x - x_0)^2 + (y - y_0)^2} = a$. Para não envolver a raiz, a mesma equação pode ser reescrita também na forma

$$(x - x_0)^2 + (y - y_0)^2 = a^2\,, \tag{1.1}$$

que é considerada a *forma canônica* da equação de uma circunferência. O caso singular de um ponto pode ser incluído nessa equação considerando $a = 0$.

Um *círculo* (também chamado de *disco*) é o interior de uma circunferência, podendo incluir ou não os pontos da sua fronteira, isto é, da própria circunferência. As definições rigorosas virão a seguir.

Definição. O conjunto de todos os pontos dentro de uma circunferência sem incluir os pontos da própria circunferência é chamado de *círculo aberto.* Em outras palavras, um círculo aberto é o conjunto de todos os pontos cuja distância até um ponto dado P_0 (chamado de *centro do círculo*) é menor que uma constante dada $a > 0$ (chamada de *raio do círculo*).

Definição. O conjunto de todos os pontos dentro de uma circunferência junto com os pontos da própria circunferência é chamado de *círculo fechado.* Ou seja, um círculo fechado é o conjunto de todos os pontos cuja distância até um ponto dado P_0 (chamado de *centro do círculo*) é menor ou igual a uma constante dada $a > 0$ (chamada de *raio do círculo*).

Caso alguns pontos da circunferência estejam incluídos, junto com o seu interior, e outros não, então o círculo formado não é aberto nem fechado e, usualmente, não tem um nome especial de círculo para estes casos.

Em qualquer situação, o ponto P_0 é chamado de centro do círculo e $a > 0$ é o seu raio.

De acordo com as definições, a *equação de um círculo aberto* é $d(P, P_0) < a$, ou, em termos de coordenadas

$$(x - x_0)^2 + (y - y_0)^2 < a^2 . \tag{1.2}$$

Para um *círculo fechado*, temos

$$(x - x_0)^2 + (y - y_0)^2 \leq a^2 . \tag{1.3}$$

Para um círculo genérico (quando uma parte da fronteira está incluída e outra não), não há uma equação específica, uma vez que a desigualdade é estrita para alguns pontos e não estrita para outros.

Obviamente, o *exterior de um círculo aberto* de raio a e centro em P_0 é definido pela equação $(x - x_0)^2 + (y - y_0)^2 \geq a^2$ e, para o *exterior do fechado*, temos $(x - x_0)^2 + (y - y_0)^2 > a^2$.

Outra figura ligada intimamente à circunferência é *anel.*

Definição. Dadas duas circunferências concêntricas (com o mesmo centro) de raios diferentes, chamamos de *anel* o conjunto dos pontos que ficam entre essas duas circunferências. Caso os pontos de ambas circunferências estejam incluídos, o anel é chamado *fechado*; caso os pontos das duas fronteiras estejam excluídos, *aberto*; nos casos intermediários, normalmente não se usa uma especificação da terminologia.

De acordo com as definições, um anel aberto entre duas circunferências concêntricas de raios a e A, $a < A$, é definido pela desigualdade dupla

$$a^2 < (x - x_0)^2 + (y - y_0)^2 < A^2\,, \tag{1.4}$$

e, para um anel fechado, temos

$$a^2 \leq (x - x_0)^2 + (y - y_0)^2 \leq A^2\,. \tag{1.5}$$

2 Representação polar e paramétrica

Lembremos da consideração de coordenadas polares (seção 2.3) que uma circunferência com centro na origem é uma curva coordenada polar cuja equação é

$$r = a\,, \tag{1.6}$$

onde $a > 0$ é o raio dessa circunferência. Para uma circunferência geral com centro no ponto $P_0 = (x_0, y_0)$, podemos usar as coordenadas polares centralizadas em P_0. Primeiro, fazemos translação paralela, transferindo a origem no ponto $O' = P_0$ pelas fórmulas

$$x' = x - x_0\,,\ y' = y - y_0\,.$$

Nessas coordenadas, o centro da circunferência fica na origem O' e, portanto, a equação em coordenadas polares respectivas tem a forma

$$r' = a\,. \tag{1.7}$$

A relação entre coordenadas transladadas cartesianas x', y' e polares r', θ' é usual

$$x' = r' \cos\theta'\,,\ y' = r' \sin\theta'\,. \tag{1.8}$$

Se manter as coordenadas polares originais (com centro em $O = (0, 0)$), então a equação se torna mais complicada: substituindo relações polares em (1.1)

$$(r\cos\theta - r_0\cos\theta_0)^2 + (r\sin\theta - r_0\sin\theta_0)^2 = a^2$$

e simplificando, obtemos

$$r^2 + r_0^2 - 2rr_0\cos(\theta - \theta_0) = a^2\,.$$

A representação paramétrica segue direto da polar. Para uma circunferência com centro na origem, substituindo a equação (1.6) nas relações das coordenadas polares, obtemos

$$x = a\cos\theta\,, \;\; y = a\sin\theta\,, \theta \in [0, 2\pi]\,. \tag{1.9}$$

Para uma circunferência geral, substituímos a equação (1.7) nas relações de coordenadas transladadas (1.8) e temos

$$x' = a\cos\theta'\,, \;\; y' = a\sin\theta'\,, \;\; \theta' \in [0, 2\pi]\,.$$

Usando as relações de translação paralela $x = x' + x_0$, $y = y' + y_0$ e simplificando a notação do ângulo de rotação, chegamos às fórmulas paramétricas em coordenadas cartesianas originais

$$x = x_0 + a\cos\theta\,, \;\; y = y_0 + a\sin\theta\,, \;\; \theta \in [0, 2\pi]\,. \tag{1.10}$$

Representações semelhantes podem ser facilmente deduzidas para círculos e anéis.

3 Alguns problemas de distâncias

Vamos definir a distância de um ponto P até uma circunferência. A definição que segue o padrão geral da distância de um ponto até uma figura é a seguinte.

Definição. Chamamos de *distância entre um ponto P e uma circunferência C* a menor entre todas as distâncias entre P e os pontos de C. A notação a ser utilizada é $d(P, C)$. Em particular, se P pertence a C, então, pela definição, a distância é igual a 0.

Como usual, essa definição não assegura a existência da distância mínima, nem fala como encontrá-la. Para resolver este problema, temos que elaborar um método construtivo do encontro da distância mínima, o que, em particular, vai ser a prova da sua existência.

Uma definição construtiva e equivalente à anterior pode ser feita da seguinte maneira. Consideremos, primeiro, um ponto P_1 que fica fora de C. Traçando a reta que passa por P_1 e pelo centro P_0 da circunferência, encontramos o único ponto P_T de intersecção do segmento P_1P_0 dessa reta com C. A distância de P_1 a C é definida agora como a distância de P_1 a P_T. Realmente, tomemos qualquer ponto $Q \in C$, $Q \neq P_T$. Se Q fica na continuação do segmento P_1P_0, então $d(P_1, Q) = d(P_1, P_T) + 2a > d(P_1, P_T)$, onde a é o raio da circunferência. Se Q é um outro ponto qualquer da circunferência, então do triângulo P_1QP_0 temos que $d(P_1, Q) + d(Q, P_0) = d(P_1, Q) + a > d(P_1, P_0) = d(P_1, P_T) + a$, donde segue que $d(P_1, Q) > d(P_1, P_T)$ (veja a Fig.1.1). Assim, para qualquer $Q \in C$, $Q \neq P_T$, temos que $d(P_1, Q) > d(P_1, P_T)$, isto é, a definição original da distância está satisfeita.

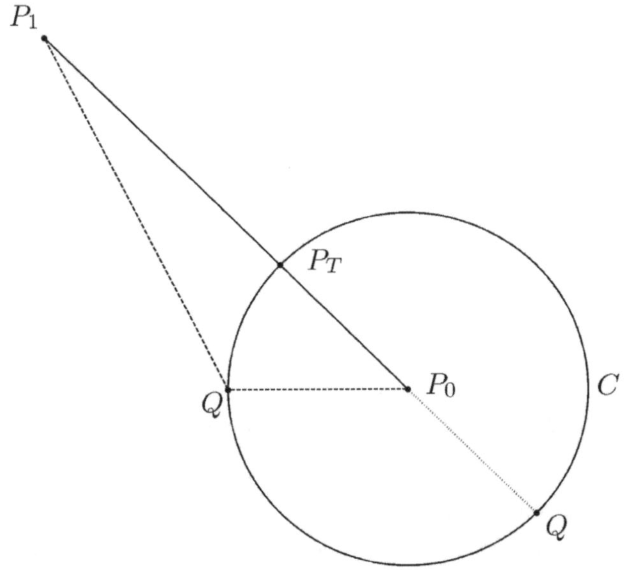

Figura 1.1 Distância de um ponto exterior até circunferência.

No segundo caso, quando um ponto P_1 fica dentro de C, as considerações são semelhantes. Se P_1 coincide com o centro P_0, então a distância é igual a a e todos os pontos de C são equidistantes de P_1. Caso $P_1 \neq P_0$, então de novo passamos uma reta por P_1 e P_0 que intercepta a circunferência nos pontos P_T e $\tilde{P}_T$, sendo que um destes pontos – digamos P_T – fica do mesmo lado de P_0 como P_1 (na reta traçada) e, portanto, P_T fica mais perto de P_1 do que $\tilde{P}_T$ (veja a Fig.1.2). Demonstremos que, entre todos os pontos de C, o ponto P_T é o que fica mais próximo de P_1. Realmente, para qualquer ponto $Q \in C$, $Q \neq P_T$, $Q \neq \tilde{P}_T$, considerando o triângulo P_1QP_0, temos que $d(P_1, Q) + d(P_1, P_0) > d(P_0, Q) = a = d(P_0, P_T) = d(P_0, P_1) + d(P_1, P_T)$, donde segue que $d(P_1, Q) > d(P_1, P_T)$ (veja a Fig.1.2). Desta maneira, o ponto P_T garante a menor distância até P_1 entre todos os pontos da circunferência e, por isso, $d(P_1, P_T)$ é a distância procurada da definição original.

Assim, o problema da determinação da distância entre P_1 e C está

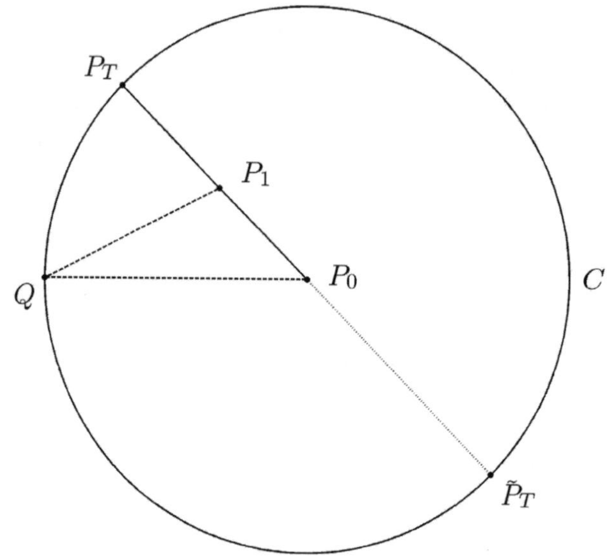

Figura 1.2 Distância de um ponto interior até circunferência.

resolvido (incluindo a questão da existência dessa distância) tanto quando P_1 fica fora como quando fica dentro de C. Acontece que não há necessidade de encontrar o ponto P_T se queremos só calcular a distância entre P_1 e C, uma vez que P_1, P_0 e P_T ficam no mesmo segmento retilíneo. Se P_1 fica fora de C (e, consequentemente, P_T fica dentro do segmento P_1P_0), então $d(P_1, P_T) = d(P_1, P_0) - d(P_T, P_0) = d(P_1, P_0) - a$, onde as coordenadas de $P_1 = (x_1, y_1)$ e $P_0 = (x_0, y_0)$ são os elementos dados na colocação do problema, assim como o raio a. Portanto,

$$d(P_1, C) = d(P_1, P_T) = d(P_1, P_0) - a = \sqrt{(x_1 - x_0)^2 + (y_1 - y_0)^2} - a \,. \tag{1.11}$$

Se P_1 fica dentro de C (e, consequentemente, P_1 fica dentro do segmento P_TP_0), então $d(P_1, P_T) = d(P_T, P_0) - d(P_1, P_0) = a - d(P_1, P_0)$ e, portanto,

$$d(P_1, C) = d(P_1, P_T) = a - d(P_1, P_0) = a - \sqrt{(x_1 - x_0)^2 + (y_1 - y_0)^2} \,. \tag{1.12}$$

Juntando os dois resultados, obtemos que a distância de qualquer ponto P_1 à circunferência C se encontra pela fórmula

$$d(P_1, C) = d(P_1, P_T) = |a - d(P_1, P_0)| = |a - \sqrt{(x_1 - x_0)^2 + (y_1 - y_0)^2}| \,. \tag{1.13}$$

Outro conceito importante ligado às distâncias é o da reta tangente.

Definição. Vamos chamar de *reta tangente T à circunferência C* num ponto $P_T = (x_T, y_T)$ dessa circunferência a reta que passa por P_T e é perpendicular à reta que liga P_T com o centro da circunferência (ou seja, perpendicular ao raio de C traçado ao ponto P_T).

A propriedade principal da reta tangente é que ela não tem nenhum outro ponto de intersecção com C além do ponto de contato (tangência) P_T (veja a Fig.1.3). Realmente, para qualquer ponto $Q \neq P_T$ da tangente T, a partir das relações do triângulo retângulo, segue que $d(P_0, Q) = \sqrt{d^2(P_0, P_T) + d^2(P_T, Q)} > d(P_0, P_T) = a$, onde P_0 é o centro de C e a é o raio da circunferência (veja a Fig.1.3). Isso quer dizer que qualquer ponto $Q \neq P_T$ da tangente tem a distância até o centro P_0 maior que o raio a, ou seja, Q fica fora do círculo fechado delimitado pela circunferência C. Isso implica que toda circunferência C fica de um lado da reta T.

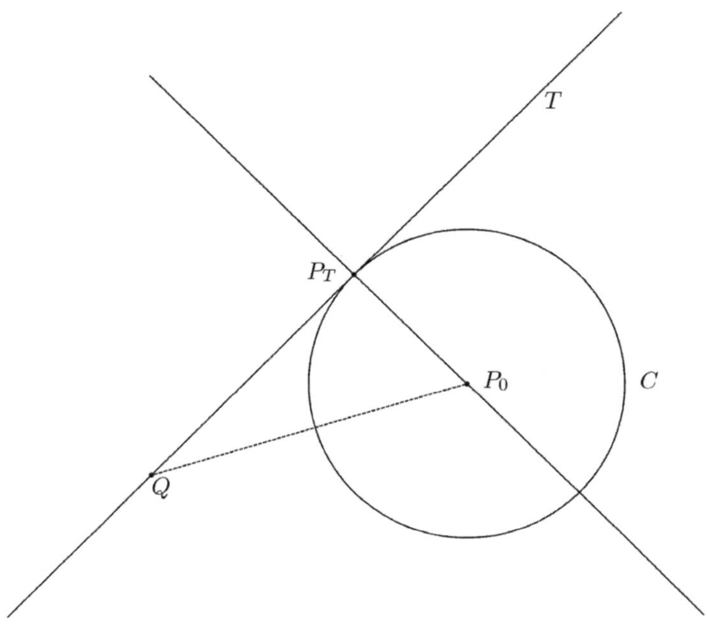

Figura 1.3 Reta tangente à circunferência.

Exercícios resolvidos

1. Escrever a equação da circunferência cujo centro fica no ponto $(-3, 1)$ e que passa pelo ponto $(-6, 5)$.

Solução.

Com o centro especificado, a equação da circunferência tem a forma $(x+3)^2+(y-1)^2=a^2$, onde o raio a é o único elemento a determinar. Usando a condição de que ponto $(-6,5)$ pertence à circunferência, encontramos imediatamente $(-6+3)^2+(5-1)^2=25=a^2$, isto é, o raio é $a=5$ e a equação procurada é $(x+3)^2+(y-1)^2=25$. A mesma circunferência em coordenadas polares tem a forma $r^2+6r\cos\theta-2r\sin\theta=15$. Em coordenadas polares deslocadas (com a origem no ponto $(-3,1)$), a equação fica $r'=5$, onde as fórmulas dessas coordenadas polares são $x+3=r'\cos\theta'$, $y-1=r'\sin\theta'$. Finalmente, a forma paramétrica dessa circunferência é obtida das últimas relações polares substituindo $r'=5$ (e trocando θ' por θ para simplicidade de notação): $x=-3+5\cos\theta$, $y=1+5\sin\theta$, $\theta\in[0,2\pi]$.

2. Escrever a equação da circunferência cujo centro fica no ponto $(4,-1)$ e que tangencia o eixo Oy.

Solução.

Como Oy é a reta tangente, então a reta $y=-1$, que é perpendicular a Oy e passa pelo centro da circunferência, intercepta Oy no ponto de tangência $(0,-1)$. Daí, o raio da circunferência é igual a 4 e a sua equação é $(x-4)^2+(y+1)^2=16$. Em coordenadas polares deslocadas, definidas pelas fórmulas $x-4=r'\cos\theta'$, $y+1=r'\sin\theta'$, essa equação assume a forma $r'=4$ e, na forma paramétrica, temos $x=4+4\cos\theta$, $y=-1+4\sin\theta$, $\theta\in[0,2\pi]$.

3. Calcular a distância do ponto $A=(-1,-5)$ até a circunferência $(x-2)^2+(y+3)^2=9$.

Solução.

Primeiramente, notamos que o ponto A fica fora da circunferência (mais precisamente, fora do círculo delimitado pela circunferência), uma vez que a sua distância até o centro da circunferência $B=(2,-3)$ é maior que 3: $(x_A-2)^2+(y_A+3)^2=(-1-2)^2+(-5+3)^2=9+4>9$. Então, usando a fórmula da distância (1.11), obtemos $d(A,C)=d(A,B)-a=\sqrt{(2-(-1))^2+(-3-(-5))^2}-3=\sqrt{13}-3$.

4. Encontrar a figura descrita pelas relações $-4<x^2+y^2-4x+2y\le 4$ e dar seu esboço.

Solução.

Para poder identificar a figura, temos que transformar a expressão quadrática no meio das desigualdades à forma canônica de uma circunferência. Para isso, formamos os quadrados completos e reescrevemos as desigualdades originais na forma $-4+5 < (x^2-4x+4)+(y^2+2y+1) \leq 4+5$ ou, simplificando, $1 < (x-2)^2+(y+1)^2 \leq 9$. A primeira desigualdade se refere aos pontos fora do círculo fechado de raio 1 com centro em $(2,-1)$ e a segunda corresponde aos pontos dentro do círculo fechado de raio 3 com o mesmo centro. Assim, temos um anel centralizado no ponto $A = (2,-1)$ com raio interno 1 e raio externo 3, cuja fronteira interna está excluída e a externa, incluída (veja a Fig.1.4).

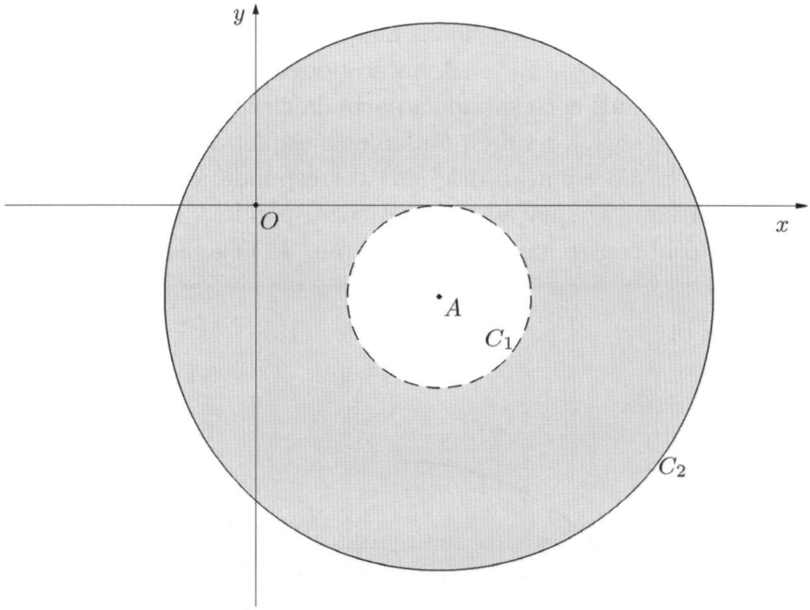

Figura 1.4 Anel semi-aberto.

5. Determinar o lugar geométrico dos pontos cujas coordenadas satisfazem a relação $x = 1 - \sqrt{-y^2+4y+5}$ e dar seu esboço.

Solução.

A abordagem geral consiste na transformação da equação dada a uma das formas cuja classificação já é conhecida. Devido à presença de quadrados, tentaremos modificar a equação original à forma canônica de uma circunferência. Primeiro, transformamos a expressão dentro da raiz à forma do quadrado completo: $x = 1 - \sqrt{9-(y-2)^2}$. Em seguida, passamos 1 para o lado esquerdo e elevamos os dois lados ao quadrado, obtendo $(x-1)^2 = 9-(y-2)^2$ ou $(x-1)^2+(y-2)^2 = 9$, o que é a equação da circunferência com centro em $(1,2)$ e raio 3. Precisamos verificar ainda se as transformações feitas foram as de equivalência. É simples de ver que todas as manipulações algébricas eram equivalentes, a menos que a elevação ao quadrado tenha acrescentado relações entre x e y inexistentes na equação original. Realmente, a última equação $(x-1)^2+(y-2)^2=9$ equivale às duas na forma com raízes: $x-1=\pm\sqrt{9-(y-2)^2}$, enquanto originalmente temos só uma dessas relações, com sinal negativo. A relação original $x-1=-\sqrt{9-(y-2)^2}$ descreve os pontos com abscissas menores ou iguais a 1, enquanto a segunda $x-1=\sqrt{9-(y-2)^2}$ tem abscissas maiores ou iguais a 1. Como o conjunto dessas duas equações é equivalente à equação da circunferência $(x-1)^2+(y-2)^2=9$, então podemos concluir que a do sinal negativo (original) corresponde à parte da circunferência à esquerda da reta $x=1$, ou seja, a semi-circunferência esquerda, e a do sinal positivo (não presente na equação original) corresponde à semi-circunferência direita. Assim, a equação original corresponde à semi-circunferência esquerda com centro em $A=(1,2)$ e raio 3. Veja esboço na Fig.1.5.

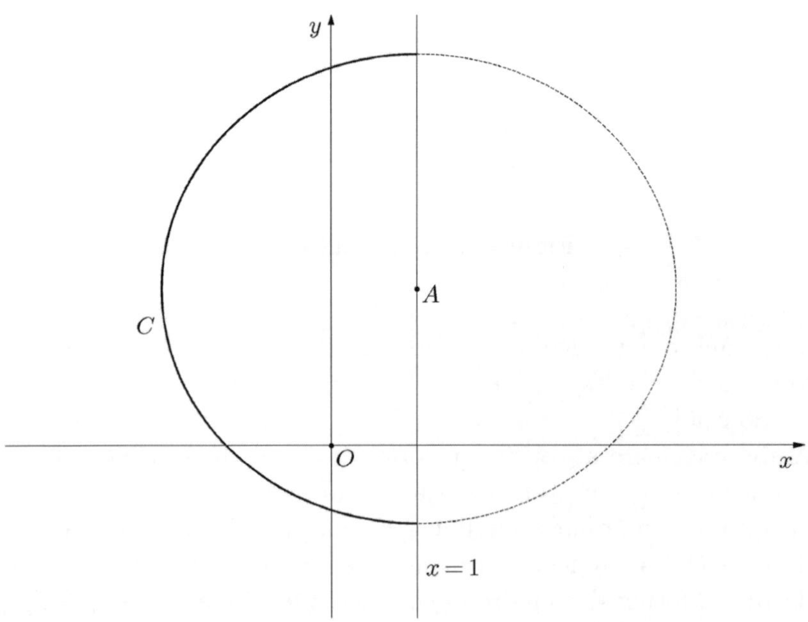

Figura 1.5 Semi-circunferência esquerda.

Exercícios

1. Escrever a equação da circunferência em coordenadas cartesianas e polares, e na forma paramétrica:
1) cujo centro é $(-2, 3)$ e o raio é 4;
2) cujo centro é $(2, -1)$ e que passa pela origem das coordenadas;
3) cujo centro é $(-1, 2)$ e que passa pelo ponto $(2, 6)$;
4) que tem pontos $(3, 2)$ e $(-1, 6)$ como extremidades de um dos seus diâmetros.

2. Escrever a equação em coordenadas cartesianas e polares, e na forma paramétrica:
1) do círculo fechado com o centro $(-2, 3)$ e o raio 4;
2) do círculo aberto com o centro $(4, -3)$ e que tem a origem das coordenadas na sua fronteira;
3) do exterior do círculo aberto de raio 3 e centro $(2, -5)$;
4) do exterior do círculo fechado com o centro $(-3, 4)$ e que passa pelo ponto $(3, -4)$;
5) do anel aberto limitado pelas circunferências com o centro $(4, -1)$ e raios 1 e 3;
6) do anel fechado limitado pelas circunferências com o centro $(-3, -5)$ e raios 2 e 6.

3. Encontrar as figuras descritas pelas relações a seguir e dar seu esboço:
1) $(x-3)^2 + (y+4)^2 = 36$;
2) $(x+2)^2 < 25 - (y-1)^2$;
3) $x^2 + y^2 - 2x + 4y + 25 = 0$;
4) $x^2 + y^2 - 8x + 6y + 25 = 0$;
5) $x^2 + y^2 - 8x + 10y + 25 = 0$;
6) $x^2 + y^2 + 4x - 8y < 0$;
7) $x^2 + y^2 + 4x - 8y + 20 < 0$;
8) $x^2 + y^2 + 4x - 8y + 20 > 0$;
9) $2x^2 + 2y^2 + 12x - 8y + 15 = 0$;
10) $x - x^2 = y + y^2$;
11) $1 < (x-1)^2 + (y-3)^2 < 16$;
12) $6 \le x^2 - 2x + y^2 + 6y \le 15$.

4. Determinar quais são as curvas descritas pelas equações dadas e dar seu esboço:
1) $y = \sqrt{16 - x^2}$;
2) $y = 9 - \sqrt{49 - x^2}$;

3) $x = -5 + \sqrt{36 - y^2}$;
4) $y = -3 - \sqrt{21 - 4x - x^2}$;
5) $y = 4 - \sqrt{8 + 2x - x^2}$;
6) $x = -2 + \sqrt{-11 - 12y - y^2}$.

5. Determinar a localização do ponto $P_0 = (1, -2)$ em relação à circunferência dada:
1) $x^2 + y^2 = 1$;
2) $x^2 + y^2 = 5$;
3) $x^2 + y^2 = 9$;
4) $x^2 + y^2 - 8x - 4y - 5 = 0$;
5) $x^2 + y^2 - 8x - 4y - 16 = 0$;
6) $x^2 + y^2 - 10x + 8y = 0$.

6. Calcular a distância do ponto A até a circunferência:
1) $A = (6, -8)$, $x^2 + y^2 = 9$;
2) $A = (-2, 1)$, $x^2 + y^2 = 36$;
3) $A = (3, 9)$, $x^2 + y^2 - 26x + 30y + 313 = 0$;
4) $A = (-7, 2)$, $x^2 + y^2 - 10x - 14y - 151 = 0$.

7. Determinar a localização da reta R em relação à circunferência C:
1) $R : y = 2x - 3$ e $C : x^2 + y^2 - 3x + 2y - 3 = 0$;
2) $R : 2y = x - 1$ e $C : x^2 + y^2 - 8x + 2y + 12 = 0$;
3) $R : y = x + 10$ e $C : x^2 + y^2 - 1 = 0$;
4) $R : x + y - 12 = 0$ e $C : x^2 + y^2 - 2y = 0$.

8. Formar a equação da circunferência cujo centro fica no eixo Ox e que tangencia o eixo Oy.

9. Sob qual condição a circunferência $(x - a)^2 + (y - b)^2 = r^2$ passa pela origem?

10. Sob qual condição a equação $x^2 + y^2 + Ax + By + C = 0$ define uma circunferência?

11. A equação $x^2 + y^2 + Ax + By + C = 0$ define uma circunferência. Sob qual condição essa circunferência:
1) tangencia o eixo Ox;
2) tangencia o eixo Oy;
3) tangencia ambos os eixos coordenados.

Seção 4.2 Relações entre formas analíticas e geométricas

A relação entre a forma geométrica de figuras e sua descrição analítica representa o núcleo da geometria analítica. Devido à importância desse tópico, vamos dedicar este item à resolução de diversos problemas que, por um lado, tratam da dedução de equação ou desigualdade de uma figura planar a partir da sua descrição geométrica e, por outro, são focados na construção de uma curva ou região planar que correspondem à equação ou desigualdade dada. Embora cada um destes problemas esteja relacionado a uma curva ou região específica, os métodos de resolução que vamos expor podem ter utilização mais ampla. Além disso, habilidades treinadas neste item vão possibilitar fixar e generalizar algumas equações já consideradas antes e preparar as técnicas usadas posteriormente na dedução de equações de elipse, hipérbole e parábola.

1 Dedução de equações

Neste item, resolveremos alguns problemas de formação de equações a partir de propriedades geométricas que definam as figuras planares. Prestaremos atenção tanto às técnicas gerais da dedução de equações, como ao método de simplificação do processo de dedução e da forma final das equações que consiste na escolha específica das coordenadas, mais adequadas às condições do problema.

Em todos os exercícios, além de encontrar a equação dos pontos descritos nas condições de cada problema, daremos uma outra caracterização da forma geométrica do conjunto encontrado, diferente da descrição nas condições do problema, e, em vários casos, daremos um esboço deste conjunto para visualizar geometricamente as condições e resultados do problema.

Exercícios resolvidos

1. Deduzir a equação dos pontos equidistantes dos eixos de coordenadas.
Solução.
Consideremos um ponto genérico $P = (x, y)$ que satisfaz as condições do problema. Então, $d(P, Ox) = d(P, Oy)$, ou seja, $|x| = |y|$. Abrindo o módulo, temos duas retas $y = \pm x$. A primeira, $y = x$, é a bissetriz do I e III quadrantes e a segunda, $y = -x$, é a bissetriz do II e IV quadrantes (veja a Fig.2.1).

2. Deduzir a equação dos pontos equidistantes do eixo Oy.
Solução.
Para um ponto genérico $P = (x, y)$ deste conjunto, temos que $d(P, Oy) = c = const \geq 0$, isto é, $|x| = c \geq 0$. Caso $c = 0$, temos o próprio eixo coordenado Oy e, caso $c \neq 0$, temos duas retas coordenadas $x = \pm c$.

3. Encontrar a equação dos pontos equidistantes dos dois pontos dados – $P_1 = (3, 2)$ e $P_2 = (2, 3)$.
Solução.

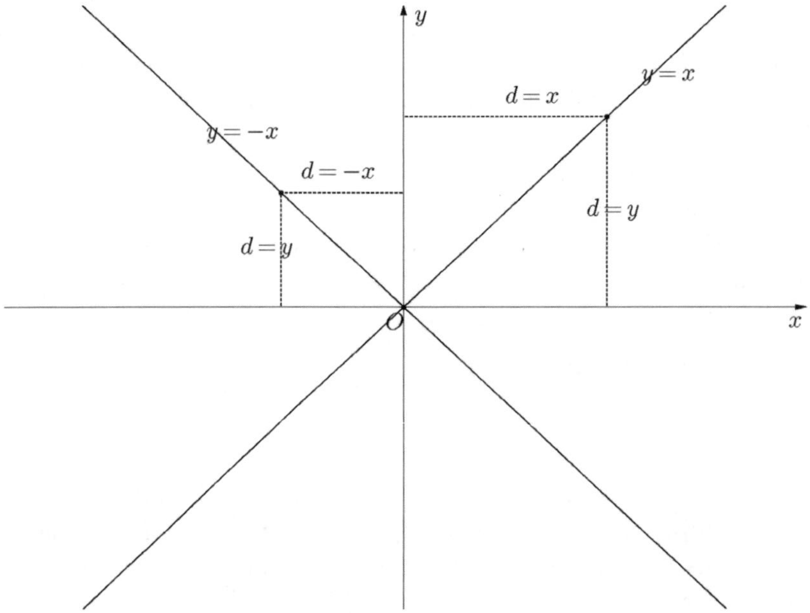

Figura 2.1 Pontos equidistantes dos eixos de coordenadas.

Para um ponto genérico $P = (x, y)$ deste conjunto, temos $d(P, P_1) = d(P, P_2)$ ou, em coordenadas cartesianas, $\sqrt{(x-3)^2 + (y-2)^2} = \sqrt{(x-2)^2 + (y-3)^2}$. Tirando a raiz quadrada e simplificando, obtemos $y = x$, a reta bissetriz dos I e III quadrantes (veja a Fig.2.2).

4. Encontrar a equação dos pontos equidistantes dos dois pontos dados (generalização do Problema 3).

Solução.

Sejam $P_1 = (x_1, y_1)$ e $P_2 = (x_2, y_2)$, $P_1 \neq P_2$ dois pontos dados. A condição do problema diz que $d(P, P_1) = d(P, P_2)$ para qualquer ponto $P = (x, y)$ da figura procurada. Então, $\sqrt{(x-x_1)^2 + (y-y_1)^2} = \sqrt{(x-x_2)^2 + (y-y_2)^2}$ ou $(x-x_1)^2 + (y-y_1)^2 = (x-x_2)^2 + (y-y_2)^2$. Abrindo os quadrados e simplificando, reescrevemos a última equação na forma $2(x_2 - x_1)x + 2(y_2 - y_1)y = x_2^2 - x_1^2 + y_2^2 - y_1^2$. Como os coeficientes $2(x_2 - x_1)$ e $2(y_2 - y_1)$ e a parte direita $x_2^2 - x_1^2 + y_2^2 - y_1^2$ são constantes, chegamos à equação de uma reta.

Embora essa abordagem seja absolutamente correta e leve à solução rápida do problema, há um jeito que simplifica ainda mais o procedimento da solução e a forma da equação final. Realmente, notamos, primeiro, que as coordenadas dos pontos dados não são indicadas e, segundo, que a forma da figura que procuramos não depende das co-

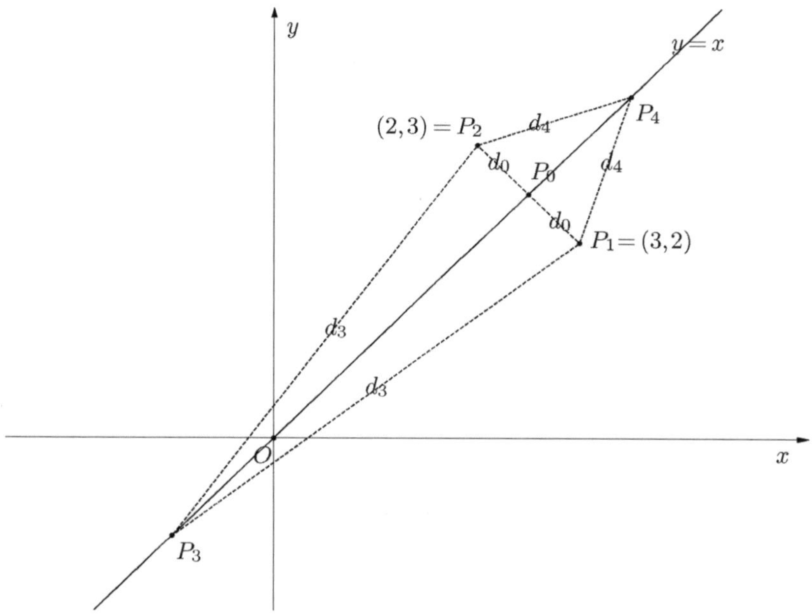

Figura 2.2 Pontos equidistantes de $P_1 = (3, 2)$ e $P_2 = (2, 3)$.

ordenadas cartesianas escolhidas. Portanto, podemos escolher aquele sistema de coordenadas onde os pontos P_1 e P_2 ficam no eixo Ox e na mesma distância da origem, isto é, $P_1 = (-c, 0)$ e $P_2 = (c, 0)$, onde $d = 2c > 0$ é a distância entre P_1 e P_2 (que é o parâmetro genérico do problema). Neste caso, a relação $d(P, P_1) = d(P, P_2)$ assume a forma coordenada mais simples: $(x + c)^2 + (y - 0)^2 = (x - c)^2 + (y - 0)^2$ ou, simplificando, $2xc = -2xc$, isto é, $x = 0$ – a equação do eixo Oy.

Deixamos a cargo do leitor verificar que, nos dois métodos, todas as transformações feitas foram as de equivalência (isto é, nenhuma solução da equação original foi desconsiderada e também nenhuma solução foi acrescentada).

Essa mesma abordagem de escolha de coordenadas especiais mais apropriadas para a resolução do problema é usada na dedução das equações canônicas de elipse, hipérbole e parábola, consideradas na seção posterior. Ela pode ser aplicada, também, em vários outros problemas. No exemplo resolvido, a simplificação foi pequena, comparando com o primeiro método de resolução, mas nos problemas mais sofisticados, como os de elipse, hipérbole e parábola, a simplificação no uso de coordenadas especiais é considerável.

5. Encontrar a equação dos pontos cuja soma dos quadrados de distâncias até os pontos dados $P_1 = (-3, 0)$ e $P_2 = (3, 0)$ é igual à constante $c = 50$.

Solução.
A partir da condição geométrica temos $d^2(P, P_1) + d^2(P, P_2) = 50$ para qualquer ponto $P = (x, y)$ desta figura. Segue disso que $(x+3)^2 + y^2 + (x-3)^2 + y^2 = 50$ ou, simplificando, $x^2 + y^2 = 16$, que é a equação da circunferência com centro na origem e raio 4. Deixamos a cargo do leitor verificar que todas as transformações feitas foram as de equivalência (veja a Fig.2.3).

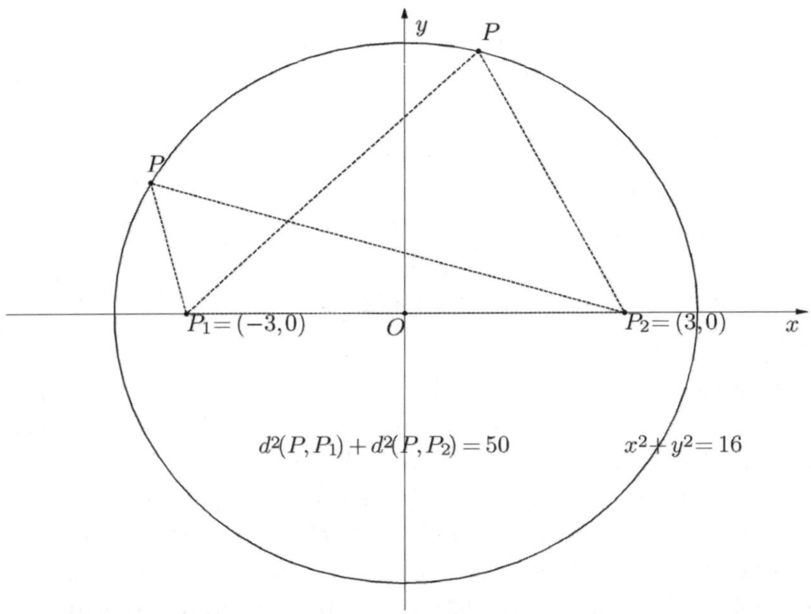

Figura 2.3 Pontos com a soma constante dos quadrados de distâncias até $P_1 = (-3, 0)$ e $P_2 = (3, 0)$.

6. Encontrar a equação dos pontos cuja soma dos quadrados das distâncias até dois pontos dados é igual a uma constante (generalização do Problema 5).

Solução.
Sejam $P_1 = (x_1, y_1)$ e $P_2 = (x_2, y_2)$ os dois pontos dados e $a^2 > 0$ a constante. A partir da condição geométrica, temos que $d^2(P, P_1) + d^2(P, P_2) = a^2$ para qualquer ponto $P = (x, y)$ desta figura. Segue então que

$$(x - x_1)^2 + (y - y_1)^2 + (x - x_2)^2 + (y - y_2)^2 = a^2$$

ou, abrindo quadrados e rearranjando os termos,

$$x^2 + y^2 - xx_1 - xx_2 - yy_1 - yy_2 = \frac{1}{2}(a^2 - x_1^2 - x_2^2 - y_1^2 - y_2^2)\,.$$

Formando os quadrados completos no lado esquerdo, obtemos

$$\left(x - \frac{x_1 + x_2}{2}\right)^2 + \left(y - \frac{y_1 + y_2}{2}\right)^2$$

$$= \frac{1}{2}(a^2 - x_1^2 - x_2^2 - y_1^2 - y_2^2) + \left(\frac{x_1 + x_2}{2}\right)^2 + \left(\frac{y_1 + y_2}{2}\right)^2$$

ou

$$\left(x - \frac{x_1+x_2}{2}\right)^2 + \left(y - \frac{y_1+y_2}{2}\right)^2 = \frac{a^2}{2} - \left(\frac{x_1-x_2}{2}\right)^2 - \left(\frac{y_1-y_2}{2}\right)^2 \equiv b\,.$$

Assim, caso $b > 0$, temos uma circunferência, caso $b = 0$, temos um ponto só e, caso $b < 0$, não há nenhum ponto satisfazendo às condições do problema.

Aplicamos em paralelo a abordagem de coordenadas especiais mais apropriadas para o problema, como já fizemos no Problema 4. Escolhemos o sistema de coordenadas tal que os pontos P_1 e P_2 ficam no eixo Ox e na mesma distância da origem, isto é, $P_1 = (-c, 0)$ e $P_2 = (c, 0)$, onde $d = 2c > 0$ é a distância entre P_1 e P_2 (que é o parâmetro genérico do problema). Neste caso, a relação $d^2(P, P_1)+d^2(P, P_2) = a^2$ assume a forma coordenada mais simples: $(x+c)^2+(y-0)^2+(x-c)^2+(y-0)^2 = a^2$ ou, simplificando, $x^2 + y^2 = \frac{1}{2}a^2 - c^2 \equiv b$. De novo, caso $b > 0$, temos uma circunferência, caso $b = 0$, temos um ponto só e, caso $b < 0$, não há nenhum ponto satisfazendo as condições do problema. Neste exemplo, o segundo método é visivelmente mais simples.

Deixamos a cargo do leitor verificar que, nos dois métodos usados, todas as transformações feitas foram as de equivalência.

7. Encontrar a equação dos pontos P cujas distâncias até dois pontos dados P_1 e P_2 satisfazem a relação $\frac{d(P,P_1)}{d(P,P_2)} = k > 0, k \neq 1$ (extensão do Problema 4).

Solução.

Observamos, primeiro, que o caso $k = 1$ já foi considerado no Problema 4 e, portanto, não precisamos considerá-lo aqui. Desde o início, vamos aplicar o uso de coordenadas mais simples para o problema – se não fizermos isso, os cálculos se tornam bem mais complicados. Então, escolhemos o sistema de coordenadas tal que os pontos P_1 e P_2 ficam no eixo Ox e na mesma distância da origem, isto é, $P_1 = (-c, 0)$ e $P_2 = (c, 0)$, onde $d = 2c > 0$ é a distância entre P_1 e P_2. Neste caso, a relação principal do problema assume a forma coordenada $\frac{(x+c)^2+y^2}{(x-c)^2+y^2} = k^2$. Reescrevemos essa equação na forma $(x+c)^2+y^2 = k^2((x-c)^2+y^2)$. Abrindo quadrados e reagrupando os termos, obtemos $x^2(1-k^2) + y^2(1-k^2) + 2xc(1+k^2) = -c^2(1-k^2)$ ou, dividindo por $1-k^2$, $x^2+y^2+2xc\frac{1+k^2}{1-k^2} = -c^2$. Formando o quadrado completo com x (para eliminar o termo linear de x), obtemos $\left(x + c\frac{1+k^2}{1-k^2}\right)^2 + y^2 = c^2\frac{4k^2}{(1-k^2)^2}$, que é a equação de uma circunferência.

Deixamos a cargo do leitor verificar que todas as transformações feitas foram as de equivalência (isto é, nenhuma solução da equação original foi desconsiderada e, também, nenhuma solução foi acrescentada).

8. Encontrar a equação dos pontos P tais que a soma dos quadrados das distâncias de P até os vértices A e B do triângulo ABC é igual ao quadrado da distância de P até o terceiro vértice C.

Solução.

Usaremos de novo as coordenadas mais adequadas para o problema nos quais o lado AB fica no eixo Ox e os pontos A e B ficam na mesma distância da origem, isto é, $A = (-c, 0)$ e $B = (c, 0)$, $c > 0$. O terceiro vértice tem coordenadas genéricas $C = (x_c, y_c)$ com a única restrição que $y_c \neq 0$ (C não fica em Ox). Então, a condição do problema se escreve na forma

$$d^2(P,A) + d^2(P,B) = (x+c)^2 + y^2 + (x-c)^2 + y^2$$

$$= (x-x_c)^2 + (y-y_c)^2 = d^2(P,C)\,.$$

Abrindo quadrados e simplificando, obtemos $x^2 + y^2 + 2xx_c + 2yy_c = x_c^2 + y_c^2 - 2c^2$. Formando quadrados completos no lado esquerdo, temos $(x+x_c)^2 + (y+y_c)^2 = 2(x_c^2 + y_c^2 - c^2) \equiv b$. Caso $b > 0$, temos uma circunferência, caso $b = 0$, temos um ponto só e, caso $b < 0$, não há nenhum ponto satisfazendo as condições do problema. Observando que $x_c^2+y_c^2$ é o quadrado do comprimento da mediana CO traçada do vértice C ao lado AB, e lembrando as propriedades dos triângulos, podemos reformular as condições para o sinal de b na forma: caso o ângulo C for agudo, então temos uma circunferência; caso o ângulo C for reto, então temos um ponto só; finalmente para o ângulo C obtuso não há soluções. Veja a Fig.2.4 para o caso $b > 0$ (o ângulo C agudo).

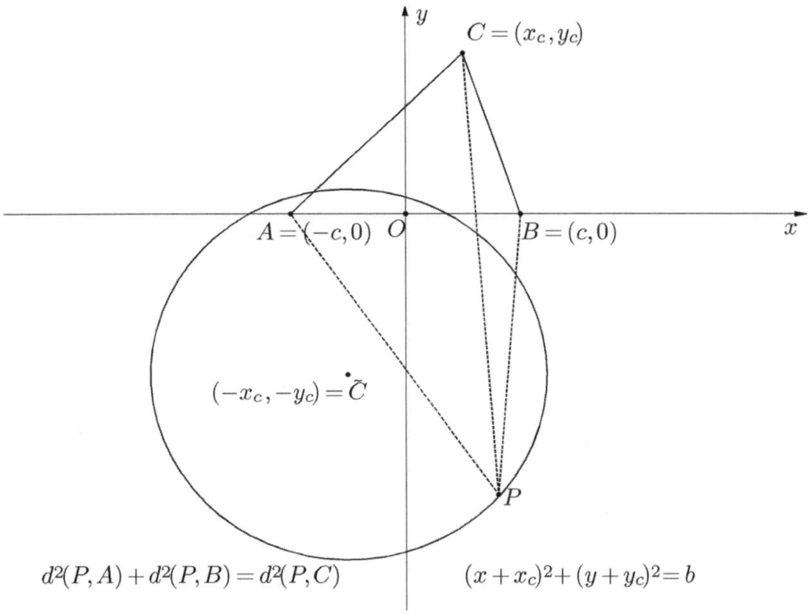

Figura 2.4 Pontos com a propriedade $d^2(P, A) + d^2(P, B) = d^2(P, C)$ num triângulo ABC.

Exercícios

1. Encontrar a equação dos pontos equidistantes dos dois pontos dados P_1 e P_2:
1) $P_1 = (5, -2)$ e $P_2 = (-3, -2)$;
2) $P_1 = (3, -1)$ e $P_2 = (3, 5)$;
3) $P_1 = (3, -1)$ e $P_2 = (2, 4)$.

2. Encontrar a equação dos pontos cuja soma dos quadrados das distâncias até os pontos dados P_1 e P_2 é igual a uma constante c:
1) $P_1 = (0, 1)$, $P_2 = (0, -1)$, $c = 10$;
2) $P_1 = (2, 0)$, $P_2 = (-2, 0)$, $c = 8$;
3) $P_1 = (2, 1)$, $P_2 = (-2, -1)$, $c = 20$.

3. Encontrar a equação dos pontos para os quais a distância até o ponto $A = (4, 0)$ é duas vezes maior que a distância até o ponto $B = (1, 0)$.

4. Encontrar a equação dos pontos cuja diferença dos quadrados das distâncias até dois pontos fixos é uma constante.

5. Os vértices de um quadrado são os pontos $A = (a, a)$, $B = (-a, a)$, $C = (-a, -a)$, $D = (a, -a)$. Deduzir a equação dos pontos cuja soma dos quadrados das distâncias até os lados desse quadrado é uma constante igual a $6a^2$.

6. Deduzir a equação dos pontos cuja soma dos quadrados das distâncias até os lados de um quadrado é uma constante.

7. Encontrar a equação dos pontos cuja soma das distâncias até os vértices opostos A e C do retângulo $ABCD$ é igual à soma das distâncias até os dois outros vértices, B e D.

8. Encontrar a equação dos pontos cujo produto das distâncias até os dois lados opostos de um quadrado é igual ao produto das distâncias até os dois lados restantes.

9. Deduzir a equação dos pontos para os quais a razão entre a distância até o ponto A e a distância até a reta R é uma constante c:
1) $A = (-4, 0)$, $R : 4x + 25 = 0$, $c = \frac{4}{5}$;
2) $A = (-5, 0)$, $R : 5x + 16 = 0$, $c = \frac{5}{4}$.

10. Deduzir a equação dos pontos cujas distâncias até as duas circunferências dadas são iguais:
1) $(x + 3)^2 + y^2 = 1$ e $(x - 3)^2 + y^2 = 81$;
2) $(x + 10)^2 + y^2 = 289$ e $(x - 10)^2 + y^2 = 1$.
Generalizar o problema.

11. Deduzir a equação dos pontos cujas distâncias até a reta R e a circunferência C são iguais:
1) $R : x + 2 = 0$, $C : (x - 5)^2 + y^2 = 9$;
2) $R : y - 3 = 0$, $C : x^2 + (y + 4)^2 = 4$.
Generalizar o problema.

12. Deduzir a equação dos pontos para os quais a soma dos quadrados das distâncias até três pontos dados é uma constante.

13. Dada uma circunferência C com centro na origem e um ponto A no eixo Ox fora dessa circunferência, encontrar a equação dos pontos cuja distância até A é igual ao comprimento do segmento da tangente traçado de cada um destes pontos a C.

14. Dada uma circunferência C com centro na origem, qual equação será obtida se as ordenadas de todos os pontos de C são diminuidas k vezes?

15. Os comprimentos de segmentos de tangentes traçados de cada ponto às duas circunferências $x^2 + y^2 - 6x - 16 = 0$ e $x^2 + y^2 + 8x - 2 = 0$ são iguais. Encontrar a equação desses pontos.

16. Os comprimentos de segmentos de tangentes traçados de cada ponto às duas circunferências dadas são iguais. Encontrar a equação desses pontos (generalização do Exercício 15).

2 Estudo da forma geométrica de equações

Neste item, consideraremos o problema de construção do esboço de uma curva definida por uma equação. O método principal consiste na representação da equação dada (quando for possível) na forma de uma função $y = f(x)$ e análise de propriedades básicas dessa função com posterior aplicação na construção do seu gráfico. Nos restringiremos só às técnicas elementares, usadas na matemática escolar, sem envolver os métodos de Cálculo. No entanto, em alguns exemplos, daremos também uma análise alternativa das propriedades de funções, baseada nos resultados de Cálculo, para os leitores familiarizados com as derivadas e seu uso no estudo de funções.

Para iniciar, daremos uma breve revisão de alguns conceitos básicos de funções e suas propriedades (todos conhecidos da escola).

Revisão de funções e suas propriedades elementares

Função, domínio, imagem. Uma correspondência f entre dois conjuntos $X \subset \mathbb{R}$ e $Y \subset \mathbb{R}$, tal que a cada elemento $x \in X$ é associado exatamente um elemento $y \in Y$, é chamada *função* de X em Y e é denotada por $y = f(x) : X \to Y$, ou numa notação abreviada $f(x)$, ou simplesmente f. O conjunto X é chamado *domínio* de f (é dito, também, que f é definida em X) e o conjunto Y é chamado *contradomínio*. A parte de Y que contém todos os valores $f(x)$ para $x \in X$ é chamada *imagem* de f e a sua notação usual é $f(X)$. Respectivamente, a *imagem de um conjunto* $S \subset X$ é denotada por $f(S)$.

Observação 1. Quando o domínio não é indicado por explícito, então se usa a regra do conjunto maior: na qualidade do domínio é considerado o conjunto de todos os pontos para os quais todas as operações usadas na fórmula da função tem sentido.

Observação 2. Uma vez que o contradomínio geral usualmente é de pouco interesse (ele sempre pode ser escolhido como $\mathbb{R}$), quando for possível, vamos considerar que, na definição de uma função $y = f(x) : X \to Y$, o conjunto Y é a imagem $f(X)$, isto é, o menor contradomínio de todos.

Gráfico de uma função. Se f é definida em X, então o *gráfico* de f é o conjunto de todos os pares ordenados $(x, f(x)) \in \mathbb{R}^2$ tais que $x \in X$.

Função sobrejetiva. Se uma função $f(x)$ de X em Y tem a imagem Y, isto é, $f(X) = Y$, então $f(x)$ é chamada *sobrejetiva* (ou sobrejetora). Também se diz que $f(x)$ transforma X sobre Y.

Função injetiva. Se qualquer par dos pontos diferentes de um conjunto $x_1, x_2 \in X$, $x_1 \neq x_2$ tem em correspondência dois valores diferentes da imagem $f(x_1) \neq f(x_2)$, então $f(x)$ é chamada *injetiva* (ou injetora) em X. Também se diz que $f(x)$ é uma função um-a-um.

Função bijetiva. Se $f(x)$ é sobrejetiva e injetiva ao mesmo tempo, então ela é chamada *bijetiva* (ou bijetora).

Composição de funções. Suponha que $f(x)$ transforma X em Y, e $g(y)$ transforma Y em Z. Então, a *composição* de f e g é a função h com domínio X e contradomínio Z definida pela fórmula $h(x) = g(f(x))$, $\forall x \in X$. A notação padrão é $h(x) = g(f(x))$ ou $h(x) = g \circ f(x)$.

Função inversa. Seja $f(x)$ uma função bijetiva com domínio X e imagem Y. Neste caso, pode ser definida a *função inversa* $f^{-1}(y)$, com domínio Y e imagem X, que associa a cada $y \in Y$ um único elemento $x \in X$ tal que $f(x) = y$.

Função limitada. Uma função $f(x)$ é *limitada superiormente (inferiormente)* em um conjunto S se existe um número real M (m) tal que $f(x) \leq M$ $(f(x) \geq m)$ para todos $x \in S$. Qualquer número M (m) que satisfaz a propriedade da Definição é chamado *cota superior (inferior)*. Uma função é *limitada* se ela é limitada superiormente e inferiormente. Caso contrário, a função é *ilimitada* (ou não limitada).

Função par. Uma função $f(x)$ definida em X é chamada *par* se para todos $x \in X$ é válida a propriedade $f(-x) = f(x)$.

Função ímpar. Uma função $f(x)$ definida em X é chamada *ímpar* se para todos $x \in X$ é válida a propriedade $f(-x) = -f(x)$.

Função periódica. Uma função $f(x)$ definida em X é dita *periódica* com *período* $T \neq 0$ se para todos $x \in X$ é válido que $f(x+T) = f(x)$. O menor número positivo T (se ele existir) para o qual essa propriedade está satisfeita é chamado de período fundamental.

As *propriedades (geométricas) de simetria de uma função par* são consequências imediatas da sua definição:

1) o domínio de uma função par é simétrico em relação à origem;

2) o gráfico de uma função par é simétrico em relação ao eixo Oy.

As *propriedades (geométricas) de simetria de uma função ímpar* são as seguintes (seguem direto da sua definição):

1) o domínio de uma função ímpar é simétrico em relação à origem;

2) o gráfico de uma função ímpar é simétrico em relação à origem.

As *propriedades básicas e de simetria de funções periódicas* são as seguintes (consequências diretas da definição):

1) o domínio de uma função periódica não é limitado à esquerda nem à

direita;
2) o gráfico de uma função periódica pode ser obtido usando infinitas translações da sua parte principal definida num intervalo de comprimento T.

Função crescente. Uma função $f(x)$ é chamada *crescente (estritamente crescente)* em um conjunto S se, para qualquer par $x_1, x_2 \in S$, $x_1 < x_2$, segue que $f(x_1) \leq f(x_2)$ $(f(x_1) < f(x_2))$.

Função decrescente. Uma função $f(x)$ é chamada *decrescente (estritamente decrescente)* em um conjunto S se, para qualquer par $x_1, x_2 \in S$, $x_1 < x_2$, segue que $f(x_1) \geq f(x_2)$ $(f(x_1) > f(x_2))$.

Função monótona. Uma função $f(x)$ é *monótona (estritamente monótona)* em um conjunto S se ela é crescente ou decrescente (estritamente crescente ou estritamente decrescente) neste conjunto.

Teorema sobre inversa de uma função monótona. Se $f(x)$ é estritamente monótona num conjunto S, então ela é inversível de $f(S)$ para S.

Máximo global. Um ponto x_0 é o *máximo global (máximo global estrito)* de $f(x)$ num conjunto S se, para todos $x \in S$, $x \neq x_0$, é válido que $f(x) \leq f(x_0)$ $(f(x) < f(x_0))$.

Mínimo global. Um ponto x_0 é o *mínimo global (mínimo global estrito)* de $f(x)$ num conjunto S se, para todos $x \in S$, $x \neq x_0$, é satisfeita a desigualdade $f(x) \geq f(x_0)$ $(f(x) > f(x_0))$.

Extremo global. Um ponto x_0 é o *extremo global (extremo global estrito)* se ele é máximo ou mínimo global (máximo ou mínimo global estrito).

Vizinhança de um ponto. Um intervalo aberto centralizado em x_0, ou seja, $(x_0 - c, x_0 + c), c > 0$ é chamado de *vizinhança do ponto* x_0.

Máximo local. Um ponto x_0 é chamado *máximo local (máximo local estrito)* de $f(x)$ se existe uma vizinhança de x_0 tal que para todos $x \neq x_0$ do domínio da função que pertencem a essa vizinhança, temos $f(x) \leq f(x_0)$ $(f(x) < f(x_0))$.

Mínimo local. Um ponto x_0 é chamado *mínimo local (mínimo local estrito)* de $f(x)$ se existe uma vizinhança de x_0 tal que para todos $x \neq x_0$ do domínio da função que pertencem a essa vizinhança, temos $f(x) \geq f(x_0)$ $(f(x) > f(x_0))$.

Extremo local. Um ponto x_0 é dito *extremo local (extremo local estrito)* se ele é máximo ou mínimo local (máximo ou mínimo local estrito).

Observação. Há uma ambiguidade na terminologia de pontos extremos porque o ponto extremo x_0, o valor da função neste ponto (valor extremo)

$f(x_0)$ e o par $(x_0, f(x_0))$ representando as coordenadas do ponto extremo no gráfico da função, todos eles podem ser chamados de pontos extremos. No entanto, isso não leva a desentendimento quando estes termos são usados num contexto específico.

Concavidade. Uma função $y = f(x)$ é chamada *côncava para baixo (para cima)* num intervalo I do seu domínio se, em qualquer subintervalo $[x_1, x_2]$, o gráfico da função $f(x)$ fica acima (abaixo) do gráfico da reta secante que passa pelos pontos $P_1 = (x_1, f(x_1))$ e $P_2 = (x_2, f(x_2))$. Ou na forma analítica: para $\forall x_1, x_2$ tais que $[x_1, x_2] \subset I$ e para $\forall x \in (x_1, x_2)$ segue que

$$f(x) > F(x)\ (f(x) < F(x)),\ F(x) = f(x_1) + \frac{f(x_2) - f(x_1)}{x_2 - x_1}(x - x_1),$$

onde $Y = F(x)$ é a equação da reta secante. Se o sinal de desigualdade é estrito (como na última relação), então a concavidade é estrita. Caso se use o sinal de desigualdade não estrito, a concavidade é não estrita.

Ponto de inflexão. O ponto onde o gráfico da função muda o tipo de concavidade é chamado de *ponto de inflexão.*

O estudo de qualquer função envolve análise de suas propriedades, começando de elementos da definição da função (domínio e imagem) e passando por todas as características que são relevantes na construção do gráfico.

Apesar de não usarmos o conhecimento de Cálculo como pré-requisito para leitura deste texto, daremos alguns exemplos de uso de derivadas no estudo de funções para mostrar aos leitores familiarizados com Cálculo como a análise de funções pode ser simplificada com emprego das técnicas mais avançadas. Estes métodos de Cálculo são usados como alternativos (em paralelo com as técnicas elementares) e os trechos respectivos do texto podem ser omitidos na leitura sem qualquer prejuízo para o entendimento das demais partes.

Exercícios resolvidos

1. Para dar um exemplo elementar do estudo de propriedades de uma função, vamos começar de uma função muito simples – equação de uma reta $y = f(x) = 2x + 1$.

   Solução.

   O domínio dessa função é $X = \mathbb{R}$ assim como a imagem $Y = \mathbb{R}$: a fórmula $y = 2x + 1$ é válida para qualquer x real e, para qualquer y_0

real, existe o elemento do domínio $x_0 = \frac{y_0 - 1}{2}$ que a função transforma em y_0. No ponto $x_1 = 0$ a função é igual a 1, isto é, $P_1 = (0, 1)$ é o ponto de interseção do gráfico com o eixo Oy. A função assume valor zero só no ponto $x_2 = -\frac{1}{2}$, tem valores positivos à direita de x_2 e negativos à esquerda. Isso quer dizer que o gráfico intercepta o eixo Ox somente no ponto $P_2 = (-\frac{1}{2}, 0)$, à direita deste ponto o gráfico fica acima do eixo Ox e à esquerda, abaixo.

A função não é par nem ímpar: $f(-x) = -2x + 1 \neq 2x + 1 = f(x)$ e $f(-x) = -2x + 1 \neq -2x - 1 = -f(x)$. No entanto, pode ser mostrado que o seu gráfico é simétrico em relação a qualquer um dos seus pontos. Por exemplo, escolhendo o ponto $P_1 = (0, 1)$ do gráfico dessa função, temos a seguinte relação: $1 - f(-x) = 1 - (-2x + 1) = 2x = (2x + 1) - 1 = f(x) - 1$, $\forall x \in \mathbb{R}$, o que comprova a simetria do gráfico em relação a P_1.

Passemos à análise de monotonia. Da definição da função segue direto que $f(x_2) = 2x_2 + 1 > 2x_1 + 1 = f(x_1)$ para quaisquer $x_2 > x_1$, isto é, $f(x)$ cresce estritamente em $X = \mathbb{R}$ e, consequentemente, não tem pontos extremos (nem locais nem globais). A velocidade deste crescimento é determinada pelo coeficiente de inclinação 2 que corresponde ao ângulo de inclinação $\alpha = \arctan 2 \approx 1,11 rad$.

Qualquer secante ao gráfico de $f(x)$ coincide com a parte respectiva do próprio gráfico. Neste caso, formalmente, podemos afirmar que a função tem concavidade (não estrita) para cima e também concavidade (não estrita) para baixo. No entanto, usualmente, a concavidade não é considerada nestes casos.

Depois deste estudo, podemos marcar alguns pontos específicos do gráfico (se for necessário) e traçamos todo o gráfico usando as propriedades reveladas (veja a Fig.2.5).

2. Dar o esboço do gráfico da função $y = f(x) = x^2$ via análise de suas propriedades.

Solução.

O domínio dessa função é $X = \mathbb{R}$: a fórmula $y = x^2$ é válida para qualquer x real. A imagem da função é $Y = [0, +\infty)$: o quadrado de qualquer número real é não negativo e, para qualquer $y_0 \geq 0$, existe o número $x_0 = \sqrt{y_0}$ cujo quadrado é igual a y_0 (pode ser usado também $-\sqrt{y_0}$). Como já foi mencionado, os valores da função são não negativos, assumindo o valor zero num único ponto $x = 0$ – este é o único ponto de intersecção do gráfico tanto com eixo Oy como com Ox.

A função é par: $f(-x) = (-x)^2 = x^2 = f(x)$, $\forall x \in \mathbb{R}$ e, portanto,

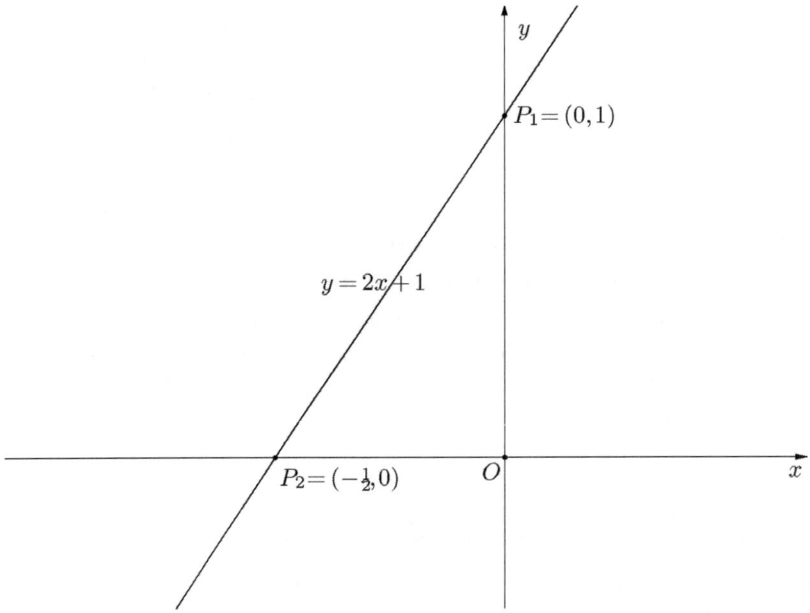

Figura 2.5 Gráfico da função $y = 2x + 1$.

o seu gráfico é simétrico em relação ao eixo Oy. Podemos então reduzir o nosso estudo da função ao intervalo $[0, +\infty)$ do seu domínio, completando depois a parte restante via simetria do gráfico.

No intervalo $[0, +\infty)$ a função cresce estritamente porque $f(x_2) = x_2^2 > x_1^2 = f(x_1)$ para quaisquer $x_2 > x_1 \geq 0$. Completando pela propriedade de simetria do gráfico em relação a Oy, concluímos que a função decresce estritamente no intervalo $(-\infty, 0]$, e a origem é o ponto mínimo local e global dessa função (os pontos máximos a função não tem).

A concavidade pode ser avaliada em todo o domínio $X = \mathbb{R}$ pelos mesmos cálculos válidos para qualquer terno $x_1, x, x_2 \in \mathbb{R}$ tal que $x_1 < x < x_2$:

$$
\begin{aligned}
f(x) - F(x) &= f(x) - \left(f(x_1) + \frac{f(x_2) - f(x_1)}{x_2 - x_1}(x - x_1) \right) \\
&= x^2 - \left(x_1^2 + \frac{x_2^2 - x_1^2}{x_2 - x_1}(x - x_1) \right) \\
&= (x - x_1)(x + x_1) - \frac{(x_2 - x_1)(x_2 + x_1)}{x_2 - x_1}(x - x_1) \\
&= (x - x_1)[x + x_1 - (x_2 + x_1)] = (x - x_1)(x - x_2) < 0\,.
\end{aligned}
$$

Assim, a função é côncava para cima em $X = \mathbb{R}$.

Após essa análise, podemos construir o gráfico da função conforme feito na Fig.2.6.

Observação. Os leitores familiarizados com Cálculo podem simplificar o estudo de algumas propriedades usando os critérios diferenciais de monotonia e extremos, concavidade e inflexão. No caso da função em consideração, a sua derivada $f'(x) = 2x$ é positiva para $x > 0$ e negativa para $x < 0$, então $f(x)$ cresce estritamente em $(0, +\infty)$, decresce estritamente em $(-\infty, 0)$ e tem mínimo no ponto $x = 0$. Além disso, como a segunda derivada $f''(x) = 2$ é positiva para todos os x, então a função tem concavidade para cima em todo seu domínio $X = \mathbb{R}$.

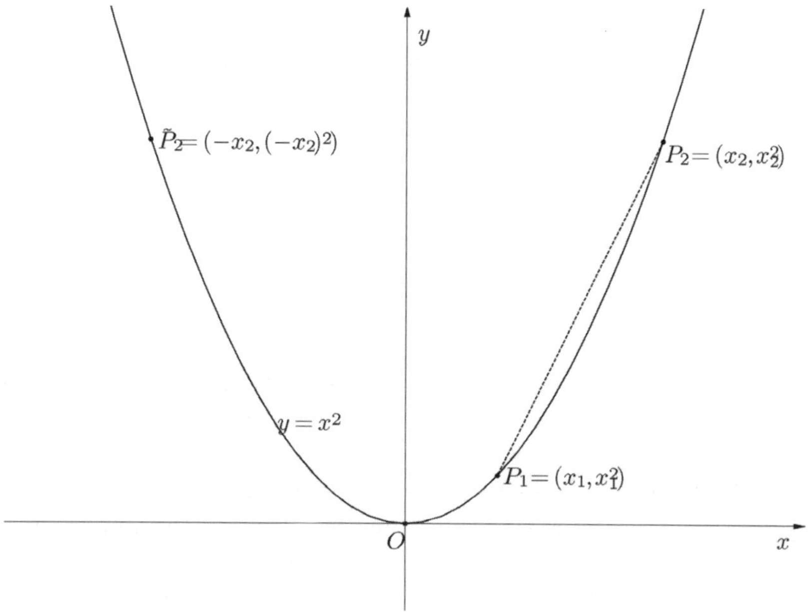

Figura 2.6 Gráfico da função $y = x^2$.

3. Dar o esboço do gráfico da função $y = f(x) = x^3$ via análise de suas propriedades.

Solução.

O domínio dessa função é $X = \mathbb{R}$ assim como a imagem $Y = \mathbb{R}$: a fórmula $y = x^3$ é válida para qualquer x real e, para qualquer y_0 real, existe o elemento do domínio $x_0 = \sqrt[3]{y_0}$ que a função transforma em y_0. O único ponto de intersecção do gráfico com eixos Ox e Oy é o ponto origem. À direita da origem o gráfico fica acima do eixo Ox, à esquerda,

abaixo. Como a função é ímpar: $f(-x) = (-x)^3 = -x^3 = -f(x)$, $\forall x \in \mathbb{R}$, então o seu gráfico é simétrico em relação a origem.
Passemos à análise de monotonia. Da definição da função segue direto que $f(x_2) = x_2^3 > x_1^3 = f(x_1)$ para quaisquer $x_2 > x_1$, isto é, $f(x)$ cresce estritamente em $X = \mathbb{R}$ e consequentemente não tem pontos extremos (nem locais nem globais).
Para estimar a concavidade, tomemos quaisquer $x_1 < x_2$ e consideremos a diferença entre os valores da função $f(x)$ e do segmento da reta secante $F(x)$ que passa pelos pontos $P_1 = (x_1, y_1)$ e $P_2 = (x_2, y_2)$ no intervalo $x \in (x_1, x_2)$:

$$f(x) - F(x) = f(x) - \left(f(x_1) + \frac{f(x_2) - f(x_1)}{x_2 - x_1}(x - x_1)\right)$$

$$= x^3 - \left(x_1^3 + \frac{x_2^3 - x_1^3}{x_2 - x_1}(x - x_1)\right)$$

$$= (x - x_1)(x^2 + xx_1 + x_1^2) - \frac{(x_2 - x_1)(x_2^2 + x_2x_1 + x_1^2)}{x_2 - x_1}(x - x_1)$$

$$= (x - x_1)[x^2 + xx_1 + x_1^2 - (x_2^2 + x_2x_1 + x_1^2)]$$

$$= (x-x_1)[(x-x_2)(x+x_2)+x_1(x-x_2)] = (x-x_1)(x-x_2)[x + x_1 + x_2].$$

Como $x_1 < x < x_2$, então o primeiro fator é positivo e o segundo é negativo. O sinal do terceiro fator depende da escolha de pontos x_1 e x_2. Se $x_2 \leq 0$, então o terceiro termo é negativo para qualquer x; se $x_1 \geq 0$, então o terceiro termo é positivo para qualquer x; se x_1 e x_2 tem sinais opostos, então a terceira expressão não mantém o seu sinal. Assim, no intervalo $(-\infty, 0]$ a função é côncava para baixo e no intervalo $[0, +\infty)$ ela é côncava para cima. Consequentemente, a origem é o ponto de inflexão.
Após essa análise, podemos construir o gráfico da função conforme feito na Fig.2.7.

Observação. De novo, as técnicas de Cálculo podem simplificar o estudo de algumas propriedades: como a derivada $f'(x) = 3x^2$ é positiva para qualquer $x \neq 0$, então $f(x)$ cresce estritamente em $\mathbb{R}$; como a segunda derivada $f''(x) = 6x$ troca o sinal de menos para mais na origem, então a função é côncava para baixo em $(-\infty, 0]$, côncava para cima em $[0, +\infty)$ e tem o ponto de inflexão em $x = 0$.

4. Dar o esboço do gráfico da função $y = f(x) = \frac{1}{x}$ via análise de suas propriedades.

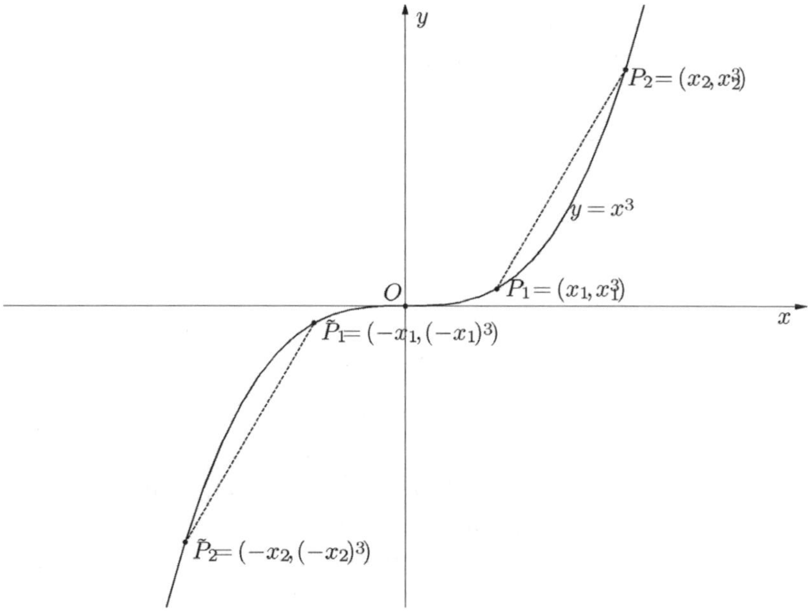

Figura 2.7 Gráfico da função $y = x^3$.

Solução.

O domínio da função é $X = \mathbb{R}\backslash\{0\}$ uma vez que a operação $\frac{1}{x}$ é definida para qualquer $x \neq 0$. A sua imagem é o mesmo conjunto – $Y = \mathbb{R}\backslash\{0\}$ -, porque, para qualquer $y_0 \neq 0$, existe o elemento do domínio $x_0 = \frac{1}{y_0}$ tal que $f(x_0) = y_0$. Como $x = 0$ fica fora do domínio e $y = 0$ fica fora da imagem, a função não tem intersecções com os eixos de coordenadas. Para $x > 0$, a função tem valores positivos, ou seja, à direita do eixo Oy o gráfico fica acima do eixo Ox; já para $x < 0$, os valores da função são negativos, ou seja, à esquerda de Oy o gráfico fica abaixo do eixo Ox.

A função é ímpar de acordo com a propriedade $f(-x) = \frac{1}{-x} = -\frac{1}{x} = -f(x)$, válida para qualquer x do domínio. Então, as conclusões sobre o comportamento do gráfico de $f(x) = \frac{1}{x}$ podem ser feitas analisando somente a parte positiva do seu domínio, pois o gráfico é simétrico em relação à origem. A seguir, vamos aproveitar essa propriedade, analisando as demais propriedades somente no intervalo $(0, +\infty)$.

Para verificar a monotonia, observamos que $f(x_2) = \frac{1}{x_2} < \frac{1}{x_1} = f(x_1)$ para qualquer dupla $x_2 > x_1 > 0$, o que significa que $f(x)$ decresce estritamente no intervalo $(0, +\infty)$.

Para avaliar a concavidade, tomemos quaisquer $0 < x_1 < x_2$ e consideremos a diferença entre os valores da função $f(x)$ e do segmento respectivo da reta secante $F(x)$ no intervalo $x \in (x_1, x_2)$:

$$f(x) - F(x) = f(x) - \left(f(x_1) + \frac{f(x_2) - f(x_1)}{x_2 - x_1}(x - x_1) \right)$$

$$= \frac{1}{x} - \left(\frac{1}{x_1} + \frac{\frac{1}{x_2} - \frac{1}{x_1}}{x_2 - x_1}(x - x_1) \right)$$

$$= \frac{x_1 - x}{xx_1} - \frac{x_1 - x_2}{(x_2 - x_1)x_2x_1}(x - x_1) = \frac{x_1 - x}{x_1}\left(\frac{1}{x} - \frac{1}{x_2}\right).$$

No lado direito, a primeira fração é negativa (o numerador é negativo, mas o denominador é positivo) e o termo entre parênteses é positivo. Portanto, a diferença $f(x) - F(x)$ é negativa, o que implica a concavidade para cima em todo o intervalo $(0, +\infty)$.

Usando a análise da parte positiva do domínio e a propriedade de simetria do gráfico em relação à origem, obtemos o gráfico mostrado na Fig.2.8.

Notamos que $f(x)$ não decresce em todo seu domínio, porque $f(x_1) < f(x_2)$ para qualquer dupla com $x_1 < 0$ e $x_2 > 0$. Como $f(x)$ decresce estritamente nos dois intervalos abertos que compõem o seu domínio, então ela não tem pontos extremos locais nem globais.

O gráfico, construído conforme a análise realizada, é mostrado na Fig.2.8.

Observação. Obviamente, as técnicas de Cálculo levam aos mesmos resultados: como a derivada $f'(x) = -\frac{1}{x^2} < 0$ para $\forall x \neq 0$, então $f(x)$ decresce estritamente em $(-\infty, 0)$ e $(0, +\infty)$; como a segunda derivada $f''(x) = \frac{2}{x^3}$ é negativa para $x < 0$ e positiva para $x > 0$, então a função é côncava para baixo em $(-\infty, 0)$ e côncava para cima em $(0, +\infty)$; o ponto $x = 0$ não é o ponto de inflexão, porque ele fica fora do domínio da função.

5. Dar o esboço do gráfico da função $y = f(x) = \sqrt{x}$ via análise de suas propriedades.

Solução.

O domínio dessa função é $X = [0, +\infty)$ e a sua imagem também é $Y = [0, +\infty)$: a raiz quadrada $\sqrt{x}$ é definida para qualquer $x \geq 0$ e os seus valores sempre são não negativos. Além disso, para qualquer $y_0 \geq 0$ existe o elemento do domínio $x_0 = y_0^2$ que a função transforma em y_0. O único ponto de contato com eixos coordenados é o ponto origem. Fora deste, todo o gráfico da função fica dentro do *I* quadrante.

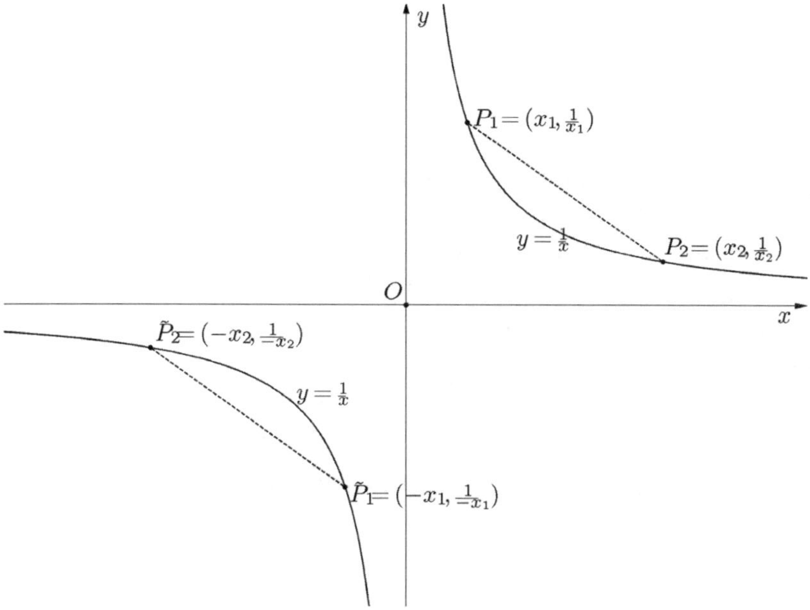

Figura 2.8 Gráfico da função $y = \frac{1}{x}$.

A função não é par nem ímpar, porque o seu domínio não é simétrico em relação à origem.

Para verificar a monotonia, observemos que $f(x_2) = \sqrt{x_2} > \sqrt{x_1} = f(x_1)$ para quaisquer $x_2 > x_1 \geq 0$, isto é, $f(x)$ cresce estritamente em todo seu domínio $X = [0, +\infty)$ e, consequentemente, não tem extremos locais. O máximo global também não existe, mas a função tem o mínimo global no ponto $x = 0$, onde $f(0) = 0$.

Para avaliar a concavidade, tomemos quaisquer $0 \leq x_1 < x_2$ e consideremos a diferença entre os valores da função $f(x)$ e do segmento da reta secante $F(x)$ que passa pelos pontos $P_1 = (x_1, y_1)$ e $P_2 = (x_2, y_2)$ no intervalo $x \in (x_1, x_2)$:

$$f(x) - F(x) = f(x) - \left(f(x_1) + \frac{f(x_2) - f(x_1)}{x_2 - x_1}(x - x_1)\right)$$

$$= \sqrt{x} - \left(\sqrt{x_1} + \frac{\sqrt{x_2} - \sqrt{x_1}}{x_2 - x_1}(x - x_1)\right)$$

$$= \sqrt{x} - \sqrt{x_1} - \frac{x - x_1}{\sqrt{x_2} + \sqrt{x_1}} = (\sqrt{x} - \sqrt{x_1})\left(1 - \frac{\sqrt{x} + \sqrt{x_1}}{\sqrt{x_2} + \sqrt{x_1}}\right)$$

$$= (\sqrt{x} - \sqrt{x_1})\frac{\sqrt{x_2} - \sqrt{x}}{\sqrt{x_2} + \sqrt{x_1}}.$$

Como $0 \leq x_1 < x < x_2$, então o primeiro fator é positivo, assim como o numerador e denominador da fração. Assim, o gráfico fica acima da secante, o que significa que a concavidade é para baixo em todo o domínio $X = [0, +\infty)$.
Usando os resultados dessa análise, construímos o gráfico da função mostrado na Fig.2.9.

Observação. Usando derivadas, podemos simplificar alguns cálculos: como a derivada $f'(x) = \frac{1}{2\sqrt{x}}$ é positiva para qualquer $x > 0$ e $f(x)$ é contínua em $[0, +\infty)$, então $f(x)$ cresce estritamente em $[0, +\infty)$ e $x = 0$ é o mínimo global; como a segunda derivada $f''(x) = -\frac{1}{4\sqrt{x^3}}$ é negativa para qualquer $x > 0$ e $f(x)$ é contínua em $[0, +\infty)$, então $f(x)$ é côncava para baixo em todo o seu domínio $[0, +\infty)$.

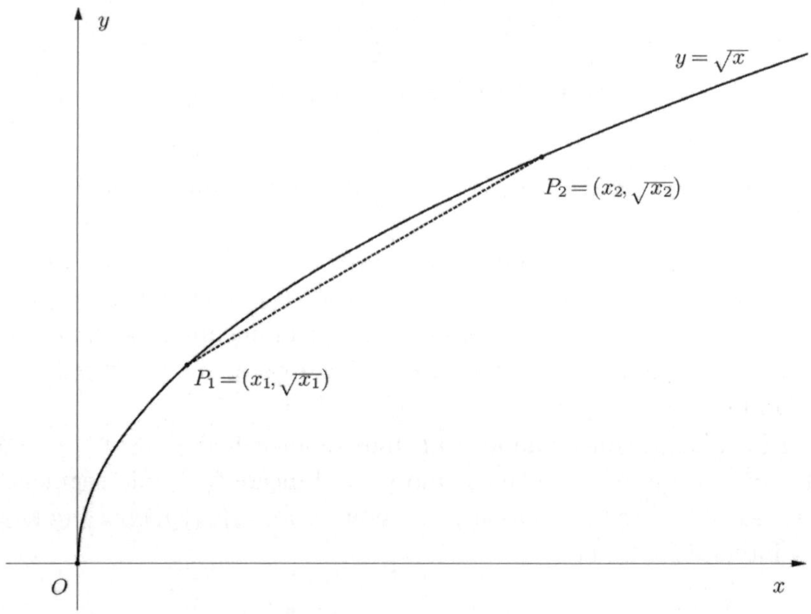

Figura 2.9 Gráfico da função $y = \sqrt{x}$.

Exercícios

Dar o esboço do gráfico da função $y = f(x)$ via análise de suas propriedades:

1) $f(x) = |x|$;
2) $f(x) = \sqrt[3]{x}$;
3) $f(x) = 4 - 5x$;
4) $f(x) = 1 - 2x^2$;
5) $f(x) = \frac{1}{x^2}$;
6) $f(x) = \frac{-3}{x}$;
7) $f(x) = 2x^2 - 4x + 5$;
8) $f(x) = \frac{2x-3}{2x+1}$.

3 Transformações de gráficos

Uma técnica adicional e bastante útil na construção de gráficos consiste em montagem de gráficos de algumas funções a partir de gráficos de funções mais simples, referenciais. Transformações usadas na redução de uma função dada à forma referencial normalmente consistem em multiplicação por e/ou adição de uma constante, tanto para os valores da variável independente (abscissa) como para os da dependente (ordenada), porque essas transformações têm interpretação geométrica simples.

Revisão de gráficos de funções e suas propriedades elementares

Vamos lembrar abaixo o significado geométrico de *transformações de gráficos*, usando a terminologia de "gráfico original" ou "gráfico referencial" para nos referir ao gráfico da função referencial $f(x)$. Primeiro, consideremos as operações com os valores da função:
1) se os valores de uma função $f(x)$ são acrescidos de uma constante c, então a nova função $g(x) = f(x) + c$ tem o gráfico obtido pelo deslocamento vertical de $|c|$ unidades do gráfico da função $f(x)$ – se $c > 0$, então o gráfico original é movido c unidades para cima, se $c < 0$, então este gráfico é movido $|c|$ unidades para baixo;
2) se os valores de uma função $f(x)$ são multiplicados por -1, então a nova função $g(x) = -f(x)$ tem o gráfico simétrico ao gráfico original em relação ao eixo Ox;
3) se os valores de uma função $f(x)$ são multiplicados por uma constante $c > 0$, então a nova função $g(x) = cf(x)$ tem o gráfico obtido afastando o gráfico original c vezes do eixo Ox caso $c > 1$, ou aproximando este gráfico $\frac{1}{c}$ vezes ao eixo Ox caso $c < 1$;
4) se os valores de uma função $f(x)$ são multiplicados por uma constante $c < 0$, então o gráfico de $g(x) = cf(x)$ é obtido em dois passos – primeiro, fazendo reflexão em torno do eixo Ox (o que coresponde à multiplicação

por -1) e, segundo, afastando ou aproximando o gráfico de $-f(x)$ do eixo Ox de acordo com o valor de $|c|$ (o que corresponde à multiplicação por $|c|$).

Da mesma maneira, são tratadas as transformações com variável independente:
1) se os valores de x são acrescidos de uma constante c, então a nova função $g(x) = f(x+c)$ tem o gráfico deslocado horizontalmente $|c|$ unidades a partir do gráfico da função $f(x)$ – se $c > 0$, então o gráfico original é movido c unidades para esquerda, se $c < 0$, então este gráfico é movido $|c|$ unidades para direita;
2) se os valores de x são multiplicados por -1, então a nova função $g(x) = f(-x)$ tem o gráfico simétrico ao gráfico original em relação ao eixo Oy;
3) se os valores de x são multiplicados por uma constante $c > 0$, então a nova função $g(x) = f(cx)$ tem o gráfico obtido aproximando o gráfico original c vezes ao eixo Oy caso $c > 1$, ou afastando este gráfico $\frac{1}{c}$ vezes do eixo Oy caso $c < 1$;
4) se os valores de x são multiplicados por uma constante $c < 0$, então o gráfico de $g(x) = f(cx)$ é obtido em dois passos – primeiro, fazendo reflexão em torno do eixo Oy (o que coresponde à multiplicação por -1) e, segundo, afastando ou aproximando o gráfico de $f(-x)$ do eixo Oy de acordo com o valor de $|c|$ (o que corresponde à multiplicação por $|c|$).

Desta maneira, este procedimento está intimamente ligado com transformações de coordenadas (translação e mudança de escala) e com a escolha das coordenadas mais adequadas para representação de uma curva.

Exercícios resolvidos

1. Vamos começar com uma das funções simples cujas propriedades já foram descobertas via estudo analítico no item anterior – dar o esboço do gráfico da função $f(x) = 2x+1$ via redução a uma função referencial.

   Solução.

   Uma das funções mais simples do conjunto de retas (fora das retas coordenadas) é aquela cujo gráfico é bissetriz do I e III quadrantes – $y = f_0(x) = x$. Multiplcando os valores dessa função pela constante 2, obtemos a nova função $f_1(x) = 2f_0(x) = 2x$. O efeito dessa multiplicação em termos geométricos é o afastamento de todos os pontos do gráfico de $f_0(x) = x$ do eixo Ox (veja a Fig.2.10). O próximo passo é o acréscimo de 1 aos valores de $f_1(x)$, o que gera a função $f(x) \equiv f_2(x) = f_1(x) + 1 = 2x + 1$, cujo gráfico pode ser obtido movendo o gráfico da função $f_1(x)$ uma unidade para cima (veja a

Fig.2.10). Evidentemente, chegamos à mesma reta que já vimos no item anterior.

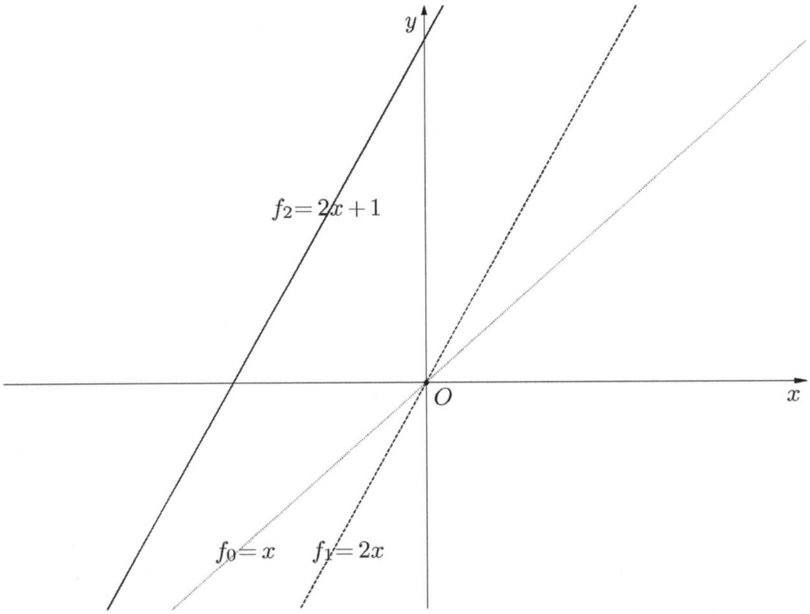

Figura 2.10 Gráfico da função $y = 2x + 1$.

2. Dar o esboço do gráfico da função $f(x) = 2x^2 - 4x + 5$ via redução a uma função referencial.

Solução.

Notamos que uma possível função referencial pode ser $f_0(x) = x^2$, que é a função quadrática mais simples. Para ver como chegar de $f_0(x)$ a $f(x)$, reescrevemos a função dada na forma $f(x) = 2(x-1)^2+3$. Agora, os passos de transformações são evidentes. Primeiro, subtraímos 1 da abscissa da função referencial, obtendo $f_1(x) = f_0(x-1) = (x-1)^2$. Então, deslocamos o gráfico de x^2 uma unidade para direita (veja a Fig.2.11). Segundo, multiplicamos $f_1(x)$ por 2 – $f_2(x) = 2f_1(x) = 2(x-1)^2$, isto é, afastamos o gráfico de $f_1(x)$ duas vezes do eixo Ox (veja a Fig.2.11). Finalmente, acrescentamos 3 a $f_2(x)$ para chegar à função dada – $f(x) \equiv f_3(x) = f_2(x) + 3 = 2(x-1)^2 + 3$. Isso significa levantar o gráfico de $f_2(x)$ três unidades (veja a Fig.2.11).

3. Dar o esboço do gráfico da função $f(x) = \frac{2x-3}{2x+1}$ via redução a uma função referencial.

Solução.

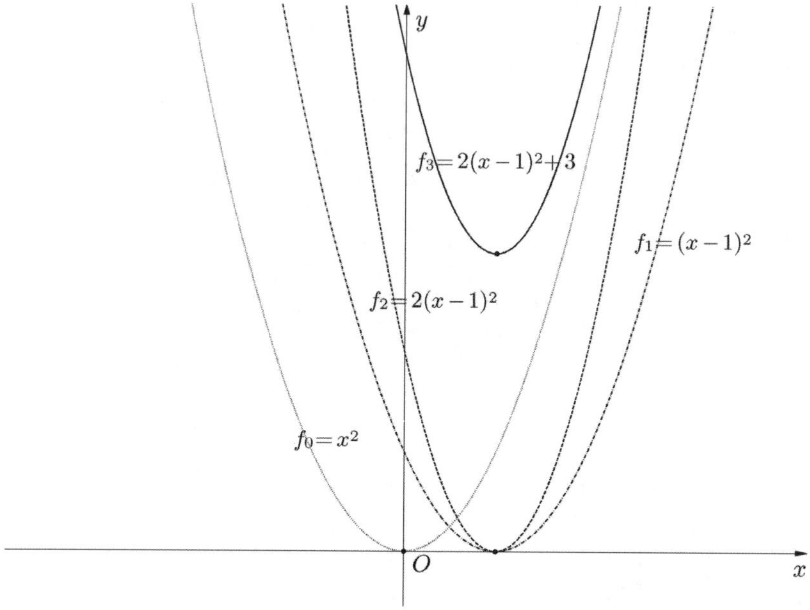

Figura 2.11 Gráfico da função $y = 2x^2 - 4x + 5$.

Essa é uma função racional com termos lineares no numerador e denominador. Uma função mais simples deste tipo é $f_0(x) = \frac{1}{x}$. Para poder enxergar os passos de transformação de $f_0(x)$ a $f(x)$, reescrevemos a função dada na forma $f(x) = \frac{2x+1-4}{2x+1} = 1 - \frac{4}{2x+1}$. Então, primeiro, transformamos o denominador x em $f_0(x)$ à forma $2x + 1$, o que pode ser feito em dois passos: mutliplicamos x por 2 para chegar à função $f_1(x) = f_0(2x) = \frac{1}{2x}$ e logo, na função $f_1(x)$, trocamos x por $x + \frac{1}{2}$ para obter $f_2(x) = f_1(x + \frac{1}{2}) = \frac{1}{2(x+1/2)} = \frac{1}{2x+1}$. O primeiro passo corresponde à aproximação duas vezes do gráfico referencial ao eixo Oy e o segundo, ao deslocamento do gráfico de $f_1(x)$ meia unidade para esquerda (veja a Fig.2.12).

Agora, multiplicamos $f_2(x)$ por -4, o que resulta em $f_3(x) = -4f_2(x) = -\frac{4}{2x+1}$. De modo correspondente, afastamos o gráfico de $f_2(x)$ quatro vezes do eixo Ox e, em seguida, refletimos o gráfico obtido simetricamente em relação ao eixo Ox (veja a Fig.2.12). Finalmente, acrescentamos 1 a $f_3(x)$ para chegar à função dada - $f(x) \equiv f_4(x) = 1 + f_3(x) = 1 - \frac{4}{2x+1}$. Isso significa mover o gráfico de $f_3(x)$ uma unidade para cima (veja a Fig.2.12).

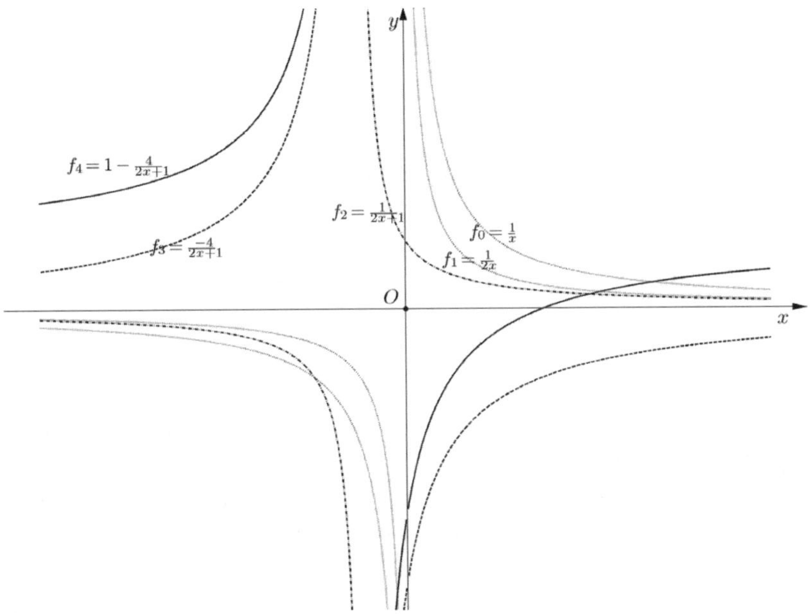

Figura 2.12 Gráfico da função $y = \frac{2x-3}{2x+1}$.

Exercícios

Dar o esboço do gráfico da função via redução a uma função referencial:

1) $f(x) = 3 - |2x|$;
2) $f(x) = 2\sqrt[3]{x-1}$;
3) $f(x) = 4 - 5x$;
4) $f(x) = 2 + 20x - 5x^2$;
5) $f(x) = -\frac{5}{2x^2+12x+18}$;
6) $f(x) = \frac{9x-1}{3x-1}$;
7) $f(x) = 8x^3 + 36x^2 + 54x + 20$;
8) $f(x) = 1 + \sqrt{4x-8}$.

4 Desigualdades

Algumas desigualdades simples podem ser resolvidas diretamente, mas, na maioria dos casos, uma abordagem tradicional na resolução de desigualdades é a análise das equações correspondentes e a sua posterior extensão ao estudo de desigualdades.

Exercícios resolvidos

1. Determinar o lugar geométrico dos pontos definidos pela desigualdade $x^2 - y^2 < 0$.

Solução.

Representamos, primeiro, a desigualdade original na forma $(x-y)(x+y) < 0$. Então, podem ocorrer dois casos: 1) $x - y < 0$ e, ao mesmo tempo, $x + y > 0$; 2) $x - y > 0$ e, ao mesmo tempo, $x + y < 0$. No primeiro caso, temos o conjunto dos pontos dentro do ângulo reto superior formado pelas retas $y = x$ e $y = -x$. No segundo, temos o conjunto dos pontos dentro do ângulo reto inferior formado pelas mesmas retas. Assim, entre quatro partes do plano, formadas pelas retas $y = x$ e $y = -x$, temos que escolher a parte superior e inferior, sem incluir os pontos da fronteira (os pontos dessas retas). (Veja ilustração na Fig.2.13.)

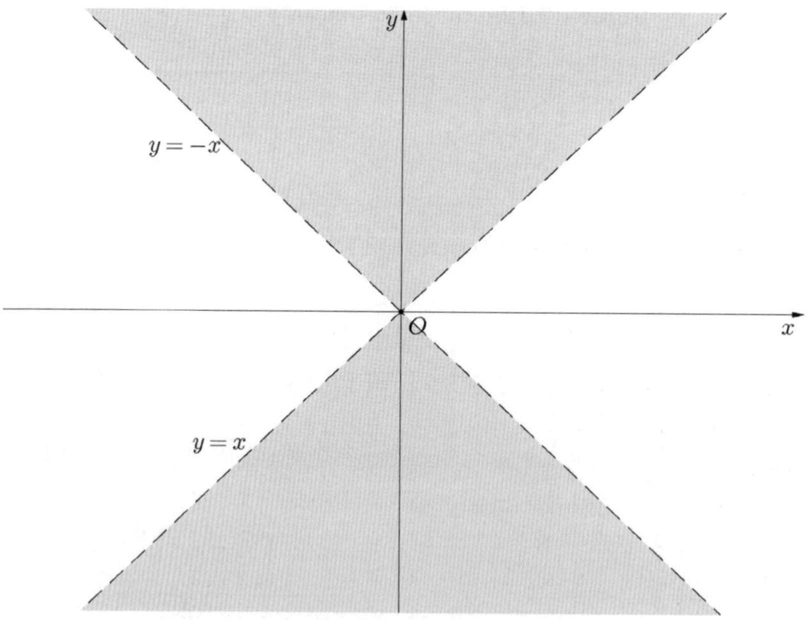

Figura 2.13 Lugar geométrico dos pontos $x^2 - y^2 < 0$.

2. Determinar o lugar geométrico dos pontos definidos pelas desigualdades $16 \leq (x-1)^2 + (y+3)^2 \leq 25$.

Solução.

As equações respectivas $(x-1)^2+(y+3)^2=16$ e $(x-1)^2+(y+3)^2=25$ determinam duas circunferências C_1 e C_2, ambas com centro no ponto $A=(1,-3)$ e os raios 4 e 5, respectivamente. De acordo com a primeira desigualdade, precisamos escolher todos os pontos fora da circunferência C_1 e, de acordo com a segunda, todos os pontos dentro de C_2. Juntando as duas restrições, temos todos os pontos entre C_1 e C_2, incluindo os pontos da fronteira, isto é, um anel fechado (veja a Fig.2.14).

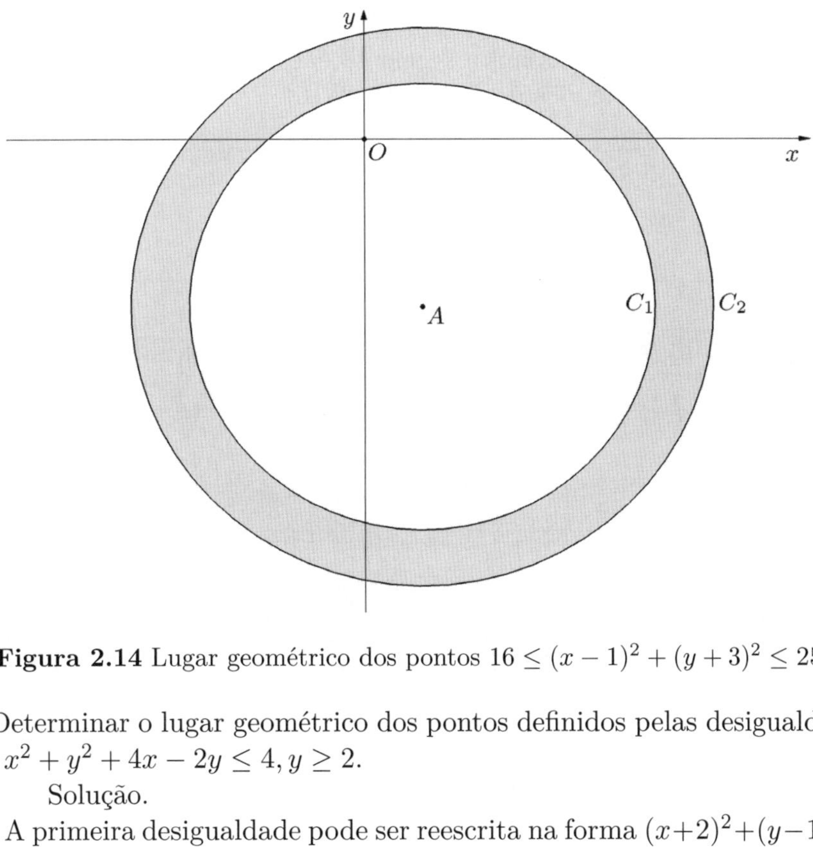

Figura 2.14 Lugar geométrico dos pontos $16 \leq (x-1)^2+(y+3)^2 \leq 25$.

3. Determinar o lugar geométrico dos pontos definidos pelas desigualdades $x^2+y^2+4x-2y \leq 4, y \geq 2$.

Solução.

A primeira desigualdade pode ser reescrita na forma $(x+2)^2+(y-1)^2 \leq 9$, a qual se refere ao círculo fechado com centro em $A=(-2,1)$ e raio 3. A segunda desigualdade mostra que devemos escolher os pontos acima da reta coordenada $y=2$ e na própria reta. Assim, juntando duas restrições (isto é, encontrando a intersecção dos conjuntos da primeira e da segunda desigualdades), obtemos os pontos do segmento do círculo com centro em A e raio 3, incluindo a fronteira desse segmento. Procurando a intersecção da circunferência $C:(x+2)^2+(y-1)^2=9$ com a reta $y=2$, encontramos os pontos $B_1=(x_1,y_1)=(-2+2\sqrt{2},2)$

e $B_2 = (x_2, y_2) = (-2 - 2\sqrt{2}, 2)$. Usando a forma paramétrica da definição da mesma circunferência

$$x = -2 + 3\cos\theta\,,\ y = 1 + 3\sin\theta\,,\ \theta \in [0, 2\pi]\,,$$

podemos concluir que as coordenadas do ponto B_1 correspondem ao ângulo com $\tan\theta_1 = \frac{y_1-1}{x_1+2} = \frac{2-1}{-2+2\sqrt{2}+2} = \frac{1}{2\sqrt{2}}$, o que dá $\theta_1 = \arctan\frac{1}{2\sqrt{2}} \approx 0,34rad \approx 19,5^0$. Da mesma maneira, $\tan\theta_2 = \frac{y_2-1}{x_2+2} = -\frac{1}{2\sqrt{2}}$, mas, como o ângulo θ_2 fica no II quadrante, então $\theta_2 = \arctan\left(-\frac{1}{2\sqrt{2}}\right)+\pi \approx 2,80rad \approx 160,5^0$. Assim, o segmento encontrado corresponde à variação do ângulo de θ_1 a θ_2 (veja a Fig.2.15).

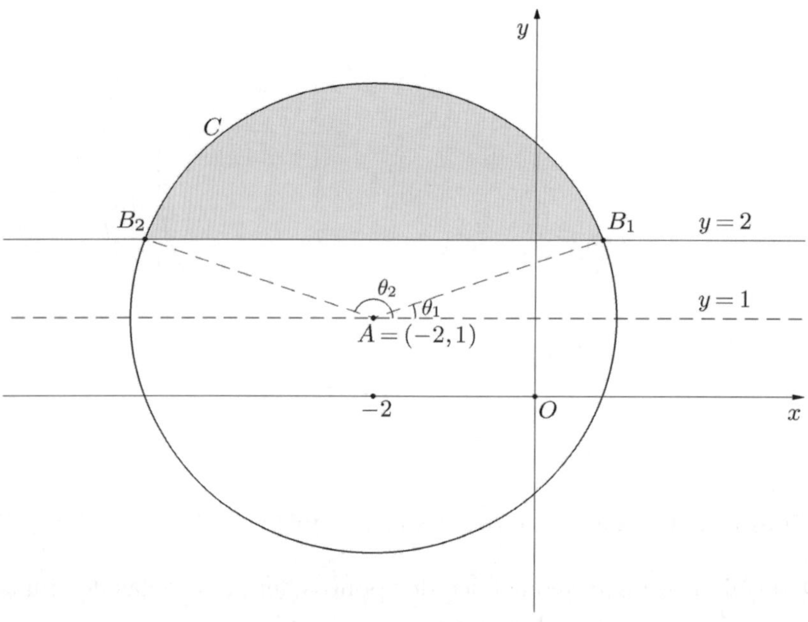

Figura 2.15 Lugar geométrico dos pontos $x^2 + y^2 + 4x - 2y \leq 4, y \geq 2$.

Exercícios

Determinar o lugar geométrico dos pontos definidos pelas seguintes desigualdades:

1) $x^2 - y^2 \geq 0$;
2) $x^2 - y^2 + 2y - 1 < 0$;
3) $xy - y + 2x - 2 \geq 0$;
4) $x^2 + y^2 \leq 1$;

5) $(x-1)^2+(y+2)^2>4$;
6) $x^2+y^2+3x<0, y<0$;
7) $-1 \le x^2+y^2-2x+2y \le 7$;
8) $x^2+y^2-4y \le 0, |x| \ge 1$;
9) $y \ge x^2$;
10) $y^2<-x$;
11) $x^2 \le y \le 4x^2$;
12) $x^2<y<2x$.

5 Equações paramétricas

Em várias situações, é útil transformar, se for possível, curvas definidas na forma paramétrica em forma implícita ou explícita, o que pode possibilitar uma análise e classificação mais simples da forma geométrica da curva dada.

Exercícios resolvidos

1. Determinar o lugar geométrico dos pontos definidos pelas fórmulas $\begin{cases} x = \ln t - 1 \\ y = 2\ln t + 3 \end{cases}, \ t \in (0, +\infty)$.
Solução.
Embora na definição esteja presente a função logarítmica do parâmetro t, a transformação em forma explícita (por exemplo, expressando $\ln t$ via x) leva imediatamente à equação de uma reta: $y = 2(x+1)+3 = 2x+5$. Levando em conta que a variação de t no intervalo $(0,+\infty)$ garante a variação de x em todos os reais, concluímos que $y = 2x + 5, x \in \mathbb{R}$ representa a equação de uma reta, assim como a forma original paramétrica (veja a Fig.2.16).

2. Determinar o lugar geométrico dos pontos definidos pelas fórmulas $\begin{cases} x = 2^t + 3 \\ y = 4^t - 1 \end{cases}, \ t \in \mathbb{R}$.
Solução.
Como no problema anterior, a presença de funções exponenciais de t não implica, de modo algum, que a curva em questão tenha relação com o gráfico da função exponencial. Realmente, eliminando o parâmetro t (por exemplo, via relação $2^t = x-3$), chegamos à forma explícita $y = (x-3)^2 - 1$ que caracteriza uma parábola. Precisamos ainda levar em conta que a imagem da função $x = 2^t + 3, t \in \mathbb{R}$ é o intervalo

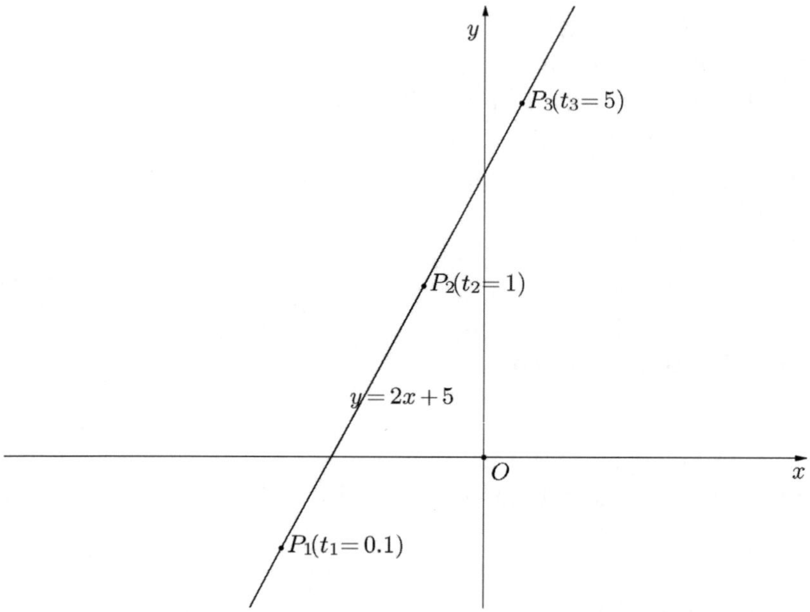

Figura 2.16 Lugar geométrico dos pontos $x = \ln t - 1, y = 2\ln t + 3, t \in (0, +\infty)$.

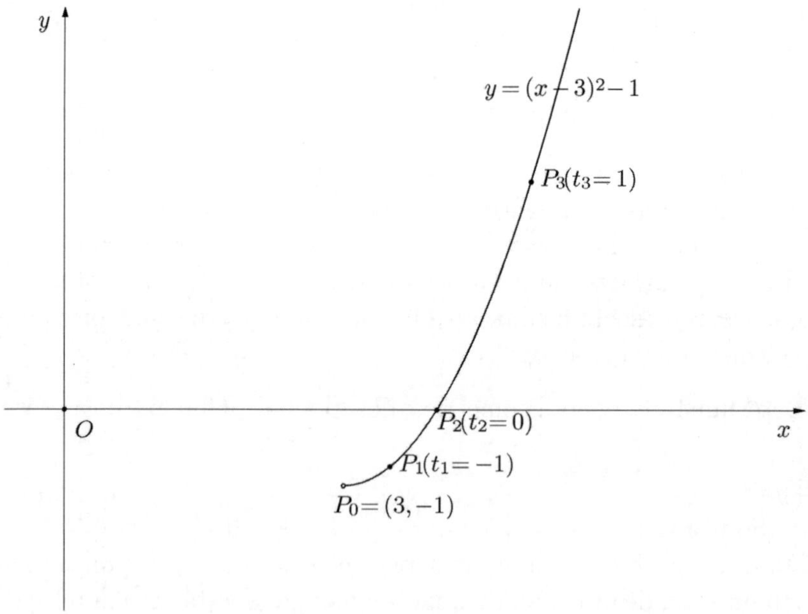

Figura 2.17 Lugar geométrico dos pontos $x = 2^t + 3, y = 4^t - 1, t \in \mathbb{R}$.

$(3, +\infty)$. Assim, a função $y = (x-3)^2 - 1, x \in (3, +\infty)$ representa a parte direita da parábola com vértice no ponto $A = (3, -1)$ e orientação para cima (veja a Fig.2.17).

3. Determinar o lugar geométrico dos pontos definidos pelas fórmulas $\begin{cases} x = 1 + 3\cos t \\ y = 2 + 3\sin t \end{cases}, \ t \in \mathbb{R}.$

Solução.

Podemos identificar direto que essas equações determinam uma circunferência com centro no ponto $A = (1, 2)$ e raio 3 (veja seção 4.1). No entanto, podemos chegar à mesma conclusão, transformando essa forma paramétrica à implícita. A tentativa de isolar t em uma das duas relações leva a um cálculo desnecessariamente complicado. É muito mais simples reescrever as relações dadas na forma $x - 1 = 3\cos t, y - 2 = 3\sin t$ e, utilizando a identidade trigonométrica, obter a equação $(x-1)^2 + (y-2)^2 = 9$. A última é a equação da circunferência com centro no ponto $A = (1, 2)$ e raio 3. Resta observar que essa mesma circunferência é obtida quando t varia num intervalo fechado (ou semi-fechado) de comprimento 2π, por exemplo, no intervalo $[0, 2\pi]$. As outras partes do domínio de t correspondem à passagem repetetiva pelos mesmos pontos da circunferência. Assim, geometricamente, temos uma circunferência só (veja a Fig.2.18).

Exercícios

Dadas equações na forma paramétrica, transformá-las à forma implícita ou explícita e dar o esboço da figura geométrica:

1) $\begin{cases} x = t - 1 \\ y = t - 1 \end{cases}, \ t \in \mathbb{R};$

2) $\begin{cases} x = t + 1 \\ y = t - 1 \end{cases}, \ t \in \mathbb{R};$

3) $\begin{cases} x = t + 1 \\ y = t - 1 \end{cases}, \ t \in [0, 1];$

4) $\begin{cases} x = t^3 + 1 \\ y = t^3 - 1 \end{cases}, \ t \in \mathbb{R};$

5) $\begin{cases} x = e^t + 1 \\ y = (3 - e^t)^2 \end{cases}, \ t \in \mathbb{R};$

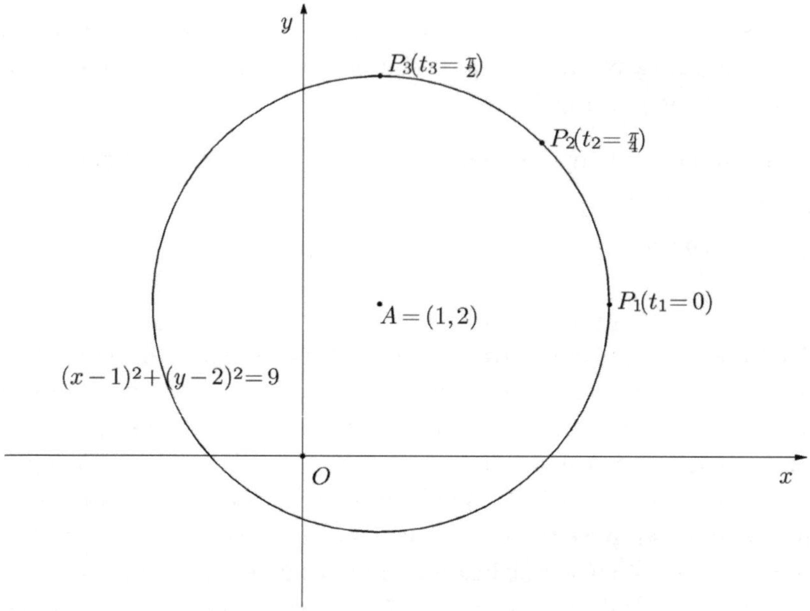

Figura 2.18 Lugar geométrico dos pontos $x = 1 + 3\cos t, y = 2 + 3\sin t, t \in \mathbb{R}$.

6) $\begin{cases} x = e^t + 1 \\ y = 2(3 - e^t) \end{cases}, \ t \in \mathbb{R};$

7) $\begin{cases} x = 2 - \ln t \\ y = 2\ln t \end{cases}, \ t \in (0, +\infty);$

8) $\begin{cases} x = 2 - \ln t \\ y = \ln^2 t \end{cases}, \ t \in (0, +\infty);$

9) $\begin{cases} x = 1 - 3\cos t \\ y = 2 + 3\sin t \end{cases}, \ t \in \mathbb{R};$

10) $\begin{cases} x = r\cos t \\ y = r\sin t \end{cases}, \ r > 0, \ t \in \mathbb{R};$

11) $\begin{cases} x = r\sin t \\ y = r\cos t \end{cases}, \ r > 0, \ t \in \mathbb{R};$

12) $\begin{cases} x = a + r\cos t \\ y = b + r\sin t \end{cases}, \ r > 0, \ t \in \mathbb{R};$

13) $\begin{cases} x = r\cos t \\ y = r\sin t \end{cases}, \ r > 0, \ t \in [0, 2\pi];$

14) $\begin{cases} x = r\cos t \\ y = r\sin t \end{cases}$, $r > 0,\ t \in [0, \pi]$;

15) $\begin{cases} x = r\cos t \\ y = r\sin t \end{cases}$, $r > 0,\ t \in (\frac{\pi}{4}, \frac{\pi}{2})$;

16) $\begin{cases} x = t + 1 \\ y = t^2 + 2t \end{cases}$, $t \in \mathbb{R}$;

17) $\begin{cases} x = 2\cos^2 t \\ y = \sin 2t \end{cases}$, $t \in \mathbb{R}$;

18) $\begin{cases} x = r\sin 2t \\ y = 2r\sin^2 t \end{cases}$, $r > 0,\ t \in \mathbb{R}$.

Seção 4.3 Dedução das equações canônicas de curvas quadráticas: elipse, hipérbole, parábola

Nessa seção, deduzimos as equações canônicas de *curvas quadráticas* (chamadas também de *cônicas*) e definimos suas características geométricas principais. Como vamos mostrar no próximo capítulo, há somente três tipos diferentes de curvas quadráticas: elipse, hipérbole e parábola. Para uma figura específica, a sua equação canônica é aquela que tem a forma mais simples, obtida por meio de escolha de coordenadas mais adequadas na descrição dessa figura. As características geométricas de uma figura são aquelas que especificam a forma da figura e não dependem da escolha do sistema de coordenadas, embora sua posição possa ser definida usando um sistema específico.

1 Elipse

Definimos uma *elipse* como o lugar geométrico de todos os pontos do plano tais que a soma das distâncias de qualquer ponto dessa figura até dois pontos dados (distintos) é uma constante. Os dois pontos dados dessa definição são chamados de *focos* e denotados por F_1 e F_2; a própria definição é chamada de *caracterização focal* de uma elipse.

Vamos deduzir a *equação canônica de uma elipse* partindo dessa definição geométrica. Primeiro, escolhemos (por conveniência) o sistema de coordenadas cartesianas x, y de tal modo que o eixo Ox passe pelos focos F_1 e F_2, com orientação positiva que deixa F_1 à esquerda de F_2 e com o ponto origem O localizado no ponto médio do segmento focal $[F_1, F_2]$ (obviamente, tal escolha sempre pode ser feita). Denotando a distância entre F_1 e F_2 por $2c$ (essa é chamada *distância focal*), temos que, neste caso, as coordenadas dos focos são $F_1 = (-c, 0)$ e $F_2 = (c, 0)$. Considerando um ponto genérico (corrente) $P = (x, y)$ da elipse, vamos expressar a condição geométrica da distância até os focos (que define a elipse) via equação:

$$d(P, F_1) + d(P, F_2) = 2a\,, \tag{3.1}$$

onde a é uma constante (positiva). Se P não pertence ao segmento $[F_1, F_2]$ do eixo Ox, então $a > c$, conforme as seguintes considerações: se P não fica no eixo Ox, então isso segue da relação entre os lados do triângulo F_1PF_2 – soma dos comprimentos dos dois lados $(d(P, F_1) + d(P, F_2))$ sempre é maior que o comprimento do terceiro lado $(d(F_1, F_2))$, e se P fica no eixo Ox, por exemplo, à direita de F_2, então só a distância $d(F_1, P)$ já é maior que $d(F_1, F_2)$ (o mesmo quando P fica à esquerda de F_1). Concentremo-nos, então, neste caso principal, quando $a > c$, e a situação especial, quando P pertence ao segmento $[F_1, F_2]$, consideraremos depois. Reescrevendo a condição (3.1) em coordenadas cartesianas

$$\sqrt{(x+c)^2 + y^2} + \sqrt{(x-c)^2 + y^2} = 2a\,, \tag{3.2}$$

passando o segundo termo do lado esquerdo para a direita e elevando ao quadrado os dois lados, obtemos

$$(x+c)^2 + y^2 = (x-c)^2 + y^2 + 4a^2 - 4a\sqrt{(x-c)^2 + y^2}\,.$$

Isolando a raiz quadrada do lado direito e simplificando os demais termos no lado esquerdo, obtemos

$$a^2 - xc = a\sqrt{(x-c)^2 + y^2}\,.$$

Elevando de novo ao quadrado ambos os lados, simplificando e juntando todos os termos com x e y no lado esquerdo da equação, temos

$$(a^2 - c^2)x^2 + a^2y^2 = a^2(a^2 - c^2)\,.$$

Dividindo a última por $a^2(a^2 - c^2)$, chegamos à forma canônica

$$\frac{x^2}{a^2} + \frac{y^2}{a^2 - c^2} = 1 \tag{3.3}$$

ou a sua representação equivalente

$$\frac{x^2}{a^2} + \frac{y^2}{b^2} = 1\,, \tag{3.4}$$

onde $b^2 = a^2 - c^2 > 0$.

Na dedução da equação de uma elipse, partimos da definição geométrica e chegamos a (3.4). Como nesse procedimento era necessário elevar duas vezes as equações encontradas ao quadrado, poderia acontecer de a equação final (3.4) conter outras soluções, além dos pontos da elipse. Vamos mostrar que, na realidade, isso não aconteceu e que, reciprocamente, os pontos cujas coordenadas satisfazem a equação (3.4) pertencem a uma elipse. Realmente, partindo da equação (3.4) com a condição $b^2 = a^2 - c^2 > 0$ (e com a suposição $a > 0$, $c > 0$, o que pode ser feito sem a perda de generalidade) expressamos y na forma $y^2 = (1 - \frac{x^2}{a^2})(a^2 - c^2)$ e substituímos na fórmula da distância $d(P, F_1)$:

$$d(P, F_1) = \sqrt{(x + c)^2 + y^2} = \sqrt{(x + c)^2 + (1 - \frac{x^2}{a^2})(a^2 - c^2)}\,.$$

Simplificando a expressão dentro da raiz, obtemos

$$d(P, F_1) = \sqrt{a^2 + 2xc + \frac{c^2}{a^2}x^2} = \sqrt{(a + \frac{c}{a}x)^2}\,.$$

De (3.4) segue que $|x| \leq a$ e da condição $b^2 = a^2 - c^2 > 0$ segue que $\frac{c}{a} < 1$, o que implica em $a + \frac{c}{a}x > 0$. Portanto, a última fórmula se simplifica a

$$d(P, F_1) = a + \frac{c}{a}\,x\,.$$

Do mesmo modo, a distância $d(P, F_2)$ pode ser expressa na forma

$$d(P, F_2) = a - \frac{c}{a}\,x$$

para os pontos cujas coordenadas satisfazem (3.4). Somando as duas distâncias, chegamos a ver que a condição geométrica (3.1) da definição de uma elipse está satifeita.

Apresentamos na Fig.3.1 o esboço de uma elipse sem maiores explicações. A construção justificada dessa curva será dada na próxima seção.

Vamos especificar os *principais elementos geométricos (características)* de uma elipse (além dos focos). Primeiro, o ponto médio do segmento focal $[F_1, F_2]$ é chamado *centro* de uma elipse. No nosso caso, este é o ponto origem O. Os pontos onde a *reta focal* F_1F_2 intercepta a elipse são chamados de *vértices focais*. No nosso caso, estes pontos são aqueles onde $y = 0$ (uma vez que a reta focal foi escolhida como eixo Ox), isto é, temos

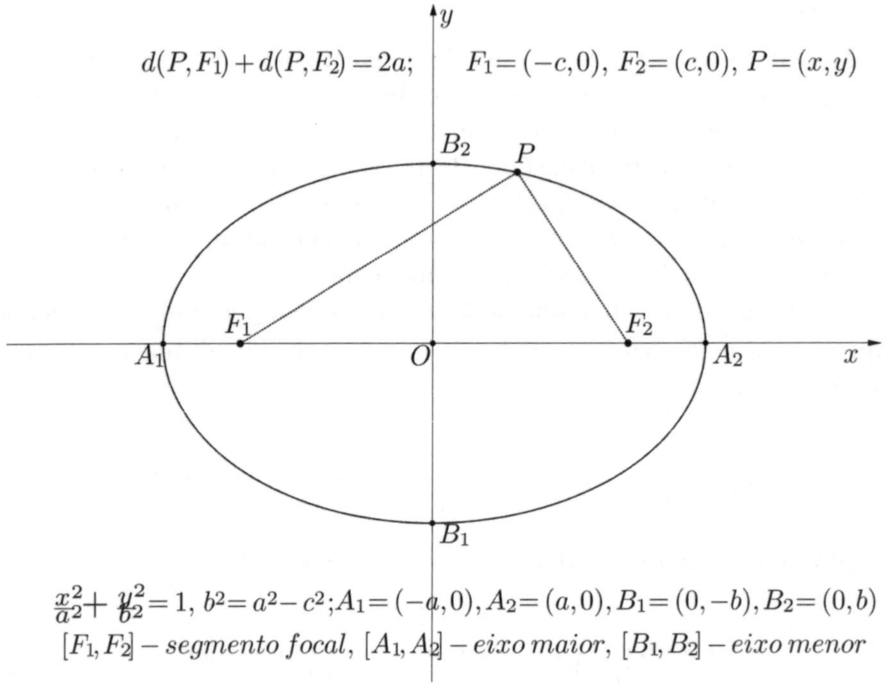

Figura 3.1 Elipse e seus elementos geométricos.

os dois vértices no eixo Ox (vértices focais) – $A_1 = (-a, 0)$ e $A_2 = (a, 0)$. O segmento $[A_1, A_2]$ é chamado *eixo maior (ou focal)* e $[O, A_2]$ – *semi-eixo maior*. Traçando agora mais uma reta que passa pelo centro da elipse e é perpendicular à reta focal, encontramos a *segunda reta principal* de uma elipse. Seus pontos de interseção com a elipse são chamados, também, de *vértices (não focais)* e o segmento entre essa dupla de vértices é chamado do *eixo menor*. No nosso caso, essa segunda reta é o eixo Oy e a condição que determina os vértices (não focais) é $x = 0$. Assim, estes dois vértices no eixo Oy são $B_1 = (0, -b)$ e $B_2 = (0, b)$, o segmento $[B_1, B_2]$ é o eixo menor e, respectivamete, $[O, B_2]$ – *semi-eixo menor*. Como $b < a$, os vértices B_1 e B_2 estão mais próximos do centro da elipse do que os A_1 e A_2, e a forma de uma elipse é achatada na direção do segmento $[B_1, B_2]$ (na direção do eixo Oy), ou seja, alongada na direção do segmento focal (na direção de Ox). A razão da distância entre os focos e a distância entre vértices focais $e = \frac{d(F_1,F_2)}{d(A_1,A_2)} = \frac{c}{a}$ é chamada de *excentricidade* e ela representa a medida de achatamento (levando em conta que ela está relacionada com a razão $\frac{b}{a}$ pela fórmula $e = \frac{\sqrt{a^2-b^2}}{a} = \sqrt{1 - \frac{b^2}{a^2}}$).

Observação. Por razões de brevidade, as distâncias relativas aos elementos geométricos frequentemente são chamadas pelos mesmos nomes dos elementos: a distância entre os vértices focais é chamada de eixo maior, a metade da distância entre os vértices focais – de semi-eixo maior, etc.

Segue imediatamente da equação (3.4) que uma elipse é simétrica em relação aos eixos de coordenadas e em relação à origem (em geral – em relação aos seus eixos e ao seu ponto central): se um ponto $P = (x, y)$ pertence à elipse, isto é, suas coordenadas satisfazem a equação (3.4), então as coordenadas dos pontos $P_x = (x, -y)$, $P_y = (-x, y)$ e $P_0 = (-x, -y)$ também satisfazem (3.4) e estes pontos ficam na mesma elipse.

É simples ver que toda a figura da elipse (3.4) fica dentro da faixa vertical $-a \leq x \leq a$, compreendida entre as retas $x = -a$ e $x = a$, tendo dois pontos – os vértices $A_1 = (-a, 0)$ e $A_2 = (a, 0)$ – que pertencem a essas retas. Isso segue direto, por exemplo, da própria equação (3.4): para qualquer ponto com abscissa $|x| > a$, a relação para a ordenada respectiva $\frac{y^2}{b^2} = 1 - \frac{x^2}{a^2} < 0$ não tem nenhuma solução. Da mesma maneira, toda elipse (3.4) fica dentro da faixa horizontal $-b \leq y \leq b$ com os vértices $B_1 = (0, -b)$ e $B_2 = (0, b)$ pertencendo à fronteira dessa faixa.

Para completar as considerações, voltemos à situação singular quando P pertence ao segmento $[F_1, F_2]$. Neste caso, $d(P, F_1) + d(P, F_2) = 2c$, isto é, $a = c$ $(e = 1)$ e todos os pontos que satisfazem essa equação representam o próprio segmento $[F_1, F_2]$. Este caso singular usualmente é descartado e, para uma elipse “normal”, se considera que $a > c$.

Outro caso limite é de $c = 0$ $(e = 0)$, que corresponde a uma circunferência. Realmente, neste último caso, os dois focos na definição coincidem e a definição se reduz à de uma circunferência: conjunto de todos os ponto do plano equidistantes do ponto dado. A mesma conclusão segue, também, da equação (3.4) que assume a forma

$$\frac{x^2}{a^2} + \frac{y^2}{a^2} = 1$$

ou

$$x^2 + y^2 = a^2 .$$

Realizando um procedimento semelhante à dedução de (3.4), mas colocando os focos da elipse no eixo Oy com a origem no ponto médio do segmento cujas extremidades são os focos (isto é, posicionando os focos nos pontos $F_1 = (0, -c)$ e $F_2 = (0, c)$), pode ser deduzida a seguinte forma de uma elipse achatada na direção do eixo Ox com a mesma relação $b^2 = a^2 - c^2 > 0$:

$$\frac{x^2}{b^2} + \frac{y^2}{a^2} = 1 . \tag{3.5}$$

2 Hipérbole

Definimos uma *hipérbole* como o lugar geométrico de todos os pontos do plano tais que o módulo da diferença entre as distâncias de qualquer ponto dessa figura até dois pontos dados (distintos) é uma constante. Os dois pontos dados dessa definição são chamados de *focos* e denotados por F_1 e F_2; a própria definição é chamada de *caracterização focal* de uma hipérbole.

Vamos deduzir a *equação canônica de uma hipérbole*, partindo dessa definição geométrica e seguindo os passos já estabelecidos na dedução da equação de uma elipse. Primeiro, escolhemos (por conveniência) o sistema de coordenadas cartesianas x, y de tal modo que o eixo Ox passa por focos F_1 e F_2, com orientação positiva que deixa F_1 à esquerda de F_2 e com o ponto origem O localizado no ponto médio do segmento focal $[F_1, F_2]$. Denotando a distância entre F_1 e F_2 por $2c$ (essa é chamada *distância focal*), temos que, neste caso, as coordenadas dos focos são $F_1 = (-c, 0)$ e $F_2 = (c, 0)$. Considerando um ponto genérico (corrente) $P = (x, y)$ da hipérbole, vamos expressar a condição geométrica da distância até os focos (que define a hipérbole) via equação

$$|\ d(P, F_1) - d(P, F_2)\ | = 2a , \tag{3.6}$$

onde a é uma constante (positiva). Se P não pertence aos intervalos $(-\infty, F_1]$ ou $[F_2, +\infty)$ do eixo Ox, então $a < c$, conforme explicações a seguir: se P não fica no eixo Ox, então isso segue da relação entre os lados do triângulo F_1PF_2 – soma dos comprimentos de dois lados sempre é maior que o comprimento do terceiro lado, e se P pertence ao intervalo (F_1, F_2), então a distância $d(F_1, F_2)$ é maior que $d(F_1, P)$ e $d(F_2, P)$. Concentremo-nos, então, neste caso principal quando $a < c$, e a situação especial, quando P pertence aos intervalos $(-\infty, F_1]$ e $[F_2, +\infty)$ do eixo Ox, consideraremos depois.

Para deduzir a equação canônica de uma hipérbole, seguiremos os mesmos passos da equação de elipse. Reescrevemos a condição (3.6) em coordenadas

$$|\sqrt{(x+c)^2 + y^2} - \sqrt{(x-c)^2 + y^2}| = 2a , \tag{3.7}$$

ou, abrindo o módulo,

$$\sqrt{(x+c)^2+y^2}-\sqrt{(x-c)^2+y^2}=\pm 2a\,.$$

Passando o segundo termo do lado esquerdo para a direita e elevando ao quadrado os dois lados, obtemos

$$(x+c)^2+y^2=(x-c)^2+y^2+4a^2\pm 4a\sqrt{(x-c)^2+y^2}\,.$$

Isolando o radical restante no lado direito e simplificando os demais termos no lado esquerdo, obtemos

$$a^2-xc=\pm a\sqrt{(x-c)^2+y^2}\,.$$

Elevando de novo ao quadrado ambos os lados, simplificando e juntando todos os termos com x e y no lado esquerdo da equação, temos

$$(a^2-c^2)x^2+a^2y^2=a^2(a^2-c^2)\,.$$

Dividindo a última por $a^2(a^2-c^2)$, chegamos à forma canônica

$$\frac{x^2}{a^2}+\frac{y^2}{a^2-c^2}=1 \tag{3.8}$$

ou a sua representação equivalente

$$\frac{x^2}{a^2}-\frac{y^2}{b^2}=1\,, \tag{3.9}$$

onde $b^2=c^2-a^2>0$.

Notamos que, formalmente, a equação (3.8) é igual à equação (3.3) da elipse, mas a relação entre parâmetros diferencia estes dois casos: para elipse temos $a>c$, enquanto para hipérbole – $a<c$.

Na dedução da equação de uma hipérbole, partimos da definição geométrica e chegamos a (3.9). Da mesma maneira como para elipse, mostremos que, reciprocamente, os pontos cujas coordenadas satisfazem a equação (3.9) pertencem a uma hipérbole. Realmente, partindo da equação (3.9) com a condição $b^2=c^2-a^2>0$ (e com suposição de que $a>0$, $c>0$), expressamos y na forma $y^2=(1-\frac{x^2}{a^2})(a^2-c^2)$ e substituímos na fórmula da distância $d(P,F_1)$:

$$d(P,F_1)=\sqrt{(x+c)^2+y^2}=\sqrt{(x+c)^2+(1-\frac{x^2}{a^2})(a^2-c^2)}\,.$$

Simplificando a expressão dentro da raiz, obtemos

$$d(P,F_1) = \sqrt{a^2 + 2xc + \frac{c^2}{a^2}\,x^2} = \sqrt{(a + \frac{c}{a}\,x)^2} = \left| a + \frac{c}{a}\,x \right| .$$

De (3.9) segue que $|x| \geq a$ e da condição $b^2 = c^2 - a^2 > 0$ segue que $\frac{c}{a} > 1$. Portanto, a última fórmula pode ser reescrita na forma

$$d(P,F_1) = \begin{cases} a + \frac{c}{a}\,x\,,\ x > 0 \\ -a - \frac{c}{a}\,x\,,\ x < 0 \end{cases} .$$

Do modo análogo, a distância $d(P,F_2)$ pode ser expresa na forma

$$d(P,F_2) = \begin{cases} -a + \frac{c}{a}\,x\,,\ x > 0 \\ a - \frac{c}{a}\,x\,,\ x < 0 \end{cases}$$

para os pontos cujas coordenadas satisfazem (3.9). Dessas duas expressões segue que

$$d(P,F_1) - d(P,F_2) = \begin{cases} 2a\,,\ x > 0 \\ -2a,\,,\ x < 0 \end{cases} ,$$

isto é, a condição geométrica (3.6) da definição de uma hipérbole está satifeita.

Apresentamos na Fig.3.2 o esboço de uma hipérbole. A construção detalhada dessa curva será realizada na próxima seção.

Vamos especificar os *principais elementos geométricos (características)* de uma hipérbole (além dos focos). Primeiro, o ponto médio do segmento focal $[F_1,F_2]$ é chamado *centro* de uma hipérbole. No nosso caso, este é o ponto origem O. Os pontos onde a reta focal F_1,F_2 intercepta a hipérbole são chamados de *vértices focais.* No nosso caso, estes pontos são aqueles onde $y = 0$ (uma vez que a reta focal foi escolhida como eixo Ox), isto é, temos os dois vértices no eixo Ox (vértices focais) – $A_1 = (-a,0)$ e $A_2 = (a,0)$. O segmento $[A_1,A_2]$ é chamado *eixo real* e $[O,A_2]$ – *semi-eixo real (ou focal).* Traçando agora mais uma reta, que passa pelo centro da hipérbole e é perpendicular à reta focal, encontramos a *segunda reta principal* de uma hipérbole, chamada de *eixo imaginário*: ela não tem pontos de interseção com a hipérbole. No nosso caso, essa segunda reta é o eixo Oy. O segmento $[B_1,B_2]$, $B_1 = (0,-b)$, $B_2 = (0,b)$ localizado sobre Oy também é chamado de *eixo imaginário* e o intervalo respectivo $[O,B_2]$ – de *semi-eixo imaginário.* A razão da distância entre os focos e a distância entre vértices focais $e = \frac{d(F_1,F_2)}{d(A_1,A_2)} = \frac{c}{a} > 1$ é chamada de *excentricidade* e ela pode ser

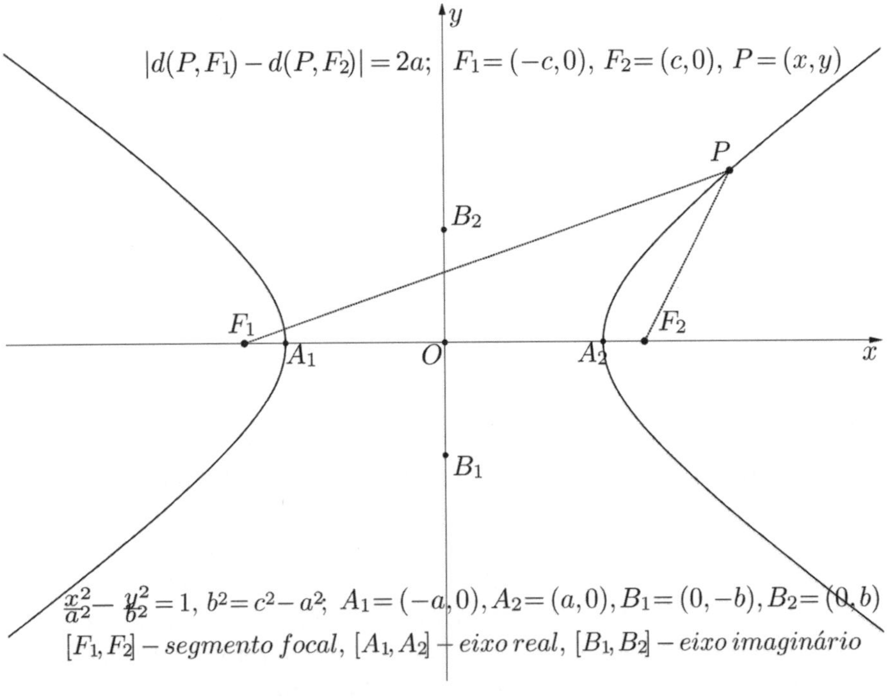

Figura 3.2 Hipérbole e seus elementos geométricos.

expressa em função da razão $\frac{b}{a}$ pela fórmula $e = \frac{\sqrt{a^2+b^2}}{a} = \sqrt{1 + \frac{b^2}{a^2}}$. Introduzimos também (por enquanto formalmente) mais uma característica importante da hipérbole – as retas assíntotas definidas na forma $\tilde{y} = \pm\frac{b}{a}x$. O seu comportamento de aproximação da hipérbole quando os valores de $|x|$ aumentam será investigado na próxima seção.

Observação. Para brevidade de expressão, as distâncias relativas aos elementos geométricos frequentemente são chamadas pelos mesmos nomes dos elementos: a distância entre os vértices focais é chamada de eixo focal, a metade da distância entre os vértices focais é chamada de semi-eixo focal, etc.

Segue imediatamente da equação (3.9) que uma hipérbole é simétrica em relação aos eixos de coordenadas e em relação à origem (em geral – em relação aos seus eixos e seu ponto central): se um ponto $P = (x, y)$ pertence à hipérbole, isto é, suas coordenadas satisfazem a equação (3.9), então as coordenadas dos pontos $P_x = (x, -y)$, $P_y = (-x, y)$ e $P_0 = (-x, -y)$ também satisfazem (3.9) e estes pontos ficam na mesma hipérbole.

Notamos também que não há nenhum ponto da hipérbole (3.9) que fica dentro da faixa vertical $-a < x < a$, compreendida entre as retas $x = -a$ e $x = a$. Isso pode ser visto, por exemplo, da equação (3.9): para qualquer ponto com abscissa $|x| < a$, a relação para a ordenada respectiva $\frac{y^2}{b^2} = \frac{x^2}{a^2} - 1 < 0$ não tem nenhuma solução. Assim, a hipérbole (3.9) consiste de duas partes separadas: a parte esquerda (o *ramo esquerdo*), que fica na região $x \le -a$, à esquerda da reta $x = -a$, possuindo um único ponto de intersecção com essa reta – o vértice $A_1 = (-a, 0)$; e também a parte direita (o *ramo direito*), que fica na região $x \ge a$, à direita da reta $x = a$, possuindo um único ponto de intersecção com essa reta – o vértice $A_2 = (a, 0)$.

Para completar o estudo da definição de uma hipérbole, consideremos agora os casos singulares. Primeiro, se a constante $a = 0$, então segue da equação (3.6) que $d(P, F_1) = d(P, F_2)$, isto é, temos o conjunto dos pontos equidistantes de dois pontos dados distintos. Este conjunto é uma reta perpendicular à reta focal que passa pelo ponto médio do segmento cujas extremidades são os focos. Isso fica claro tanto do modo geométrico como analítico (no último, resolvendo a equação $\sqrt{(x+c)^2 + y^2} = \sqrt{(x-c)^2 + y^2}$, encontramos duas opções – $x = 0$, caso $c > 0$, que é reta mencionada, e $\forall x$, caso $c = 0$, que é um caso singular sem qualquer interesse).

Outro caso singular é $c = 0$ (os focos coincidem), que não dá nenhuma solução caso $a \neq 0$ e dá todo o plano caso $a = 0$ (solução sem interesse já mencionada antes).

O terceiro caso singular é quando $a = c$ e os pontos que satisfazem (3.6), neste caso, pertencem aos intervalos $(-\infty, F_1]$ e $[F_2, +\infty)$ do eixo Ox.

Realizando um procedimento semelhante à dedução de (3.9), mas colocando os focos da hipérbole no eixo Oy, com a origem no ponto médio do segmento cujos extremos são os focos (isto é, posicionando os focos nos pontos $F_1 = (0, -c)$ e $F_2 = (0, c)$), pode ser deduzida a seguinte forma de uma hipérbole com eixo real Oy:

$$\frac{x^2}{b^2} - \frac{y^2}{a^2} = -1 \tag{3.10}$$

com a mesma relação $b^2 = c^2 - a^2 > 0$.

3 Parábola

A terceira (e a última) curva quadrática – *parábola* – é definida como o lugar geométrico de todos os pontos do plano equidistantes de um ponto dado e de uma reta dada, não contendo este ponto. O ponto em questão é chamado de *foco* F e a reta de *diretriz* R; a própria definição é chamada de *caracterização de foco/diretriz.*

Vamos deduzir a *equação canônica de uma parábola* a partir dessa definição geométrica. Primeiro, escolhemos (por conveniência) o sistema de coordenadas cartesianas x, y de tal modo que o eixo Ox passa paralelamente à reta R, de tal forma que a distância de Ox a R é igual à distância de Ox ao foco F. O eixo Oy passa pelo foco F e o contém na sua parte positiva. Denotando a distância entre F e R por $2c$ (essa é chamada *distância focal*), temos que, neste caso, as coordenadas do foco são $F = (0, c)$ e a equação da reta R é $y = -c$. Considerando um ponto genérico (corrente) $P = (x, y)$ da parábola, vamos expressar a definição geométrica via fórmula

$$d(P, F) = d(P, R)\,. \tag{3.11}$$

Reescrevemos a condição (3.11) em coordenadas cartesianas

$$\sqrt{x^2 + (y - c)^2} = |y + c|\,. \tag{3.12}$$

Elevando ao quadrado os dois lados e simplificando, obtemos

$$x^2 = 4cy$$

ou, isolando y, a sua representação equivalente

$$y = \frac{x^2}{4c}\,. \tag{3.13}$$

Essa é a forma canônica da equação de uma parábola.

Mostremos que a equação (3.13) contém somente os pontos da parábola (de acordo com a sua definição). Realmente, segue de (3.13) que as ordenadas y são não negativas. Então, a distância $d(P, R) = y + c$. Por outro lado, $d(P, F) = \sqrt{x^2 + (y - c)^2} = \sqrt{4cy + (y - c)^2} = \sqrt{(y + c)^2} = y + c$ (na última igualdade de novo levamos em conta que $y \geq 0$). Portanto, para os pontos cujas coordenadas satisfazem (3.13), temos a relação $d(P, F) = d(P, R)$, o que corresponde à condição geométrica da definição.

Apresentamos na Fig.3.3 o esboço de uma parábola. A construção detalhada desse gráfico será realizada na próxima seção.

Os *principais elementos geométricos* de uma parábola (além do foco e da diretriz) são os *dois eixos* – um que é paralelo à diretriz e fica na metade da distância entre a diretriz e o foco, e outro que é perpendicular à diretriz e contém o foco – e o *vértice*, que fica na interseção dos dois eixos. No nosso caso, estes são o eixo Ox, o eixo Oy e a origem O, respectivamente.

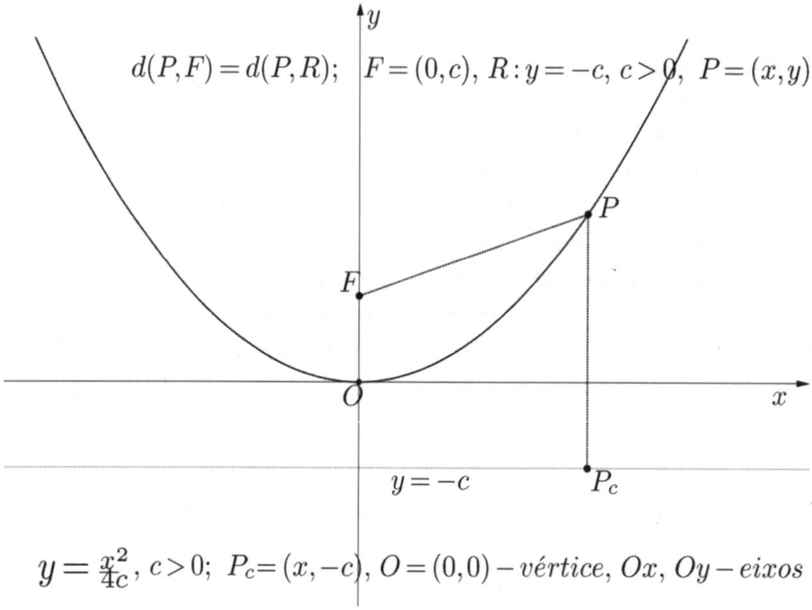

Figura 3.3 Parábola e seus elementos geométricos.

Segue imediatamente da equação (3.13) que uma parábola é simétrica em relação ao eixo Oy (em geral – em relação ao segundo eixo): se um ponto $P = (x, y)$ pertence à parábola, isto é, suas coordenadas satisfazem a equação (3.13), então as coordenadas do ponto $P_y = (-x, y)$ também satisfazem (3.13). Direto da sua forma analítica, segue, também, que toda a parábola (3.13) fica no semi-plano superior $y \geq 0$.

Do mesmo jeito como a posição do foco foi escolhida na parte positiva do eixo Oy, ele pode ser posicionado na parte negativa de Oy, resultando na equação canônica:

$$y = -\frac{x^2}{4c}.$$

Ou, ainda, o foco pode ser localizado na parte positiva ou negativa do eixo Ox, levando a mais duas opções da equação canônica:

$$x = \frac{y^2}{4c} \quad \text{e} \quad x = -\frac{y^2}{4c}.$$

No caso singular, quando o foco F fica na reta R (ou seja $c = 0$), a figura procurada é a reta que passa pelo foco F e é perpendicular à diretriz R.

Observação sobre nomeação. As *curvas quadráticas* são chamadas, também, de *cônicas*. Essa nomeação está relacionada a estudos de curvas quadráticas realizados por matemáticos da Grécia antiga, os quais culminaram no primeiro tratado sistemático conhecido sobre o assunto, elaborado por Apolônio de Perga (por volta de 200 a.C.). Nesses estudos antigos, as curvas quadráticas foram consideradas como as intersecções de um cone infinito circular de duas folhas com um plano que não contém o vértice do cone. Essas intersecções são chamadas de seções cônicas ou simplesmente cônicas. Dependendo da posição do plano em relação ao cone, são obtidos três tipos diferentes de seções. Primeiro, se o plano forma junto com o eixo do cone um ângulo maior que o ângulo entre esse eixo e a reta geratriz do cone, então o plano intersepta só uma folha do cone, formando uma curva fechada chamada de elipse (veja o primeiro desenho na Fig.3.4). Em particular, se o plano é perpendicular ao eixo do cone, então a seção representa uma circunferência. Segundo, se a inclinação do plano em relação ao eixo do cone é menor que o ângulo entre esse eixo e a reta geratriz, então o plano intersepta as duas folhas do cone, formando uma hipérbole. Em particular, isso ocorre quando o plano é paralelo ao eixo do cone, como mostra o segundo desenho na Fig.3.4. Finalmente, quando o ângulo entre o plano e o eixo é igual ao ângulo entre a geratriz e esse eixo, então a seção resulta numa parábola (veja o terceiro desenho da Fig.3.4).

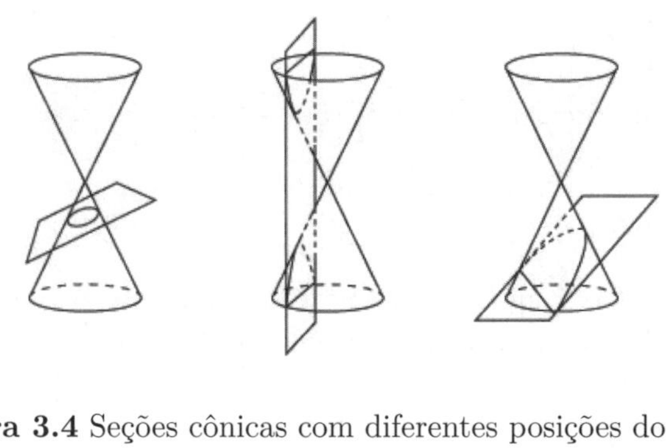

Figura 3.4 Seções cônicas com diferentes posições do plano.

Essa abordagem de matemáticos da Grécia antiga leva à necessidade de envolver as figuras do espaço tri-dimensional, o que fica fora do escopo desse texto. Por essa razão, não vamos entrar em detalhes de propriedades de seções cônicas e sua descrição como curvas planares, e vamos sistematicamente usar o termo *curvas quadráticas* em vez de *cônicas*.

Exercícios resolvidos

1. Escrever a equação da elipse cujos focos ficam no eixo das abscissas simetricamente em relação à origem e que tem a distância focal igual a 8 e o eixo menor igual a 6.

Solução.

As coordenadas usadas na formulação do problema são canônicas e, portanto, a equação da elipse tem a forma

$$\frac{x^2}{a^2} + \frac{y^2}{b^2} = 1\,,$$

onde a é semi-eixo maior, b é semi-eixo menor e a sua relação com a distância focal é $c^2 = a^2 - b^2$ (lembremos que todos os parâmetros aqui presentes – a, b, c – são positivos). A partir dessa representação e das condições do problema segue que $2b = 6$, isto é, $b = 3$, que $2c = 8$, isto é, $c = 4$ e então $a^2 = c^2 + b^2 = 4^2 + 3^2 = 25$, isto é, $a = 5$. Assim, a equação é

$$\frac{x^2}{5^2} + \frac{y^2}{3^2} = 1\,.$$

2. Escrever a equação da elipse cujos focos ficam no eixo das ordenadas simetricamente em relação à origem e que tem a excentricidade igual a $\frac{3}{4}$ e passa pelo ponto $P = (\sqrt{21}, -4)$.

Solução.

A equação canônica dessa elipse tem a forma

$$\frac{x^2}{a^2} + \frac{y^2}{b^2} = 1\,,$$

onde a é semi-eixo menor, b é semi-eixo maior e a distância focal e a excentricidade são determinadas pelas fórmulas $c^2 = b^2 - a^2$ e $e = \frac{c}{b}$, respectivamente. Pela condição do problema, $e = \frac{c}{b} = \frac{3}{4}$, o que pode ser reescrito na forma $\frac{b^2-a^2}{b^2} = \frac{9}{16}$ ou $\frac{a^2}{b^2} = \frac{7}{16}$. A segunda condição diz que as coordenadas do ponto P satisfazem a equação da elipse: $\frac{21}{a^2} + \frac{16}{b^2} = 1$. Substituindo nessa fórmula a relação entre a e b obtida da condição da excentricidade, temos $\frac{21}{\frac{7}{16}b^2} + \frac{16}{b^2} = 1$, isto é, $b^2 = 64$. Então $a^2 = \frac{7}{16}b^2 = 28$ e a equação procurada tem a seguinte forma:

$$\frac{x^2}{28} + \frac{y^2}{64} = 1\,.$$

3. Escrever a equação da hipérbole cujos focos ficam no eixo das abscissas simetricamente em relação à origem e que passa pelos pontos $P_1 = (-3, \frac{1}{\sqrt{2}})$ e $P_2 = (4, -2)$.

Solução.

A equação canônica da hipérbole tem a forma

$$\frac{x^2}{a^2} - \frac{y^2}{b^2} = 1\,,$$

onde a é semi-eixo real e b é semi-eixo imaginário. As coordenadas dos dois pontos satisfazem a equação da hipérbole: $\frac{(-3)^2}{a^2} - \frac{(\frac{1}{\sqrt{2}})^2}{b^2} = 1$ e $\frac{4^2}{a^2} - \frac{(-2)^2}{b^2} = 1$. Simplificando, obtemos $\frac{9}{a^2} - \frac{\frac{1}{2}}{b^2} = 1$ e $\frac{16}{a^2} - \frac{4}{b^2} = 1$, donde segue $a^2 = 8$ e $b^2 = 4$. Assim, encontramos a equação

$$\frac{x^2}{8} - \frac{y^2}{4} = 1\,.$$

4. Escrever a equação da hipérbole cujos focos ficam no eixo das ordenadas simetricamente em relação à origem e que tem o eixo imaginário igual a 4 e a excentricidade igual a 2.

Solução.

As coordenadas usadas na formulação do problema são canônicas e, portanto, a equação da hipérbole tem a forma

$$\frac{x^2}{a^2} - \frac{y^2}{b^2} = -1\,,$$

onde a é semi-eixo imaginário, b é semi-eixo real e as fórmulas para a distância focal e excentricidade são $c^2 = a^2 + b^2$ e $e = \frac{c}{b}$, respectivamente. A partir dessa representação e das condições do problema segue que $2a = 4$, isto é, $a = 2$. Substituindo a expressão de c via a e b na fórmula da excentricidade, obtemos $e = \frac{\sqrt{a^2+b^2}}{b} = \sqrt{1 + \frac{a^2}{b^2}}$. Como e é dado e a já foi definido, obtemos a relação quadrática para b: $b^2 = \frac{a^2}{e^2-1} = \frac{2^2}{2^2-1} = \frac{4}{3}$, e, escolhendo a raiz positiva, temos $b = \frac{2}{\sqrt{3}}$. Assim, a equação procurada é

$$\frac{x^2}{4} - \frac{y^2}{4/3} = -1\,.$$

5. Achar os pontos da parábola $y^2 = 3x$ cuja distância até o seu foco é igual a 1.

Solução.

Comparando a equação da parábola dada com a canônica $x = \frac{y^2}{4c}$, onde c é a distância da origem até o foco, decidimos imediatamente que $c = \frac{3}{4}$ e o foco da parábola fica no ponto $F = (\frac{3}{4}, 0)$. Todos os pontos cuja distância até o foco é igual a 1 são localizados na circunferência $(x - \frac{3}{4})^2 + y^2 = 1$. Como procuramos os pontos da parábola, então, substituindo a relação entre coordenadas $y^2 = 3x$ na equação da circunferência, obtemos $(x - \frac{3}{4})^2 + 3x = 1$ ou, simplificando, $(x + \frac{3}{4})^2 = 1$ com a única solução $x = \frac{1}{4}$. A essa abscissa correspondem duas ordenadas $y = \pm\frac{\sqrt{3}}{2}$ e, portanto, temos dois pontos da parábola com a distância 1 até o foco: $P_1 = (\frac{1}{4}, -\frac{\sqrt{3}}{2})$ e $P_2 = (\frac{1}{4}, \frac{\sqrt{3}}{2})$.

6. Escrever a equação da parábola que tem o vértice $A = (-1, 2)$ e a diretriz $2x - y + 1 = 0$.

Solução.

Primeiramente, trazemos a origem das coordenadas para o vértice indicado $A = (-1, 2)$, ou seja, efetuamos a translação paralela, introduzindo as novas coordenadas pelas fórmulas

$$x' = x + 1\,,\ y' = y - 2\,.$$

A equação da diretriz em coordenadas x', y' se reescreve na forma $2(x' - 1) - (y' + 2) + 1 = 0$, isto é, $2x' - y' - 3 = 0$. Agora, rotacionamos as coordenadas x', y' de tal modo que o novo eixo de abscissas seja paralelo à reta diretriz. Isso significa rotacionar x', y' no ângulo φ formado entre o eixo Ox' e a reta diretriz. A tangente deste ângulo é o coeficiente angular da diretriz: $\tan\varphi = 2$. Usando fórmulas trigonométricas válidas para qualquer ângulo $\varphi \in (-\frac{\pi}{2}, \frac{\pi}{2})$, temos

$$\sin\varphi = \frac{\tan\varphi}{\sqrt{1 + \tan^2\varphi}} = \frac{2}{\sqrt{1 + 4}} = \frac{2}{\sqrt{5}}\,,$$

$$\cos\varphi = \frac{1}{\sqrt{1 + \tan^2\varphi}} = \frac{1}{\sqrt{1 + 4}} = \frac{1}{\sqrt{5}}\,.$$

Então, a segunda mudança de coordenadas tem a forma

$$X = x'\cos\varphi + y'\sin\varphi = \frac{1}{\sqrt{5}}(x' + 2y')\,,$$

$$Y = -x' \sin\varphi + y' \cos\varphi = \frac{1}{\sqrt{5}}(-2x' + y'),$$

com as fórmulas inversas

$$x' = X\cos\varphi - Y\sin\varphi = \frac{1}{\sqrt{5}}(X - 2Y),$$

$$y' = X\sin\varphi + Y\cos\varphi = \frac{1}{\sqrt{5}}(2X + Y).$$

Substituindo as últimas na equação da diretriz, obtemos

$$2\frac{1}{\sqrt{5}}(X - 2Y) - \frac{1}{\sqrt{5}}(2X + Y) - 3 = 0$$

ou, simplificando, $Y = -\frac{3}{\sqrt{5}}$. Assim, em coordenadas X, Y o vértice coincide com a origem e a diretriz é paralela ao eixo OX, o que quer dizer que essas coordenadas são canônicas e, consequentemente, a equação da parábola tem a forma $Y = \frac{X^2}{12/\sqrt{5}}$ com distância focal $2c = \frac{6}{\sqrt{5}}$. Voltando às coordenadas originais, obtemos primeiro

$$\frac{1}{\sqrt{5}}(-2x' + y') = \frac{\sqrt{5}}{12}\left[\frac{1}{\sqrt{5}}(x' + 2y')\right]^2$$

ou, simplificando,

$$-2x' + y' = \frac{1}{12}(x' + 2y')^2.$$

Substituindo, subsequentemente, a segunda relação entre as coordenadas, chegamos a

$$-2(x + 1) + (y - 2) = \frac{1}{12}(x + 1 + 2(y - 2))^2$$

ou

$$12(-2x + y - 4) = (x + 2y - 3)^2.$$

7. Encontrar focos, ponto central, semi-eixos, vértices e excentricidade da elipse $9(x + 1)^2 + (2y - 6)^2 = 36$ e dar seu esboço.

Solução.

Transformamos a equação dada à forma canônica. Para isso, primeiro, reescrevemo-la na forma $9(x + 1)^2 + 4(y - 3)^2 = 36$ e, dividindo pela parte direita, $\frac{(x+1)^2}{4} + \frac{(y-3)^2}{9} = 1$. Trazendo a origem das coordenadas para o ponto $O' = (-1, 3)$ via translação

$$x' = x + 1\,,\ y' = y - 3\,,$$

chegamos à forma canônica em coordenadas transladadas

$$\frac{x'^2}{4} + \frac{y'^2}{9} = 1\,.$$

As características geométricas dessa elipse em coordenadas x', y' são as seguintes: o ponto central – $O' = (0,0)'$; os focos (que ficam no eixo $O'y'$) – $F_1 = (0, -c)'$ e $F_2 = (0, c)'$, onde $c = \sqrt{9-4} = \sqrt{5}$; os vértices focais (que ficam no eixo $O'y'$) – $B_1 = (0, -b)'$ e $B_2 = (0, b)'$, $b = 3$; os vértices não focais (que ficam no eixo $O'x'$) – $A_1 = (-a, 0)'$ e $A_2 = (a, 0)'$, $a = 2$; o semi-eixo maior – $O'B_2$ e o semi-eixo menor – $O'A_2$; a excentricidade – $e = \frac{c}{b} = \frac{\sqrt{5}}{3}$. O esboço dessa elipse se encontra na Fig.3.5.

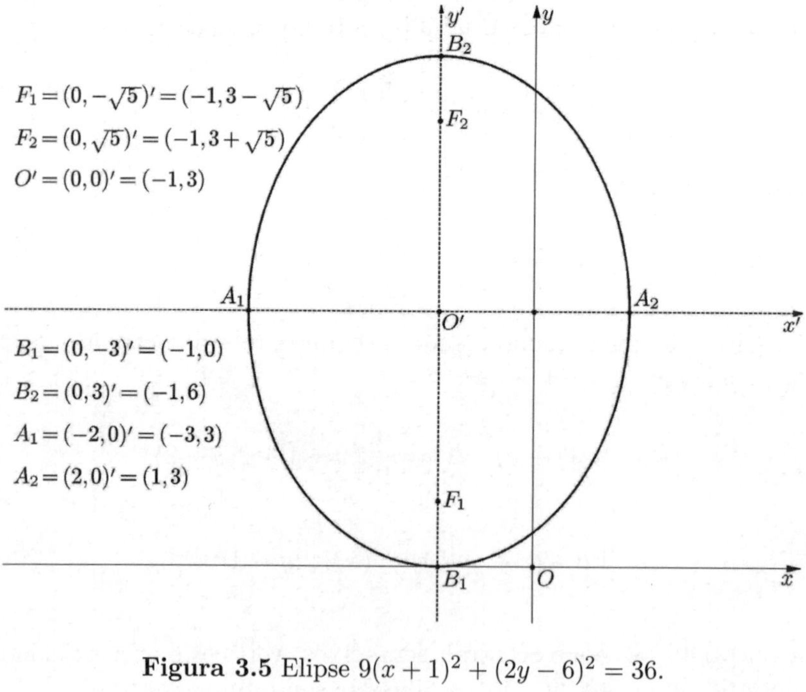

Figura 3.5 Elipse $9(x+1)^2 + (2y-6)^2 = 36$.

Voltando as coordenadas originais via relações

$$x = x' - 1\,,\ y = y' + 3\,,$$

temos: o ponto central – $O' = (-1, 3)$; os focos (que ficam na reta $x = -1$) – $F_1 = (-1, 3 - \sqrt{5})$ e $F_2 = (-1, 3 + \sqrt{5})$; os vértices focais (que ficam na reta $x = -1$) – $B_1 = (-1, 0)$ e $B_2 = (-1, 6)$; os vértices não focais (que ficam na reta $y = 3$) – $A_1 = (-3, 3)$ e $A_2 = (1, 3)$; o semi-eixo maior – $O'B_2$ e o semi-eixo menor – $O'A_2$ (veja a Fig.3.5).

Exercícios

1. Encontrar focos, pontos centrais, semi-eixos, vértices e excentricidade das elipses definidas via seguintes equações e dar seu esboço:
1) $\frac{x^2}{16} + \frac{y^2}{9} = 1$;
2) $25x^2 + 9y^2 = 1$;
3) $4x^2 + 9y^2 = 25$;
4) $\frac{(x-1)^2}{4} + \frac{(y+2)^2}{25} = 1$;
5) $36(x + 2)^2 + 48(y - 3)^2 = 1$;
6) $(4x + 8)^2 + 32(2y - 1)^2 = 9$.

2. Escrever a equação da elipse cujos focos ficam no eixo das abscissas simetricamente em relação à origem e que tem
1) semi-eixos iguais a 5 e 2;
2) o eixo maior igual a 10 e a distância focal igual a 8;
3) o eixo menor igual a 24 e a distância focal igual a 10;
4) a distância entre focos igual a 6 e excentricidade igual a $\frac{3}{5}$;
5) o eixo maior igual a 20 e excentricidade igual a $\frac{3}{5}$;
6) o eixo menor igual a 10 e excentricidade igual a $\frac{12}{13}$.

3. Escrever a equação da elipse cujos focos ficam no eixo das ordenadas simetricamente em relação à origem e que tem
1) os semi-eixos iguais a 7 e 2;
2) o eixo maior igual a 10 e distância focal igual a 8;
3) a distância entre focos igual a 24 e excentricidade igual a $\frac{12}{13}$;
4) o eixo menor igual a 16 e excentricidade igual a $\frac{3}{5}$.

4. Encontrar pontos da elipse $\frac{x^2}{25} + \frac{y^2}{4} = 1$ tais que:
1) sua abscissa é igual a -3;
2) sua ordenada é igual a 2;
3) sua distância até a origem é igual a 2;
4) sua distância até a origem é igual a 1;
5) sua distância até a origem é igual a 3;
6) sua distância até o foco esquerdo é igual a 2;
7) sua distância até o foco direito é igual a 1.

5. Encontrar focos, pontos centrais, semi-eixos, vértices, excentricidade

e assíntotas das hipérboles definidas via seguintes equações e dar seu esboço:
1) $\frac{x^2}{9} - \frac{y^2}{4} = 1$;
2) $4x^2 - 9y^2 = 25$;
3) $25y^2 - 16x^2 = 1$;
4) $\frac{(x+1)^2}{4} - \frac{(y-2)^2}{25} = 1$;
5) $(y-3)^2 - 36(x+4)^2 = 1$;
6) $(2x-8)^2 - (3y-18)^2 = 18$.

6. Escrever a equação da hipérbole cujos focos ficam no eixo das abscissas simetricamente em relação à origem e que tem
1) os eixos iguais a 10 e 8;
2) o eixo real igual a 8 e a distância entre focos igual a 10;
3) o eixo imaginário igual a 8 e a distância entre focos igual a 10;
4) a distância focal igual a 6 e excentricidade igual a $\frac{3}{2}$;
5) o eixo real igual a 16 e excentricidade igual a $\frac{5}{4}$;
6) a distância focal igual a 20 e as assíntotas $y = \pm\frac{4}{3}x$.

7. Escrever a equação da hipérbole cujos focos ficam no eixo das ordenadas simetricamente em relação à origem e que tem
1) os semi-eixos iguais a 6 e 18;
2) a distância entre focos igual a 10 e excentricidade igual a $\frac{5}{3}$;
3) a distância entre focos igual a 10 e distância entre vértices igual a 6;
4) o eixo imaginário igual a 10 e excentricidade igual a $\frac{5}{4}$;
5) a distância entre vértices igual a 48 e as assíntotas $y = \pm\frac{12}{5}x$.

8. Encontrar pontos da hipérbole $\frac{x^2}{9} - \frac{y^2}{16} = 1$ tais que:
1) sua abscissa é igual a 3;
2) sua abscissa é igual a 2;
3) sua abscissa é igual a 4;
4) sua ordenada é igual a 2;
5) sua distância até a origem é igual a 4;
6) sua distância até a origem é igual a 1;
7) sua distância até o foco esquerdo é igual a 7.

9. Encontrar foco, diretriz, eixos e vértice das parábolas definidas via seguintes equações e dar seu esboço:
1) $y^2 = 6x$;
2) $x^2 = 5y$;
3) $y^2 = -4x$;
4) $y^2 = 4x - 8$;
5) $y^2 = 6y - 4 - 2x$;
6) $x^2 - 2x = 6y + 2$.

10. Escrever a equação da parábola cujo vértice fica na origem das coordenadas, sabendo que ela é

1) localizada no semi-plano direito simetricamente em relação a Ox e a distância do foco até a diretriz é igual 6;

2) localizada no semi-plano inferior simetricamente em relação a Oy e a distância do foco até a diretriz é igual 2;

3) localizada no semi-plano esquerdo simetricamente em relação a Ox e a distância do foco até a origem é igual 1;

4) simétrica em relação a Ox e passa pelo ponto $P = (9, 6)$;

5) simétrica em relação a Oy e passa pelo ponto $P = (1, 1)$.

11. Escrever a equação da parábola que

1) tem foco $F = (7, 2)$ e diretriz $x = 5$;

2) tem foco $F = (4, 3)$ e diretriz $y + 1 = 0$;

3) tem foco $F = (2, -1)$ e diretriz $x - y - 1 = 0$;

4) tem vértice $A = (6, -3)$ e diretriz $3x - 5y + 1 = 0$;

5) tem vértice $A = (-2, -1)$ e diretriz $x + 2y - 1 = 0$.

12. Encontrar pontos da parábola $y = 2x^2$ tais que:

1) sua abscissa é igual a 3;

2) sua abscissa é igual a -2;

3) sua ordenada é igual a 8;

4) sua ordenada é igual a -1;

5) sua distância até a origem é igual a 1;

6) sua distância até a origem é igual a $\frac{1}{2}$;

7) sua distância até o foco é igual a $\frac{1}{8}$.

Seção 4.4 Análise da forma geométrica de curvas quadráticas

1 Considerações preliminares

Estudo da forma de curvas quadráticas, neste item, é feito com base nas propriedades de monotonia e concavidade de funções de uma variável. Estes conceitos e as técnicas rudimentares da sua investigação fazem parte do programa escolar. Reproduzimos abaixo as principais definições envolvidas.

Por conveniência, relembremos mais uma vez os conceitos de monotonia e concavidade num intervalo.

Função crescente. Uma função $f(x)$ é chamada *crescente (estritamente crescente)* num intervalo I do seu domínio se, para qualquer par $x_1, x_2 \in I$, $x_1 < x_2$, segue que $f(x_1) \leq f(x_2)$ $(f(x_1) < f(x_2))$.

Função decrescente. Uma função $f(x)$ é chamada *decrescente (estritamente decrescente)* num intervalo I do seu domínio se, para qualquer par $x_1, x_2 \in I$, $x_1 < x_2$, segue que $f(x_1) \geq f(x_2)$ ($f(x_1) > f(x_2)$).

Função monótona. Uma função $f(x)$ é *monótona (estritamente monotona)* num intervalo I se ela é crescente ou decrescente (estritamente crescente ou estritamente decrescente) neste intervalo.

Concavidade para baixo. Uma função $y = f(x)$ é chamada *côncava para baixo* num intervalo I do seu domínio se, em qualquer subintervalo $[x_1, x_2] \subset I$, o gráfico da função $f(x)$ fica acima do gráfico da reta secante que passa por pontos $P_1 = (x_1, f(x_1))$ e $P_2 = (x_2, f(x_2))$. Ou na forma analítica: $\forall x_1, x_2 \in I$ tais que $x_1 < x_2$ segue que

$$y = f(x) > Y = F(x) = f(x_1) + \frac{f(x_2) - f(x_1)}{x_2 - x_1}(x - x_1), \forall x \in (x_1, x_2), \tag{4.1}$$

onde $Y = F(x)$ é a equação da reta secante.

Concavidade para cima. Uma função $y = f(x)$ é chamada *côncava para cima* num intervalo I do seu domínio se, em qualquer subintervalo $[x_1, x_2] \subset I$, o gráfico da função $f(x)$ fica abaixo do gráfico da reta secante que passa por pontos $P_1 = (x_1, f(x_1))$ e $P_2 = (x_2, f(x_2))$. Ou seja, $\forall x_1, x_2 \in I$ tais que $x_1 < x_2$ segue que

$$y = f(x) < Y = F(x) = f(x_1) + \frac{f(x_2) - f(x_1)}{x_2 - x_1}(x - x_1), \forall x \in (x_1, x_2). \tag{4.2}$$

Observação. As duas definições dadas acima, muitas vezes, são referidas como as definições da concavidade estrita. Caso nas desigualdades (4.1) e (4.2) o sinal "$<$" e "$>$" seja trocado por "$\leq$" e "$\geq$", respectivamente, então é dito que a concavidade é não estrita. A seguir, vamos usar essa terminologia.

2 Elipse

De acordo com as considerações anteriores, a equação de uma elipse, em coordenadas cartesianas com focos $(-c, 0)$ e $(c, 0)$, $c > 0$, tem a seguinte forma canônica

$$\frac{x^2}{a^2} + \frac{y^2}{b^2} = 1, \; a > c > 0, \; b > 0, \; b^2 = a^2 - c^2, \tag{4.3}$$

e possui as simetrias em relação aos eixos de coordenadas Ox e Oy. Portanto, a análise da sua forma geométrica pode ser reduzida à análise de um quarto dessa curva, localizado no I quadrante. Dessa maneira, a equação (4.3) pode ser reescrita na forma equivalente (no I quadrante), expressando y como função de x:

$$y = f(x) = \frac{b}{a}\sqrt{a^2 - x^2}\,,\ x \in [0, a]\,. \tag{4.4}$$

Assim, vamos analisar a monotonia e concavidade da função (4.4) usando técnicas disponíveis de pré-cálculo (isto é, sem envolver o conceito do limite e todos os subsequentes).

Primeiro, é evidente que a função (4.4) é (estritamente) decrescente: o crescimento de x no intervalo $[0, a]$ implica em decrescimento de $a^2 - x^2$, o que, por sua vez, leva ao decrescimento de $\sqrt{a^2 - x^2}$ e da função (4.4). Isto é, de acordo com a definição de decrescimento (estrito), temos:

$$\forall x_1, x_2 :\ 0 \le x_1 < x_2 \le a\ \Rightarrow f(x_1) = \frac{b}{a}\sqrt{a^2 - x_1^2} > \frac{b}{a}\sqrt{a^2 - x_2^2} = f(x_2)\,.$$

Segundo, mostraremos que a função (4.4) é côncova para baixo. Esse conceito é mais fino do que o de crescimento/decrescemento e, usualmente, a aplicação direta da definição da concavidade exige algum trabalho técnico a ser feito, embora todos os cálculos envolvidos sejam elementares, de nível escolar.

Para aplicar o conceito da concavidade à função (4.4), consideremos a diferença $f(x) - F(x)$:

$$f(x) - F(x) = f(x) - \left\{ f(x_1) + \frac{f(x_2) - f(x_1)}{x_2 - x_1}(x - x_1) \right\}$$

$$= \frac{b}{a}\sqrt{a^2 - x^2} - \left\{ \frac{b}{a}\sqrt{a^2 - x_1^2} + \frac{\frac{b}{a}\sqrt{a^2 - x_2^2} - \frac{b}{a}\sqrt{a^2 - x_1^2}}{x_2 - x_1}(x - x_1) \right\}$$

$$= \frac{b}{a}\left\{ \sqrt{a^2 - x^2} - \sqrt{a^2 - x_1^2} \right.$$

$$\left. - \frac{(\sqrt{a^2 - x_2^2} - \sqrt{a^2 - x_1^2})(\sqrt{a^2 - x_2^2} + \sqrt{a^2 - x_1^2})}{(x_2 - x_1)(\sqrt{a^2 - x_2^2} + \sqrt{a^2 - x_1^2})}(x - x_1) \right\}$$

$$= \frac{b}{a}\left\{ \frac{(\sqrt{a^2 - x^2} - \sqrt{a^2 - x_1^2})(\sqrt{a^2 - x^2} + \sqrt{a^2 - x_1^2})}{\sqrt{a^2 - x^2} + \sqrt{a^2 - x_1^2}} \right.$$

$$-\frac{x_1^2-x_2^2}{(x_2-x_1)(\sqrt{a^2-x_2^2}+\sqrt{a^2-x_1^2})}(x-x_1)\Bigg\}$$

$$=\frac{b}{a}\left\{\frac{x_1^2-x^2}{\sqrt{a^2-x^2}+\sqrt{a^2-x_1^2}}+\frac{x_1+x_2}{\sqrt{a^2-x_2^2}+\sqrt{a^2-x_1^2}}(x-x_1)\right\}$$

$$=\frac{b}{a}(x-x_1)\left\{-\frac{x_1+x}{\sqrt{a^2-x^2}+\sqrt{a^2-x_1^2}}+\frac{x_1+x_2}{\sqrt{a^2-x_2^2}+\sqrt{a^2-x_1^2}}\right\}.$$

Na última expressão, os primeiros dois termos ($\frac{b}{a}$ e $(x-x_1)$) são positivos, portanto, o sinal depende da expressão dentro das chaves. Como $x < x_2$, então $x_1+x < x_1+x_2$ e $\sqrt{a^2-x^2} > \sqrt{a^2-x_2^2}$, isto é, o numerador da primeira fração é menor que o da segunda e, ao mesmo tempo, o denominador da primeira fração é maior que o da segunda. Segue então que a primeira fração é menor que a segunda, e a expressão dentro das chaves é positiva, implicando que toda a última expressão é positiva. Assim, $f(x)-F(x) > 0$, ou $f(x) > F(x)$, $\forall x \in (x_1, x_2) \subset [0, a]$, o que significa, de acordo com a definição (4.1), que a função (4.4) é côncava (estritamente) para baixo.

Observação. Para aqueles familiarizados com cálculo diferencial de funções de uma variável real, a verificação das duas propriedades pode ser simplificada usando os resultados respectivos que envolvem derivadas. Primeiro, a derivada da função (4.4) é calculada usando a regra da cadeia:

$$f'(x)=\frac{b}{a}\frac{-x}{\sqrt{a^2-x^2}}\,,\ \forall x\in[0,a)\,.$$

Como essa derivada é negativa em $(0, a)$, então $f(x)$ é decrescente estritamente neste intervalo. Devido à continuidade de $f(x)$ no $[0, a]$, esse decrescimento esrito se estende a todo $[0, a]$. Em seguida, a segunda derivada se encontra na forma

$$f''(x)=\frac{b}{a}\frac{-a^2}{(a^2-x^2)^{3/2}}\,,\ \forall x\in[0,a)\,.$$

Como $f''(x) < 0$, $\forall x \in [0, a)$, então a função $f(x)$ tem concavidade (estrita) voltada para baixo em $[0, a)$ e, devido a sua continuidade em $[0, a]$, essa concavidade se estende para todo $[0, a]$.

Os resultados analíticos de investigação da parte da elipse (4.3) que fica no I quadrante e é definida pela função (4.4) são ilustrados na Fig.4.1 no

I quadrante. Para completar a análise da forma da elipse (4.3), empregamos agora as propriedades de simetria. Primeiro, a simetria em relação a Oy permite traçar a parte da elipse (4.3) no II quadrante. Em termos de funções, essa parte da elipse corresponde ao gráfico da função (4.4) com o domínio $[-a, 0]$, que é uma função estritamente crescente e com concavidade para baixo (essas duas propriedades podem ser demonstradas independentemente do estudo anterior, o que deixamos para o leitor como um exercício).

Tendo a elipse nos quadrantes I e II, finalizamos a construção da figura aplicando a simetria em relação a Ox. Essa parte da elipse (4.3), nos quadrantes III e IV, corresponde à função $y = g(x) = -\frac{b}{a}\sqrt{a^2 - x^2}$ com domínio $[-a, 0]$ e $[0, a]$, respectivamente. De novo, o estudo da última função pode ser feito independentemente. O esboço final da elipse (4.3) é mostrado na Fig.4.1.

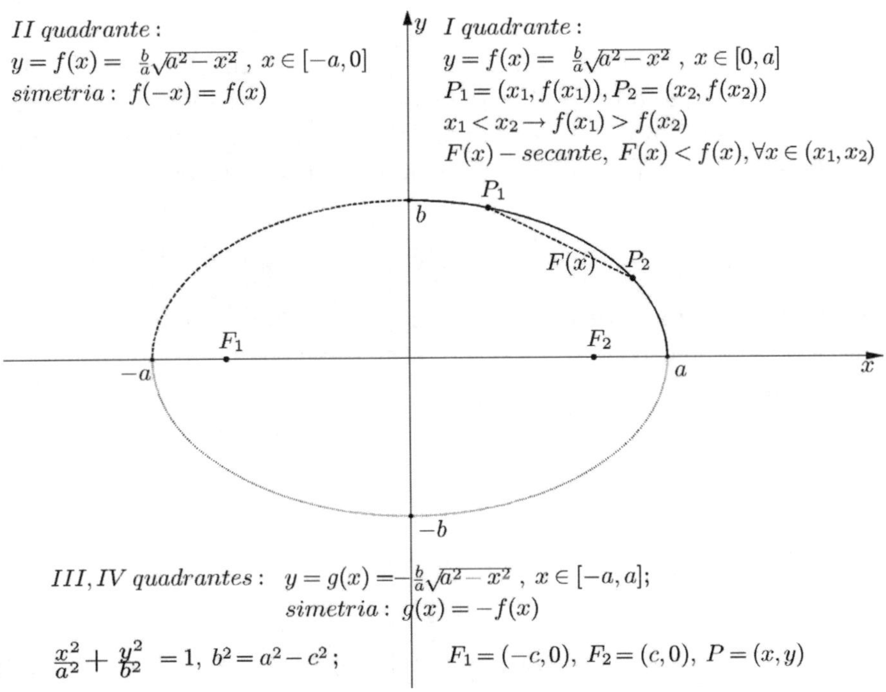

Figura 4.1 Construção do gráfico da elipse.

3 Hipérbole

De acordo com as considerações anteriores, a equação de uma hipérbole, em coordenadas cartesianas com focos $(-c,0)$ e $(c,0)$, $c>0$, tem a seguinte forma canônica

$$\frac{x^2}{a^2}-\frac{y^2}{b^2}=1\,,\ 0<a<c\,,\ b>0\,,\ b^2=c^2-a^2\,, \tag{4.5}$$

e possui as simetrias em relação aos eixos de coordenadas Ox e Oy. Portanto, a análise da sua forma geométrica pode ser reduzida à análise de um quarto dessa curva, localizado no I quadrante. Dessa maneira, a equação (4.5) pode ser reescrita na forma equivalente (no I quadrante), expressando y como função de x:

$$y=f(x)=\frac{b}{a}\sqrt{x^2-a^2}\,,\ x\in[a,+\infty)\,. \tag{4.6}$$

Vamos analisar a monotonia e concavidade da função (4.6) usando técnicas disponíveis de pré-cálculo (isto é, sem envolver o conceito do limite e todos os subsequentes).

Primeiro, é evidente que a função (4.6) é (estritamente) crescente: o crescimento de x no intervalo $[a,+\infty)$ implica em crescimento de x^2-a^2, o que, por sua vez, leva ao crescimento de $\sqrt{x^2-a^2}$ e da função (4.6). Isto é, de acordo com a definição de crescimento (estrito), temos:

$$\forall x_1,x_2:\ a\le x_1<x_2\ \Rightarrow\ f(x_1)=\frac{b}{a}\sqrt{x_1^2-a^2}<\frac{b}{a}\sqrt{x_2^2-a^2}=f(x_2)\,.$$

Segundo, mostraremos que a função (4.6) é côncova para baixo. De acordo com a definição (fórmula (4.1)), temos que comparar a função (4.6) com a secante $F(x)$:

$$\begin{aligned}F(x)&=f(x_1)+\frac{f(x_2)-f(x_1)}{x_2-x_1}(x-x_1)\\ &=\frac{b}{a}\sqrt{x_1^2-a^2}+\frac{\frac{b}{a}\sqrt{x_2^2-a^2}-\frac{b}{a}\sqrt{x_1^2-a^2}}{x_2-x_1}(x-x_1)\\ &=\frac{b}{a}\frac{1}{x_2-x_1}\left\{(x_2-x)\sqrt{x_1^2-a^2}+(x-x_1)\sqrt{x_2^2-a^2}\right\}.\end{aligned} \tag{4.7}$$

Em outras palavras, temos que comparar as expressões

$$(x_2-x_1)\sqrt{x^2-a^2}\quad e\quad (x_2-x)\sqrt{x_1^2-a^2}+(x-x_1)\sqrt{x_2^2-a^2}\,. \tag{4.8}$$

Como os dois lados são positivos, podemos elevar ao quadrado, mantendo a mesma relação entre os lados:

$$(x_2 - x_1)^2(x^2 - a^2) \quad e$$

$$(x_2 - x)^2(x_1^2 - a^2) + (x - x_1)^2(x_2^2 - a^2) + 2(x_2 - x)(x - x_1)\sqrt{x_1^2 - a^2}\sqrt{x_2^2 - a^2}\,.$$

Passando todos os aditivos sem raízes para o lado esquerdo e simplificando (abrindo parênteses, cortando os termos iguais e reagrupando os restantes), obtemos

$$2x_1x_2(xx_1 - x_1x_2 + xx_2 - x^2) - 2a^2(xx_1 - x_1x_2 + xx_2 - x^2) \quad e$$

$$2(x_2 - x)(x - x_1)\sqrt{x_1^2 - a^2}\sqrt{x_2^2 - a^2}\,.$$

Observando que $xx_1 - x_1x_2 + xx_2 - x^2 = (x_2 - x)(x - x_1)$, dividimos os dois lados pelo termo positivo $2(x_2 - x)(x - x_1)$ (o que não afeta o sinal da relação entre os dois lados) e chegamos a

$$x_1x_2 - a^2 \quad e \quad \sqrt{x_1^2 - a^2}\sqrt{x_2^2 - a^2}\,,$$

onde as expressões nos dois lados são positivos. Elevamos mais uma vez ao quadrado

$$(x_1x_2 - a^2)^2 \quad e \quad (x_1^2 - a^2)(x_2^2 - a^2)$$

e simplificamos (cortando os termos iguais nos dois lados) a forma

$$-2a^2x_1x_2 \quad e \quad -a^2x_1^2 - a^2x_2^2\,,$$

ou, ainda dividindo por a^2,

$$-2x_1x_2 \quad e \quad -x_1^2 - x_2^2\,.$$

Dessa última, fica claro que o lado esquerdo é maior que o direito, porque

$$x_1^2 + x_2^2 - 2x_1x_2 = (x_1 - x_2)^2 > 0\,.$$

Como todas as transformações efetuadas para chegar de (4.8) às últimas expressões foram as da equivalência, então concluímos que em (4.8) temos sinal "maior":

$$(x_2 - x_1)\sqrt{x^2 - a^2} \quad > \quad (x_2 - x)\sqrt{x_1^2 - a^2} + (x - x_1)\sqrt{x_2^2 - a^2}\,,$$

e, consequentemente,

$$f(x) = \frac{b}{a}\sqrt{x^2 - a^2}$$

$$> \frac{b}{a}\frac{1}{x_2 - x_1}\left\{(x_2 - x)\sqrt{x_1^2 - a^2} + (x - x_1)\sqrt{x_2^2 - a^2}\right\} = F(x).$$

Assim, $f(x) > F(x)$, $\forall x \in (x_1, x_2) \subset [a, +\infty)$, o que significa, de acordo com a definição (4.1), que a função (4.6) é côncava para baixo.

Observação. De novo, a verificação das duas propriedades pode ser simplificada usando os resultados respectivos do cálculo. Primeiro, a derivada da função (4.6) é calculada usando a regra da cadeia:

$$f'(x) = \frac{b}{a}\frac{x}{\sqrt{x^2 - a^2}}, \ \forall x \in (a, +\infty).$$

Como essa derivada é positiva em $(a, +\infty)$, então $f(x)$ é estritamente crescente neste intervalo. Devido à continuidade de $f(x)$ no $[a, +\infty)$, esse crescimento estrito se estende a todo $[a, +\infty)$. Em seguida, a segunda derivada se encontra na forma

$$f''(x) = \frac{b}{a}\frac{-a^2}{(x^2 - a^2)^{3/2}}, \ \forall x \in (a, +\infty).$$

Como $f''(x) < 0$, $\forall x \in (a, +\infty)$, então a função $f(x)$ tem concavidade (estrita) voltada para baixo em $(a, +\infty)$ e, devido a sua continuidade em $[a, +\infty)$, essa concavidade se estende para todo $[a, +\infty)$.

Os resultados da investigação analítica da parte da hipérbole (4.5) que fica no *I* quadrante são ilustrados na Fig.4.2 (veja o *I* quadrante).

Avaliamos, adicionalmente, o compartamento da função (4.6) quando x tende a $+\infty$. O tratamento exato envolve o conceito do limite, mas vamos evitar isso apelando a construções intuitivas e bastante naturais. Inclusive, a expressão "x tende a $+\infty$", que tem uma definição exata nos limites, vai significar aqui, aproximadamente, que x aumenta sem qualquer restrição, isto é, aumenta de tal modo que supera qualquer constante escolhida.

Notamos que, para os valores grandes de x, o termo principal dentro da raiz em (4.6) é x^2, porque a constante a^2 se torna quase desprezível quando x atinge valores bastante grandes. Portanto, surge a ideia de comparar o comportamento de (4.6) com a reta $\tilde{y} = \frac{b}{a}x$. Primeiro, observamos que

$$\tilde{y} = \frac{b}{a}x = \frac{b}{a}\sqrt{x^2} > \frac{b}{a}\sqrt{x^2 - a^2} = y, \ \forall x \in [a, +\infty),$$

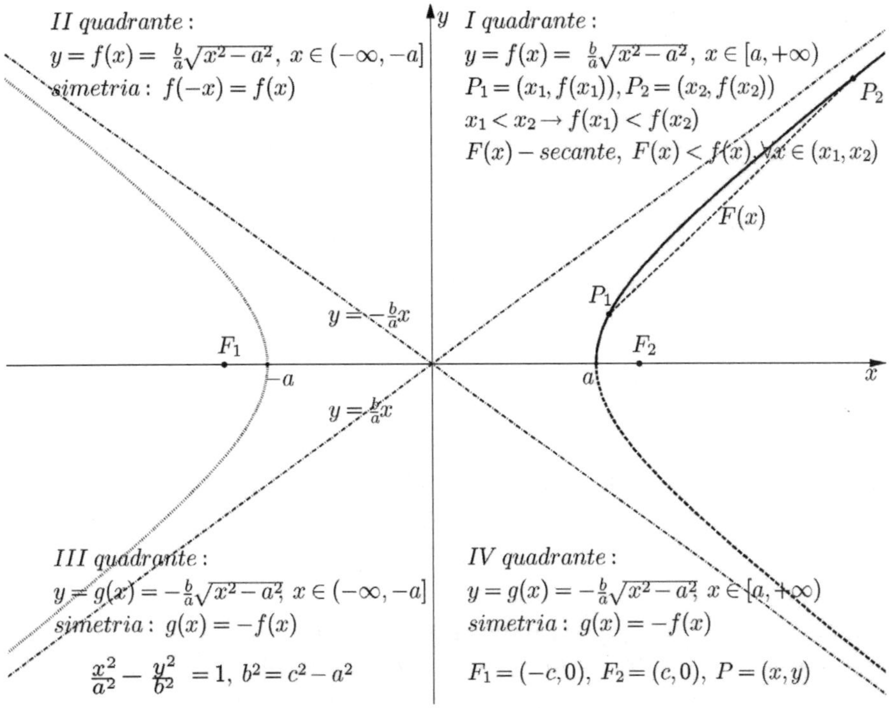

Figura 4.2 Construção do gráfico da hipérbole.

isto é, o gráfico da reta fica acima do gráfico da hipérbole no I quadrante. Mostremos, ainda, que os dois gráficos se aproximam com crescimento de x. Realmente,

$$\tilde{y} - y = \frac{b}{a}x - \frac{b}{a}\sqrt{x^2 - a^2} = \frac{b}{a}\frac{(x - \sqrt{x^2 - a^2})(x + \sqrt{x^2 - a^2})}{x + \sqrt{x^2 - a^2}}$$

$$= \frac{ab}{x + \sqrt{x^2 - a^2}}\,, \ \forall x \in [a, +\infty)\,. \tag{4.9}$$

Na última expressão, o numerador é uma constante, enquanto o denominador é uma função crescente, que aumenta sem restrição quando x tende a $+\infty$. Portanto, a razão (embora sempre positiva) tende a 0, no sentido de que ela diminui seus valores de tal modo que eles se tornam menores que qualquer constante positiva específica se escolhermos os valores de x bastante grandes. Nesse caso, a reta $\tilde{y} = \frac{b}{a}x$ é chamada de *assíntota ao gráfico da função* (4.6).

Observação. Com uso de limites, o conceito da assíntota tem o significado exato: o gráfico da função $f(x)$ tem *assíntota oblíqua* $\tilde{y} = Ax + B$

quando x tende a $+\infty$ se

$$\lim_{x\to+\infty}(f(x)-(Ax+B))=0\,.$$

Utilizando a fórmula (4.9), temos para $\tilde{y}=\frac{b}{a}x$ $(A=\frac{b}{a}, B=0)$:

$$\lim_{x\to+\infty}(f(x)-(Ax+B))=\lim_{x\to+\infty}\left(\frac{b}{a}\sqrt{x^2-a^2}-\frac{b}{a}x\right)$$
$$=\lim_{x\to+\infty}\frac{-ab}{x+\sqrt{x^2-a^2}}=0\,,$$

isto é, a definição da assíntota está satisfeita.

Como no caso de uma elipse, a forma completa da curva (4.5) é obtida usando suas simetrias. A simetria em relação a Ox permite traçar a parte da hipérbole (4.5) no IV quadrante. Em termos de funções, essa parte da hipérbole corresponde ao gráfico da função $y=g(x)=-\frac{b}{a}\sqrt{x^2-a^2}$, $x\in[a,+\infty)$, que é uma função estritamente decrescente e com concavidade para cima (essas duas propriedades podem ser demonstradas independentemente do estudo anterior, o que deixamos para o leitor como um exercício). Tendo a hipérbole nos quadrantes I e IV, finalizamos a construção da figura aplicando a simetria em relação a Oy. Deixamos a cargo do leitor identificar as funções relacionadas com as partes da hipérbole (4.5) no II e III quadrantes e investigar suas propriedades. Notamos que a parte no III quadrante tem a mesma assíntota $\tilde{y}=\frac{b}{a}x$ que a parte no I quadrante, e as partes no II e IV quadrantes têm, naturalmente, a assíntota simétrica $\bar{y}=-\frac{b}{a}x$. O último resultado pode ser provado também direto, sem uso de simetrias. O esboço final da hipérbole (4.5) é mostrado na Fig.4.2.

4 Parábola

De acordo com as considerações anteriores, a equação de uma parábola, em coordenadas cartesianas com foco $(0,c)$ e diretriz $\tilde{y}=-c$, $c>0$, tem a seguinte forma canônica

$$y=\frac{x^2}{4c}\,,\ x\in(-\infty,+\infty)\,. \tag{4.10}$$

Devido a sua simetria em relação ao eixo Oy, é suficiente fazer a análise da metade dessa curva, localizada no I quadrante:

$$y=f(x)=\frac{x^2}{4c}\,,\ x\in[0,+\infty)\,. \tag{4.11}$$

Vamos analisar a monotonia e concavidade da função (4.11) usando técnicas disponíveis de pré-cálculo (isto é, sem envolver o conceito do limite e todos os subsequentes).

Primeiro, é evidente que a função (4.11) é (estritamente) crescente no seu domínio:

$$\forall x_1, x_2 : \; 0 \le x_1 < x_2 \;\Rightarrow\; f(x_1) = \frac{x_1^2}{4c} < \frac{x_2^2}{4c} = f(x_2)\,.$$

Segundo, aplicando a definição (4.2), é simples de ver que a função (4.11) é côncova para cima:

$$f(x) - F(x) = \frac{x^2}{4c} - \left\{ \frac{x_1^2}{4c} + \frac{\frac{x_2^2}{4c} - \frac{x_1^2}{4c}}{x_2 - x_1}(x - x_1) \right\}$$

$$= \frac{1}{4c}\left\{ (x^2 - x_1^2) - \frac{x_2^2 - x_1^2}{x_2 - x_1}(x - x_1) \right\} = \frac{1}{4c}(x - x_1)(x + x_1 - (x_2 + x_1))$$

$$= \frac{1}{4c}(x - x_1)(x - x_2) < 0\,,\; \forall x \in (x_1, x_2) \subset [0, +\infty)\,.$$

Observação. A verificação das propriedades fica ainda mais simples usando derivadas. Primeiro, a derivada da função (4.11) é

$$f'(x) = \frac{x}{2c},\; \forall x \in [0, +\infty)\,.$$

Como essa derivada é positiva em $(0, +\infty)$, então $f(x)$ é estritamente crescente neste intervalo. Devido à continuidade de $f(x)$ no $[0, +\infty)$, esse crescimento estrito se estende a todo $[0, +\infty)$. Em seguida, a segunda derivada se encontra na forma

$$f''(x) = \frac{1}{4c},\; \forall x \in [0, +\infty)\,.$$

Como $f''(x) > 0$, $\forall x \in [0, +\infty)$, então a função $f(x)$ tem concavidade (estrita) voltada para cima em $[0, +\infty)$.

Os resultados da investigação analítica da função (4.11) são ilustrados na Fig.4.3 no I quadrante. Para completar o esboço da parábola (4.10), empregamos sua simetria em relação a Oy e traçamos a segunda parte de (4.10) no II quadrante. Em termos de funções, essa parte da parábola corresponde ao gráfico da função (4.11) com o domínio $(-\infty, 0]$, que é uma função estritamente decrescente e com concavidade para cima (deixamos

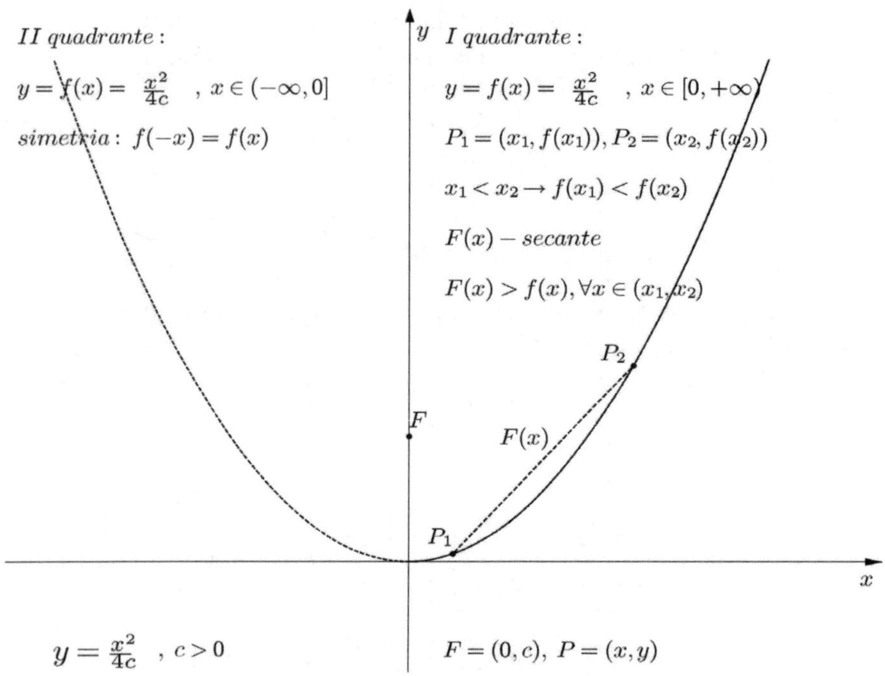

Figura 4.3 Construção do gráfico da parábola.

para o leitor demonstrar isso sem uso da propriedade de simetria). O esboço final da parábola (4.10) é dado na Fig.4.3.

Exercícios resolvidos

1. Demonstrar que para qualquer ponto dentro da elipse a soma das suas distâncias até os focos é menor que a distância entre os vértices focais. Demonstrar também que para qualquer ponto fora de elipse a soma das suas distâncias até os focos é maior que a distância entre os vértices focais.

   Solução.

   Primeiro, consideremos um ponto arbitrário P dentro de uma elipse. Prolongamos o segmento F_1P até a intersecção com o contorno da elipse que marcamos como ponto P_0 (veja a Fig.4.4). Conforme a definição da elipse, a propriedade de P_0 é que $d(F_1, P_0) + d(F_2, P_0) = 2a$, onde $2a$ é a distância entre os vértices A_1 e A_2 (o eixo maior). Do triângulo F_2PP_0 segue que $d(F_2, P) < d(F_2, P_0) + d(P_0, P)$ (veja a Fig.4.4). Então $d(F_1, P) + d(F_2, P) < d(F_1, P) + d(P, P_0) + d(F_2, P_0) = d(F_1, P_0) +$

$d(F_2, P_0) = 2a$ e a propriedade dos pontos interiores é provada.

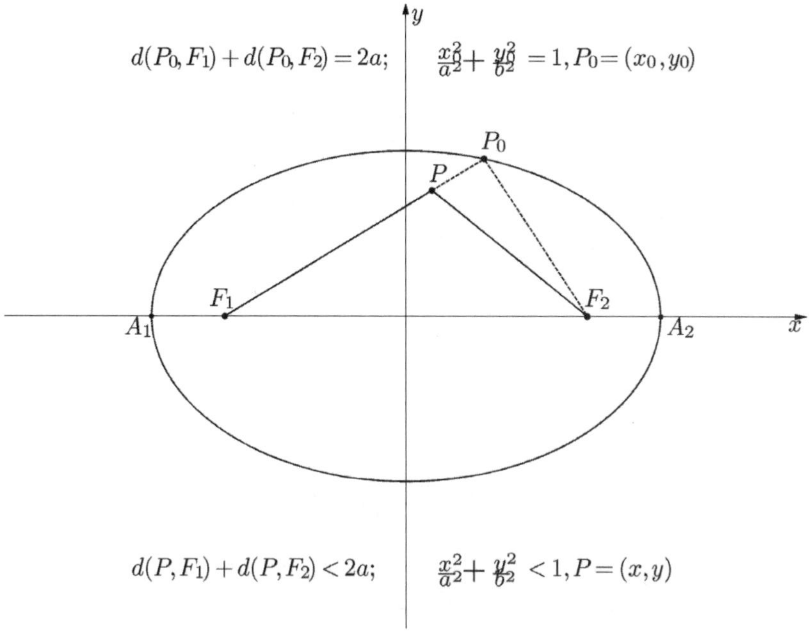

Figura 4.4 Pontos interiores da elipse.

De maneira semelhante, consideremos agora um ponto P fora da elipse. Neste caso, o segmento F_1P intercepta a elipse no ponto P_0 (veja a Fig.4.5), que satisfaz a equação $d(F_1, P_0) + d(F_2, P_0) = 2a$. Do triângulo F_2PP_0 segue que $d(F_2, P_0) < d(P_0, P) + d(F_2, P)$ (veja a Fig.4.5) e, portanto, $d(F_1, P) + d(F_2, P) = d(F_1, P_0) + d(P_0, P) + d(F_2, P) > d(F_1, P) + d(F_2, P) = 2a$, isto é, a propriedade dos pontos exteriores é válida.

Para finalizar, notemos que, em coordenadas canônicas com os focos no eixo Ox, a equação dos pontos interiores de uma elipse se escreve na forma $\frac{x^2}{a^2} + \frac{y^2}{b^2} < 1$. Essa relação pode ser deduzida da desigualdade $d(F_1, P) + d(F_2, P) < 2a$, que caracteriza os pontos interiores, da mesma maneira como a equação da elipse $\frac{x^2}{a^2} + \frac{y^2}{b^2} = 1$ foi deduzida da fórmula da definição $d(F_1, P) + d(F_2, P) = 2a$. Outra maneira é observar que para qualquer ponto $P = (x, y)$ no interior de uma elipse sempre podemos encontrar um ponto correspondente $P_0 = (x, y_0)$ que fica no contorno dessa elipse e, portanto, tem a ordenada $|y_0| > |y|$ (veja a Fig.4.6). Como as coordenadas de P_0 satisfazem a equação da

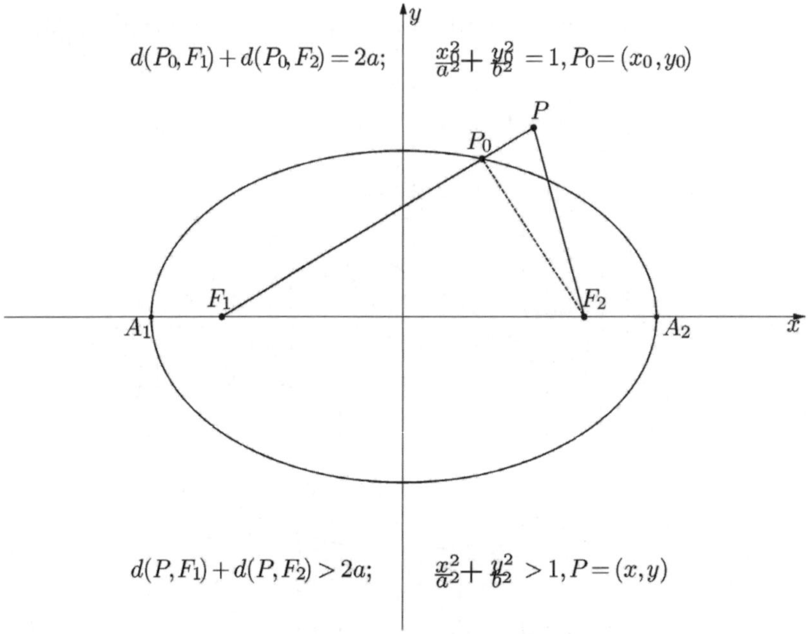

Figura 4.5 Pontos exteriores da elipse.

elipse e $y_0^2 > y^2$, então para as coordenadas de P temos a desigualdade $\frac{x^2}{a^2} + \frac{y^2}{b^2} < 1$.

De modo análogo, os pontos exteriores de uma elipse, em coordenadas canôicas, satisfazem a desigualdade $\frac{x^2}{a^2} + \frac{y^2}{b^2} > 1$.

2. Determinar a curva descrita pela equação $\frac{y}{2} = -1 - \frac{1}{5}\sqrt{x^2-2x-24}$ e dar seu esboço.

Solução.

Transformamos a equação dada à forma canônica. Primeiro, reescrevemo-la, isolando a raiz quadrada: $5(y+2) = -2\sqrt{x^2 - 2x - 24}$. Elevando ao quadrado os dois lados, temos $25(y+2)^2 = 4(x^2-2x-24)$. Eliminando o termo linear explícito do lado direito via formação de quadrado completo, obtemos $25(y + 2)^2 = 4(x - 1)^2 - 100$. Passando os termos com x e y para o mesmo lado e dividindo por 100, chegamos à equação $\frac{(x-1)^2}{25} - \frac{(y+2)^2}{4} = 1$. Finalmente, introduzindo as coordenadas transladadas $x' = x - 1, y' = y + 2$ com origem no ponto $O' = (1, -2)$, obtemos a forma canônica $\frac{x'^2}{25} - \frac{y'^2}{4} = 1$ de uma hipérbole com os focos no eixo $O'x'$. Todas as transformações realizadas foram

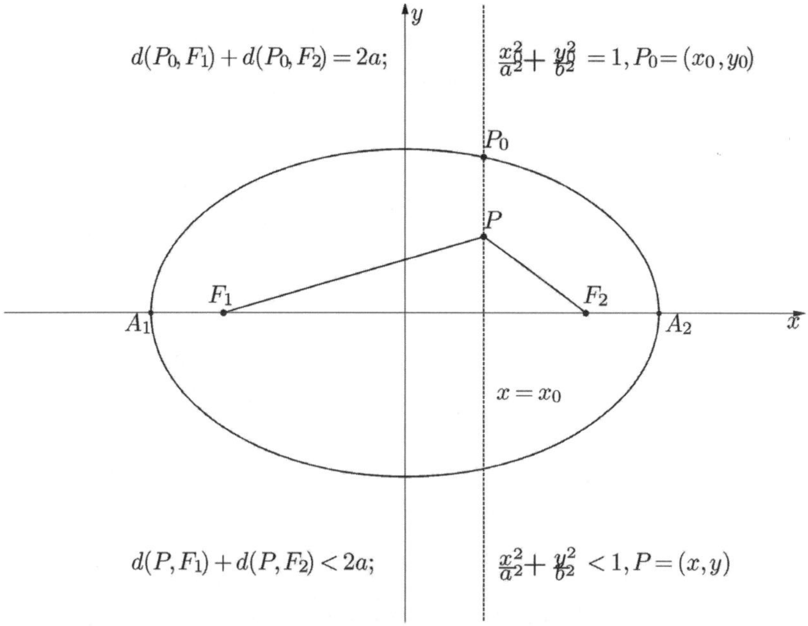

Figura 4.6 Relação analítica de pontos interiores da elipse.

as de equivalência, menos uma – elevação ao quadrado, que gerou as soluções adicionais, não presentes na equação original. Realmente, a equação quadrática $25(y+2)^2 = 4(x^2 - 2x - 24)$ equivale às duas equações $5(y+2) = \pm 2\sqrt{x^2 - 2x - 24}$, das quais só a do sinal negativo corresponde à equação original. Portanto, de toda a hipérbole $25(y+2)^2 = 4(x^2 - 2x - 24)$, devemos escolher aquela parte que tem ordenadas $y \leq -2$, isto é, em cada um dos dois ramos da hipérbole $\frac{x'^2}{25} - \frac{y'^2}{4} = 1$, devemos retirar as partes que ficam acima do eixo $O'x'$. Veja a curva na Fig.4.7.

3. Determinar a relação entre a reta $2x - 3y - 13 = 0$ e a curva $\frac{(x+2)^2}{36} + \frac{(y-1)^2}{64} = 1$.

Solução.

Primeiro, notamos que a curva dada é a elipse com ponto central $O' = (-2, 1)$ e focos localizados na reta $x = -2$ (alongamento na direção do eixo Oy). Para verificar se a reta e a elipse têm pontos de intersecção, substituímos a expressão de uma das variáveis, por exemplo, y, da equação da reta na equação da elipse e resolvemos a equação quadrática obtida em relação à variável restante, isto é, x. Assim, expressando y da equação da reta – $y = \frac{2x-13}{3}$ – e substituindo na equação da

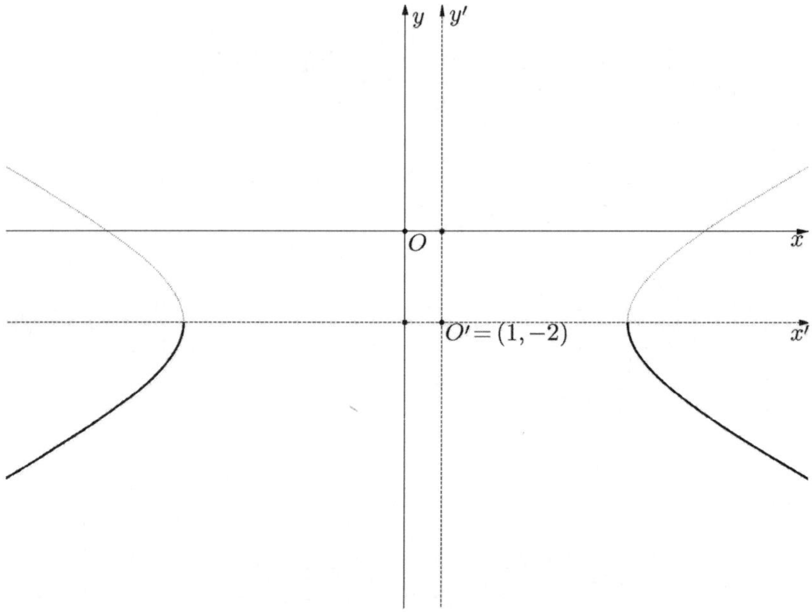

Figura 4.7 Curva definida pela equação $\frac{y}{2} = -1 - \frac{1}{5}\sqrt{x^2 - 2x - 24}$.

elipse, obtemos $\frac{(x+2)^2}{36} + \frac{(\frac{2x-13}{3}-1)^2}{64} = 1$. Simplificamos a última à forma $4(x+2)^2 + (x-8)^2 = 144$. Reagrupando os termos, obtemos a equação quadrática $5x^2 = 64$ cujas soluções são $x_{\pm} = \pm\frac{8}{\sqrt{5}}$. As respectivas ordenadas são $y_- = \frac{2\frac{-8}{\sqrt{5}}-13}{3} = -\frac{16+13\sqrt{5}}{3\sqrt{5}}$ e $y_+ = \frac{2\frac{8}{\sqrt{5}}-13}{3} = \frac{16-13\sqrt{5}}{3\sqrt{5}}$. Portanto, temos dois pontos de intersecção $A_- = (x_-, y_-)$ e $A_+ = (x_+, y_+)$. O segmento A_-A_+ fica dentro da elipse e a parte restante da reta fica fora. Veja a ilustração na Fig.4.8.

Exercícios

1. Mostrar que para os pontos dentro de uma parábola a distância até o foco é menor que a distância até a diretriz. Mostrar também que para os pontos fora de uma parábola a distância até o foco é maior que a distância até a diretriz.
2. Seja Γ_1 a parte da hipérbole cujo interior contém o foco F_1. Mostrar que para os pontos P do interior de Γ_1 é válido $d(F_2, P) - d(F_1, P) > 2a$, onde $2a$ é a distância entre os vértices, e para os pontos do exterior de Γ_1 é válida a desigualdade invertida. Formular e mostrar o resultado semelhante para a segunda parte da hipérbole.

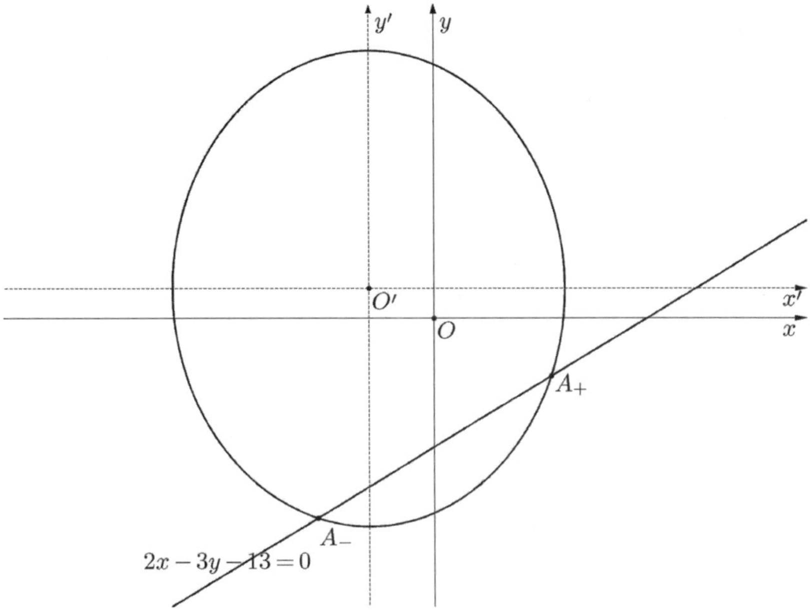

Figura 4.8 Relação entre a reta $2x-3y-13=0$ e a curva $\frac{(x+2)^2}{36}+\frac{(y-1)^2}{64}=1$.

3. Determinar onde ficam os pontos $A_1=(-2,3), A_2=(2,-2), A_3=(2,-4), A_4=(-1,3), A_5=(-4,-3), A_6=(3,-1), A_7=(3,-2), A_8=(0,5)$ em relação à elipse $8x^2+5y^2=77$.

4. Determinar quais são as curvas descritas pelas equações e dar seu esboço:

1) $5x^2+9y^2-30x+18y+9=0$;
2) $16x^2+25y^2+32x-100y-284=0$;
3) $4x^2+3y^2-8x+12y-32=0$.

5. Determinar quais são as curvas descritas pelas equações e dar seu esboço:

1) $y=\frac{3}{4}\sqrt{16-x^2}$;
2) $x=-\frac{2}{3}\sqrt{9-y^2}$;
3) $y=-7+\frac{2}{5}\sqrt{16+6x-x^2}$;
4) $y=1-\frac{4}{3}\sqrt{-6x-x^2}$;
5) $x=-2\sqrt{-5-6y-y^2}$;
6) $x=-5+\frac{2}{3}\sqrt{8+2y-y^2}$.

6. Determinar relação entre retas e elipses:

1) $x+2y-7=0, x^2+4y^2=25$;
2) $3x+10y-25=0, \frac{x^2}{25}+\frac{y^2}{4}=1$;
3) $3x-4y-40=0, \frac{x^2}{16}+\frac{y^2}{9}=1$;
4) $2x-y-3=0, \frac{x^2}{16}+\frac{y^2}{9}=1$;

5) $2x + y - 10 = 0, \frac{x^2}{9} + \frac{y^2}{4} = 1$;
6) $3x + 2y - 20 = 0, \frac{x^2}{40} + \frac{y^2}{10} = 1$.

7. Determinar onde ficam os pontos $A_1 = (-2,3), A_2 = (3,-2), A_3 = (2,-4), A_4 = (4,-1), A_5 = (-3,0), A_6 = (5,1)$ em relação à hipérbole $2x^2 - 9y^2 = 18$.

8. Determinar quais são as curvas descritas pelas equações e dar seu esboço:
1) $16x^2 - 9y^2 - 64x - 54y - 161=0$;
2) $9x^2 - 16y^2 + 90x + 32y - 367=0$;
3) $16y^2 - 9x^2 - 64y - 18x + 199 = 0$.

9. Determinar quais são as curvas descritas pelas equações e dar seu esboço:
1) $y = \frac{2}{3}\sqrt{x^2 - 9}$;
2) $x = -\frac{4}{3}\sqrt{y^2 + 9}$;
3) $y = -1 + \frac{2}{3}\sqrt{x^2 - 4x - 5}$;
4) $y = 7 - \frac{3}{2}\sqrt{x^2 - 6x + 13}$;
5) $x = 9 - 2\sqrt{y^2 + 4y + 8}$;
6) $x = 5 - \frac{3}{4}\sqrt{y^2 + 4y - 12}$.

10. Determinar relação entre retas e hipérboles:
1) $2x - y - 10 = 0, \frac{x^2}{20} - \frac{y^2}{5} = 1$;
2) $4x - 3y - 16 = 0, \frac{x^2}{25} - \frac{y^2}{16} = 1$;
3) $2x - y + 1 = 0, \frac{x^2}{9} - \frac{y^2}{4} = 1$;
4) $x - y - 3 = 0, \frac{x^2}{12} - \frac{y^2}{3} = 1$;
5) $x - 2y + 1 = 0, \frac{x^2}{16} - \frac{y^2}{9} = 1$;
6) $7x - 5y = 0, \frac{x^2}{25} - \frac{y^2}{16} = 1$.

11. Determinar onde ficam os pontos $A_1 = (-2,3), A_2 = (-3,-1), A_3 = (-1,1), A_4 = (1,-1), A_5 = (-4,1)$ em relação à parábola $x = 1 - 2y^2$.

12. Determinar quais são as curvas descritas pelas equações e dar seu esboço:
1) $y = \frac{1}{4}x^2 + x + 2$;
2) $y = 4x^2 - 8x + 7$;
3) $x = -\frac{1}{6}y^2 + 2y - 7$.

13. Determinar quais são as curvas descritas pelas equações e dar seu esboço:
1) $y = 3 - 4\sqrt{x - 1}$;
2) $x = -4 + 3\sqrt{y + 5}$;
3) $x = 2 - \sqrt{6 - 2y}$;
4) $y = -5 - \sqrt{-3x - 21}$.

14. Determinar relação entre retas e parábolas:
1) $x + y - 3 = 0, x^2 = 4y$;

2) $3x + 4y = 12, y^2 = -9x$;
3) $3x - 2y + 6 = 0, y^2 = 6x$;
4) $x - y + 2 = 0, y^2 = 8x$;
5) $8x + 3y = 15, x^2 = -3y$;
6) $5x - y = 15, y^2 = -5x$.

15. Determinar o lugar geométrico dos pontos definidos pelas seguintes desigualdades:
1) $\frac{x^2}{16} + \frac{y^2}{9} \leq 1$;
2) $\frac{x^2}{4} + \frac{y^2}{9} > 1$;
3) $1 \leq \frac{x^2}{9} + y^2 \leq 9$;
4) $4x^2 - 4x + 9y^2 + 6y + 1 < 0$;
5) $\sqrt{(x-1)^2+y^2} + \sqrt{(x+1)^2+y^2} < 6$;
6) $\sqrt{x^2 + (y-1)^2} + \sqrt{x^2 + (y+1)^2} > 4$;
7) $x^2 - y^2 \leq 1$;
8) $\frac{x^2}{4} - \frac{y^2}{9} \geq 1$;
9) $\sqrt{x} + \sqrt{y} \leq 2$;
10) $\left|\frac{x^2}{4} - \frac{y^2}{36}\right| < 1$;
11) $|3x^2 - 9y^2| > 1$;
12) $\sqrt{(x-2)^2 + y^2} - \sqrt{(x+2)^2 + y^2} < 2$;
13) $y^2 \leq 4x$;
14) $y^2 > 6x$;
15) $x \leq y^2 \leq 3x$;
16) $-2x - x^2 < y^2 \leq -2x$.

16. Dadas equações na forma paramétrica, transformá-las à forma implícita ou explícita e dar o esboço da figura geométrica:

1) $\begin{cases} x = \cos t \\ y = 2\sin t \end{cases}, \ t \in \mathbb{R}$;

2) $\begin{cases} x = 1 - \cos t \\ y = 3 + 2\sin t \end{cases}, \ t \in \mathbb{R}$;

3) $\begin{cases} x = 1 - \cos t \\ y = 3 + 2\sin t \end{cases}, \ t \in [0, \pi]$;

4) $\begin{cases} x = 1 - \cos t \\ y = 3 + 2\sin t \end{cases}, \ t \in [-\frac{\pi}{2}, \frac{\pi}{2}]$;

5) $\begin{cases} x = \cosh t \\ y = \sinh t \end{cases}, \ t \in \mathbb{R}$;

6) $\begin{cases} x = \frac{1}{2}\left(t + \frac{1}{t}\right) \\ y = \frac{1}{2}\left(t - \frac{1}{t}\right) \end{cases}$, $t \in (0, +\infty)$;

7) $\begin{cases} x = 2t - 1 \\ y = t^2 - 2t \end{cases}$, $t \in \mathbb{R}$;

8) $\begin{cases} x = 2 - (t+1)^2 \\ y = t - 3 \end{cases}$, $t \in \mathbb{R}$.

Seção 4.5 Caracterização universal de elipse, hipérbole e parábola

Na dedução da equação canônica da parábola, usamos sua caracterização via igualdade das distâncias até o foco F e a diretriz R. Mostraremos agora que uma propriedade semelhante pode ser usada para definir uma elipse e uma hipérbole:
1) o lugar geométrico de todos os pontos do plano tais que a razão entre a distância de cada ponto P até um ponto dado F e a distância de P até uma reta dada R (que não contém F) é uma grandeza constante menor que 1 representa uma elipse (veja a Fig.5.1);
2) o lugar geométrico de todos os pontos do plano tais que a razão entre a distância de cada ponto P até um ponto dado F e a distância de P até uma reta dada R (que não contém F) é uma grandeza constante maior que 1 representa uma hipérbole (veja a Fig.5.2).

Notamos que a definição original de uma parábola pode ser reformulada, também, via mesma razão das duas distâncias, exigindo sua igualdade a 1. Desta maneira, a razão dessas duas distâncias vai ser a *característica universal* de todas as três curvas. Assim como no caso de uma parábola, em todos os casos, o ponto F é chamado de foco e a reta R de diretriz.

Comecemos a demonstração dessa propriedade de forma simultânea para elipse e hipérbole, uma vez que todas as transformações nos dois casos são idênticas. A razão das distâncias a ser considerada vamos denotar por α: $\alpha = \frac{d(P,F)}{d(P,R)}$ e, como o caso da parábola já foi considerado antes, vamos supor que $\alpha \neq 1$. Para facilitar a dedução de equações e simplificar sua forma final, escolhemos um sistema especial de coordenadas cartesianas, da mesma maneira como foi feito no caso de parábolas: o eixo Ox deve passar paralelamente à reta R e dividindo ao meio a distância entre a diretriz R e o foco F (veja as Fig.5.1 e 5.2). Denotando a distância entre F e R por $2d$, temos que as coordenadas do foco são $F = (0, d)$ e a equação da reta R

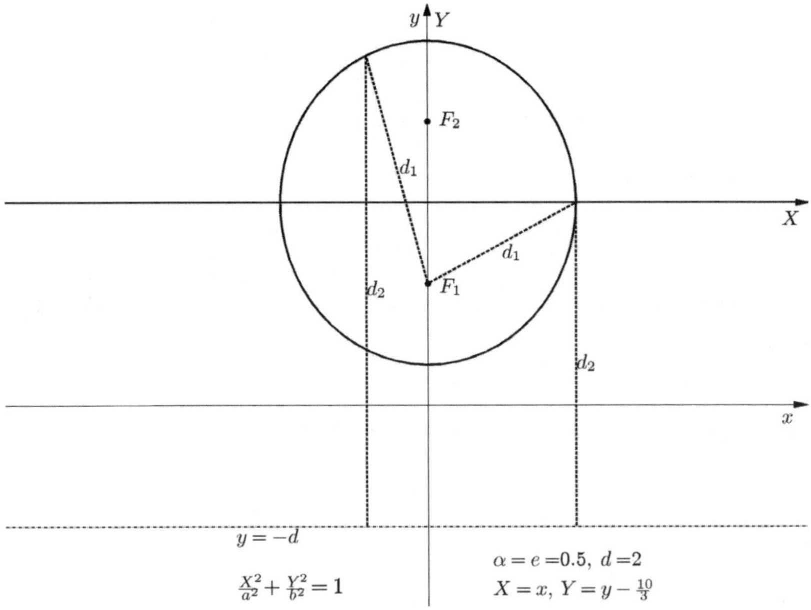

Figura 5.1 Caracterização de elipse via foco e diretriz.

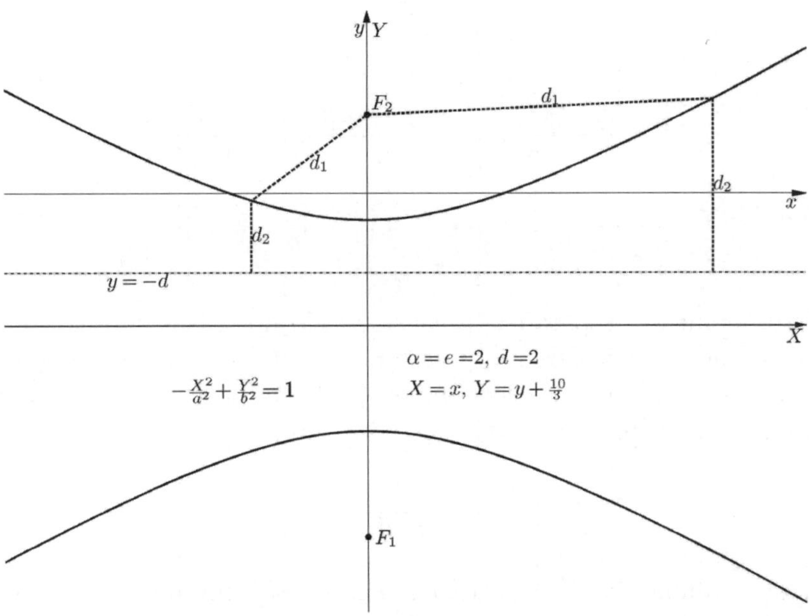

Figura 5.2 Caracterização de hipérbole via foco e diretriz.

é $y = -d$. Então, a relação principal se escreve na forma

$$\frac{d(P,F)}{d(P,R)} = \frac{\sqrt{x^2 + (y-d)^2}}{\sqrt{(y+d)^2}} = \alpha \tag{5.1}$$

ou, elevando ao quadrado,

$$x^2 + (y-d)^2 = \alpha^2 (y+d)^2 \,. \tag{5.2}$$

Abrindo quadrados e juntando todos os termos com x e y do lado esquerdo, obtemos

$$x^2 + (1-\alpha^2)y^2 - 2d(1+\alpha^2)y = (\alpha^2 - 1)d^2 \,.$$

Formando quadrado com y^2 e y para eliminar o termo linear, temos

$$x^2 + (1-\alpha^2)\left(y - d\frac{1+\alpha^2}{1-\alpha^2}\right)^2 = d^2 \frac{4\alpha^2}{1-\alpha^2} \,.$$

Fazendo a translação de coordenadas

$$X = x, Y = y - d\frac{1+\alpha^2}{1-\alpha^2}$$

e denotando

$$A = d^2 \frac{4\alpha^2}{1-\alpha^2}, \; B = d^2 \frac{4\alpha^2}{(1-\alpha^2)^2} = \frac{A}{1-\alpha^2} \,, \tag{5.3}$$

chegamos a

$$\frac{X^2}{A} + \frac{Y^2}{B} = 1 \,. \tag{5.4}$$

Neste momento, separamos a consideração dos casos elíptico e hiperbólico. Primeiro, consideremos o caso $\alpha < 1$. Com essa condição, temos $1 - \alpha^2 > 0$ e, então, as duas constantes A e B são positivas, o que permite reescrever (5.4) na forma canônica de uma elipse

$$\frac{X^2}{(\sqrt{A})^2} + \frac{Y^2}{(\sqrt{B})^2} = 1 \,. \tag{5.5}$$

Observando ainda que $B > A$, temos uma elipse com alongamento maior na direção do eixo OY. Precisamos ainda verificar se a última equação (ou equação (5.4)) descreve toda a família de elipses alongadas na direção de OY. Lembramos que, variando a distância $2c$ entre os focos ($F_1 = (0, -c)$ e $F_2 = (0, c)$) e a constante $2b$ que representa a soma das distâncias do ponto P até os focos na definição original de uma elipse, podemos encontrar qualquer dupla dos valores (a, b) na equação canônica de elipse

$$\frac{X^2}{a^2} + \frac{Y^2}{b^2} = 1\,, \tag{5.6}$$

onde a posição de focos no eixo OY se reflete na condição: $a^2 = b^2 - c^2 < b^2$. Para descrever o mesmo conjunto de elipses, temos que mostrar que, para qualquer dupla de valores $B > A > 0$ em (5.4), existem os valores de $\alpha \in (0, 1)$ e $d > 0$ que resultam nas duas constantes escolhidas (A, B). Em outras palavras, temos que mostrar que, para quaisquer constantes $B > A > 0$, o sistema (5.3) sempre tem solução para incógnitas $\alpha^2 < 1$ e d^2. Para provar isso, observemos que $1 - \alpha^2 = \frac{A}{B}$ ou $\alpha^2 = 1 - \frac{A}{B} \in (0, 1)$ e, então, da primeira relação em (5.3), segue que $d^2 = \frac{1-\alpha^2}{4\alpha^2}A = \frac{A^2}{4(B-A)} > 0$. Assim, a solução foi encontrada.

Podemos ligar a constante α com uma das características de elipse introduzidas anteriormente. Lembramos que a excentricidade da elipse pode ser expressa via razão entre $2\sqrt{A}$ (distância entre vértices secundários) e $2\sqrt{B}$ (distância entre vértices focais) na forma: $e = \sqrt{1 - \frac{(\sqrt{A})^2}{(\sqrt{B})^2}} = \sqrt{1 - \frac{A}{B}}$. Comparando com a expressão de α em termos de A e B, imediatamente concluímos que $\alpha = e$. A única diferença entre os dois parâmetros é que $\alpha \neq 0$, enquanto e pode assumir valor 0, considerado como caso limite de uma elipse que representa uma circunferência.

Esclarecemos ainda a posição da reta diretriz R em coordenadas canônicas. Partindo da equação da diretriz $y = -d$ e da relação entre coordenadas $Y = y - d\frac{1+\alpha^2}{1-\alpha^2}$, obtemos $Y = -d - d\frac{1+\alpha^2}{1-\alpha^2} = -d\frac{2}{1-\alpha^2}$. Usando a segunda relação em (5.3) para expressar $d^2 = B\frac{(1-\alpha^2)^2}{4\alpha^2}$ e, consequentemente, $d = b\frac{1-\alpha^2}{2\alpha}$, substituímos a última na fórmula para Y e chegamos a $Y = -b\frac{1-\alpha^2}{2\alpha}\frac{2}{1-\alpha^2} = -\frac{b}{\alpha} = -\frac{b}{e}$. Assim, em relação à forma canônica (5.6), a equação da diretriz é $Y = -\frac{b}{e}$. Da mesma maneira, $y_0 = d$ passa para $Y_0 = d - d\frac{1+\alpha^2}{1-\alpha^2} = -d\frac{2\alpha^2}{1-\alpha^2} = -\alpha^2\frac{b}{\alpha} = -eb = -c$, ou seja, as coordenadas do foco F no sistema X, Y são $(0, -c)$ (certamente, o mesmo resultado segue direto da equação canônica (5.6)).

Assim como chegamos à equação canônica de uma elipse partindo da sua caracterização (5.1) via foco e diretriz, podemos efetuar um procedimento recíproco, deduzindo a relação (5.1) a partir da forma canônica (5.6). Vamos efetuar uma vez esse simples exercício. Consideremos um ponto arbitrário $P = (x, y)$ da elipse (5.6) e mostremos que para seu foco $F_1 = (0, -c)$ e reta diretriz correspondente $R_1 : y = -\frac{b}{e}$ a razão do lado esquerdo em (5.1) é uma constante menor que 1. De fato,

$$\frac{d^2(P,F_1)}{d^2(P,R_1)} = \frac{x^2 + (y+c)^2}{(y+b/e)^2} = \frac{a^2 - \frac{a^2}{b^2}y^2 + (y+c)^2}{(y+b/e)^2}$$

$$= \frac{b^2 + (1-\frac{a^2}{b^2})y^2 + 2cy}{(y+b/e)^2} = \frac{b^2 + e^2y^2 + 2bey}{(y+b/e)^2} = \frac{(b+ey)^2}{(y+b/e)^2} = e^2.$$

Portanto,

$$\frac{d(P,F_1)}{d(P,R_1)} = e < 1\,.$$

Notamos que para o par $F_2 = (0,c)$ e $R_2 : y = \frac{b}{e}$, aplicando os cálculos idênticos, segue o mesmo resultado (deixamos para o leitor a verificação disso). Daqui, segue que a mesma elipse (5.6) pode ser gerada da condição (5.1) usando dois pares foco-diretriz: o primeiro é $F_1 = (0,-c)$ e $R_1 : y = -\frac{b}{e}$ e o segundo – $F_2 = (0,c)$ e $R_2 : y = \frac{b}{e}$.

Para finalizar a consideração do caso elíptico, resta notar que, se na caracterização foco-diretriz for usado o sistema de coordenadas com eixo Oy paralelo à reta diretriz, então seria encontrada a equação de elipse com focos no eixo Ox. Todas as conclusões, neste caso, são análogas às obtidas acima.

Agora, prosseguiremos para o caso $\alpha > 1$. Sob essa condição, temos $1-\alpha^2 < 0$ e, portanto, as constantes em (5.3) têm sinais opostos: $A < 0$ e $B > 0$. Consequentemente, (5.4) é reduzida à forma canônica de uma hipérbole com os focos no eixo Oy:

$$-\frac{X^2}{a^2} + \frac{Y^2}{b^2} = 1\,, a = \sqrt{-A}\,, b = \sqrt{B}\,. \tag{5.7}$$

As relações (5.3) continuam sendo válidas e as mesmas soluções α^2 e d^2 podem ser encontradas para quaisquer valores $B > 0 > A$: $\alpha^2 = 1 - \frac{A}{B}$ e $d^2 = \frac{A^2}{4(B-A)}$. Como no caso elíptico, d^2 continua sendo positivo, mas agora $A < 0$ e, então, $\alpha^2 > 1$, isto é, temos dois parâmetros procurados. Assim, (5.7) descreve toda a família de hipérboles com os focos em Oy. Lembrando ainda a expressão da excentricidade de uma hipérbole dada na forma (5.7) – $e = \sqrt{1 + \frac{(\sqrt{-A})^2}{(\sqrt{B})^2}} = \sqrt{1 + \frac{-A}{B}}$, concluímos que $\alpha = e$.

Da mesma maneira como foi feito no caso elíptico, pode ser mostrado que à equação canônica de uma hipérbole (5.7) correspondem dois pares foco-diretriz: $F_1 = (0, -c)$ com $R_1 : y = -\frac{b}{e}$ e $F_2 = (0, c)$ com $R_2 : y = \frac{b}{e}$. (Recomendamos ao leitor que verifique este resultado via cálculos diretos.)

Obviamente, a segunda família de hipérboles, com os focos em Ox, será obtida se usarmos o sistema de coordenadas onde o eixo Oy é paralelo à reta diretriz.

Concluindo, podemos formular a seguinte caracterização universal das três curvas quadráticas principais que representa a definição equivalente às originais.

Caracterização universal de elípse, hipérbole e parábola. O lugar geométrico dos pontos cuja razão das distâncias até um ponto dado e até uma reta dada (que não contém o referido ponto) é uma grandeza constante representa

1) elípse, se essa constante é menor que 1;
2) parábola, se a constante é igual a 1;
3) hipérbole, se a constante é maior que 1.

O ponto dado é chamado de foco, a reta, de diretriz, e a constante da razão, de excentricidade.

Por fim, na tabela a seguir, juntamos, em forma resumida, vários resultados deduzidos até agora.

Tabela. Características geométricas de curvas quadráticas definidas na forma canônica geométrica (parte 1)

equação	centro	vértices	focos; dist. focal	eixos	excentr.	diretrizes
1a. elipse $\frac{x^2}{a^2}+\frac{y^2}{b^2}=1$, $a>b$	$O=(0,0)$	focais: $A_1{=}(-a,0)$, $A_2{=}(a,0)$ não focais: $B_1{=}(0,-b)$, $B_2{=}(0,b)$	$F_1=(-c,0)$, $F_2=(c,0)$, $c^2=a^2-b^2>0$; $d(F_1,F_2)=2c$	maior: $[A_1,A_2]$ menor: $[B_1,B_2]$	$e=\frac{c}{a}<1$	R: $x=\pm\frac{a}{e}=\pm\frac{a^2}{c}$
1b. elipse $\frac{x^2}{a^2}+\frac{y^2}{b^2}=1$, $b>a$	$O=(0,0)$	focais: $B_1{=}(0,-b)$, $B_2{=}(0,b)$ não focais: $A_1{=}(-a,0)$, $A_2{=}(a,0)$	$F_1=(0,-c)$, $F_2=(0,c)$, $c^2=b^2-a^2>0$; $d(F_1,F_2)=2c$	maior: $[B_1,B_2]$ menor: $[A_1,A_2]$	$e=\frac{c}{b}<1$	R: $y=\pm\frac{b}{e}=\pm\frac{b^2}{c}$
2a. hipérbole $\frac{x^2}{a^2}-\frac{y^2}{b^2}=1$	$O=(0,0)$	$A_1=(-a,0)$, $A_2=(a,0)$	$F_1=(-c,0)$, $F_2=(c,0)$, $c^2=a^2+b^2$; $d(F_1,F_2)=2c$	real: $[A_1,A_2]$ imagin.: $[B_1,B_2]$	$e=\frac{c}{a}>1$	R: $x=\pm\frac{a}{e}=\pm\frac{a^2}{c}$
2b. hipérbole $-\frac{x^2}{a^2}+\frac{y^2}{b^2}=1$	$O=(0,0)$	$B_1=(0,-b)$, $B_2=(0,b)$	$F_1=(0,-c)$, $F_2=(0,c)$, $c^2=a^2+b^2$; $d(F_1,F_2)=2c$	real: $[B_1,B_2]$ imagin.: $[A_1,A_2]$	$e=\frac{c}{b}>1$	R: $y=\pm\frac{b}{e}=\pm\frac{b^2}{c}$
3a. parábola $y=\frac{x^2}{4c}$	—	$O=(0,0)$	$F=(0,c)$; $d(F,R)=2c$	Ox, Oy	$e=1$	R: $y=-c$
3b. parábola $x=\frac{y^2}{4c}$	—	$O=(0,0)$	$F=(c,0)$; $d(F,R)=2c$	Ox, Oy	$e=1$	R: $x=-c$

Tabela. Características geométricas de curvas quadráticas definidas na forma canônica geométrica (parte2)

equação	assínt.	definição geom.	caract. geom.	simetr.	tangen.	figura
1a. elipse $\frac{x^2}{a^2}+\frac{y^2}{b^2}=1$, $a>b$	—	$d(P,F_1)+d(P,F_2)=2a$, $P=(x,y)$, $F_{1,2}=(\mp c,0)$	$\frac{d(P,F_1)}{d(P,R_1)}=e$, $R_1: x=-\frac{a}{e}$; $\frac{d(P,F_2)}{d(P,R_2)}=e$, $R_2: x=\frac{a}{e}$	eixos: Ox, Oy; ponto: $O=(0,0)$	$\frac{x_0x}{a^2}+\frac{y_0y}{b^2}=1$	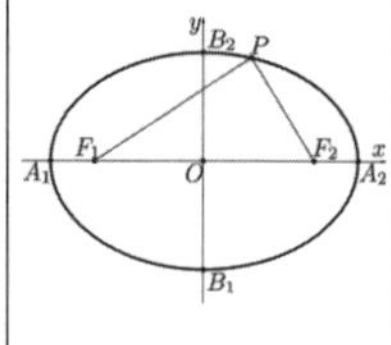
1b. elipse $\frac{x^2}{a^2}+\frac{y^2}{b^2}=1$, $b>a$	—	$d(P,F_1)+d(P,F_2)=2a$, $P=(x,y)$, $F_{1,2}=(0,\mp c)$	$\frac{d(P,F_1)}{d(P,R_1)}=e$, $R_1: y=-\frac{b}{e}$; $\frac{d(P,F_2)}{d(P,R_2)}=e$, $R_2: y=\frac{b}{e}$	eixos: Ox, Oy; ponto: $O=(0,0)$	$\frac{x_0x}{a^2}+\frac{y_0y}{b^2}=1$	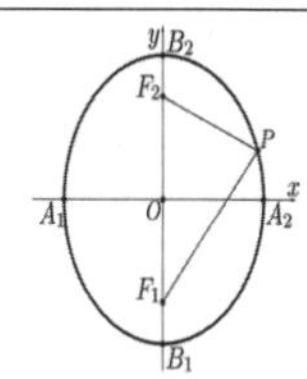
2a. hipérbole $\frac{x^2}{a^2}-\frac{y^2}{b^2}=1$	$y=\pm\frac{b}{a}x$	$\lvert d(P,F_1)-d(P,F_2)\rvert=2a$, $P=(x,y)$, $F_{1,2}=(\mp c,0)$	$\frac{d(P,F_1)}{d(P,R_1)}=e$, $R_1: x=-\frac{a}{e}$; $\frac{d(P,F_2)}{d(P,R_2)}=e$, $R_2: x=\frac{a}{e}$	eixos: Ox, Oy; ponto: $O=(0,0)$	$\frac{x_0x}{a^2}-\frac{y_0y}{b^2}=1$	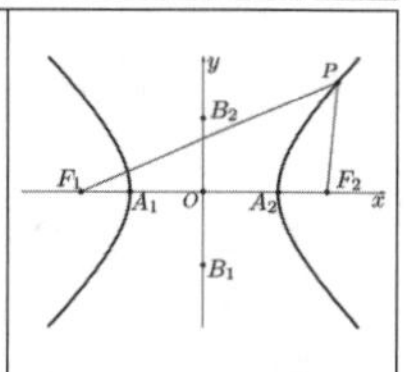
2b. hipérbole $-\frac{x^2}{a^2}+\frac{y^2}{b^2}=1$	$y=\pm\frac{b}{a}x$	$\lvert d(P,F_1)-d(P,F_2)\rvert=2a$, $P=(x,y)$, $F_{1,2}=(0,\mp c)$	$\frac{d(P,F_1)}{d(P,R_1)}=e$, $R_1: y=-\frac{b}{e}$; $\frac{d(P,F_2)}{d(P,R_2)}=e$, $R_2: y=\frac{b}{e}$	eixos: Ox, Oy; ponto: $O=(0,0)$	$-\frac{x_0x}{a^2}+\frac{y_0y}{b^2}=1$	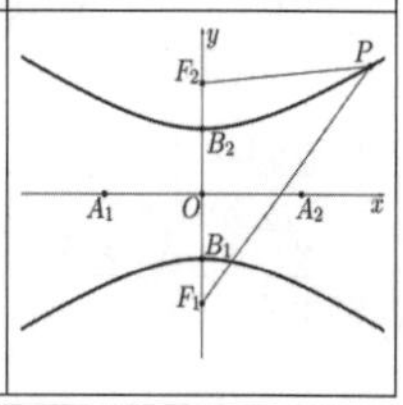
3a. parábola $y=\frac{x^2}{4c}$	—	$d(P,F)=d(P,R)$, $P=(x,y)$, $R: y=-c$	$\frac{d(P,F)}{d(P,R)}=1$, $R: y=-c$	eixo: Oy	$y-y_0=\frac{x_0}{2c}(x-x_0)$	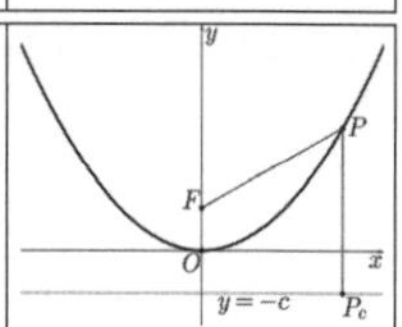
3b. parábola $x=\frac{y^2}{4c}$	—	$d(P,F)=d(P,R)$, $P=(x,y)$, $R: x=-c$	$\frac{d(P,F)}{d(P,R)}=1$, $R: x=-c$	eixo: Ox	$x-x_0=\frac{y_0}{2c}(y-y_0)$	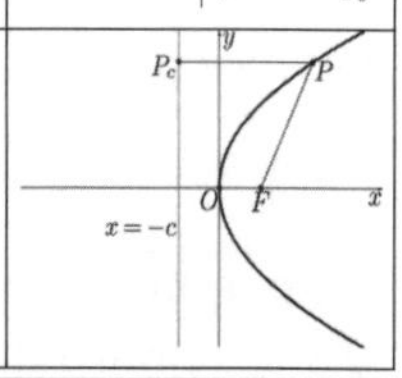

Seção 4.6 Propriedades ópticas: reta tangente e reflexão

1 Elipse

Consideremos uma elipse com focos $F_1 = (-c, 0)$ e $F_2 = (c, 0)$ no eixo Ox:

$$\frac{x^2}{a^2} + \frac{y^2}{b^2} = 1\,,\ b^2 = a^2 - c^2\,. \tag{6.1}$$

Coloquemos o seguinte problema: construir, se for possível, uma reta que passa pelo ponto $P_0 = (x_0, y_0)$ e não tem nenhum outro ponto em comum com a elipse. Há quatro pontos específicos em que a resolução deste problema é trivial – estes são os vértices da elipse: nos vértices focais $A_1 = (-a, 0)$ e $A_2 = (a, 0)$ essas retas são $x = -a$ e $x = a$, respectivamente, e nos vértices secundários $B_1 = (0, -b)$ e $B_2 = (0, b)$ essas retas são $y = -b$ e $y = b$, respectivamente. Notamos que as primeiras duas retas são perpendiculares ao eixo focal A_1A_2 e as outras duas, ao eixo secundário B_1B_2.

Vamos considerar o problema para um ponto genérico $P_0 = (x_0, y_0)$ de elipse, diferente destes quatro vértices, para o qual a resolução do problema não vai ser tão simples. Primeiro, a partir da condição que a reta procurada T tem que passar pelo ponto P_0, segue que a equação dessa reta pode ser escrita na forma $y - y_0 = k(x - x_0)$, na qual o coeficiente de inclinação k é o único parâmetro a ser determinado (veja Fig.6.1).

Substituindo a relação entre coordenadas da reta T na equação (6.1), obtemos

$$\frac{x^2}{a^2} + \frac{(y_0 + k(x - x_0))^2}{b^2} = \frac{x^2}{a^2} + \frac{y_0^2}{b^2} + \frac{k^2(x - x_0)^2}{b^2} + \frac{2k(x - x_0)y_0}{b^2} = 1\,.$$

Como $P_0 = (x_0, y_0)$ é um ponto da elipse, então $\frac{y_0^2}{b^2} = 1 - \frac{x_0^2}{a^2}$ e, portanto, a última equação pode ser reescrita na forma

$$\frac{x^2 - x_0^2}{a^2} + \frac{k^2(x - x_0)^2}{b^2} + \frac{2k(x - x_0)y_0}{b^2} = 0$$

ou ainda

$$b^2(x^2 - x_0^2) + a^2k^2(x - x_0)^2 + 2a^2k(x - x_0)y_0 = 0\,.$$

Essa é uma equação quadrada com uma das raízes igual a x_0, uma vez que P_0 é o ponto de intersecção da elipse com a reta. Descartando essa raiz, ou seja, dividindo a última equação por $x - x_0$, chegamos à equação linear

$$b^2(x + x_0) + a^2k^2(x - x_0) + 2a^2ky_0 = 0\,.$$

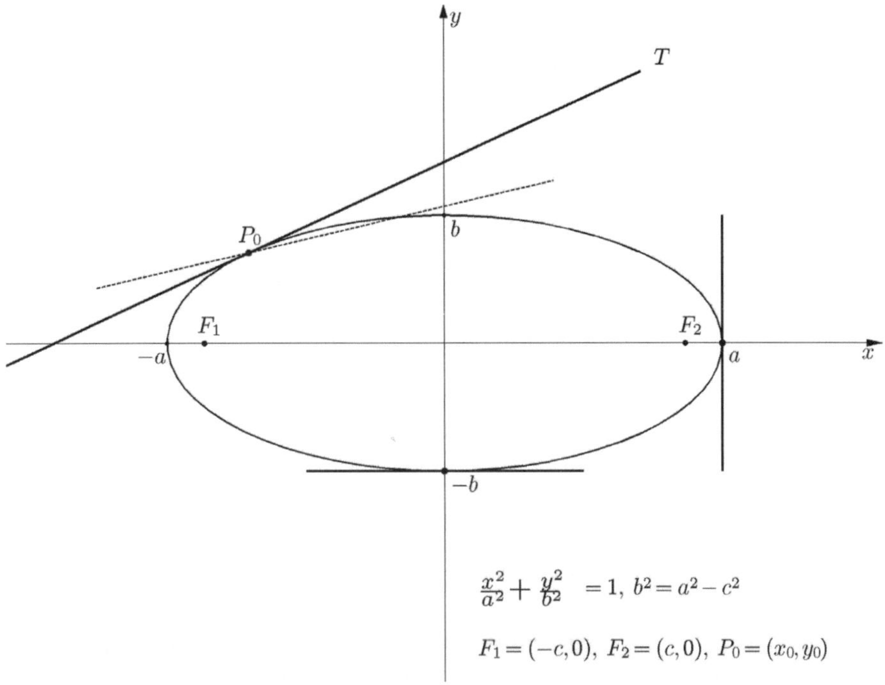

Figura 6.1 Tangente a elipse.

Notamos que o coeficiente principal (junto com x) dessa equação sempre é diferente de 0: $b^2+a^2k^2 \neq 0$, o que quer dizer que a última equação sempre tem uma única solução. Para satisfazer a condição do problema (que não haja nenhum outro ponto de intersecção além de P_0), essa equação linear deve ter a mesma raiz x_0, isto é,

$$x = \frac{a^2k^2x_0 - b^2x_0 - 2a^2ky_0}{a^2k^2+b^2} = x_0\,.$$

Reescrevendo a última relação

$$a^2k^2x_0 - b^2x_0 - 2a^2ky_0 = (a^2k^2+b^2)x_0$$

e simplificando, obtemos

$$-2a^2ky_0 = 2b^2x_0\,.$$

Finalmente, isolando a incógnita k, chegamos à resposta

$$k = \frac{-b^2x_0}{a^2y_0}\,.$$

Assim, a solução do problema colocado existe e a reta T, que satisfaz a condição requerida, tem a forma

$$y - y_0 = \frac{-b^2 x_0}{a^2 y_0}(x - x_0)\,.$$

Reescrevendo a reta na forma geral

$$\frac{x_0}{a^2}(x - x_0) + \frac{y_0}{b^2}(y - y_0) = 0\,, \tag{6.2}$$

podemos abordar todos os casos, inclusive as quatro retas que passam pelos vértices da elipse. Usando mais uma vez o fato de que P_0 pertence à elipse, podemos reescrever (6.2) ainda na forma

$$\frac{x_0}{a^2}x + \frac{y_0}{b^2}y = 1\,. \tag{6.3}$$

Devido a sua importância, a reta T tem nome especial, ela é chamada de *reta tangente à elipse* no ponto P_0. A inclinação da elipse e o seu ângulo com o eixo Ox estão definidas via caracteristicas correspondentes da reta tangente, ou seja, a *inclinação da elipse* num ponto P_0 é igual (pela definição) à inclinação da sua reta tangente neste ponto.

Notamos que, assim como foi no caso de uma circunferência na seção 4.1, a reta tangente a uma elipse (pela definição) tem um único ponto de intersecção com a elipse e, fora desse ponto de tangência, toda elipse fica de um lado só da reta tangente.

Vamos dar duas definições, geométrica e analítica, da reta tangente a uma elipse e da inclinação de uma elipse.

Definição A. Uma reta que passa por um ponto P_0 de uma elipse e não tem nenhum outro ponto em comum com a mesma é chamada de *reta tangente à elipse* no ponto P_0.

Definição B. A reta (6.2) (ou (6.3)) é chamada de *reta tangente à elipse* (6.1) no ponto P_0.

Definição. A *inclinação de uma elipse* num ponto P_0 é definida como a inclinação da sua reta tangente neste ponto.

Observação 1. Diferentemente da situação com uma reta que tem a mesma inclinação em todos os pontos, a inclinação de uma elipse é uma característica local – a inclinação muda de um ponto para outro.

Observação 2. Os leitores familiarizados com Cálculo podem reconhecer na forma (6.2) a equação usual da reta tangente a uma elipse. Realmente, dada uma curva na forma implícita $F(x, y) = 0$, a sua reta tangente no ponto $P_0 = (x_0, y_0)$ se encontra pela fórmula (caso F é uma função diferenciável e sua diferencial não é nula em P_0): $F_x(P_0)(x - x_0) + F_y(P_0)(y - y_0) = 0$, onde $F_x(P_0)$ e $F_y(P_0)$ são derivadas parciais de F em relação a x e y, respectivamente, avaliadas no ponto P_0. No caso de uma elipse, $F(x,y) = \frac{x^2}{a^2} + \frac{y^2}{b^2} - 1$ e $F_x(x,y) = \frac{2x}{a^2}$, $F_y(x,y) = \frac{2y}{b^2}$, levando à seguinte equação da tangente

$$\frac{2x_0}{a^2}(x - x_0) + \frac{2y_0}{b^2}(y - y_0) = 0\,,$$

que conicide com (6.2).

Estabelecemos agora a seguinte propriedade de elipse, ligada à reta tangente: a *reta normal* N à reta tangente no ponto $P_0 = (x_0, y_0)$ é a bissetriz do ângulo $\angle F_1P_0F_2$ (veja Fig.6.2).

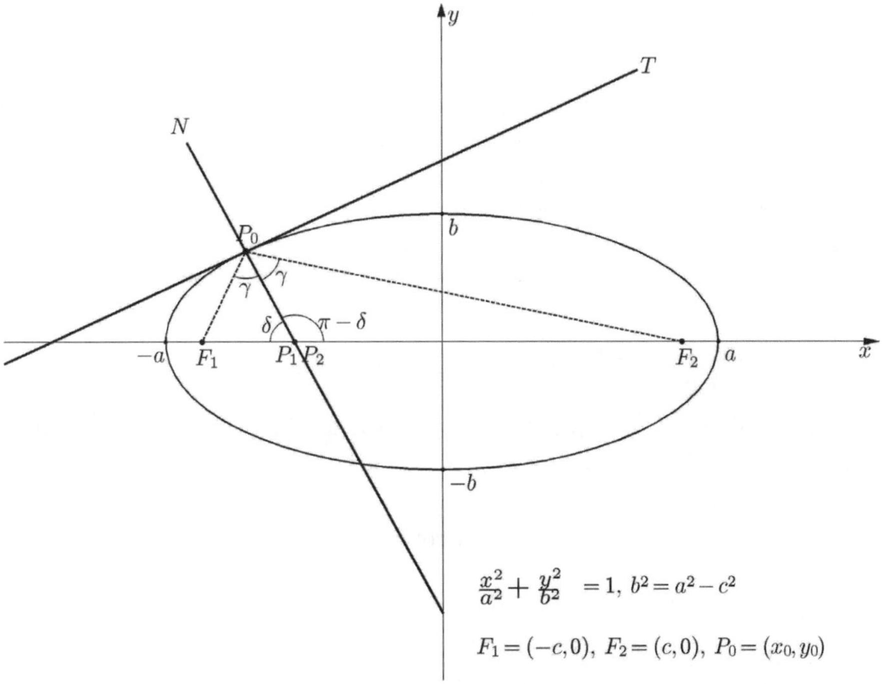

Figura 6.2 Tangente, normal e propriedade óptica da elipse.

Para provar essa propriedade, escrevemos, primeiro, a equação da reta normal N à tangente (6.2) que passa pelo ponto $P_0 = (x_0, y_0)$:

$$\frac{y_0}{b^2}(x - x_0) - \frac{x_0}{a^2}(y - y_0) = 0\,.$$

A sua intersecção com Ox é o ponto $P_1 = (x_1, 0)$, cuja abscissa se encontra da equação
$$\frac{y_0}{b^2}(x_1 - x_0) - \frac{x_0}{a^2}(0 - y_0) = 0\,,$$
ou, isolando x_1,
$$x_1 = x_0 - \frac{b^2}{a^2}x_0 = \left(1 - \frac{b^2}{a^2}\right)x_0 = \frac{c^2}{a^2}x_0\,.$$

Encontramos agora a abscissa do ponto $P_2 = (x_2, 0)$ da intersecção da bissetriz do ângulo $\angle F_1P_0F_2$ com o eixo Ox (veja Fig.6.2). Do teorema de senos para triângulos, temos que no triângulo $F_1P_0P_2$ é válida a relação $\frac{\sin\gamma}{d(F_1,P_2)} = \frac{\sin\delta}{d(F_1,P_0)}$ e no triângulo $F_2P_0P_2$, $\frac{\sin\gamma}{d(F_2,P_2)} = \frac{\sin(\pi-\delta)}{d(F_2,P_0)}$. Disso, segue que $\frac{\sin\gamma}{\sin\delta} = \frac{d(F_1,P_2)}{d(F_1,P_0)} = \frac{d(F_2,P_2)}{d(F_2,P_0)}$. Como $d(F_1, P_2) = x_2 + c$ e $d(F_2, P_2) = c - x_2$, a última relação pode ser reescrita na forma $(x_2 + c)d(F_2, P_0) = (c - x_2)d(F_1, P_0)$ ou $x_2(d(F_2, P_0) + d(F_1, P_0)) = c(d(F_1, P_0) - d(F_2, P_0))$. Usando relações de uma elipse, transformamos essa equação a $x_2 \cdot 2a = c(2a - 2d(F_2, P_0))$ ou, isolando x_2, temos $x_2 = \frac{c}{a}(a - d(F_2, P_0))$. A distância no lado direito pode ser avaliada da seguinte maneira:
$$d(F_2, P_0) = \sqrt{(x_0 - c)^2 + y_0^2} = \sqrt{(x_0 - c)^2 + b^2\left(1 - \frac{x_0^2}{a^2}\right)}$$
$$= \sqrt{\frac{c^2}{a^2}x_0^2 - 2cx_0 + a^2} = \sqrt{\left(\frac{c}{a}x_0 - a\right)^2} = a - \frac{c}{a}x_0$$
(note que a última expressão é positiva para qualquer ponto $P_0 = (x_0, y_0)$ da elipse porque $a > c$ e $a \geq x_0$). Substituindo essa avaliação na fórmula para x_2, obtemos $x_2 = \frac{c}{a}\left(a - \left(a - \frac{c}{a}x_0\right)\right) = \frac{c^2}{a^2}x_0$. Assim, os pontos P_1 e P_2 coincidem, o que quer dizer que a reta normal N é a bissetriz do ângulo $\angle F_1P_0F_2$.

Usando os resultados da tangente e normal a uma elipse, podemos formular sua *propriedade de reflexão óptica*. Lembramos que na óptica geométrica existe a seguinte lei de reflexão: o ângulo formado entre o raio incidente de luz e reta normal à superfície (a curva no caso planar) de reflexão é igual ao ângulo entre o raio refletido e a mesma normal (na forma abreviada, o ângulo de reflexão é igual ao ângulo de incidência). Em outras palavras, normal à curva representa a bissetriz do ângulo formado pelos raios incidente e refletido. Dessa maneira, a propriedade da normal de elipse, que acabamos de demonstrar, leva à seguinte consequência: os raios de luz, emitidos de um dos focos de elipse, depois da reflexão na fronteira da elipse, passam pelo segundo foco da elipse.

2 Hipérbole

Faremos, neste item, considerações semelhantes às de elipse no item anterior. Como os raciocínios são análogos, faremos a apresentação de forma mais breve.

Consideremos uma hipérbole com focos $F_1 = (-c, 0)$ e $F_2 = (c, 0)$ no eixo Ox:

$$\frac{x^2}{a^2} - \frac{y^2}{b^2} = 1\,,\; b^2 = c^2 - a^2\,. \tag{6.4}$$

A construção da reta tangente é trivial nos dois vértices $A_1 = (-a, 0)$ e $A_2 = (a, 0)$ – temos as retas $x = -a$ e $x = a$, respectivamente. Consideremos então um ponto genérico $P_0 = (x_0, y_0)$ da hipérbole, diferente dos dois vértices. A condição que a reta tangente passa por P_0 implica na seguinte forma da reta procurada: $y - y_0 = k(x - x_0)$ (veja Fig.6.3).

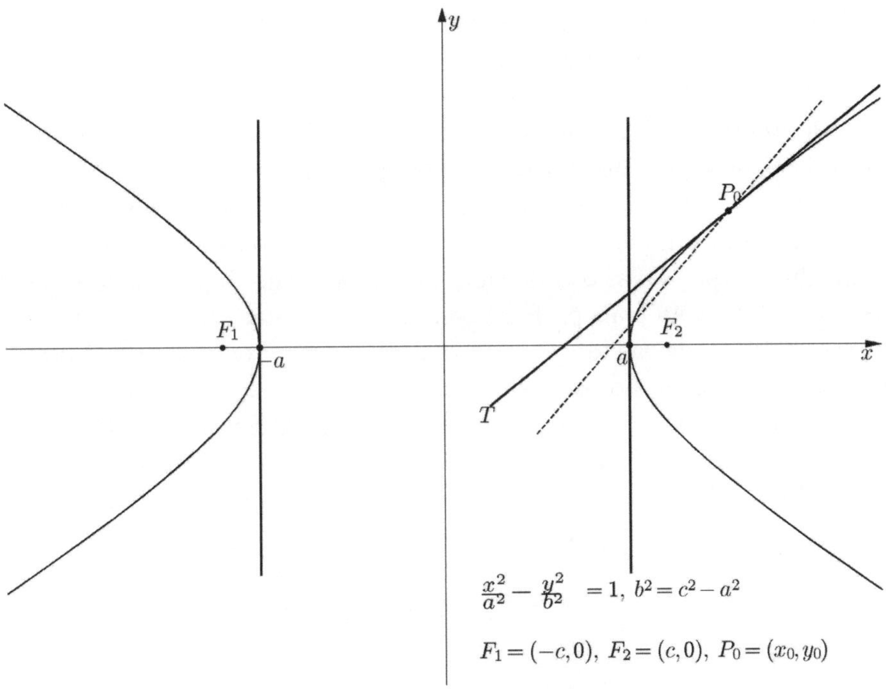

Figura 6.3 Tangente à hipérbole.

Para determinar o coeficiente de inclinação k, substituímos essa forma em (6.4) e obtemos

$$\frac{x^2}{a^2} - \frac{(y_0 + k(x-x_0))^2}{b^2} = \frac{x^2}{a^2} - \frac{y_0^2}{b^2} - \frac{k^2(x-x_0)^2}{b^2} - \frac{2k(x-x_0)y_0}{b^2} = 1\,.$$

Usando relação $\frac{y_0^2}{b^2} = \frac{x_0^2}{a^2} - 1$ para o ponto $P_0 = (x_0, y_0)$ da hipérbole, reescrevemos a última equação na forma

$$\frac{x^2 - x_0^2}{a^2} - \frac{k^2(x-x_0)^2}{b^2} - \frac{2k(x-x_0)y_0}{b^2} = 0$$

ou

$$b^2(x^2 - x_0^2) - a^2k^2(x-x_0)^2 - 2a^2k(x-x_0)y_0 = 0\,.$$

Podemos cortar $x - x_0$ sem perda de informação (uma vez que já sabemos que x_0 é raiz dessa equação pelo fato de P_0 pertencer à hipérbole) e obtemos

$$b^2(x + x_0) - a^2k^2(x - x_0) - 2a^2ky_0 = 0\,.$$

Consideremos separadamente dois casos diferentes que podem ocorrer na resolução dessa equação. Primeiro, se o coeficiente principal é nulo – $b^2 - a^2k^2 = 0$ –, então não há raizes da última equação. Isso corresponde aos dois valores do coeficiente de inclinação – $k = \pm\frac{b}{a}$. Neste caso, P_0 é o único ponto de intersecção, mas as retas correspondentes $y - y_0 = \pm\frac{b}{a}(x - x_0)$ não são tangentes: embora cada uma dessas retas tenha um único ponto de intersecção com a hipérbole, este ponto é de intersecção simples e não de "toque duplo" quando as coordenadas de P_0 são raízes duplas da equação de intersecção. A razão mais profunda do porquê as retas $y - y_0 = \pm\frac{b}{a}(x - x_0)$ não são consideradas as tangentes será revelada no próximo item. Notamos que essas duas retas são paralelas às assíntotas $y = \pm\frac{b}{a}x$ da hipérbole.

No segundo caso, quando o coeficiente principal é diferente de 0 – $b^2 - a^2k^2 \neq 0$ –, a última equação é linear em relação a x e, portanto, tem uma única solução. Prosseguimos neste caso da mesma maneira como foi feito para uma elipse. Resolvendo a equação linear em relação a x, temos

$$x = \frac{a^2k^2x_0 + b^2x_0 - 2a^2ky_0}{a^2k^2 - b^2}\,.$$

Para garantir a unicidade do ponto de intersecção, a última raiz deve ser igual a x_0, donde segue

$$(a^2k^2 - b^2)x_0 = a^2k^2x_0 + b^2x_0 - 2a^2ky_0\,.$$

Resolvendo em relação a k, chegamos à resposta

$$k = \frac{b^2 x_0}{a^2 y_0}.$$

Assim, a reta tangente T tem a forma

$$\frac{x_0}{a^2}(x - x_0) - \frac{y_0}{b^2}(y - y_0) = 0. \tag{6.5}$$

ou

$$\frac{x_0}{a^2}x - \frac{y_0}{b^2}y = 1. \tag{6.6}$$

Notamos que os casos especiais dos dois vértices da hipérbole também estão incluídos nas duas últimas equações.

Assim como foi feito no caso de uma elipse, vamos dar duas definições, geométrica e analítica, da reta tangente a uma hipérbole e da inclinação de uma hipérbole.

Definição A. Uma reta que passa por um ponto P_0 de uma hipérbole, tem inclinação diferente das assíntotas e não tem nenhum outro ponto de intersecção com a hipérbole é chamada de *reta tangente à hipérbole* no ponto P_0.

Observação. Notamos a necessidade de incluir nessa definição a condição adicional que exclui as retas paralelas às assíntotas.

Definição B. A reta (6.5) (ou (6.6)) é chamada de *reta tangente à hipérbole* (6.4) no ponto P_0.

Definição. A *inclinação de uma hipérbole* num ponto P_0 é definida como a inclinação da sua reta tangente neste ponto.

Observação 1. Do mesmo jeito como foi para elipse, a inclinação de uma hipérbole é uma caracteristica local.

Observação 2. Os leitores familiarizados com Cálculo podem reconhecer na fórmula (6.5) a equação usual da reta tangente a uma hipérbole definida na forma implícita $F(x, y) = \frac{x^2}{a^2} - \frac{y^2}{b^2} - 1 = 0$:

$$\frac{2x_0}{a^2}(x - x_0) - \frac{2y_0}{b^2}(y - y_0) = 0.$$

Demonstremos agora que a reta tangente no ponto $P_0 = (x_0, y_0)$ é a bissetriz do ângulo $\angle F_1 P_0 F_2$ (veja a Fig.6.4). Realmente, de (6.6) segue que o ponto $P_1 = (x_1, 0)$ da intersecção da tangente com o eixo Ox se encontra da relação

$$\frac{x_0}{a^2}x_1 = 1,$$

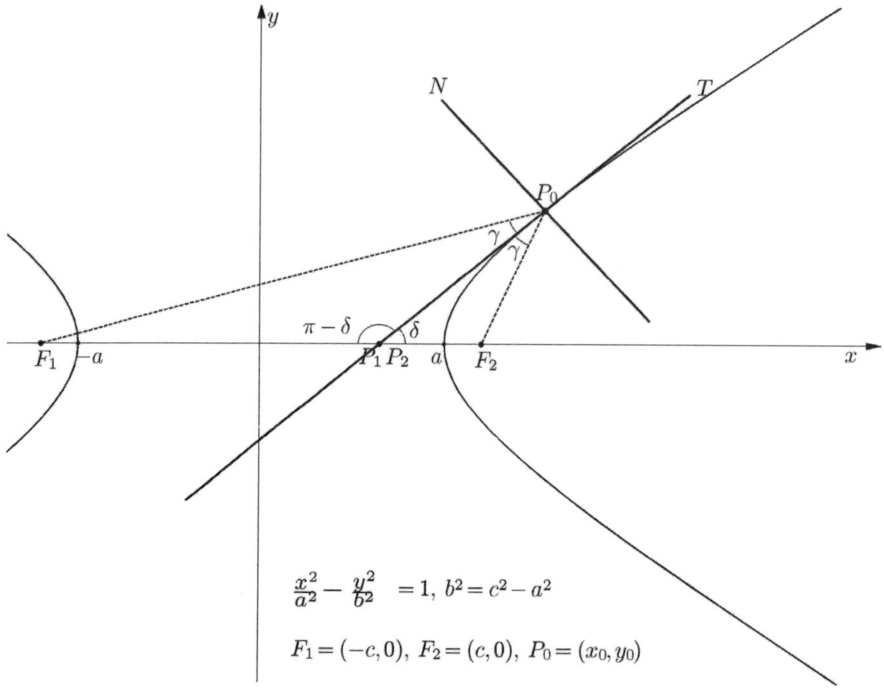

Figura 6.4 Tangente, normal e propriedade óptica da hipérbole.

isto é,

$$x_1 = \frac{a^2}{x_0}.$$

Se $P_2 = (x_2, 0)$ é o ponto da intersecção da bissetriz P_0P_2 do ângulo $\angle F_1P_0F_2$ com o eixo Ox, então, do teorema de senos aplicado ao triângulo $F_1P_0P_2$, segue que $\frac{\sin\gamma}{d(F_1,P_2)} = \frac{\sin(\pi-\delta)}{d(F_1,P_0)}$ e, do mesmo teorema no triângulo $F_2P_0P_2$, temos que $\frac{\sin\gamma}{d(F_2,P_2)} = \frac{\sin\delta}{d(F_2,P_0)}$. Disso segue que $\frac{\sin\gamma}{\sin\delta} = \frac{d(F_1,P_2)}{d(F_1,P_0)} = \frac{d(F_2,P_2)}{d(F_2,P_0)}$. Como $d(F_1,P_2) = x_2 + c$ e $d(F_2,P_2) = c - x_2$, a última relação pode ser reescrita na forma $(x_2 + c)d(F_2,P_0) = (c - x_2)d(F_1,P_0)$ ou $x_2(d(F_2,P_0) + d(F_1,P_0)) = c(d(F_1,P_0) - d(F_2,P_0))$. Supondo que $x_0 > 0$ (isto é, considerando a parte direita da hipérbole), a relação principal da hipérbole é $d(F_1,P_0) - d(F_2,P_0) = 2a$. Então, a equação para x_2 pode ser reescrita na forma $x_2(2a + 2d(F_2,P_0)) = c \cdot 2a$ ou, isolando x_2, temos $x_2 = \frac{ac}{a+d(F_2,P_0)}$. A distância no denominador pode ser avaliada da seguinte maneira:

$$d(F_2,P_0) = \sqrt{(x_0-c)^2+y_0^2} = \sqrt{(x_0-c)^2+b^2\left(\frac{x_0^2}{a^2}-1\right)}$$

$$=\sqrt{\frac{c^2}{a^2}x_0^2-2cx_0+a^2}=\sqrt{\left(\frac{c}{a}x_0-a\right)^2}=\frac{c}{a}x_0-a$$

(note que a última expressão é positiva para qualquer ponto $P_0=(x_0,y_0)$ da parte direita da hipérbole, porque $a<c$ e $a\le x_0$). Substituindo essa avaliação na fórmula para x_2, obtemos $x_2=\frac{ac}{a+\frac{c}{a}x_0-a}=\frac{a^2}{x_0}$. Deixamos a cargo do leitor mostrar que no caso $x_0<0$ é obtida a mesma fórmula para x_2. Assim, os pontos P_1 e P_2 coincidem, o que quer dizer que a reta tangente T é a bissetriz do ângulo $\angle F_1P_0F_2$.

Usando a última propriedade da tangente, podemos formular a *propriedade de reflexão óptica* de uma hipérbole: os raios de luz, emitidos de um dos focos da hipérbole, depois de serem refletidos na fronteira da hipérbole, são propagados na mesma direção como os raios emitidos do segundo foco da hipérbole.

Observação. As propriedades semelhantes de tangência e reflexão são válidas para uma hipérbole com focos no eixo Oy:

$$\frac{x^2}{a^2}-\frac{y^2}{b^2}=-1\,. \tag{6.7}$$

Em particular, a reta tangente no ponto $P_0=(x_0,y_0)$ tem a forma

$$\frac{x_0}{a^2}(x-x_0)-\frac{y_0}{b^2}(y-y_0)=0 \tag{6.8}$$

ou

$$\frac{x_0}{a^2}x-\frac{y_0}{b^2}y=-1\,. \tag{6.9}$$

Deixamos a dedução dessas fórmulas e respectivas propriedades a cargo do leitor.

3 Parábola

Vamos efetuar construções semelhantes para parábola com foco $F=(0,c)$, localizado na parte positiva do eixo Oy:

$$y=\frac{x^2}{4c}\,. \tag{6.10}$$

A reta tangente que passa pelo vértice $A=(0,0)$ é simples de visualisar – ela é o eixo Ox. Consideremos agora um ponto genérico $P_0=(x_0,y_0)$ da parábola. A condição de que a reta tangente passa por P_0 implica na seguinte forma da reta procurada: $y-y_0=k(x-x_0)$ (veja Fig.6.5).

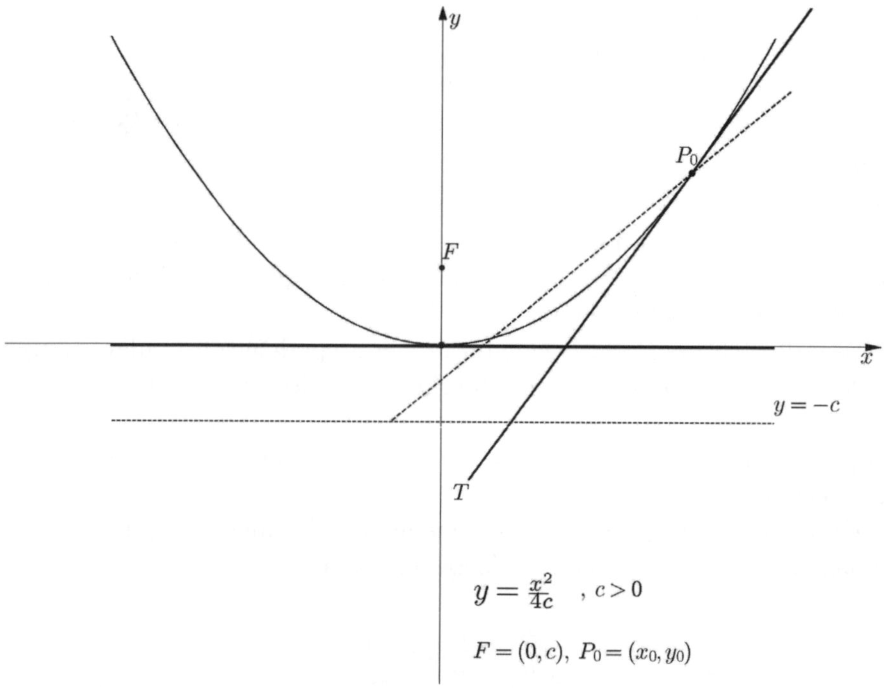

Figura 6.5 Tangente à parábola.

Para determinar todos os pontos de intersecção dessa reta com a parábola, substituímos a expressão de y para reta em (6.10):

$$y_0 + k(x - x_0) = \frac{x^2}{4c}.$$

Como P_0 é o ponto da parábola, então reescrevemos a última equação na forma

$$\frac{x_0^2}{4c} + k(x - x_0) = \frac{x^2}{4c}$$

ou

$$k(x - x_0) = \frac{x^2 - x_0^2}{4c}.$$

Eliminando a raiz conhecida x_0 dessa equação (isto é, dividindo por $x - x_0$), obtemos

$$k = \frac{x + x_0}{4c}.$$

A condição da unicidade do ponto de intersecção implica que a segunda raiz também deve ser x_0, ou seja,

$$k = \frac{x_0 + x_0}{4c} = \frac{x_0}{2c}.$$

Assim, a reta tangente T à parábola (6.10) tem a forma geral

$$y - y_0 = \frac{x_0}{2c}(x - x_0). \tag{6.11}$$

A última fórmula é válida também para o vértice $A = (0, 0)$ da parábola. A inclinação da parábola num ponto P_0, de acordo com a definição, é igual à inclinação da sua reta tangente neste ponto.

As definições, geométrica e analítica, da reta tangente a uma parábola e da sua inclinação são dadas como segue.

Definição A. Uma reta $y - y_0 = k(x - x_0)$ que passa por um ponto P_0 da parábola (6.10) e não tem nenhum outro ponto em comum com a mesma é chamada de *reta tangente à parábola* (6.10) no ponto P_0.

Definição B. A reta (6.11) é chamada de *reta tangente à parábola* (6.10) no ponto P_0.

Definição. A *inclinação de uma parábola* num ponto P_0 é definida como a inclinação da sua reta tangente neste ponto.

Observação 1. Do mesmo jeito que para elipse e hipérbole, a inclinação de uma parábola é uma característica local.

Observação 2. Os leitores familiarizados com Cálculo podem reconhecer na fórmula (6.11) a equação usual da reta tangente a uma parábola definida na forma explícita (6.10). Lembramos que a reta tangente ao gráfico de uma função explícita $y = f(x)$ se define no ponto $P_0 = (x_0, y_0)$ pela fórmula $y - f(x_0) = f'(x_0) \cdot (x - x_0)$ (sob a condição que $f(x)$ é diferenciável no ponto x_0). Aplicando essa fórmula à função (6.10), obtemos:

$$y - y_0 = \frac{2x_0}{4c}(x - x_0).$$

Observação 3. As retas da forma $x = const$ têm um único ponto de intersecção com a parábola (6.10), mas não são consideradas retas tangentes. Formalmente, elas não satisfazem as Definições A ou B da reta tangente à parábola (6.10), porque estas exigem a forma explícita da reta em relação a y. A consideração acurada da situação com essas retas vem da análise das retas definidas na forma explícita em relação a x: $x - x_0 = m(y - y_0)$. Substituindo essa equação na fórmula da parábola (6.10), obtemos:

$$y = \frac{(x_0 + m(y - y_0))^2}{4c},$$

e, usando o fato de que P_0 é um ponto da parábola, reescrevemo-la como

$$y = \frac{4cy_0 + 2mx_0(y - y_0) + m^2(y - y_0)^2}{4c}.$$

Sabendo que y_0 é raiz dessa equação, podemos cancelar $y - y_0$ sem perda de informação e chegamos à seguinte equação linear em relação a y:

$$4c = 2mx_0 + m^2(y - y_0).$$

Agora, como no caso da hipérbole, temos duas situações diferentes. Primeiro, se $m = 0$, então o termo linear some e a última equação não tem mais raízes, isto é, P_0 é o único ponto de intersecção da reta com a parábola. No entanto, a reta respectiva $x = x_0$ não é tangente, porque P_0 é o ponto de intersecção simples e não de "toque duplo" quando as coordenadas de P_0 são raízes duplas da equação de intersecção. A razão mais profunda do porquê as retas $x = x_0$ não são consideradas as tangentes será revelada no próximo item.

No segundo caso, $m \neq 0$, a condição da unicidade do ponto de intersecção significa que a raiz da última equação deve ser $y = y_0$, o que leva a relação para m na forma

$$m = \frac{2c}{x_0} = \frac{1}{k},$$

isto é, chegamos à solução

$$x - x_0 = \frac{2c}{x_0}(y - y_0)$$

que conicide com as retas tangentes (6.11).

A propriedade importante da reta tangente é que ela representa a bissetriz do ângulo $\angle FP_0B$, onde B é a projeção de P_0 para a reta diretriz (ou para o eixo Ox) (veja Fig.6.6). Para verificar isso, comparamos as distâncias $d(F, P_0)$ e $d(F, P_1)$, onde $P_1 = (0, y_1)$ é o ponto de intersecção da tangente com o eixo Oy. A primeira distância é mais simples avaliar usando a propriedade principal da parábola: $d(F, P_0) = d(P_0, y = -c) = y_0 + c$. Para a segunda distância, encontramos a ordenada y_1 usando a equação da tangente: $y_1 - y_0 = \frac{x_0}{2c}(0 - x_0)$, isto é, $y_1 = y_0 - \frac{x_0^2}{2c} = y_0 - 2y_0 = -y_0$, onde na segunda igualdade foi usado o fato de que P_0 é um ponto da parábola. Então, temos $d(F, P_1) = c - y_1 = c + y_0 = d(F, P_0)$, isto é, o triângulo FP_0P_1 é isósceles e, portanto, os ângulos correspondentes $\angle FP_0P_1$ e $\angle FP_1P_0$ deste triângulo são iguais. Mas o ângulo $\angle FP_1P_0$ é igual ao ângulo $\angle P_1P_0B$ (os dois são obtidos na intersecção da tangente com as retas paralelas $x = 0$ e $x = x_0$) (veja Fig.6.6). Portanto, a tangente T é a bissetriz do ângulo $\angle FP_0B$.

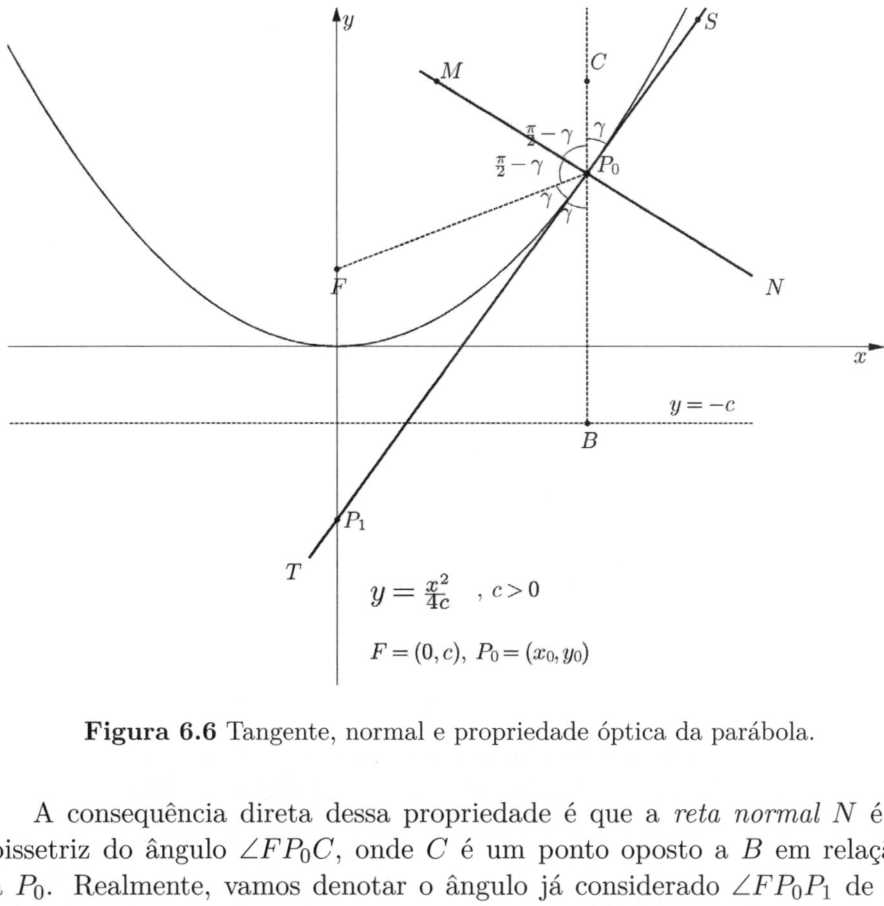

Figura 6.6 Tangente, normal e propriedade óptica da parábola.

A consequência direta dessa propriedade é que a *reta normal* N é a bissetriz do ângulo $\angle FP_0C$, onde C é um ponto oposto a B em relação a P_0. Realmente, vamos denotar o ângulo já considerado $\angle FP_0P_1$ de γ. Marcamos algum ponto M da normal que fica acima da tangente e também algum ponto S da tangente que fica acima da normal. Como a tangente e a normal são perpendiculares, então $\angle FP_0M = \frac{\pi}{2} - \gamma$. Os ângulos $\angle CP_0S$ e $\angle P_1P_0B$ são verticais (e consequentemente iguais) e o último é igual a $\angle FP_0P_1 = \gamma$ (conforme demonstrado antes). Portanto, $\angle CP_0M = \frac{\pi}{2} - \angle CP_0S = \frac{\pi}{2} - \gamma$. Assim, $\angle FP_0M = \angle CP_0M$, ou seja, a reta normal N é a bissetriz do ângulo $\angle FP_0C$.

Da última propriedade da normal segue a *propriedade de reflexão óptica* de uma parábola: os raios de luz, emitidos do foco da parábola em qualquer direção, depois de serem refletidos na fronteira da parábola, se tornam paralelos. Ou na direção contrária: se os raios incidentes sobre a parábola são paralelos, então, depois de serem refletidos na fronteira da parábola, eles todos vão se encontrar no foco da parábola.

Observação. As propriedades semelhantes de tangência e reflexão são válidas para parábolas com outras orientações em relação aos eixos coordenados. Por exemplo, para a parábola

$$y = -\frac{x^2}{4c} \tag{6.12}$$

com o foco $F = (0, -c)$, a reta tangente no ponto $P_0 = (x_0, y_0)$ tem a forma

$$y - y_0 = -\frac{x_0}{2c}(x - x_0)\,. \tag{6.13}$$

Deixamos a dedução dessas fórmulas e respectivas propriedades a cargo do leitor.

4 Reta tangente à curva quadrática

Para generalizar as considerações dos três casos anteriores e esclarecer melhor o comportamento fundamental da reta tangente à curva, incluindo a questão levantada no item anterior das retas $x = const$ interceptando uma parábola, vamos considerar o problema da construção da *tangente à curva quadrática* geral

$$F(x, y) \equiv ax^2 + bxy + cy^2 + dx + ey + f = 0\,, \tag{6.14}$$

onde pelo menos um dos coeficientes principais a, b, c é diferente de 0.

Consideremos uma reta geral na forma paramétrica

$$\begin{cases} x = x_0 + \alpha t \\ y = y_0 + \beta t \end{cases}, \ \alpha^2 + \beta^2 \neq 0\,, \ t \in \mathbb{R}. \tag{6.15}$$

Substituindo a equação dessa reta em (6.9), obtemos uma função de parâmetro t:

$$F(t) = At^2 + Bt + C\,, \tag{6.16}$$

em que

$$\begin{gathered} A = a\alpha^2 + b\alpha\beta + c\beta^2\,, \ B = (2ax_0 + by_0 + d)\alpha + (bx_0 + 2cy_0 + e)\beta\,, \\ C = ax_0^2 + bx_0y_0 + cy_0^2 + dx_0 + ey_0 + f\,. \end{gathered} \tag{6.17}$$

A expressão (6.16) representa os valores que a função da curva quadrática (6.14) assume nos pontos da reta (6.15), ou, em outras palavras, (6.16) é a medida da diferença entre os pontos da curva (6.14) e os respectivos pontos da reta (6.15), ou ainda, a avaliação do desvio dos pontos da curva (6.14) a partir dos pontos da reta (6.15). Vamos analisar o comportamento da função (6.16) para os pequenos valores do parâmetro t ($|t| << 1$).

Obviamente, o ponto $P_0 = (x_0, y_0)$ pertence à reta (6.15), o que corresponde ao valor do parâmetro $t = 0$ na equação (6.15). Se, ao mesmo tempo, P_0 não é o ponto da curva (6.14), isto é, se $C \neq 0$ em (6.16), então para os valores pequenos de t, ou seja, nos pontos próximos ao ponto P_0, a diferença $F(t)$ é aproximadamente igual a C. Se quisermos diminuir a distância entre os pontos da curva e da reta, temos que, em primeiro lugar, escolher $C = 0$, o que equivale a dizer que a curva (6.14) passa por P_0. Neste caso, $F(0) = 0$ e, caso $B \neq 0$, $F(t)$ é proporcional a t para os valores bastante pequenos de t, porque t^2 é muito menor que t quando $|t| << 1$. Então, neste caso, o termo Bt é o principal em $F(t)$ e At^2 é o secundário, desprezível perto de P_0, uma vez que $|At^2| << |Bt|$ para os valores pequenos de t.

Da comparação entre termo quadrático At^2 e linear Bt segue que, caso consigamos anular o último, então os pontos da curva e da reta vão ficar o mais próximo possível: obviamente, não há chance de anular todos os termos em (6.16) para as curvas essencialmente quadráticas, isso pode acontecer só nos casos singulares, hiperbólico e parabólico, quando as curvas se tornam as retas, mas esses casos singulares não nos interessam na construção de reta tangente. Então, uma curva quadrática (elipse, hipérbole ou parábola) vai ficar o mais próximo possível da reta (6.15) se conseguirmos anular o coeficiente B. Neste caso, perto do ponto P_0, o desvio da curva a partir da reta vai ser proporcional a t^2.

Assim, se colocarmos o problema de encontrar a reta (6.15) que fica o mais próximo possível da curva (6.14) perto do ponto P_0, ou seja, cujo desvio dos pontos da curva é proporcional a t^2 para pequenos valores de t, então chegamos às duas condições a serem satisfeitas: $C = 0$ e $B = 0$. A primeira condição significa, geometricamente, que a curva (6.14) deve conter P_0 e, analiticamente, que $t = 0$ é a raiz da equação

$$F(t) = At^2 + Bt + C = 0\,. \tag{6.18}$$

A segunda condição significa, geometricamente, que o ponto P_0 deve ser o único ponto de intersecção da curva com a reta (para pequenos valores de t) e, analiticamente, isso significa que $t = 0$ é a raiz dupla da equação (6.18). Tal ponto P_0, às vezes, é chamado de ponto de "toque duplo". Caso a solução deste problema exista, a reta encontrada é chamada de reta tangente à curva (6.14) no ponto P_0.

Definição A. Uma reta (6.15) é chamada de *reta tangente à curva* (6.14) se a função respectiva de desvio $F(t)$ em (6.16) se representa na forma $F(t) = At^2$.

Vamos passar então à solução deste problema. Primeiro, nada nos impede de escolher a reta (6.15) de tal modo que o ponto P_0 seja um dos pontos da curva (6.14), outras retas simplesmente vamos desconsiderar. Assim, a primeira condição está satisfeita – $C = 0$.

Encontramos agora a condição para anular B. Se, por acaso, $2ax_0 + by_0 + d = 0$ e, ao mesmo tempo, $bx_0 + 2cy_0 + e = 0$, então $B = 0$ e o problema já está resolvido. Caso contrário, temos a equação

$$B = (2ax_0 + by_0 + d)\alpha + (bx_0 + 2cy_0 + e)\beta = 0\,,$$

o que significa que os componentes do segmento (vetor) diretor da reta devem satisfazer a relação

$$\frac{\alpha}{\beta} = -\frac{bx_0 + 2cy_0 + e}{2ax_0 + by_0 + d}$$

ou a relação invertida, caso o denominador seja igual a 0 (pelo menos um deles – numerador ou denominador – é diferente de 0). Para a relação encontrada entre α e β, escrevemos a solução obtida da reta tangente na forma geral:

$$(2ax_0 + by_0 + d)(x - x_0) + (bx_0 + 2cy_0 + e)(y - y_0) = 0\,. \qquad (6.19)$$

Levando em conta que P_0 é o ponto da curva, podemos reescrever a última equação na forma

$$(2ax_0 + by_0 + d)x + (bx_0 + 2cy_0 + e)y + (dx_0 + ey_0 + 2f) = 0\,. \qquad (6.20)$$

Assim, chegamos à seguinte definição da *reta tangente à curva* (6.14), equivalente à definição A, mas na forma mais construtiva.

Definição B. A reta (6.19) (ou (6.20)) é a *reta tangente à curva* (6.14) no ponto $P_0 = (x_0, y_0)$.

De modo correspondente, a definição da *inclinação de uma curva quadrática* vem na seguinte forma, generalizando as respectivas definições para elipse, hipérbole e parábola:

Definição. A *inclinação de uma curva quadrática* num ponto P_0 é definida como a inclinação da sua reta tangente neste ponto.

Um caso especial de um único ponto de intersecção pode ocorrer quando $A = 0$ para alguns valores específicos de α e β. Neste caso, a equação (6.18) se torna uma equação linear que, no caso $C = 0$, tem uma única solução $t = 0$, correspondendo ao ponto P_0. Mas este ponto não é o ponto de "toque duplo", porque ele não corresponde à raiz dupla $t = 0$, o que se reflete no fato de que a diferença entre a curva quadrática e a reta será determinada pelo termo linear Bt e não pelo quadrático At^2. Portanto, neste caso, embora não haja outros pontos de intersecção da reta (6.15) com a curva (6.14) (pelo menos perto do ponto P_0), a reta construída não é considerada reta tangente. Exatamente essa situação ocorre com as retas

$$y - y_0 = \pm\frac{b}{a}(x - x_0) \tag{6.21}$$

no caso de uma hipérbole

$$F(x, y) = \frac{x^2}{a^2} - \frac{y^2}{b^2} - 1 = 0 \tag{6.22}$$

e com as retas

$$x = x_0 \tag{6.23}$$

no caso de uma parábola

$$F(x, y) = \frac{x^2}{4c} - y = 0\,. \tag{6.24}$$

Realmente, substituindo (6.15) em (6.22), obtemos a função (6.16) com coeficientes

$$A = \frac{\alpha^2}{a^2} - \frac{\beta^2}{b^2}\,,\; B = 2\frac{\alpha x_0}{a^2} - 2\frac{\beta y_0}{b^2}\,,\; C = \frac{x_0^2}{a^2} - \frac{y_0^2}{b^2} - 1\,. \tag{6.25}$$

Como P_0 pertence à hipérbole, então $C = 0$ e, quando $\frac{\alpha^2}{a^2} = \frac{\beta^2}{b^2}$, isto é, para retas (6.21), a função $F(t)$ assume a forma

$$F(t) = 2\left(\frac{\alpha x_0}{a^2} - \frac{\beta y_0}{b^2}\right)t = 2\frac{\beta}{b}\left(\pm\frac{x_0}{a} - \frac{y_0}{b}\right)t\,.$$

Se $\beta = 0$, então $\alpha = 0$ e não temos a equação da reta; se $\frac{x_0^2}{a^2} = \frac{y_0^2}{b^2}$, então P_0 não pode ser um ponto da hipérbole. Portanto, todos os termos que multiplicam t na última expressão não se anulam e, por isso, a diferença entre os pontos da reta e da hipérbole é proporcional a t e não a t^2 como deve ser para uma reta tangente. Assim, embora P_0 seja o único ponto de intersecção das retas (6.21) com a hipérbole (6.22), essas retas não são tangentes à hipérbole (6.22).

Faremos considerações semelhantes para parábola (6.24) e retas (6.23). Se substituirmos (6.15) em (6.24), então obtemos a função (6.16) com coeficientes

$$A = \frac{\alpha^2}{4c}, \; B = \frac{x_0\alpha}{2c} - \beta, \; C = \frac{x_0^2}{4c} - y_0 \,. \tag{6.26}$$

Com o ponto P_0 pertencendo à parábola, temos $C = 0$ e, quando $\alpha = 0$ (a reta (6.23) paralela ao eixo Oy), a função $F(t)$ assume a forma

$$F(t) = -\beta t\,,$$

com $\beta \neq 0$ (caso $\beta = 0$, não há a equação da reta). Assim, o ponto P_0 é o único ponto de intersecção da reta (6.23) com a parábola (6.24), mas a diferença entre os pontos da reta e da parábola é proporcional a t, o que não possibilita caracterizar essa reta como uma reta tangente.

Observação 1. Os leitores familiarizados com Cálculo podem reconhecer na fórmula (6.19) a forma da reta tangente ao gráfico de uma função definida na forma implícita (6.14). É conhecido do Cálculo que a reta tangente ao gráfico da função implícita $F(x, y) = 0$ no ponto $P_0 = (x_0, y_0)$ se encontra pela fórmula (caso F seja uma função diferenciável com diferencial diferente de 0 em P_0): $F_x(P_0)(x - x_0) + F_y(P_0)(y - y_0) = 0$, na qual $F_x(P_0)$ e $F_y(P_0)$ são derivadas parciais de F em relação a x e y, respectivamente, avaliadas no ponto P_0. Para curva quadrática (6.14), temos $F_x(P_0) = 2ax_0 + by_0 + d$ e $F_y(P_0) = bx_0 + 2cy_0 + e$, o que resulta na equação da tangente (6.19).

Observação 2. Fora alguns detalhes, as retas tangentes para elipse, hipérbole e parábola nos itens anteriores foram construídas de uma maneira semelhante – elas foram geradas a partir da condição de que P_0 é o único ponto de intersecção da reta com a curva. As considerações de itens anteriores, que simplificaram a construção de tangentes, têm as seguintes duas diferenças principais com as construções deste item (que são irrelevantes para as três curvas principais, mas podem ser importantes para outras curvas):

1) foram considerados todos os pontos da curva em vez de uma vizinhança do ponto P_0;

2) como critério determinante da reta tangente foi usado o fato de ter só uma intersecção com a curva, em vez de grau de proximidade entre os pontos da curva e da reta tangente, como neste item.

A primeira incoerência leva a uma certa discrepância entre a definição da tangente proposta nos itens anteriores e a definição conhecida de Cálculos que coincide com a dada neste item. Realmente, se deixamos de considerar uma vizinhança do ponto P_0 e definimos a reta tangente como aquela que passa por um ponto P_0 de uma curva e não tem nenhum outro ponto em comum com a mesma, então tangentes a várias curvas conhecidas não vão satisfazer essa "definição". Por exemplo, o gráfico da função $y = \cos x$ tem a reta tangente $y = 1$, que intercepta (e tangencia) o gráfico em todos os pontos $x_k = 2k\pi, k \in \mathbb{Z}$. Para reparar a primeira inconsistência, poderíamos dar uma definição geométrica mais acurada chamando de reta tangente aquela que passa por P_0 e não tem nenhum outro ponto em comum com a curva numa vizinhança de P_0. Mas, mesmo restringindo a consideração de intersecções pela vizinhança de P_0, ainda há funções cujas tangentes não satisfazem essa "definição": o gráfico de $f(x) = \begin{cases} x^2 \sin \frac{1}{x}, x \neq 0 \\ 0, x = 0 \end{cases}$ tem a reta tangente $y = 0$ no ponto $(0, 0)$, interceptando este gráfico infinitas vezes em qualquer vizinhança da origem. Este é o resultado do segundo ponto da diferença entre construções neste item e nos anteriores. Finalmente, o uso do critério inadequado de número de intersecções pode resultar em situações já consideradas acima das retas (6.21) interceptando a hipérbole (6.22) e das retas (6.23) interceptando a parábola (6.24). Intuitivamente, fica claro que situações com essas retas são bem diferentes das situações com retas tangentes às curvas (6.22) e (6.24). No caso particular da parábola $y = x^2$ considerada numa vizinhança do ponto $P_0 = (0, 0)$, a diferença entre o comportamento da reta $x = 0$ e a tangente neste ponto $y = 0$ fica ainda mais evidente: a "tangente falsa" $x = 0$ intercepta a parábola só uma vez mas, fora disso, ela tem pouco a ver com o comportamento da parábola, enquanto a tangente verdadeira $y = 0$ além de interceptar a parábola só uma vez, tem pontos próximos aos pontos da parábola numa vizinhança do ponto origem. No entanto, usando só o número de intersecções de uma reta com a curva não tem como diferenciar a primeira reta da segunda.

Exercícios resolvidos

1. Escrever as equações das retas tangentes à curva $9x^2 - 4y^2 - 18x - 24y + 9 = 0$ que são paralelas à reta $x + 2y = 0$.

Solução.

Podemos usar duas abordagens na resolução desse problema: a primeira é baseada na equação (6.19) (ou (6.20)) da tangente a uma curva qua-

drática geral (6.14), e a segunda consiste na transformação da equação dada a uma forma canônica e posterior aplicação da equação da tangente (6.5) ou (6.8) para uma hipérbole (como tem a diferença dos quadrados sem presença do termo misto na equação original, então fica claro que a equação é do tipo hiperbólico mesmo antes de fazer transformações). Os passos principais dos dois métodos, relacionados à construção das tangentes, são semelhantes, mas há certas diferenças que mostraremos a seguir.
Aplicando o primeiro método (da equação quadrática geral), obtemos a equação (6.19) na forma

$$(2 \cdot 9x_0 - 18)(x - x_0) + (2 \cdot (-4)y_0 - 24)(y - y_0) = 0\,,$$

ou, simplificando,

$$9(x_0 - 1)(x - x_0) - 4(y_0 + 3)(y - y_0) = 0\,.$$

A condição de que essa reta deve ser paralela à reta $x + 2y = 0$ implica na seguinte relação entre seus coeficientes:

$$\frac{9(x_0 - 1)}{-4(y_0 + 3)} = \frac{1}{2}$$

ou

$$9(x_0 - 1) = -2(y_0 + 3)\,.$$

Como $P_0 = (x_0, y_0)$ é um dos pontos da curva original, então as coordenadas x_0, y_0 devem satisfazer, também, a equação da curva, o que pode ser reescrito como segue

$$9(x_0 - 1)^2 - 4(y_0 + 3)^2 + 36 = 0.$$

Para resolver o sistema das duas últimas equações, substituímos y_0 da primeira na segunda e obtemos a equação quadrática para x_0:

$$9(x_0 - 1)^2 - 81(x_0 - 1)^2 + 36 = 0,$$

isolamos $(x_0 - 1)^2$

$$(x_0 - 1)^2 = \frac{1}{2}$$

e, finalmente, achamos x_0

$$x_0 = 1 \pm \frac{1}{\sqrt{2}}\,.$$

Por conveniência, denotamos a primeira raiz de x_1 e a segunda de x_2:

$$x_1 = 1 - \frac{1}{\sqrt{2}}, \; x_2 = 1 + \frac{1}{\sqrt{2}}.$$

Os valores correspondentes de y_0 são encontrados da primeira relação:

$$y_1 = -3 - \frac{9}{2}(x_1 - 1) = -3 + \frac{9}{2\sqrt{2}}, \; y_2 = -3 - \frac{9}{2}(x_2 - 1) = -3 - \frac{9}{2\sqrt{2}}.$$

Assim, há duas soluções – os pontos $A_1 = (x_1, y_1)$ e $A_2 = (x_2, y_2)$ – e duas retas tangentes que satisfazem as condições do problema:

$$(x - x_1) + 2(y - y_1) = 0 \;\; e \;\; (x - x_2) + 2(y - y_2) = 0$$

ou, especificando,

$$(x - 1 + \frac{1}{\sqrt{2}}) + 2(y + 3 - \frac{9}{2\sqrt{2}}) = 0 \;\; e \;\; (x - 1 - \frac{1}{\sqrt{2}}) + 2(y + 3 + \frac{9}{2\sqrt{2}}) = 0.$$

A Fig.6.7 mostra a posição da curva e das duas retas tangentes.

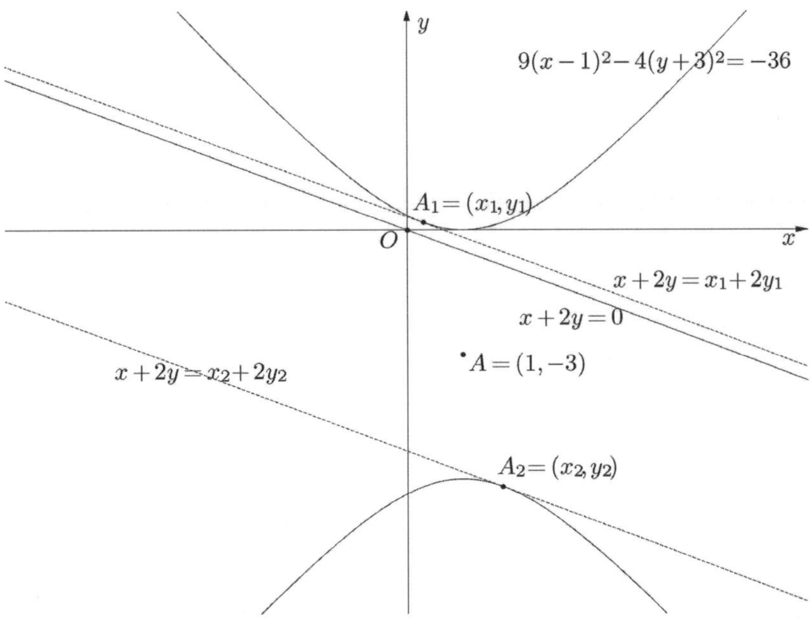

Figura 6.7 A hipérbole $9x^2 - 4y^2 - 18x - 24y + 9 = 0$ e duas retas tangentes paralelas $x + 2y = 0$.

No segundo método, inicialmente, transformamos a equação original à forma canônica, formando os quadrados com termos lineares

$$9(x-1)^2 - 4(y+3)^2 = -36$$

e introduzindo as coordenadas canônicas via translação

$$X = x - 1,\ Y = y + 3$$

o que leva à equação canônica da hipérbole com os focos no eixo OY:

$$9X^2 - 4Y^2 = -36$$

ou

$$\frac{X^2}{4} - \frac{Y^2}{9} = -1\,.$$

A reta tangente em coordenadas X, Y tem a forma (6.8):

$$\frac{X_0}{4}(X - X_0) - \frac{Y_0}{9}(Y - Y_0) = 0\,.$$

A equação da reta original se reescreve na forma $X + 1 + 2(Y - 3) = 0$ ou $X + 2Y - 5 = 0$. Como a tangente deve ser paralela à última reta, então

$$\frac{X_0/4}{-Y_0/9} = \frac{1}{2}$$

ou

$$9X_0 = -2Y_0\,.$$

As coordenadas X_0 e Y_0 são ligadas via equação da hipérbole,

$$9X_0^2 - 4Y_0^2 = -36$$

e, portanto, precisamos resolver o sistema das duas últimas equações. Substituindo a expressão de Y_0 da primeira equação na segunda, obtemos

$$9X_0^2 - 81X_0^2 = -36\,,$$

donde encontramos duas raízes

$$X_1 = -\frac{1}{\sqrt{2}} \ \ e \ \ X_2 = \frac{1}{\sqrt{2}}\,.$$

Os valores respectivos de Y_0 são encontrados da primeira relação:

$$Y_1 = -\frac{9}{2}X_1 = \frac{9}{2\sqrt{2}} \ \ e \ \ Y_2 = -\frac{9}{2}X_2 = -\frac{9}{2\sqrt{2}}\,.$$

Assim, há duas soluções – $A_1 = (X_1, Y_1)$ e $A_2 = (X_2, Y_2)$ – e duas retas tangentes que satisfazem as condições do problema:

$$(X - X_1) + 2(Y - Y_1) = 0 \ \ e \ \ (X - X_2) + 2(Y - Y_2) = 0\,,$$

ou, especificando,

$$(X + \frac{1}{\sqrt{2}}) + 2(Y - \frac{9}{2\sqrt{2}}) = 0 \ \ e \ \ (X - \frac{1}{\sqrt{2}}) + 2(Y + \frac{9}{2\sqrt{2}}) = 0\,.$$

Voltando às coordenadas originais, chegamos à mesma resposta do primeiro método.

2. Calcular a distância da reta $R : x - 2y + 2 = 0$ até a curva $C : y = -\frac{x^2}{8}$.

Solução.

Primeiro, lembremos que a distância de uma figura até outra é definida como a distância mínima (caso exista) entre todas as distâncias calculadas de um ponto da primeira figura até um ponto da segunda. Caso as duas fuguras tenham pelo menos um ponto comum, então, conforme essa definição, a distância entre elas é igual a zero. Se a distância mínima não existe, então em vez do mínimo deve ser considerado o ínfimo entre todas as distâncias, mas esse conceito é mais complicado e não vamos precisar dele nesse problema.

Assim, conforme a definição acima, verifiquemos inicialmente se a reta R e a parábola C têm pontos de intersecção. Isolando y na equação da reta $y = \frac{x}{2} + 1$ e igualando as ordenadas da reta e parábola, obtemos a equação quadrática $-\frac{x^2}{8} = \frac{x}{2} + 1$ ou $x^2 + 4x + 8 = 0$ cujo discriminante é negativo – $D = 16 - 32 < 0$ –, o que quer dizer que não há raízes dessa equação e, consequentemente, não há pontos de intersecção da reta e parábola.

Para determinar a distância procurada, encontramos então a reta tangente à parábola C que é paralela a R. A equação geral das retas tangentes à parábola $y = -\frac{x^2}{8}$ num ponto $P_0 = (x_0, y_0)$ tem a forma $y - y_0 = -\frac{x_0}{4}(x - x_0)$, onde $y_0 = -\frac{x_0^2}{8}$ (veja a fórmula (6.13)). Reescrevendo as retas tangentes na forma explícita em relação a y – $y = -\frac{x_0}{4}x + \frac{x_0^2}{8}$ – e comparando a última com a equação explícita de R – $y = \frac{1}{2}x + 1$, chegamos à conclusão que a única reta tangente T paralela a R é aquela que satisfaz a condição $-\frac{x_0}{4} = \frac{1}{2}$, ou seja, $x_0 = -2$. Portanto, a única reta tangente T paralela a R é $y = \frac{1}{2}x + \frac{1}{2}$, ou, na forma geral, $x - 2y + 1 = 0$.

Observamos agora que, de acordo com a propriedade da tangente, toda a parábola fica de um lado só de qualquer reta tangente. No nosso caso, toda a parábola C fica à direita da tangente T (veja a ilustração na Fig.6.8). Por outro lado, a reta R fica à esquerda dessa tangente (veja a Fig.6.8). Portanto, a distância de qualquer ponto da parábola diferente de P_0 até a reta R é maior que a distância da tangente T até R, e somente no ponto P_0 essas duas distâncias são iguais. Portanto, a distância mínima entre R e C é a distância de R até T. Calcular a distância entre duas retas paralelas é simples: basta escolher qualquer ponto da reta R, por exemplo, $P_1 = (0, 1)$, e encontrar a distância de P_1 até T usando a fórmula conhecida: $d(P_1, T) = \frac{|1 \cdot 0 - 2 \cdot 1 + 1|}{\sqrt{1^2 + (-2)^2}} = \frac{1}{\sqrt{5}}$. Assim, a distância procurada entre R e C é igual a $\frac{1}{\sqrt{5}}$.

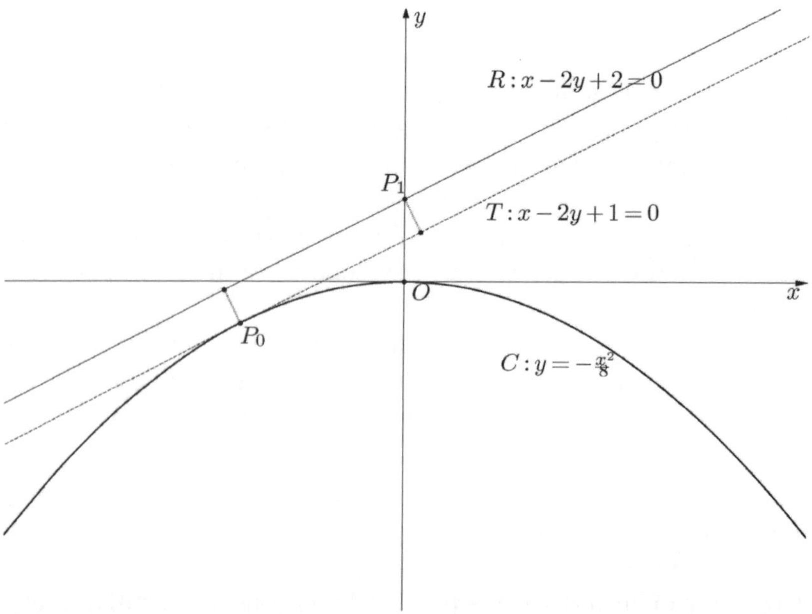

Figura 6.8 Distância entre a reta $R : x - 2y + 2 = 0$ e a curva $C : y = -\frac{x^2}{8}$.

3. Encontrar as condições que garantem a possibilidade de passar por um ponto dado as duas retas tangentes à mesma elipse. Resolver o mesmo problema quando existe uma só reta tangente e quando não existe nenhuma.

Solução.

Notamos que na resolução desse problema podemos usar, sem perda de generalidade, a descrição mais simples de uma elipse em coordenadas canônicas (6.1). Se tomarmos qualquer ponto P_1 dentro de uma elipse, então qualquer reta que passa por P_1 tem dois pontos de intersecção com a elipse (dos lados diferentes de P_1) e, portanto, não há retas tangentes à elipse que passam por P_1. Se escolhermos qualquer ponto P_1 pertencendo à elipse (isto é, que fica no seu contorno), então, pela definição, existe uma única reta tangente nesse ponto, que, no caso da elipse dada em coordenadas canônicas (6.1), satisfaz a equação (6.3).

Finalmente, consideremos qualquer ponto P_1 fora da elipse (6.1). Das considerações geométricas, segue que podemos, primeiro, passar a reta R_0 por P_1 e a origem O, que divide a elipse em duas partes, e segundo, podemos construir uma elipse maior com os mesmos focos da original e contendo ponto P_1 (ela é determinada de modo único) e, depois disso, passar por P_1 a reta tangente R_T à essa nova elipse que contém P_1 na sua fronteira (veja a Fig.6.9). Rotacionando agora R_0 em torno de P_1 num dos sentidos, por exemplo, no sentido anti-horário, até a reta rotacionada coincidir com R_T, observamos que na sua posição inicial R_0 essa reta tem dois pontos de intersecção com a elipse dada e, na sua posição final R_T, ela não tem pontos de intersecção com essa elipse. Observamos também que, a partir de um certo ângulo, a distância entre os pontos de intersecção dessas retas com a elipse diminui continuamente, o que permite concluir que, para um certo ângulo, a distância entre dois pontos chega a 0, isto é, existe um único ponto de intersecção da reta com a elipse e, pela definição, essa reta é a tangente. Do mesmo jeito, rotacionando R_0 no sentido inverso, horário, até a reta R_T, encontramos mais uma reta tangente à elipse que passa por P_1. Infelizmente, esse raciocínio pode ser considerado uma prova definitiva somente com a atribuição ao termo "continuamente" um significado matemático específico, que é baseado no conceito do limite e, por isso, fica fora de nossas técnicas rudimentares. No entanto, num sentido intuitivo, isso traz uma boa ideia da situação com os pontos fora da elipse.

Para conseguir uma demonstração rígida, sem ultrapassar as técnicas simples, realizaremos uma prova analítica. Sabemos que qualquer tangente à elipse (6.1) tem a forma (6.3), na qual (x_0, y_0) são as coordenadas do ponto da tangência (pertencendo à elipse). Vamos verficar se entre todas essas retas tangentes existem aquelas que passam pelo ponto $P_1 = (x_1, y_1)$, ou seja, analisaremos para quais parâmetros x_0, y_0 a relação

$$\frac{x_0}{a^2}x_1 + \frac{y_0}{b^2}y_1 = 1 \tag{6.27}$$

é válida. Lembremos que x_0, y_0 são parâmetros dependentes, uma vez

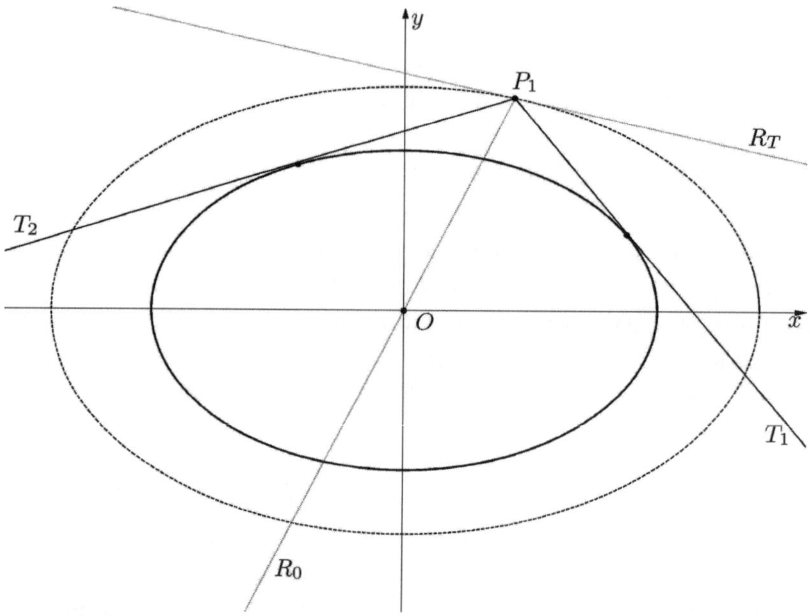

Figura 6.9 Retas tangentes passando por um ponto fora de uma elipse.

que P_0 pertence à elipse, ou seja,

$$\frac{x_0^2}{a^2} + \frac{y_0^2}{b^2} = 1\,. \tag{6.28}$$

Assim, temos que verificar se o sistema (6.27)-(6.28) tem alguma solução em termos das incógnitas x_0, y_0, com x_1, y_1 considerados como parâmetros dados. Para resolver o sistema, expressamos y_0 em termos de x_0 usando (6.27)

$$y_0 = \frac{b^2}{y_1}(1 - \frac{x_0}{a^2}x_1)$$

e substituímos a última relação em (6.28)

$$\frac{x_0^2}{a^2} + \frac{1}{b^2}\frac{b^4}{y_1^2}(1 - \frac{x_0}{a^2}x_1)^2 = 1\,.$$

Multiplicando essa equação por $a^4y_1^2$, obtemos

$$a^2y_1^2x_0^2 + b^2(a^2 - x_1x_0)^2 = a^4y_1^2\,,$$

ou, reagrupando os termos,

$$(a^2y_1^2 + b^2x_1^2)x_0^2 - 2a^2b^2x_1x_0 + a^4(b^2 - y_1^2) = 0\,.$$

Essa equação quadrática em relação a x_0 tem duas soluções reais se, e somente se, seu discriminante é positivo:

$$D = (2a^2b^2x_1)^2 - 4a^4(b^2 - y_1^2)(b^2x_1^2 + a^2y_1^2) > 0\,.$$

A última condição pode ser reescrita na forma

$$\frac{D}{4a^4} = b^2x_1^2y_1^2 - b^2a^2y_1^2 + a^2y_1^4 = a^2b^2y_1^2\left(\frac{x_1^2}{a^2} + \frac{y_1^2}{b^2} - 1\right) > 0\,,$$

ou, simplificando,

$$\frac{x_1^2}{a^2} + \frac{y_1^2}{b^2} > 1\,.$$

A última desigualdade significa que, caso o ponto $P_1 = (x_1, y_1)$ fique fora da elipse, então há duas retas tangentes à elipse que passam por P_1. Como a forma da própria solução do sistema (6.27)-(6.28) não nos interessa (só precisamos descobrir se a solução existe e o número de soluções), então o problema com pontos P_1 fora da elipse está resolvido. Da mesma maneira, a condição $D = 0$ é necessária e suficiente para que exista uma única solução x_0. Essa condição pode ser escrita na forma

$$\frac{x_1^2}{a^2} + \frac{y_1^2}{b^2} = 1\,,$$

ou seja, isso ocorre quando P_1 pertence à elipse. Finalmente, a equação quadrática para x_0 não tem raízes reais se, e somente se, $D < 0$, o que equivale à condição

$$\frac{x_1^2}{a^2} + \frac{y_1^2}{b^2} < 1\,.$$

Isso quer dizer que para o ponto P_1 dentro da elipse não há nenhuma reta tangente passando por P_1.

Exercícios

1. Escrever a equação da reta tangente à curva C no ponto A:
1) $C : \frac{x^2}{12} + \frac{y^2}{4} = 1$, $A = (3, 1)$;
2) $C : \frac{x^2}{36} + \frac{y^2}{12} = 1$, $A = (3, -3)$;
3) $C : \frac{x^2}{9} - \frac{y^2}{12} = 1$, $A = (-3, 0)$;

4) $C : \frac{x^2}{32} - \frac{y^2}{8} = 1$, $A = (6, 1)$;
5) $C : xy = 8$, $A = (4, 2)$;
6) $C : y^2 = 6x$, $A = (\frac{3}{2}, 3)$.

2. Verificar se a reta T é tangente à curva C e encontrar os pontos da tangência:
1) $C : \frac{x^2}{48} + \frac{y^2}{36} = 1$, $T : 3x - 2y - 24 = 0$;
2) $C : \frac{x^2}{20} - \frac{y^2}{36} = 1$, $T : 3x - y - 12 = 0$;
3) $C : xy = -3$, $T : 3x - 16y + 24 = 0$;
4) $C : y^2 = 4x$, $T : x + y + 1 = 0$.

3. Encontrar as retas tangentes à elipse $\frac{x^2}{30} + \frac{y^2}{24} = 1$ as quais:
1) são paralelas à reta $2x - y - 1 = 0$;
2) são perpendiculares à reta $2x - y - 1 = 0$;
3) formam o ângulo $\frac{\pi}{4}$ com a reta $x + 3y + 3 = 0$;
4) passam pela origem das coordenadas.

4. Encontrar as retas tangentes à hipérbole $\frac{x^2}{25} - \frac{y^2}{16} = 1$ as quais:
1) são paralelas à reta $4x = 3y$;
2) são paralelas à reta $x = 1$;
3) são paralelas à reta $x - 2y + 1 = 0$;
4) são perpendiculares à reta $x - 2y + 1 = 0$.

5. Encontrar as retas tangentes à parábola $y^2 = 10x - 20$ as quais:
1) são paralelas à reta $x = 0$;
2) são perpendiculares à reta $x = 0$;
3) são perpendiculares à reta $2x + y - 4 = 0$;
4) passam pela origem das coordenadas.

6. Encontrar as retas tangentes à elipse $\frac{x^2}{18} + \frac{y^2}{8} = 1$ que passam pelo ponto A:
1) $A = (-6, 0)$;
2) $A = (-4, -\frac{2}{3}\sqrt{2})$;
3) $A = (1, 2)$.

7. Encontrar as retas tangentes à hipérbole $\frac{x^2}{4} - y^2 = 1$ que passam pelo ponto A:
1) $A = (-2, 2)$;
2) $A = (4, \sqrt{3})$;
3) $A = (4, 1)$.

8. Encontrar as retas tangentes à parábola $y^2 = 16x$ que passam pelo ponto A:
1) $A = (1, -2)$;
2) $A = (1, 4)$;
3) $A = (1, 5)$.

9. Encontrar as retas tangentes à curva $6xy + 8y^2 - 12x - 26y + 11 = 0$ as quais:
1) são paralelas à reta $6x = 17y - 4 = 0$;
2) são perpendiculares à reta $41x - 24y + 3 = 0$;
3) são paralelas à reta $y = 0$.

10. Encontrar as retas tangentes à curva $5x^2+6xy+5y^2-16x-16y-16 = 0$ as quais passam pelo ponto A:
1) $A = (3, 3)$;
2) $A = (0, -\frac{4}{5})$;
3) $A = (0, 1)$.

11. Para quais coeficientes a e b a reta $ax + by = 1$ tangencia:
1) elipse $\frac{x^2}{16} + \frac{y^2}{9} = 1$;
2) hipérbole $\frac{x^2}{16} - \frac{y^2}{9} = 1$;
3) hipérbole $xy = 1$;
4) parábola $y = x^2$.

12. Encontrar os pontos da reta R que têm a distância mínima até a curva C e calcular essa distância:
1) $C : \frac{27}{28}x^2 + \frac{9}{7}y^2 = 1$, $R : 3x + 4y + 5 = 0$;
2) $C : 6x^2 - 5y^2 = 19$, $R : 12x + 5y - 6 = 0$;
3) $C : 6x^2 - 5y^2 = 19$, $R : 12x + 5y = 0$;
4) $C : y^2 = 64x$, $R : 4x - 3y - 76 = 0$.

13. Encontrar as condições que garantem a possibilidade de passar por um ponto dado as duas retas tangentes à mesma hipérbole. Resolver o mesmo problema quando existe uma só reta tangente e quando não existe nenhuma.

14. Encontrar as condições que garantem a possibilidade de passar por um ponto dado as duas retas tangentes à mesma parábola. Resolver o mesmo problema quando existe uma só reta tangente e quando não existe nenhuma.

Capítulo 5

Curvas quadráticas: formas gerais e classificação

Seção 5.1 Redução à forma canônica via método de Lagrange

1 Método de Lagrange

O *método de Lagrange* é uma das técnicas mais populares e simples entre as usadas no Cálculo para transformação de formas quadráticas e classificação de equações respectivas no plano e no espaço. Sem complicações, este método pode ser usado também nos espaços de dimensões superiores, uma vez qua a sua utilização segue o mesmo padrão para espaços de qualquer dimensão. No momento, consideremos sua aplicação à equação quadrática geral de duas variáveis reais x e y

$$ax^2 + bxy + cy^2 + dx + ey + f = 0\,, \tag{1.1}$$

onde a, b, c, d, e, f são constantes reais.

A simplificação dessa equação consiste na eliminação do termo quadrático misto e de termos lineares. Vamos começar com os termos quadráticos. Da formulação do problema, já segue que iremos considerar a equação (1.1) com coeficiente $b \neq 0$ (caso contrário, o termo misto não estará presente). Vamos supor, no momento, que adicionalmente $a \neq 0$. Então, para eliminar o termo misto, formamos um quadrado completo usando os primeiros dois termos e parte do terceiro:

$$ax^2 + bxy + cy^2 = a\left(x^2 + \frac{b}{a}xy\right) + cy^2 = a\left(x + \frac{b}{2a}y\right)^2 + \left(c - \frac{b^2}{4a}\right)y^2 .$$

Se agora fizermos a mudança de coordenadas

$$x' = x + \frac{b}{2a}y\,, \quad y' = y\,, \tag{1.2}$$

então (1.1) assumirá a forma

$$\begin{aligned} &ax'^2 + \left(c - \frac{b^2}{4a}\right)y'^2 + d\left(x' - \frac{b}{2a}y'\right) + ey' + f \\ &= a'x'^2 + c'y'^2 + d'x' + e'y' + f' = 0\,, \end{aligned} \tag{1.3}$$

onde $a' = a, c' = c - \frac{b^2}{4a}, d' = d, e' = e - \frac{db}{2a}, f' = f$.

No próximo passo, eliminamos o termo linear com x' e, caso $c' \neq 0$, eliminamos também com y'. Caso $c' = 0$, então o termo linear com y' (se estiver presente) se torna o principal termo de y' na equação. Supondo que $c' \neq 0$, obtemos

$$a'x'^2 + c'y'^2 + d'x' + e'y' + f' = a'\left(x'^2 + \frac{d'}{a'}x'\right) + c'\left(y'^2 + \frac{e'}{c'}y'\right) + f'$$

$$= a'\left(x' + \frac{d'}{2a'}\right)^2 + c'\left(y' + \frac{e'}{2c'}\right)^2 + f' - \frac{d'^2}{4a'} - \frac{e'^2}{4c'} = 0\,.$$

Se fizermos mais uma mudança de coordenadas

$$X = x' + \frac{d'}{2a'}\,, \quad Y = y' + \frac{e'}{2c'}\,, \tag{1.4}$$

então reescrevemos a última equação na forma

$$AX^2 + CY^2 + F = 0\,, \tag{1.5}$$

onde $A = a', C = c', F = f' - \frac{d'^2}{4a'} - \frac{e'^2}{4c'}$. A equação (1.5) já está na forma mais simples possível de equações quadráticas no caso quando $C \neq 0$ (fora da divisão trivial por alguma constante).

Se $c' = 0$ em (1.3), então eliminamos o termo linear de x' e o de y' permanece como está

$$a'x'^2 + d'x' + e'y' + f' = a'\left(x'^2 + \frac{d'}{a'}x'\right) + e'y' + f'$$

$$= a'\left(x' + \frac{d'}{2a'}\right)^2 + e'y' + f' - \frac{d'^2}{4a'} = 0$$

e, depois de fazer a mudança

$$X = x' + \frac{d'}{2a'}, \quad Y = y', \tag{1.6}$$

chegamos a outra forma simplificada

$$AX^2 + EY + F = 0, \tag{1.7}$$

onde $A = a', E = e', F = f' - \frac{d'^2}{4a'}$.

Na condição que $a = 0$ e $c \neq 0$ na equação original (1.1), faremos um procedimento semelhante, começando a formar quadrado com y^2 e xy (ou trocamos a notação das coordenadas e coeficientes e efetuamos o mesmo procedimento já descrito acima).

Finalmente, se em (1.1) ambos os coeficientes principais são nulos – $a = 0$ e $c = 0$ –, então efetuamos a mudança de variáveis

$$x = \frac{x' - y'}{\sqrt{2}}, \quad y = \frac{x' + y'}{\sqrt{2}}, \tag{1.8}$$

e obtemos a equação

$$\frac{b}{2}x'^2 - \frac{b}{2}y'^2 + \frac{d+e}{\sqrt{2}}x' - \frac{d-e}{\sqrt{2}}y' + f = 0.$$

Voltamos, então, à equação do tipo (1.3) (só com outros coeficientes), na qual temos que eliminar os termos lineares seguindo o procedimento já explicado na passagem de (1.3) a (1.5).

Assim, em dois passos simples e prontamente generalizáveis para espaços de dimensões superiores, conseguimos reduzir a equação (1.1) a uma das formas mais simples de equações quadráticas – (1.5) ou (1.7). Devido a essas vantagens, o método de Lagrange é muito popular no Cálculo. No entanto, para efeitos da Geometria Analítica, cuja tarefa principal é mostrar as relações entre transformações analíticas e geométricas, este método tem um defeito que não é simples de sanar. Se trata da revelação do significado geométrico das mudanças de coordenadas feitas para chegar de (1.1) a (1.5) ou (1.7). As mudanças (1.4), (1.6) e (1.8) não geram nenhum problema: as duas primeiras representam translação das coordenadas e a terceira, a rotação das coordenadas originais no ângulo de $\frac{\pi}{4}$. O problema é com a mudança (1.2) que, embora analiticamente simples e expressa via relações lineares, não representa uma mudança entre coordenadas cartesianas. Pior ainda, para revelar o seu significado geométrico, além da necessidade de usar coordenadas não cartesianas, precisamos nos referir a técnicas mais avançadas que ficam fora do nosso alcance neste texto.

Observação 1. Apesar de problema com interpretação geométrica da mudança de coordenadas (1.2), a sua forma linear ainda permite fazer a classificação da equação (1.1) com base na classificação da equação simplificada (1.5) ou (1.7). A deficiência dessa classificação é que não vamos poder determinar as características específicas da curva obtida (foco, vértices, etc.), nem vamos saber onde essa figura fica em relação ao sistema original de coordenadas cartesianas.

Observação 2. No próximo item, vamos dar um exemplo de tratamento geométrico da transformação (1.2) que ilustra as dificuldades encontradas neste caminho.

2 Um exemplo de tratamento geométrico

Só para dar uma ideia de como uma transformação do tipo (1.2) pode ser tratada geometricamente (e para mostrar que isso não é tão simples), consideremos o seguinte exemplo:

$$x^2 + 4xy + 5y^2 - 1 = 0\,. \tag{1.9}$$

Reescrevendo na forma

$$(x + 2y)^2 + y^2 - 1 = 0$$

e fazendo a mudança

$$x' = x + 2y\,, \quad y' = y\,, \tag{1.10}$$

chegamos à forma canônica de uma circunferência (o caso especial de uma elipse)

$$x'^2 + y'^2 = 1\,. \tag{1.11}$$

A transformação (1.10) tem a forma analítica simples, mas a sua interpretação geométrica é meio complicada e as coordenadas x', y' não são mais as cartesianas. O último pode ser visto de imediato se considerarmos a localização de eixos coordenados em x', y'. Pela definição, o eixo Ox' corresponde à condição $y' = 0$ ou a $y = 0$ em coordenadas originais, isto é, mantemos o mesmo eixo Ox. Analogamente, o eixo Oy' corresponde à condição $x' = 0$, o que equivale a $x + 2y = 0$ em coordenadas originais. A equação $x = -2y$ representa uma reta que passa nos II e IV quadrantes e forma o ângulo $\gamma = \arctan\left(-\frac{1}{2}\right)$ com o eixo Ox e, consequentemente, com Ox'. Este ângulo é diferente de 90^0 (o ângulo entre os eixos Ox' e Oy' é $\alpha = 180^0 + \gamma \approx 180^0 - 26,6^0 = 153,4^0$), o que torna o sistema x', y' não cartesiano.

Mostraremos a seguir que a mudança (1.10) pode ser realizada em três passos, cada um deles possibilitando uma interpretação geométrica simples. A sequência desses passos é a seguinte. Primeiro, é preciso efetuar uma rotação de $\theta_1 = 67,5^0$ das coordenadas originais:

$$\begin{aligned} x_1 &= x\cos\theta_1 + y\sin\theta_1 = 0,3827x + 0,9239y\,, \\ y_1 &= -x\sin\theta_1 + y\cos\theta_1 = -0,9239x + 0,3827y\,. \end{aligned} \tag{1.12}$$

Segundo, são introduzidas as coordenadas não cartesianas pelas fórmulas

$$x_2 = (\sqrt{2}+1)x_1 \approx 2,4142x_1\,, \quad y_2 = (\sqrt{2}-1)y_1 \approx 0,4142y_1\,, \tag{1.13}$$

isto é, deve ser modificada a escala de medida dos dois eixos – com coeficiente $\sigma_1 = \sqrt{2}+1$ para o eixo Ox_2 e com $\sigma_2 = \sqrt{2}-1$ para Oy_2. A última transformação consiste em uma rotação das coordenadas x_2, y_2 no ângulo $\theta_2 = -22,5^0$:

$$\begin{aligned} x_3 &= x_2\cos\theta_2 + y_2\sin\theta_2 = 0,9239x_2 - 0,3827y_2\,, \\ y_3 &= -x_2\sin\theta_2 + y_2\cos\theta_2 = 0,3827x_2 + 0,9239y_2\,. \end{aligned} \tag{1.14}$$

Como resultado dessas três transformações, chegamos a efetuar a mudança (1.10), sendo que $x' = x_3, y' = y_3$ – para conferir isso, basta expressar x_3, y_3 em termos de x, y usando as relações (1.12)-(1.14). Os valores escolhidos para rotações e mudança de escala são baseados na teoria de matrizes, que fica muito além do escopo deste texto. Alguns comentários a respeito disso que podem ser úteis para os leitores com conhecimentos de certos tópicos de Álgebra Linear são dados na próxima Observação.

Observação. Os leitores que já estudaram as fatorações de matrizes usadas em Álgebra Linear poderiam reconhecer nas fórmulas (1.12)-(1.14) a representação simplificada e específica da decomposição de valores singulares que pode ser realizada para uma matriz arbitrária. No caso de uma matriz quadrada A (de ordem n), real e não singular, a fórmula da decomposição de valores singulares tem a forma $A = U\Sigma V^T$, onde $\Sigma^2 = \Lambda$ é a matriz diagonal de autovalores (positivos) das matrizes AA^T e A^TA (as duas matrizes têm os mesmos conjuntos de autovalores), U é a matriz ortogonal cujas colunas representam os autovetores correspondentes de AA^T, e V é a matriz ortogonal cujas colunas representam os autovetores correspondentes de A^TA. Todas as matrizes nessa representação são reais, de ordem n e não singulares. O índice superior T é a notação usual da matriz transposta. Aplicado no caso de matrizes triangulares de ordem 2

$$A = \begin{pmatrix} 1 & a \\ 0 & 1 \end{pmatrix},$$

este teorema leva às seguintes fórmulas:

$$AA^T = \begin{pmatrix} 1+a^2 & a \\ a & 1 \end{pmatrix}, \ A^TA = \begin{pmatrix} 1 & a \\ a & 1+a^2 \end{pmatrix},$$

$$\Sigma = \begin{pmatrix} \sigma_1 & 0 \\ 0 & \sigma_2 \end{pmatrix}, \ \Sigma^2 = \Lambda = \begin{pmatrix} \lambda_1 & 0 \\ 0 & \lambda_2 \end{pmatrix},$$

$$\sigma_{1,2}^2 = \lambda_{1,2} = \frac{1}{2}(2 + a^2 \pm a\sqrt{a^2+4}) = \frac{1}{4}(\sqrt{a^2+4} \pm a)^2,$$

$$U = \begin{pmatrix} u_{11} & u_{12} \\ u_{21} & u_{22} \end{pmatrix}, \ V = \begin{pmatrix} \frac{1}{\sigma_1}u_{11} & \frac{1}{\sigma_2}u_{12} \\ \sigma_1 u_{21} & \sigma_2 u_{22} \end{pmatrix},$$

$$u_{11} = \frac{1}{\sqrt{\lambda_1+1}}\frac{\lambda_1-1}{a}, \ u_{21} = \frac{1}{\sqrt{\lambda_1+1}}, \ u_{12} = \frac{1}{\sqrt{\lambda_2+1}}\frac{\lambda_2-1}{a}, \ u_{22} = \frac{1}{\sqrt{\lambda_2+1}}.$$

Pode ser verificado que, neste caso, as matrizes U e V têm determinante 1 e, além de serem ortogonais, são matrizes de rotação. Para encontrar o ângulo respectivo da rotação, basta lembrar que uma matriz de rotação R em $\mathbb{R}^2$ sempre tem a forma $R = \begin{pmatrix} \cos\theta & \sin\theta \\ -\sin\theta & \cos\theta \end{pmatrix}$, onde θ é algum ângulo, e observar que o único elemento negativo de U é u_{12} e de V é v_{12}. Portanto, a matriz U representa a matriz de rotação com o ângulo θ_u no IV quadrante, que pode ser encontrado pela fórmula $\theta_u = \arcsin(u_{12})$, e a matriz V^T representa a matriz de rotação com o ângulo θ_v no I quadrante, que pode ser encontrado pela fórmula $\theta_v = \arcsin(v_{21})$.

As fórmulas apresentadas são válidas para qualquer valor do parâmetro a na matriz A. Especificando $a = 2$ na definição de A, encontramos as fórmulas (1.12) geradas usando o ângulo de rotação $\theta_1 = \theta_v$, depois as fórmulas (1.13) com os valores empregados de $\sigma_1 = \sqrt{2}+1$ e $\sigma_2 = \sqrt{2}-1$, e as fórmulas (1.14) formadas usando o ângulo de rotação $\theta_2 = \theta_u$.

Como pode ser visto, especificar a interpretação geométrica que está por traz da mudança simples (1.10) exige certo esforço técnico, além de preparação em Álgebra Linear (o último é necessário para entender tudo aquilo que está por trás das transformações geométricas). No entanto, nos próximos itens vamos ver que existe um tratamento alternativo para redução de equações quadráticas à forma canônica que, embora não seja tão transparente na forma analítica como o método de Lagrange, permite uma interpretação geométrica clara e imediata, sem necessidade de sair da família de coordenadas cartesianas e sem envolver técnicas mais avançadas.

Exercícios

Usando o método de Lagrange, reduzir equações à forma canônica e classificá-las:
1) $2x^2 + 3xy + 4y^2 - 5x + 2y - 1 = 0$;
2) $4x^2 - 4xy + y^2 - 8x + 6y - 2 = 0$;
3) $2xy - 4y^2 + 6x + 6y + 1 = 0$;
4) $x^2 - 4xy + y^2 - 4x + 2y - 2 = 0$;
5) $x^2 - 2xy + 4y^2 + 2x - 2y - 4 = 0$;
6) $x^2 + 4xy + 4y^2 - 6x - 8y = 0$;
7) $2x^2 - 5xy - 12y^2 - x + 26y - 10 = 0$;
8) $3x^2 + xy - 2y^2 - 5x + 5y - 2 = 0$.

Seção 5.2 Redução à forma canônica via rotação

Consideremos a equação quadrática geral de duas variáveis reais x e y (isto é, no plano):

$$ax^2 + bxy + cy^2 + dx + ey + f = 0\,, \tag{2.1}$$

onde a, b, c, d, e, f são algumas constantes reais. O problema de redução dessa equação a uma das formas canônicas inclui a eliminação do termo quadrático misto e dos termos lineares. Os últimos podem ser eliminados via translação paralela do sistema de coordenadas original, o que é uma transformação de coordenadas simples. A eliminação do termo misto pode ser feita via *rotação de coordenadas*, e essa tarefa, um pouco mais complicada, consideraremos nesta seção.

Observação 1. Há várias maneiras de simplificar a equação (2.1), mas procuramos aquelas que envolvam as trasformações mais simples de coordenadas, a saber, translação paralela (para os termos lineares) e rotação (para os termos quadráticos).

Observação 2. Como o assunto dessas considerações é a eliminação do termo misto em (2.1), então, naturalmente, suponhamos que $b \neq 0$.

Lembremos que as fórmulas de ligação entre dois sistemas de coordenadas cartesianas, um deles X, Y (novo, rotacionado) obtido do outro x, y (original) via rotação do último no ângulo φ no sentido anti-horário em torno da origem, tem a forma:

$$x = X\cos\varphi - Y\sin\varphi\,,\ y = X\sin\varphi + Y\cos\varphi\,. \tag{2.2}$$

Substituindo essas expressões em (2.1), obtemos:

$$a(X\cos\varphi - Y\sin\varphi)^2 + b(X\cos\varphi - Y\sin\varphi)(X\sin\varphi + Y\cos\varphi)$$

$$+c(X\sin\varphi + Y\cos\varphi)^2 + d(X\cos\varphi - Y\sin\varphi) + e(X\sin\varphi + Y\cos\varphi) + f = 0\,.$$

Reagrupando os coeficientes dos termos quadrados e termos lineares das novas coordenadas, chegamos à equação

$$AX^2 + BXY + CY^2 + DX + EY + F = 0\,, \tag{2.3}$$

onde

$$\begin{aligned}
&A = a\cos^2\varphi + b\cos\varphi\sin\varphi + c\sin^2\varphi\,,\\
&C = a\sin^2\varphi - b\cos\varphi\sin\varphi + c\cos^2\varphi\,,\\
&B = 2(c-a)\cos\varphi\sin\varphi + b(\cos^2\varphi - \sin^2\varphi)\,,\\
&D = d\cos\varphi + e\sin\varphi\,,\ E = -d\sin\varphi + e\cos\varphi\,,\ F = f\,.
\end{aligned} \tag{2.4}$$

Notemos que, nessa transformação, o trinômio quadrático original $ax^2 + bxy + cy^2$ corresponde ao trinômio quadrático $AX^2 + BXY + CY^2$ em (2.3), os termos lineares originais em (2.1) correspondem aos lineares em (2.3) e a constante mantém o seu valor. Desse modo, só os coeficientes a, b, c e o ângulo φ determinam a forma dos termos quadráticos em (2.3). Como os termos lineares não influenciam na transformação dos quadráticos, então a sua consideração fica fora do tópico desta seção.

Escolhemos o parâmetro da rotação – o ângulo φ – de tal maneira que o termo misto desaparece em (2.3) (ao mesmo tempo, no decorrer deste procedimento, certificaremos que tal ângulo existe). Usando as fórmulas trigonométricas, a condição de anulamento do coeficiente B pode ser escrita na forma

$$B = (c-a)\sin 2\varphi + b\cos 2\varphi = 0\,,$$

ou ainda

$$(a-c)\sin 2\varphi = b\cos 2\varphi\,. \tag{2.5}$$

Conforme suposição, $b \neq 0$. Portanto, isolando φ, temos

$$\cot 2\varphi = \frac{a-c}{b}\,. \tag{2.6}$$

Como a função $\cot t$ no intervalo $t \in (0, \pi)$ é estritamente decrescente e tem imagem $\mathbb{R}$, então para quaisquer constantes a, b, c (com $b \neq 0$) existe um único ângulo $\varphi \in (0, \frac{\pi}{2})$ tal que (2.6) é satisfeita. Chamaremos essa solução de ângulo principal.

Observação 3. Obviamente, devido à periodicidade de $\cot t$, podemos encontrar vários outros ângulos na resolução de (2.6), mas só nos interessa mostrar aqui que tal ângulo existe e pode ser encontrado em função dos coeficientes dos termos quadráticos originais.

Com o ângulo φ encontrado, os coeficientes A e C podem ser calculados pelas fórmulas (2.4). Uma maneira equivalente, porém mais simples para memorização, consiste na resolução do sistema de duas equações

$$A + C = a + c\,,\ A - C = \frac{b}{\sin 2\varphi}$$

para incógnitas A e C. A primeira equação é obtida imediatamente, somando duas primeiras relações em (2.4). A segunda decorre da seguinte transformação que envolve fórmulas trigonométricas e a relação (2.6):

$$A - C = a(\cos^2\varphi - \sin^2\varphi) + 2b\cos\varphi\sin\varphi + c(\sin^2\varphi - \cos^2\varphi)$$

$$= (a-c)\cos 2\varphi + b\sin 2\varphi = b\cot 2\varphi\cos 2\varphi + b\sin 2\varphi = \frac{b}{\sin 2\varphi}\,.$$

É útil, também, reduzir o número de parâmetros em (2.4), empregando a relação (2.5) (ou (2.6)). Uma das simplificações pode ser obtida eliminando o parâmetro c. Para isso, reescrevemos a expressão para A na forma

$$A = a + \frac{b}{2}\sin 2\varphi + (c-a)\sin^2\varphi\,,$$

substituímos a representação para $c - a$ usando (2.6)

$$A = a + \frac{b}{2}\sin 2\varphi - b\cot 2\varphi\sin^2\varphi\,,$$

e, simplificando a última expressão, obtemos

$$\begin{aligned} A &= a + \frac{b}{2}\sin 2\varphi - b\cot 2\varphi \frac{1-\cos 2\varphi}{2} \\ &= a + \frac{b}{2}\frac{1}{\sin 2\varphi}(1-\cos 2\varphi) = a - \frac{b}{2}\cot 2\varphi + \frac{b}{2}\frac{1}{\sin 2\varphi}\,. \end{aligned} \tag{2.7}$$

De modo análogo,

$$\begin{aligned} C &= a - \frac{b}{2}\sin 2\varphi - b\cot 2\varphi \frac{1+\cos 2\varphi}{2} \\ &= a - \frac{b}{2}\frac{1}{\sin 2\varphi}(1+\cos 2\varphi) = a - \frac{b}{2}\cot 2\varphi - \frac{b}{2}\frac{1}{\sin 2\varphi}\,. \end{aligned} \tag{2.8}$$

Para expressar A e C, ainda podemos usar outras fórmulas, que envolvem somente os coeficientes originais a, b, c . Para deduzi-las, demonstraremos, primeiro, as duas seguintes propriedades importantes de uma rotação válidas para qualquer ângulo φ:

$$A + C = a + c,\ AC - \frac{B^2}{4} = ac - \frac{b^2}{4}\,. \tag{2.9}$$

Essas duas propriedades mostram que as duas expressões indicadas de coeficientes são *invariantes* sob a transformação de rotação. A primeira delas já foi usada antes e segue direto das relações para A e C em (2.4). Para provar a segunda, reescrevemos A, B e C de (2.4) na forma

$$A = \frac{a+c}{2} + \frac{a-c}{2}\cos 2\varphi + \frac{b}{2}\sin 2\varphi\,,\ C = \frac{a+c}{2} - \frac{a-c}{2}\cos 2\varphi - \frac{b}{2}\sin 2\varphi\,,$$

$$B = (c-a)\sin 2\varphi + b\cos 2\varphi$$

e simplificamos a expressão $4AC - B^2$:

$$4AC - B^2 = (a+c)^2 - ((a-c)\cos 2\varphi + b\sin 2\varphi)^2 - (a-c)^2\sin^2 2\varphi$$

$$-b^2\cos^2 2\varphi + 2(a-c)b\sin 2\varphi\cos 2\varphi = (a+c)^2 - (a-c)^2\cos^2 2\varphi$$

$$-(a-c)^2\sin^2 2\varphi - b^2\sin^2 2\varphi - b^2\cos^2 2\varphi - 2(a-c)b\sin 2\varphi\cos 2\varphi$$

$$+2(a-c)b\sin 2\varphi\cos 2\varphi = (a+c)^2 - (a-c)^2 - b^2 = 4ac - b^2\,.$$

Assim, a segunda relação em (2.9) também está demonstrada.

Consideremos agora (2.9) para o caso particular da rotação que elimina o termo misto. Neste caso, temos o sistema de duas equações para duas incógnitas A e C:

$$A + C = a + c, \; AC = ac - \frac{b^2}{4} \,. \tag{2.10}$$

Embora o sistema não seja linear, ele facilmente se reduz a uma equação quadrática, por exemplo, em relação a A

$$A^2 - A(a+c) + ac - \frac{b^2}{4} = 0 \,,$$

a qual sempre tem duas raízes reais distintas

$$A_{1,2} = A_{\pm} = \frac{a+c \pm \sqrt{(a+c)^2 - 4ac + b^2}}{2} = \frac{a+c \pm \sqrt{(a-c)^2 + b^2}}{2} \,, \tag{2.11}$$

porque o seu discriminante é positivo: $(a-c)^2 + b^2 > 0$. Obviamente, devido à simetria das equações (2.9), (2.10) em relação a A e C, a segunda incógnita pode ser encontrada diretamente pelas fórmulas $C_1 = A_2$ e $C_2 = A_1$. Em outras palavras, a simetria de (2.10) implica que ambas as incógnitas A e C satisfaçam a mesma equação, chamada de característica,

$$\lambda^2 - (a+c)\lambda + ac - \frac{b^2}{4} = 0 \,, \tag{2.12}$$

onde uma das raízes, digamos λ_1, deve ser atribuída a A e a outra, λ_2, a C.

Para descobrir qual das duas soluções corresponde ao ângulo principal $\varphi \in (0, \frac{\pi}{2})$ da fórmula (2.6), notemos que para tal ângulo $\sin 2\varphi > 0$. Então, das fórmulas (2.7) e (2.8), segue que, no caso $b > 0$, temos $A > C$ e, então, temos que escolher a solução $A_1 = A_+, C_1 = A_-$. Caso $b < 0$, temos $A < C$ e a solução correspondente é $A_2 = A_-, C_2 = A_+$.

Por outro lado, se o ângulo de rotação não é do interesse e só a forma canônica dos termos quadráticos importa, então podemos tomar qualquer uma das duas duplas na qualidade da solução do problema e evitar todos os cálculos relacionados com o ângulo φ.

Observação 4. Notemos que a condição

$$\Delta = ac - \frac{b^2}{4} = AC \neq 0 \tag{2.13}$$

diferencia o caso quando ambos os quadrados AX^2 e CY^2 estão presentes na equação simplificada (sem o termo misto) do caso quando um dos quadrados desaparece (junto com o termo misto) e de todos os termos quadráticos resta só um - AX^2 ou CY^2. Além disso, se $\Delta > 0$, então A e C têm o mesmo sinal e, se $\Delta < 0$, então A e C têm sinais opostos. A grandeza $\Delta = ac - \frac{b^2}{4}$ é chamada de discriminante da equação (2.1).

A mesma divisão pode ser dada em termos das raízes da equação característica (2.12). É mais simples ver isso lembrando a relação entre as raízes λ_1 e λ_2 e o termo constante Δ da equação quadrática (2.12): $\lambda_1 \cdot \lambda_2 = \Delta$. Portanto, $\Delta = 0$ se, e somente se, uma das raízes é nula. A condição $\Delta > 0$ implica que as raízes têm o mesmo sinal, e a condição $\Delta < 0$, que elas têm sinais opostos.

Observação 5. Os coeficientes D e E dos termos lineares, expressos em (2.4) via ângulo φ, podem ser calculados diretamente em termos dos coeficientes originais d, e e do parâmetro $\gamma = \cot 2\varphi = \frac{a-c}{b}$. Para isso, levando em conta que $\varphi \in (0, \frac{\pi}{2})$ e usando as fórmulas trigonométricas

$$\cot\varphi = \cot 2\varphi + \sqrt{1+\cot^2 2\varphi}, \ \cos^2\varphi = \frac{\cot^2\varphi}{1+\cot^2\varphi}, \ \sin^2\varphi = \frac{1}{1+\cot^2\varphi},$$

representamos $\cos\varphi$ e $\sin\varphi$ via parâmetro γ:

$$\cos\varphi = \frac{\cot\varphi}{\sqrt{1+\cot^2\varphi}} = \frac{\gamma + \sqrt{1+\gamma^2}}{\sqrt{1+(\gamma+\sqrt{1+\gamma^2})^2}},$$

$$\sin\varphi = \frac{1}{\sqrt{1+\cot^2\varphi}} = \frac{1}{\sqrt{1+(\gamma+\sqrt{1+\gamma^2})^2}}$$

ou ainda

$$\cos\varphi = \frac{\kappa}{\sqrt{1+\kappa^2}}, \ \sin\varphi = \frac{1}{\sqrt{1+\kappa^2}},$$

onde

$$\kappa = \gamma + \sqrt{1+\gamma^2} = \frac{a-c}{b} + \sqrt{1+\left(\frac{a-c}{b}\right)^2}.$$

Portanto, as fórmulas para D e E em (2.4) assumem a seguinte forma, que não requer o conhecimento do ângulo φ:

$$D = d\cos\varphi + e\sin\varphi = \frac{d\kappa + e}{\sqrt{1+\kappa^2}}, \ E = -d\sin\varphi + e\cos\varphi = \frac{-d+e\kappa}{\sqrt{1+\kappa^2}}. \quad (2.14)$$

As últimas fórmulas são mais complicadas do que as dos coeficientes A e C. Por essa razão, o procedimento de redução à forma canônica, às vezes, começa pela eliminação de termos lineares e não pela eliminação do termo quadrático misto, o que pode simplificar o procedimento de redução à forma canônica.

Observação 6. Aqueles familiarizados com a Álgebra Linear podem reconhecer que a propriedade de invariância (2.9) é uma especificação da propriedade de invariância de coeficientes do polinômio característico de uma matriz quadrada sob a transformação de similaridade que se dá pela fórmula $M_P = P^{-1}MP$, onde M é a matriz original, P é uma matriz de similaridade (não singular) e M_P é a matriz resultante da transformação de similaridade de M (todas as matrizes são $n \times n$). No caso em consideração, a ordem das matrizes é 2×2, a matriz original contém os coeficientes principais (dos termos quadráticos) na forma

$$M = \begin{pmatrix} a & \frac{b}{2} \\ \frac{b}{2} & c \end{pmatrix},$$

e a matriz de similaridade é uma matriz ortogonal ($P^{-1} = P^T$, onde o índice T denota a transposta)

$$P = \begin{pmatrix} \cos\varphi & \sin\varphi \\ -\sin\varphi & \cos\varphi \end{pmatrix},$$

que descreve o efeito de rotação com ângulo φ sobre os coeficientes principais. É simples verificar que M_P vai ter a forma

$$M_P = \begin{pmatrix} A & \frac{B}{2} \\ \frac{B}{2} & C \end{pmatrix},$$

onde A, B e C são definidas pelas fórmulas (2.4). A propriedade de invariância, nesse caso, diz que os traços e determinantes das matrizes M_P e M coincidem, o que é expresso pelas fórmulas (2.9).

Lembremos que, para uma matriz simétrica como M, sempre existe a transformação de similaridade que leva a matriz à forma diagonal:

$$M_P = \begin{pmatrix} A & 0 \\ 0 & C \end{pmatrix}.$$

Nesse caso particular, a última matriz contém na sua diagonal os autovalores da matriz M, que se encontram da equação característica (com determinante)

$$\det \begin{pmatrix} a - \lambda & \frac{b}{2} \\ \frac{b}{2} & c - \lambda \end{pmatrix} = 0,$$

ou seja,

$$\lambda^2 - (a+c)\lambda + ac - \frac{b^2}{4} = 0\,.$$

Assim, chegamos de novo à equação (2.12).

Exercícios resolvidos

1. Primeiro, aplicamos rotação para simplificar a equação (1.9)

$$x^2 + 4xy + 5y^2 - 1 = 0\,. \tag{2.15}$$

Solução.
Com os coeficientes $a = 1, b = 4, c = 5$, a fórmula (2.6) para o ângulo φ assume a forma

$$\cot 2\varphi = \frac{a-c}{b} = \frac{1-5}{4} = -1\,.$$

Como 2φ deve ser do intervalo $(0, \pi)$, então $2\varphi = \frac{3\pi}{4}$. Assim, a rotação procurada se define pelas fórmulas (2.2) com $\varphi = \frac{3\pi}{8}$:

$$x = X\cos\frac{3\pi}{8} - Y\sin\frac{3\pi}{8}\,,\; y = X\sin\frac{3\pi}{8} + Y\cos\frac{3\pi}{8}\,. \tag{2.16}$$

Os coefidientes respectivos A e C podem ser calculados pelas fórmulas (2.4) ou pelas fórmulas (2.7) e (2.8):

$$A = a - \frac{b}{2}\cot 2\varphi + \frac{b}{2}\frac{1}{\sin 2\varphi} = 1 - \frac{4}{2}\cdot(-1) + \frac{4}{2}\frac{1}{\frac{\sqrt{2}}{2}} = 3 + 2\sqrt{2} = (\sqrt{2}+1)^2\,,$$

$$C = a - \frac{b}{2}\cot 2\varphi - \frac{b}{2}\frac{1}{\sin 2\varphi} = 1 - \frac{4}{2}\cdot(-1) - \frac{4}{2}\frac{1}{\frac{\sqrt{2}}{2}} = 3 - 2\sqrt{2} = (\sqrt{2}-1)^2\,.$$

De modo alternativo, os mesmos coeficientes podem ser encontrados resolvendo a equação (2.12)

$$\lambda^2 - (a+c)\lambda + ac - \frac{b^2}{4} = \lambda^2 - 6\lambda + 1 = 0\,,$$

cujas raízes são $\lambda_1 = 3 + 2\sqrt{2}$ e $\lambda_2 = 3 - 2\sqrt{2}$, e, de acordo com o sinal positivo de $b = 4 > 0$, atribuindo os valores de λ_1 e λ_2 a A e C, respectivamente: $A = 3 + 2\sqrt{2}$, $C = 3 - 2\sqrt{2}$.

Como $d = e = 0$ em (2.15), então, de acordo com as fórmulas (2.4) ou (2.14), temos que $D = E = 0$. Lembrando ainda que $F = f =$

-1, chegamos à seguinte forma canônica de (2.15) em coordenadas rotacionadas X, Y:

$$(3+2\sqrt{2})X^2 + (3-2\sqrt{2})Y^2 - 1 = 0$$

ou

$$\frac{X^2}{p^2} + \frac{Y^2}{q^2} = 1\,,$$

onde $p^2 = \frac{1}{A} = \frac{1}{(\sqrt{2}+1)^2} = (\sqrt{2}-1)^2$, $q^2 = \frac{1}{C} = \frac{1}{(\sqrt{2}-1)^2} = (\sqrt{2}+1)^2$. O esboço dessa elipse é mostrado na Fig.2.1.

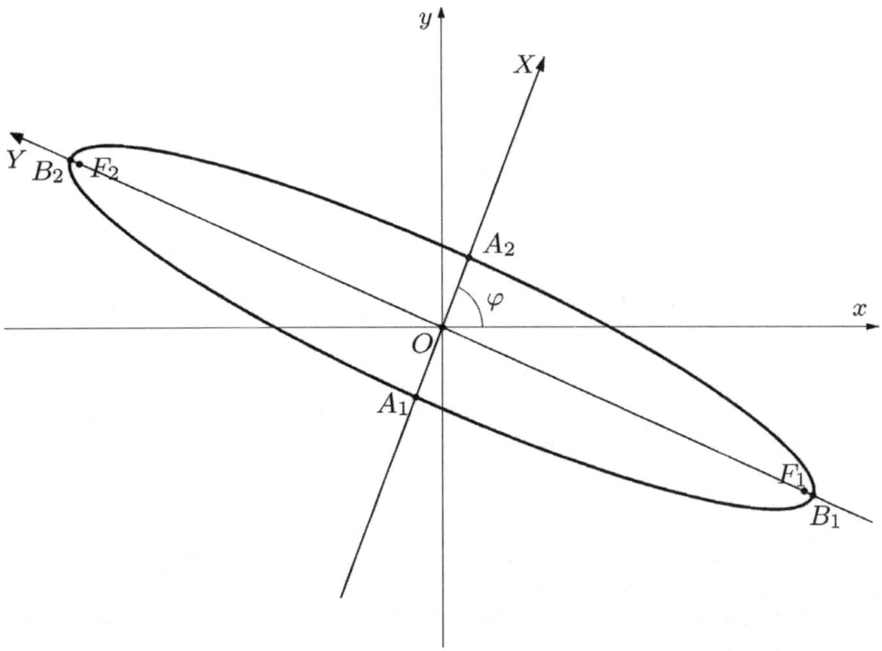

Figura 2.1 A elipse da equação (2.15) e a rotação respectiva.

Observação 1. Se o termo $f = -1$ for trocado por $f = 0$, então, aplicando o mesmo procedimento, chegamos à equação canônica

$$(3+2\sqrt{2})X^2 + (3-2\sqrt{2})Y^2 = 0$$

que tem a única solução $X = Y = 0$. A essa solução corresponde um único ponto nas coordenadas originais – $x = y = 0$.

Observação 2. Se o termo $f = -1$ for trocado por $f = 1$, então, aplicando as mesmas transformações, obtemos a equação canônica

$$(3+2\sqrt{2})X^2 + (3-2\sqrt{2})Y^2 + 1 = 0$$

que não tem soluções. Correspondentemente, a equação original não tem nenhuma solução.

2. Usando rotação, simplificar a equação

$$2x^2 - 10xy + 12y^2 - 15 = 0\,. \tag{2.17}$$

Solução.
Usando a fórmula (2.6) para o ângulo φ

$$\cot 2\varphi = \frac{a-c}{b} = \frac{2-12}{-10} = 1$$

e a condição $2\varphi \in (0, \pi)$, obtemos $2\varphi = \frac{\pi}{4}$. Assim, a rotação procurada se define pelas fórmulas (2.2) com $\varphi = \frac{\pi}{8}$:

$$x = X\cos\frac{\pi}{8} - Y\sin\frac{\pi}{8}\,,\ y = X\sin\frac{\pi}{8} + Y\cos\frac{\pi}{8}\,. \tag{2.18}$$

Os coeficientes respectivos A e C podem ser calculados pelas fórmulas (2.4) ou pelas fórmulas (2.7) e (2.8):

$$A = a - \frac{b}{2}\cot 2\varphi + \frac{b}{2}\frac{1}{\sin 2\varphi} = 2 - \frac{-10}{2}\cdot 1 + \frac{-10}{2}\frac{1}{\frac{\sqrt{2}}{2}} = 7 - 5\sqrt{2}\,,$$

$$C = a - \frac{b}{2}\cot 2\varphi - \frac{b}{2}\frac{1}{\sin 2\varphi} = 2 - \frac{-10}{2}\cdot 1 - \frac{-10}{2}\frac{1}{\frac{\sqrt{2}}{2}} = 7 + 5\sqrt{2}\,.$$

De modo alternativo, os mesmos coeficientes podem ser encontrados resolvendo a equação (2.12)

$$\lambda^2 - (a+c)\lambda + ac - \frac{b^2}{4} = \lambda^2 - 14\lambda - 1 = 0\,,$$

cujas raízes são $\lambda_1 = 7 + 5\sqrt{2}$ e $\lambda_2 = 7 - 5\sqrt{2}$, e, de acordo com o sinal negativo de $b = -10 < 0$, atribuindo os valores de λ_1 e λ_2 a C e A, respectivamente: $A = 7 - 5\sqrt{2}$, $C = 7 + 5\sqrt{2}$.

Os termos lineares não estão presentes na equação original e, portanto, também não vão aparecer na equação rotacionada. Assim, temos a seguinte equação quase-canônica:

$$(7 - 5\sqrt{2})X^2 + (7 + 5\sqrt{2})Y^2 - 15 = 0\,.$$

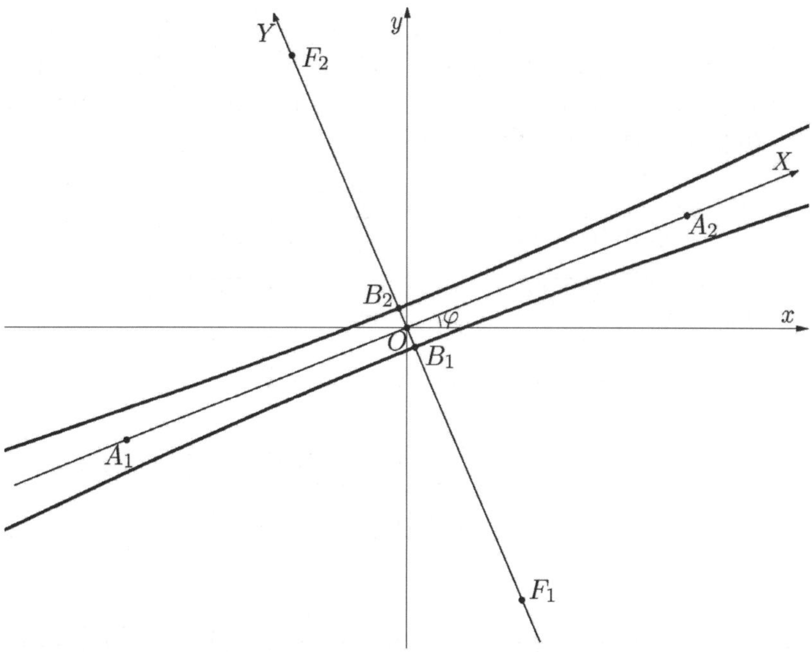

Figura 2.2 A hipérbole da equação (2.17) e a rotação respectiva

Como o primeiro coeficiente principal é negativo e o segundo é positivo, então essa é a equação de uma hipérbole com os focos localizados no eixo OY. Veja essa hipérbole na Fig.2.2 .

Observação. Se o termo $f = -15$ for trocado por $f = 15$, então, aplicando o mesmo procedimento, chegamos à equação canônica

$$(7 - 5\sqrt{2})X^2 + (7 + 5\sqrt{2})Y^2 + 15 = 0$$

de uma hipérbole com os focos localizados no eixo OX.

3. Usando rotação, simplificar a equação

$$20x^2 - 20xy + 5y^2 + 8x = 0 \,. \tag{2.19}$$

Solução.

O ângulo de rotação é definido pela fórmula (2.6)

$$\cot 2\varphi = \frac{a - c}{b} = \frac{20 - 5}{-20} = -\frac{3}{4} \,.$$

Este ângulo não é da tabela dos valores da função cotangente, mas seu valor aproximado (do intervalo $(0, \pi)$) pode ser facilmente encontrado:

$2\varphi \approx 2,2143 \approx 126,87^0$ e, então, $\varphi \approx 1,1072 \approx 63,44^0$. Embora o valor exato do ângulo φ não seja conhecido, os coeficientes da fórmula de rotação (2.2) ainda podem ser encontrados na forma exata, usando as fórmulas trigonométricas:

$$\sin 2\varphi = \frac{1}{\sqrt{1+\cot^2 2\varphi}} = \frac{4}{5}\,, \quad \cos 2\varphi = \frac{\cot 2\varphi}{\sqrt{1+\cot^2 2\varphi}} = -\frac{3}{5}\,,$$

$$\sin\varphi = \sqrt{\frac{1-\cos 2\varphi}{2}} = \frac{2}{\sqrt{5}}\,, \quad \cos\varphi = \sqrt{\frac{1+\cos 2\varphi}{2}} = \frac{1}{\sqrt{5}}\,.$$

Assim, a rotação procurada se define pelas fórmulas (2.2) na forma

$$x = X\frac{1}{\sqrt{5}} - Y\frac{2}{\sqrt{5}},\ y = X\frac{2}{\sqrt{5}} + Y\frac{1}{\sqrt{5}}\,. \tag{2.20}$$

Os coeficientes respectivos A e C se calculam pelas fórmulas (2.7) e (2.8):

$$A = a - \frac{b}{2}\cot 2\varphi + \frac{b}{2}\frac{1}{\sin 2\varphi} = 20 - \frac{-20}{2}\cdot(-\frac{3}{4}) + \frac{-20}{2}\cdot\frac{1}{\frac{4}{5}} = 0\,,$$

$$C = a - \frac{b}{2}\cot 2\varphi - \frac{b}{2}\frac{1}{\sin 2\varphi} = 20 - \frac{-20}{2}\cdot(-\frac{3}{4}) - \frac{-20}{2}\cdot\frac{1}{\frac{4}{5}} = 25\,.$$

Outra maneira de encontrar os coeficientes A e C é resolvendo a equação (2.12):

$$\lambda^2 - (a+c)\lambda + ac - \frac{b^2}{4} = \lambda^2 - 25\lambda = 0\,.$$

Como $b = -20 < 0$, então a primeira raiz $\lambda_1 = 25$ corresponde a C e a segunda $\lambda_2 = 0$, a A.

Os coeficientes D e E podem ser calculados tanto via fórmulas (2.4) como via (2.14). Usando (2.4), obtemos

$$D = d\cos\varphi + e\sin\varphi = 8\cdot\frac{1}{\sqrt{5}} + 0 = \frac{8}{\sqrt{5}}\,,$$

$$E = -d\sin\varphi + e\cos\varphi = -8\cdot\frac{2}{\sqrt{5}} + 0 = -\frac{16}{\sqrt{5}}\,.$$

Para utilizar (2.14), calculamos, primeiro, o valor κ :

$$\kappa = \frac{a-c}{b} + \sqrt{1+\left(\frac{a-c}{b}\right)^2} = -\frac{3}{4} + \sqrt{1+\left(-\frac{3}{4}\right)^2} = \frac{1}{2}$$

e, subsituindo este valor em (2.14), chegamos aos mesmos números

$$D=\frac{d\kappa+e}{\sqrt{1+\kappa^2}}=\frac{8\cdot\frac{1}{2}+0}{\sqrt{1+\frac{1}{4}}}=\frac{8}{\sqrt{5}}\,,\ E=\frac{-d+e\kappa}{\sqrt{1+\kappa^2}}=\frac{-8+0\cdot\frac{1}{2}}{\sqrt{1+\frac{1}{4}}}=-\frac{16}{\sqrt{5}}\,.$$

Assim, obtemos a seguinte equação em coordenadas rotacionadas:

$$25Y^2+\frac{8}{\sqrt{5}}X-\frac{16}{\sqrt{5}}Y=0\,.$$

Podemos reescrever a última equação na forma

$$25(Y-\frac{8}{25\sqrt{5}})^2+\frac{8}{\sqrt{5}}(X-\frac{8}{25\sqrt{5}})=0$$

e, fazendo mais uma mudança de coordenadas (translação paralela),

$$X'=X-\frac{8}{25\sqrt{5}}\,,\ Y'=Y-\frac{8}{25\sqrt{5}}$$

levar a equação original à forma quase-canônica de uma parábola

$$25Y'^2+\frac{8}{\sqrt{5}}X'=0\,,$$

cujo foco fica no eixo $O'X'$. Veja essa parábola na Fig.2.3.

Observação 1. Caso o termo linear seja omitido da equação original, então seria suficiente fazer apenas a rotação indicada acima para chegar à forma canônica

$$25Y^2=0\,.$$

Neste caso, a solução da última equação é a reta coordenada $Y=0$ e, nas coordenadas originais, a solução vai ser a reta cuja equação é

$$-x\sin\varphi+y\cos\varphi=0$$

ou, substituindo os valores dos coeficientes,

$$y=2x\,.$$

Observação 2. Caso o termo linear seja omitido da equação original, mas o termo constante estiver presente, então a forma da solução de novo vai mudar. Por exemplo, para $f=-1$ obtemos (depois da rotação) a equação

$$25Y^2-1=0\,,$$

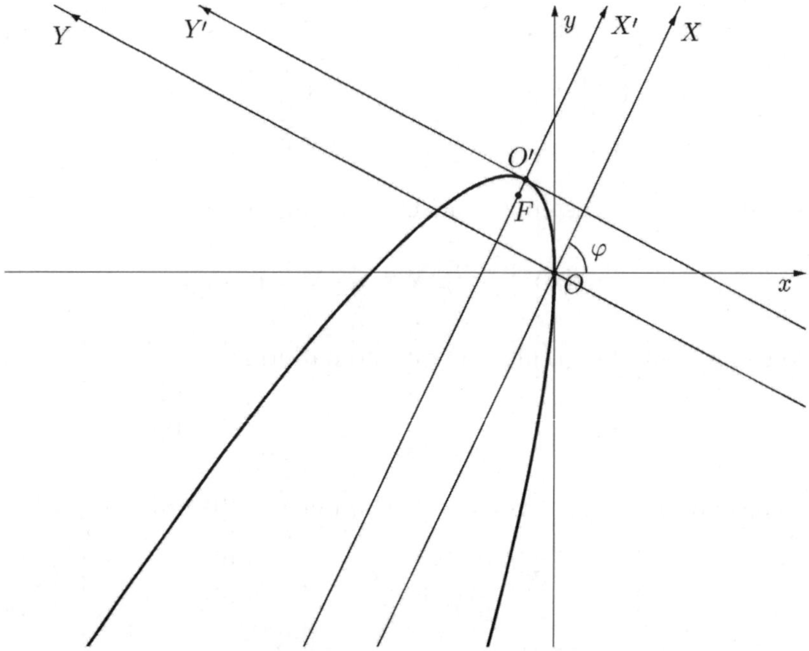

Figura 2.3 A parábola da equação (2.19) e as transformações de coordenadas

que tem duas soluções (retas) $Y = \pm\frac{1}{5}$ e, correspondentemente, em coordenadas originais, temos duas retas-soluções

$$-x\sin\varphi + y\cos\varphi = \pm\frac{1}{5}$$

ou, especificando os coeficientes,

$$-2x + y = \pm\frac{\sqrt{5}}{5}\,.$$

No entanto, se $f = 1$, então, após a rotação, chegamos à equação

$$25Y^2 + 1 = 0\,,$$

que não tem soluções e, portanto, a equação original também não tem nenhuma solução.

4. Transformar à forma canônica a equação

$$2xy + 5y - 1 = 0\,. \tag{2.21}$$

Solução.

O ângulo de rotação é definido pela fórmula (2.6)

$$\cot 2\varphi = \frac{a-c}{b} = \frac{0-0}{2} = 0\,,$$

de onde segue que $2\varphi = \frac{\pi}{2}$ e $\varphi = \frac{\pi}{4}$ (observando a restrição $\varphi \in (0, \frac{\pi}{2})$). Então, a rotação se define pelas fórmulas (2.2):

$$x = X\cos\frac{\pi}{4} - Y\sin\frac{\pi}{4} = \frac{\sqrt{2}}{2}(X-Y)\,,\ y = \frac{\sqrt{2}}{2}(X+Y)\,. \qquad (2.22)$$

Como as últimas fórmulas de rotação de coordenadas são simples, as substituímos na equação original e obtemos

$$X^2 - Y^2 + 5\frac{\sqrt{2}}{2}(X+Y) - 1 = 0\,.$$

Escrevendo essa equação na forma

$$(X + \frac{5\sqrt{2}}{4})^2 - (Y - \frac{5\sqrt{2}}{4})^2 - 1 = 0$$

e aplicando, adicionalmente, a translação paralela

$$X' = X + \frac{5\sqrt{2}}{4}\,,\ Y' = Y - \frac{5\sqrt{2}}{4}\,,$$

transformamos a equação original à forma canônica de uma hipérbole com os focos no eixo $O'X'$

$$X'^2 - Y'^2 = 1\,.$$

O esboço da hipérbole é dado na Fig.2.4.

Observação. Se o termo constante na equação for nulo, então a rotação levaria a

$$X^2 - Y^2 + 5\frac{\sqrt{2}}{2}(X+Y) = 0\,,$$

o que pode ser reescrito na forma

$$(X+Y)(X - Y + 5\frac{\sqrt{2}}{2}) = 0\,,$$

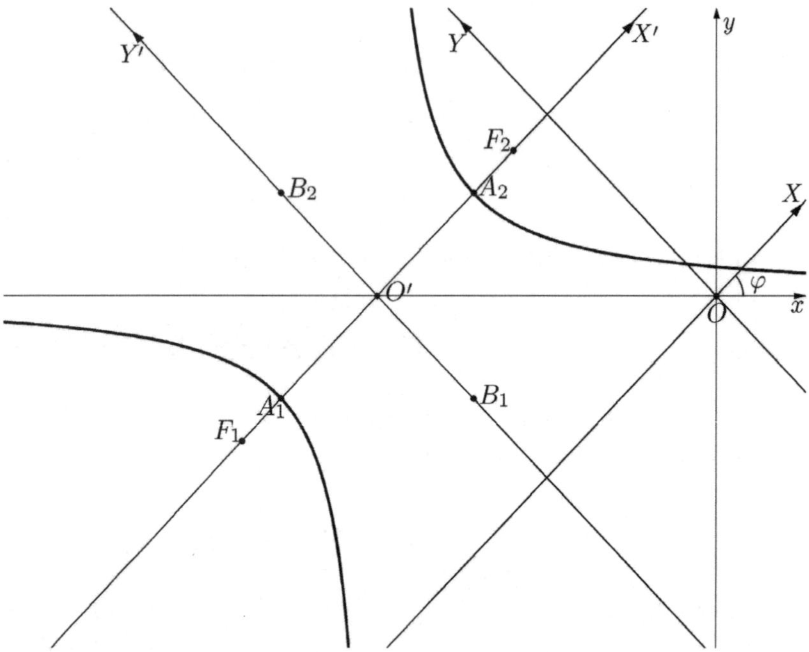

Figura 2.4 A hipérbole da equação (2.21) e as transformações de coordenadas

resultando nas duas retas-soluções $X+Y=0$ e $X-Y+5\frac{\sqrt{2}}{2}=0$. Em coordenadas originais, essas duas retas são $y=0$ e $x=-\frac{5}{2}$. Obviamente, essa solução poderia ser obtida de modo mais direto, fatorando $2xy+5y=0$ na forma $y(2x+5)=0$.

Exercícios

Simplificar equações usando rotação e, se necessário, transformações adicionais:

1) $5x^2-6xy+5y^2=0$, $5x^2-6xy+5y^2-2=0$,
$5x^2-6xy+5y^2+2x=0$, $5x^2-6xy+5y^2-2y=0$;
2) $5x^2-12xy+5y^2=0$, $5x^2-12xy+5y^2-2=0$,
$5x^2-12xy+5y^2+2x=0$, $5x^2-12xy+5y^2-2y=0$;
3) $5x^2-10xy+5y^2=0$, $5x^2-10xy+5y^2-2=0$,
$5x^2-10xy+5y^2+2x=0$, $5x^2-10xy+5y^2-2y=0$;
4) $17x^2-12xy+8y^2=0$, $17x^2-12xy+8y^2+4=0$,
$17x^2-12xy+8y^2-8=0$, $17x^2-12xy+8y^2+8y=0$;
5) $7x^2+6xy-y^2=0$, $7x^2+6xy-y^2+2=0$,
$7x^2+6xy-y^2-2=0$, $7x^2+6xy-y^2-4x+2=0$;

6) $9x^2 - 24xy + 16y^2 = 0$, $9x^2 - 24xy + 16y^2 - 1 = 0$,
$9x^2 - 24xy + 16y^2 + 1 = 0$, $9x^2 - 24xy + 16y^2 + y = 0$;
7) $5x^2 + 24xy - 5y^2 = 0$;
8) $32x^2 + 52xy - 7y^2 + 180 = 0$;
9) $xy + x + y = 0$;
10) $x^2 + 2xy + y^2 - 8x + 4 = 0$;
11) $4x^2 - 4xy + y^2 - 8 = 0$;
12) $16x^2 + 24xy + 9y^2 + 4 = 0$.

Seção 5.3 Redução à forma canônica via translação

Consideremos a equação quadrática de duas variáveis reais x e y (isto é, no plano) na forma:

$$ax^2 + cy^2 + dx + ey + f = 0\,, \tag{3.1}$$

onde a, c, d, e, f são constantes reais ($a^2+c^2 \neq 0$). Comparando com a forma geral de equações quadráticas, nessa equação falta o termo misto bxy, o que simplifica o tratamento da equação na sua redução à forma canônica. Como a última não contém termos lineares, então a redução, neste caso, consiste em eliminação de termos lineares, o que pode ser atingido via *translação paralela* do sistema de coordenadas original. Essa transformação representa o deslocamento do ponto origem O das coordenadas cartesianas originais x, y para um outro ponto Q (determinado pelos coeficientes de (3.1)) de tal maneira que os novos eixos coordenados QX e QY são paralelos aos eixos Ox e Oy, respectivamente, e mantêm o mesmo sentido dos eixos originais. Se a nova origem Q tem as coordenadas (x_0, y_0) (no sistema original), então as fórmulas dessa translação são

$$X = x - x_0\,,\ Y = y - y_0\,. \tag{3.2}$$

(Como vamos usar apenas a translação paralela, então vamos abreviar o nome da transformação para translação).

Vamos supor que $a \cdot c \neq 0$ e reescrevermos a equação (3.1) na forma

$$ax^2 + cy^2 + dx + ey + f = a\left(x^2 + \frac{d}{a}x + \frac{d^2}{4a^2}\right) + c\left(y^2 + \frac{e}{c}y + \frac{e^2}{4c^2}\right)$$

$$+\left(f - \frac{d^2}{4a} - \frac{e^2}{4c}\right) = a\left(x + \frac{d}{2a}\right)^2 + c\left(y + \frac{e}{2c}\right)^2 + F = 0\,,$$

onde

$$F = f - \frac{d^2}{4a} - \frac{e^2}{4c} \tag{3.3}$$

é uma constante. Usando a translação

$$X = x + \frac{d}{2a}\,, \; Y = y + \frac{e}{2c}\,,$$

(com $x_0 = -\frac{d}{2a}$ e $y_0 = -\frac{e}{2c}$), obtemos a forma quase-canônica da equação quadrática

$$aX^2 + cY^2 + F = 0\,. \tag{3.4}$$

Se $c = 0$, fazemos a transformação semelhante com x e deixamos o termo linear de y sem mudança, obtendo então

$$ax^2 + dx + ey + f = a\left(x + \frac{d}{2a}\right)^2 + ey + F = 0 \tag{3.5}$$

com constante

$$F = f - \frac{d^2}{4a}\,, \tag{3.6}$$

e a respectiva forma quase-canônica

$$aX^2 + eY + F = 0 \tag{3.7}$$

vem depois de translação ao longo do eixo Ox:

$$X = x + \frac{d}{2a}\,, \; Y = y\,.$$

O caso $a = 0$ é tratado da mesma maneira.

Consideremos agora a equação quadrática geral

$$ax^2 + bxy + cy^2 + dx + ey + f = 0\,, \tag{3.8}$$

onde a, b, c, d, e, f são algumas constantes reais, e analisemos o efeito de uma translação (3.2) sobre a forma dessa equação. Substituindo x, y por X, Y de (3.2), obtemos

$$AX^2 + BXY + CY^2 + DX + EY + F = 0\,,$$

onde

$$\begin{gathered} A{=}a\,,\; B{=}b\,, C{=}c\,,\; D{=}2ax_0 + by_0 + d\,,\; E = 2cy_0 + bx_0 + e\,, \\ F = ax_0^2 + bx_0y_0 + cy_0^2 + dx_0 + ey_0 + f\,. \end{gathered} \tag{3.9}$$

Notemos que os coeficientes dos termos quadráticos não mudam sob uma translação. Em particular, as seguintes relações são satisfeitas

$$A + C = a + c\,,\ AC - \frac{B^2}{4} = ac - \frac{b^2}{4}\,, \tag{3.10}$$

ou seja, as duas expressões são *invariantes* sob a translação.

Para eliminar os termos lineares, é preciso resolver o sistema

$$D = 2ax_0 + by_0 + d = 0\,,\ E = 2cy_0 + bx_0 + e = 0 \tag{3.11}$$

para incógnitas x_0, y_0. Eliminando x_0, obtemos $(4ac - b^2)y_0 = bd - 2ae$. Se $4ac - b^2 \neq 0$ ou, equivalentemente,

$$\Delta = ac - \frac{b^2}{4} \neq 0\,, \tag{3.12}$$

então $y_0 = \frac{bd-2ae}{4ac-b^2}$ e, consequentemente, $x_0 = \frac{be-2cd}{4ac-b^2}$. Assim, a condição (3.12) garante a existência de uma única solução

$$y_0 = \frac{bd - 2ae}{4ac - b^2}\,,\ x_0 = \frac{be - 2cd}{4ac - b^2} \tag{3.13}$$

que possibilita a eliminação dos termos lineares de (3.8) via translação (3.2) e a obtenção da forma

$$AX^2 + BXY + CY^2 + F = 0\,. \tag{3.14}$$

Neste caso, quando a solução de (3.11) existe e é única (ou seja, quando $\Delta = ac - \frac{b^2}{4} \neq 0$), a equação quadrática (3.8) e a respectiva curva quadrática são chamadas *centrais*, e a solução (3.13) de (3.11) é chamada de *ponto central*. Caso contrário, a equação quadrática e a respectiva curva são chamadas *não centrais*.

Observação 1. Se a solução de (3.11) existe, então a expressão de F pode ser simplificada da seguinte forma:

$$F = x_0\left(ax_0 + \frac{b}{2}y_0 + \frac{d}{2}\right) + y_0\left(cy_0 + \frac{b}{2}x_0 + \frac{e}{2}\right) + \frac{d}{2}x_0 + \frac{e}{2}y_0 + f$$

$$= \frac{d}{2}x_0 + \frac{e}{2}y_0 + f\,.$$

Observação 2. Lembremos que a grandeza $\Delta = ac - \frac{b^2}{4}$, chamada de discriminante de (3.8), é a mesma usada no item de rotação para diferenciar os casos quando a rotação elimina só o termo misto ($\Delta \neq 0$) daqueles quando após a rotação resta só um dos quadrados ($\Delta = 0$). Isso quer dizer que, no primeiro caso, a rotação leva à forma (3.1) com $a \cdot c \neq 0$, e, no segundo, um dos coeficientes principais em (3.1) é nulo.

Caso $\Delta = ac - \frac{b^2}{4} = 0$, o sistema (3.11) ou não tem nenhuma solução ou tem muitas soluções. Na primeira situação, a eliminação dos termos lineares via translação é impossível. Na segunda, embora existam várias translações que eliminem os termos lineares, usualmente estes termos são simplificados de outra maneira.

Observação 3. Aqueles familiarizados com matrizes podem lembrar que o sistema (3.11) tem uma única solução (expressa via fórmulas (3.13)) se o seu determinante $4ac - b^2 \neq 0$. Caso a matriz seja singular (o determinante seja nulo), o sistema é compatível e tem número infinito de soluções se a matriz ampliada tem o mesmo rank (posto) da matriz original. Caso contrário, o sistema é incompatível (não tem soluções).

Exercícios resolvidos

1. Usando translação, simplificar a equação

$$9x^2 + 4y^2 + 6x - 8y + 1 = 0\,. \tag{3.15}$$

Solução.

A transformação procurada pode ser encontrada aplicando formalmente as fórmulas

$$X = x + \frac{d}{2a} = x + \frac{1}{3}\,,\ Y = y + \frac{e}{2c} = y - 1$$

dessa seção. No entanto, parece mais natural (e não mais trabalhoso) simplesmente realizar o procedimento de formação de quadrados completos na equação específica:

$$9(x + \frac{1}{3})^2 + 4(y - 1)^2 - 4 = 0\,.$$

Dessa maneira, a translação está automaticamente definida

$$X = x + \frac{1}{3}\,,\ Y = y - 1$$

assim como a forma quase-canônica de uma elipse

$$9X^2 + 4Y^2 - 4 = 0\,.$$

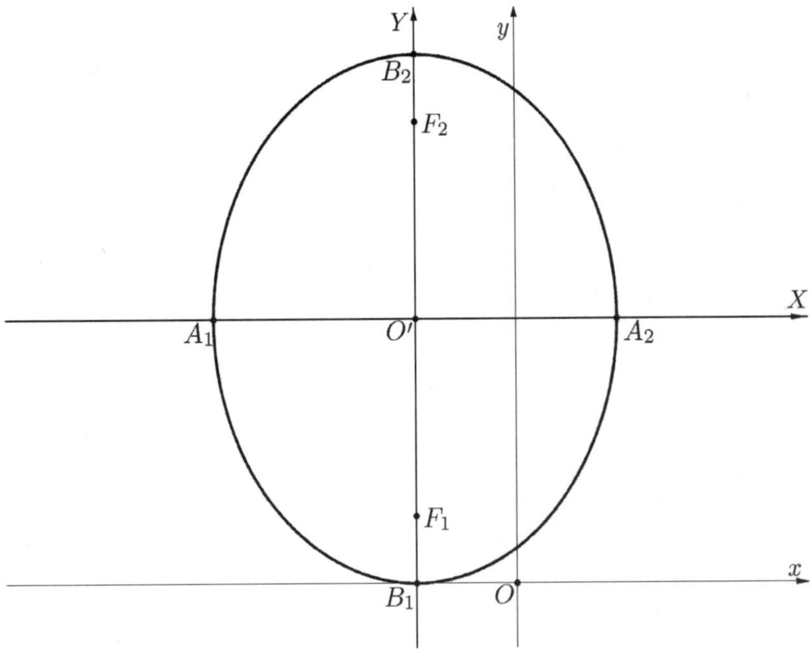

Figura 3.1 A elipse da equação (3.15) e a translação respectiva

Essa curva é mostrada na Fig.3.1.

Notamos que essa equação é central, porque $\Delta = ac - \frac{b^2}{4} = 9 \cdot 4 \neq 0$. Modificações de termos lineares e constantes não mudam essa propriedade da equação.

Observação 1. Se o termo $f = 1$ for trocado por $f = 5$, então, aplicando a mesma transformação, chegamos à equação canônica

$$9X^2 + 4Y^2 = 0\,,$$

que determina um único ponto $X = Y = 0$ ou, em coordenadas originais, $x = -\frac{1}{3}, y = 1$.

Observação 2. Se o termo $f = 1$ for trocado por $f = 6$, então, aplicando a mesma transformação, chegamos à equação canônica

$$9X^2 + 4Y^2 + 1 = 0\,,$$

que não tem solução.

2. Usando translação, simplificar a equação

$$4x^2 - 5y^2 - 16x - 30y - 49 = 0\,. \qquad (3.16)$$

Solução.
Formando quadrados completos na equação dada, obtemos

$$4(x-2)^2 - 5(y+3)^2 - 20 = 0\,.$$

Então, a translação paralela

$$X = x - 2\,,\ Y = y + 3$$

leva à forma quase-canônica de uma hipérbole com os focos no eixo OX:

$$4X^2 - 5Y^2 - 20 = 0\,.$$

Notamos que essa equação é central, porque $\Delta = ac - \frac{b^2}{4} = 4\cdot(-5) \neq 0$. Veja o desenho na Fig.3.2.

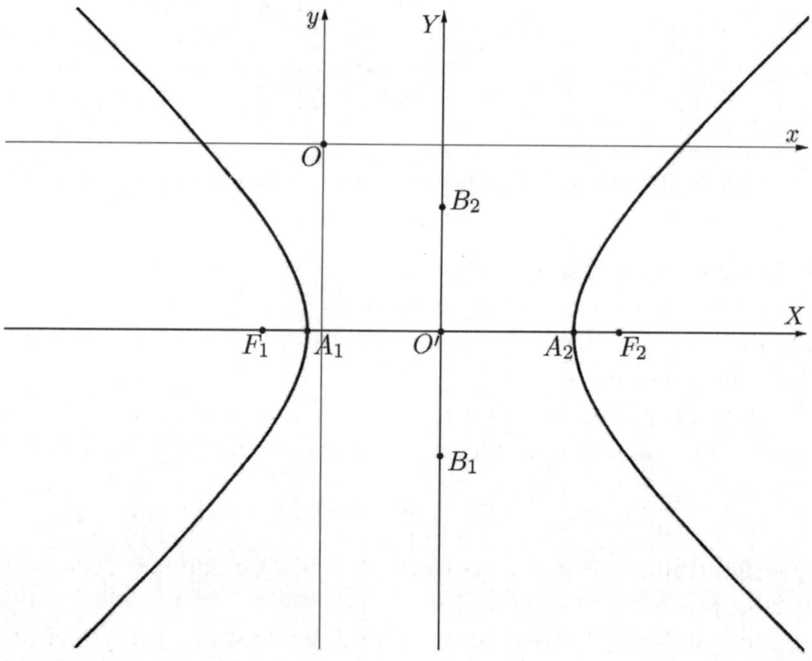

Figura 3.2 A hipérbole da equação (3.16) e a translação respectiva

Observação 1. Se o termo $f = -49$ for trocado por $f = -9$, então, aplicando a mesma transformação, chegamos à equação canônica

$$4X^2 - 5Y^2 + 20 = 0\,,$$

que determina uma hipérbole com os focos no eixo OY.

Observação 2. Se o termo $f = -49$ for trocado por $f = -29$, então, aplicando a mesma transformação, chegamos à equação

$$4X^2 - 5Y^2 = 0\,,$$

que determina duas retas $Y = \pm\frac{2}{\sqrt{5}}X$ ou, em coordenadas originais, $y + 3 = \pm\frac{2}{\sqrt{5}}(x-2)$.

3. Usando translação, simplificar a equação

$$\frac{1}{2}x^2 - 5x + 2y + 9 = 0\,. \tag{3.17}$$

Solução.
Reescrevendo a equação dada na forma

$$\frac{1}{2}(x-5)^2 + 2(y - \frac{7}{4}) = 0$$

e fazendo a mudança respectiva de coordenadas

$$X = x - 5\,,\ Y = y - \frac{7}{4}\,,$$

chegamos à equação quase-canônica de uma parábola com o foco no eixo OY:

$$\frac{1}{2}X^2 + 2Y = 0\,.$$

Notamos que essa equação é não central, porque $\Delta = ac - \frac{b^2}{4} = \frac{1}{2}\cdot 0 - 0 = 0$. Modificações de termos lineares e constantes não mudam essa propriedade da equação. Veja o esboço da parábola na Fig.3.3.

Observação 1. Se o termo linear $2y$ for omitido, então, aplicando a transformação

$$X = x - 5\,,\ Y = y\,,$$

obtemos a equação canônica

$$\frac{1}{2}X^2 - \frac{7}{2} = 0\,,$$

cuja solução representa duas retas $X = \pm\sqrt{7}$.

Observação 2. Se o termo linear $2y$ for omitido e o termo constante for trocado por $f = 16$, então a transformação

$$X = x - 5\,,\ Y = y$$

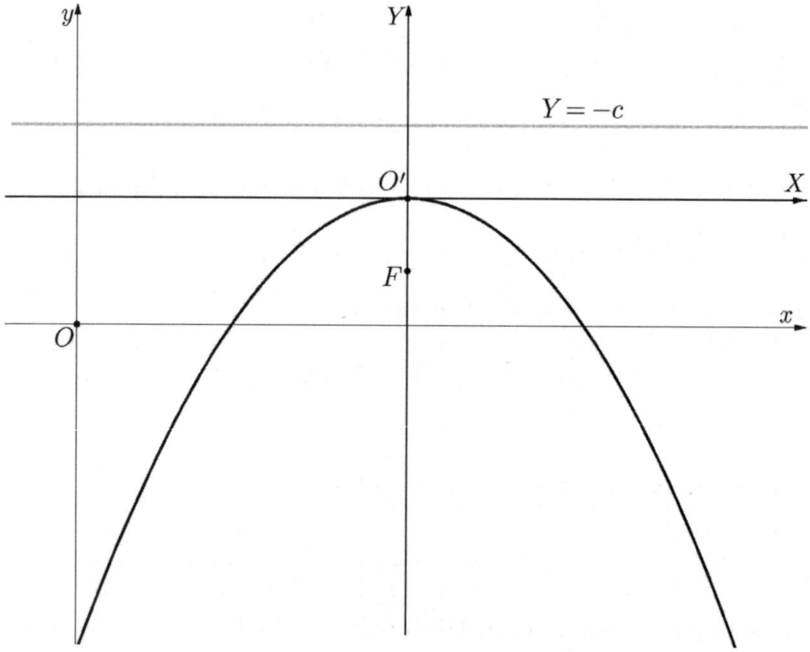

Figura 3.3 A parábola da equação (3.17) e a translação respectiva

leva a equação à forma

$$\frac{1}{2}X^2 + \frac{7}{2} = 0\,,$$

que não tem soluções.

Observação 3. Se o termo linear $2y$ for omitido e o termo constante for trocado por $f = \frac{25}{2}$, então a transformação

$$X = x - 5\,,\ Y = y$$

leva a equação à forma

$$\frac{1}{2}X^2 = 0\,,$$

cuja única solução é a reta $X = 0$.

4. Usando translação, simplificar a equação

$$-3x^2 + 4xy - 2y^2 + 10x - 12y - 17 = 0\,. \tag{3.18}$$

Solução.

Para equações com termos mistos, não adianta formar quadrados usando termos lineares e termos de x^2 e y^2, porque o termo misto também influencia na presença de termos lineares. Portanto, o procedimento mais natural, neste caso, é verificar, primeiro, se a equação dada é central e, se for o caso, então utilizar as fórmulas deduzidas (3.13) para especificar a translação (3.2). O valor de $\Delta = ac - \frac{b^2}{4} = (-3) \cdot (-2) - \frac{4^2}{4} = 6 - 4 = 2 \neq 0$ mostra que a equação dada é central e, por isso, podemos aplicar as fórmulas (3.13)

$$x_0 = \frac{be - 2cd}{4ac - b^2} = \frac{4 \cdot (-12) - 2 \cdot (-2) \cdot 10}{4\Delta} = \frac{-8}{8} = -1 ,$$

$$y_0 = \frac{bd - 2ae}{4ac - b^2} = \frac{4 \cdot 10 - 2 \cdot (-3) \cdot (-12)}{4\Delta} = \frac{-32}{8} = -4$$

para substituir as coordenadas encontradas na translação procurada (3.2):

$$X = x - x_0 = x + 1 , \ Y = y - y_0 = y + 4 .$$

Usando agora as fórmulas (3.9) (ou a fórmula de F da Observação 1)

$$A = a = -3 , \ B = b = 4 , \ C = c = -2 ,$$

$$F = f + \frac{d}{2}x_0 + \frac{e}{2}y_0 = -17 + \frac{10}{2} \cdot (-1) + \frac{-12}{2} \cdot (-4) = 2 ,$$

encontramos a equação em coordenadas X, Y sem termos lineares:

$$-3X^2 + 4XY - 2Y^2 + 2 = 0$$

ou, multiplicando por -1,

$$3X^2 - 4XY + 2Y^2 - 2 = 0 .$$

Com a ajuda dos resultados da seção 5.2, podemos simplificar ainda mais a última equação, usando rotação do sistema de coordenadas X, Y no ângulo φ definido pela fórmula (2.6) (da seção 5.2)

$$\cot 2\varphi = \frac{a - c}{b} = \frac{3 - 2}{-4} = -\frac{1}{4} .$$

O valor aproximado de 2φ no intervalo $(0, \pi)$ é $2\varphi \approx 1,8158 \approx 104,04^0$ e, consequentemente, $\varphi \approx 0,9079 \approx 52,02^0$. Então, as fórmulas gerais de rotação (veja (2.2) da seção 5.2)

$$X = X' \cos\varphi - Y' \sin\varphi , \ Y = X' \sin\varphi + Y' \cos\varphi$$

têm coeficientes, que podem ser determinados usando relações trigonométricas:

$$\sin 2\varphi = \frac{1}{\sqrt{1+\cot^2 2\varphi}} = \frac{4}{\sqrt{17}}, \ \cos 2\varphi = \frac{\cot 2\varphi}{\sqrt{1+\cot^2 2\varphi}} = -\frac{1}{\sqrt{17}},$$

$$\sin\varphi = \sqrt{\frac{1-\cos 2\varphi}{2}} = \sqrt{\frac{\sqrt{17}+1}{2\sqrt{17}}}, \ \cos\varphi = \sqrt{\frac{1+\cos 2\varphi}{2}} = \sqrt{\frac{\sqrt{17}-1}{2\sqrt{17}}}.$$

Os coeficientes A' e C' (junto com X' e Y') no sistema rotacionado podem ser encontrados resolvendo a equação característica (2.12) (seção 5.2):

$$\lambda^2 - (a+c)\lambda + ac - \frac{b^2}{4} = \lambda^2 - 5\lambda + 2 = 0\,.$$

Como $B = -4 < 0$, então $C' = \lambda_1 = \frac{5+\sqrt{17}}{2}$ e $A' = \lambda_2 = \frac{5-\sqrt{17}}{2}$. Portanto, obtemos a seguinte forma quase-canônica da equação de uma elipse com os focos no eixo $O'X'$:

$$\frac{5-\sqrt{17}}{2}X'^2 + \frac{5+\sqrt{17}}{2}Y'^2 - 2 = 0\,.$$

Veja o esboço na Fig.3.4.

Observação 1. Se o termo constante for trocado por -21, então, no sistema transladado X, Y, a equação teria a forma

$$3X^2 - 4XY + 2Y^2 + 2 = 0\,,$$

e a subsequente rotação levaria a uma equação sem soluções

$$\frac{5-\sqrt{17}}{2}X'^2 + \frac{5+\sqrt{17}}{2}Y'^2 + 2 = 0\,.$$

Observação 2. Se o termo constante for substituído por -19, então a translação resultaria em

$$3X^2 - 4XY + 2Y^2 = 0\,,$$

e a rotação levaria à equação

$$\frac{5-\sqrt{17}}{2}X'^2 + \frac{5+\sqrt{17}}{2}Y'^2 = 0\,,$$

cuja solução é um único ponto $X' = Y' = 0$. De acordo com isso, a solução em coordenadas X, Y seria $X = Y = 0$ e em coordenadas originais, $x = -1, y = -4$.

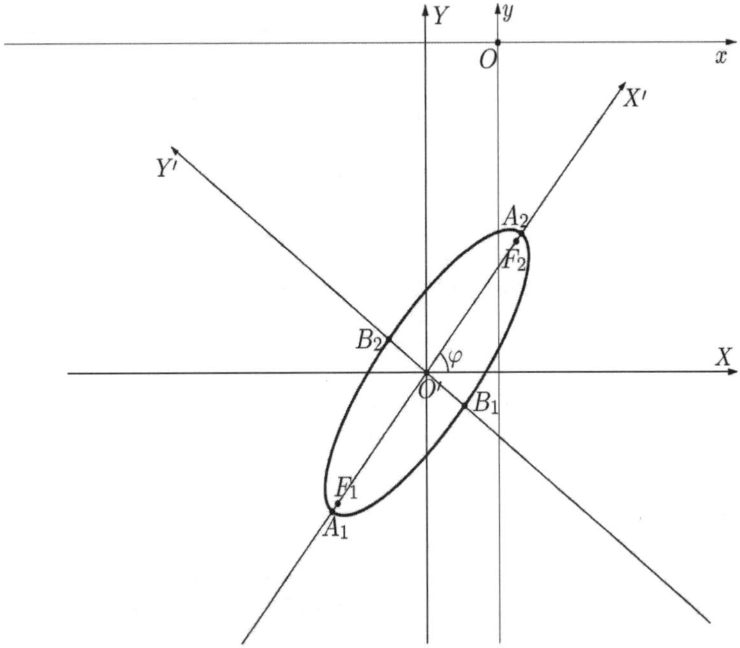

Figura 3.4 A elipse da equação (3.18) e as transformações de coordenadas

5. Usando translação, simplificar a equação

$$x^2 - 6xy + 9y^2 - 12x + 36y + 20 = 0\,. \tag{3.19}$$

Solução.
Primeiro, vamos testar se a equação é central ou não. Temos $\Delta = ac - \frac{b^2}{4} = 1 \cdot 9 - \frac{(-6)^2}{4} = 0$, isto é, a equação não é central e, por isso, o sistema (3.11) ou não tem soluções ou tem muitas soluções. Tentando resolver este sistema

$$D = 2ax_0 + by_0 + d = 2x_0 - 6y_0 - 12 = 0\,,$$

$$E = 2cy_0 + bx_0 + e = 18y_0 - 6x_0 + 36 = 0\,,$$

notamos que as duas equações se diferenciam por um multiplicador e, portanto, o sistema se reduz a uma única equação

$$x_0 - 3y_0 = 6$$

com infinitas soluções. Escolhendo um dos pares $y_0 = 0, x_0 = 6$, que satisfaz a última equação, usamos a translação na forma

$$X = x - x_0 = x - 6\,,\ Y = y - y_0 = y$$

e, substituindo as novas coordenadas na equação original, obtemos

$$X^2 - 6XY + 9Y^2 - 16 = 0\,.$$

Notamos que essa equação ainda pode ser reescrita como

$$(X - 3Y)^2 = 16\,,$$

evidenciando que as suas soluções são duas retas $X - 3Y = \pm 4$. Voltando às coordenadas originais, temos $x - 3y = 2$ e $x - 3y = 10$.

Exercícios

Simplificar as equações usando translação paralela:

1) $4x^2 + 9y^2 - 40x + 36y + 100 = 0$, $4x^2 + 9y^2 - 40x + 36y + 36 = 0$, $4x^2 + 9y^2 - 40x + 36y + 40 = 0$;
2) $9x^2 - 16y^2 - 54x - 64y - 127 = 0$, $9x^2 - 16y^2 - 54x - 64y - 271 = 0$, $9x^2 - 16y^2 - 54x - 64y - 275 = 0$;
3) $4x^2 - y^2 + 8x - 2y + 3 = 0$, $4x^2 - y^2 + 8x - 2y + 2 = 0$, $4x^2 - y^2 + 8x - 2y + 4 = 0$;
4) $2x^2 + 3y^2 + 8x - 6y + 11 = 0$, $2x^2 + 3y^2 + 8x - 6y + 10 = 0$, $2x^2 + 3y^2 + 8x - 6y + 12 = 0$;
5) $y^2 - 10x - 2y - 19 = 0$;
6) $x^2 - 6x - 4y + 29 = 0$;
7) $9x^2 + 4y^2 + 18x - 8y + 49 = 0$;
8) $3x^2 - 6xy + 2y^2 - 4x + 2y + 1 = 0$;
9) $6x^2 + 4xy + y^2 + 4x - 2y + 2 = 0$;
10) $4x^2 + 4xy + y^2 - 8x - 4y - 21 = 0$.

Seção 5.4 Formas canônicas analíticas e classificação de equações quadráticas

1 Classificação via formas canônicas

Consideremos a equação quadrática geral de duas variáveis reais (coordenadas cartesianas no plano) x e y:

$$ax^2 + bxy + cy^2 + dx + ey + f = 0\,, \tag{4.1}$$

onde a, b, c, d, e, f são algumas constantes reais, $|a| + |b| + |c| \neq 0$. Nessa seção, vamos considerar as *formas canônicas analíticas* de (4.1) que são diferentes (mais gerais) do que as equações canônicas obtidas na dedução das equações de elipse, hipérbole e parábola a partir das suas definições geométricas. As últimas equações vamos chamar, nessa seção, de formas canônicas geométricas para distinguir das formas canônicas analíticas da equação (4.1).

Já vimos que (4.1) pode ser simplificada eliminando o termo misto via *rotação* do sistema de coordenadas cartesianas. Essa transformação sempre pode ser efetuada, quaisquer que sejam os coeficientes a, b, c. Outra simplificação, relativa à eliminação dos termos lineares, pode ser feita via *translação paralela* de coordenadas cartesianas. Isso sempre pode ser feito se $b = 0$ e $a \cdot c \neq 0$. No caso geral, a translação pode ser realizada para curvas centrais, quando o discriminante $\Delta = ac - \frac{b^2}{4} \neq 0$. De acordo com essas possibilidades de simplificação, vamos definir agora as *formas canônicas analíticas* de (4.1) (aquelas formas mais simples às quais (4.1) pode ser reduzida).

Antes de formalizar, vamos ver quais são as possíveis situações diferentes que podem ocorrer. Primeiro, se, depois de eliminação do termo misto via rotação, ambos os termos AX^2 e CY^2 não são nulos, então podemos ainda eliminar os termos lineares e chegar à equação envolvendo só os termos quadrados de X e Y e uma constante (veja transformação de (3.1) a (3.4) na seção 5.3). Nesse caso $\Delta = ac - \frac{b^2}{4} = AC \neq 0$, de acordo com a condição (2.13) da seção 5.2 e (3.12) da seção 5.3 (notamos que essa, também, é a condição de curvas centrais). Nessa primeira situação, os termos lineares são irrelevantes porque desaparecem na forma mais simples da equação.

A segunda situação que pode surgir é quando $A \cdot C = 0$, isto é, $\Delta = ac - \frac{b^2}{4} = AC = 0$, o que indica que a eliminação de termos lineares, possivelmente, não pode ser realizada (veja transformação de (3.5) a (3.7) na seção 5.3). Nesse caso, o termo linear daquela variável cujo quadrado restou na equação (após a rotação) é irrelevante, porque pode ser eliminado facilmente via translação (veja transformação de (3.5) a (3.7) na seção 5.3). Porém, o termo linear da variável cujo quadrado desaparece (depois da rotação) é importante (quando ainda é presente) para identificação do tipo da equação.

Munidos dessas considerações preliminares de várias situações que podem acontecer no procedimento de simplificação de uma equação quadrática via rotação e translação, chegamos à seguinte classificação das formas canônicas (analíticas) de (4.1). Vamos dizer que a equação (4.1) é reduzida à forma canônica analítica se, depois de aplicar as transformações de rotação e/ou translação paralela, em novas coordenadas cartesianas X, Y ela assume a forma

$$AX^2 + CY^2 + F = 0\,, \tag{4.2}$$

onde A, C, F são constantes e $A \cdot C \neq 0$; ou ainda se ela assume uma das duas formas

$$AX^2 + EY + F = 0 \quad \text{ou} \quad CY^2 + DX + F = 0\,, \tag{4.3}$$

onde A, E, F são constantes com $A \neq 0$ e C, D, F são constantes com $C \neq 0$.

A equação (4.2) é chamada de *tipo elíptico* (ou simplesmente *elíptica*) se $A \cdot C > 0$ e de *tipo hiperbólico* (ou *hiperbólica*) se $A \cdot C < 0$. A equação (4.3) (qualquer uma das duas formas) é chamada de *tipo parabólico* (ou simplesmente *parabólica*).

Observação. Sem perda de generalidade, nas considerações a seguir, podemos fixar o sinal positivo do coeficiente A em (4.2) e (4.3) e o sinal positivo do coeficiente C em (4.3). Se esse sinal não for positivo, então simplesmente multiplicamos a respectiva equação por -1.

Para uma equação elíptica (4.2) (com $A > 0$ e então $C > 0$), pode haver três casos, dependendo de F:
1) se $F < 0$, então (4.2) é a equação de uma elipse e pode ser reescrita na forma canônica geométrica (a forma obtida na dedução da equação de uma elipse)

$$\frac{X^2}{(\sqrt{-F/A})^2} + \frac{Y^2}{(\sqrt{-F/C})^2} = 1\,;$$

2) se $F = 0$, então (4.2) é a equação de um ponto só – a origem das coordenadas canônicas (às vezes chamado de elipse singular);
3) se $F > 0$, então (4.2) não tem nenhuma solução (às vezes esta é chamada de elipse imaginária).

Para uma equação hiperbólica (4.2) (com $A > 0$ e então $C < 0$), pode haver duas situações principais:
1) se $F \neq 0$, então (4.2) é a equação de uma hipérbole – caso $F < 0$, os focos ficam no eixo OX e a equação assume a forma canônica geométrica

$$\frac{X^2}{(\sqrt{-F/A})^2} - \frac{Y^2}{(\sqrt{-F/(-C)})^2} = 1\,,$$

enquanto, para $F > 0$, os focos pertencem a OY e a equação assume a forma

$$\frac{X^2}{(\sqrt{F/A})^2} - \frac{Y^2}{(\sqrt{F/(-C)})^2} = -1\,;$$

2) se $F = 0$, então (4.2) é a equação de duas retas que passam pela origem das coordenadas canônicas e são simétricas uma a outra, tanto pelo eixo OX como pelo OY:

$$Y = \pm\sqrt{\frac{A}{-C}}\,X\,.$$

Finalmente, a equação parabólica (4.3) (qualquer uma das duas formas) contém quatro casos diferentes. Vamos nos concentrar na primeira forma (a segunda se considera de modo análogo), supondo de novo que $A > 0$ (sem perda de generalidade). Dependendo dos valores de E e F, pode haver quatro situações:
1) se $E \neq 0$, então (4.3) é a equação de uma parábola que, usando mais uma translação

$$\tilde{X} = X, \tilde{Y} = Y + \frac{F}{E}\,,$$

pode ser reduzida à forma canônica geométrica

$$\tilde{Y} = -\frac{\tilde{X}^2}{E/A}\,;$$

2) se $E = 0$ e $F < 0$, então (4.3) é a equação de duas retas paralelas ao eixo OY:

$$X = \pm\sqrt{\frac{-F}{A}}\,;$$

3) se $E = 0$ e $F = 0$, então (4.3) representa uma reta – o eixo OY:

$$X = 0\,;$$

4) se $E = 0$ e $F > 0$, então (4.3) não tem soluções.

Dessa maneira, são consideradas todas as possíveis situações com as formas canônicas (4.2) e (4.3). Notamos que as curvas elípticas e hiperbólicas são centrais e as parabólicas não são.

2 Classificação na forma original

Voltemos à equação (4.1) para estabelecer a sua classificação (analítica) sem necessidade de redução preliminar à forma canônica. Se a, b, c são coeficientes de termos quadráticos no sistema original de coordenadas cartesianas e A, B, C são coeficientes de termos quadráticos respectivos no sistema cartesiano novo, então, como foi visto, as seguintes duas expressões são *invariantes* (mantêm o mesmo valor) sob as transformações de translação e rotação (veja (2.9) na seção 5.2 e (3.10) na seção 5.3):

$$A + C = a + c\,, \ AC - \frac{B^2}{4} = ac - \frac{b^2}{4}\,. \tag{4.4}$$

A segunda relação possibilita efetuar classificação analítica de uma equação quadrática sem precisar reduzi-la à forma canônica. De fato, a condição $AC > 0$ na equação (4.2) equivale à condição $ac - \frac{b^2}{4} > 0$ para (4.1) e, portanto, ela identifica a equação elíptica. Do mesmo jeito, $AC < 0$ na equação (4.2) é equivalente a $ac - \frac{b^2}{4} < 0$ em (4.1) e, portanto, essa é a condição da equação hiperbólica. Finalmente, o caso parabólico, quando $AC = 0$, corresponde à condição $ac - \frac{b^2}{4} = 0$ em (4.1). Assim, a grandeza $\Delta = ac - \frac{b^2}{4}$ possibilita identificar o tipo da equação quadrática sem necessidade de redução à forma canônica.

Notamos que a subclassificação das equações elípticas e hiperbólicas também pode ser feita em termos de coeficientes da equação original (4.1). Realmente, neste caso, a redução à forma (4.2) pode ser realizada fazendo primeiro rotação e depois translação. Lembramos que a rotação não muda o valor do termo constante (veja as fórmulas (2.4) da seção 5.2), enquanto a translação gera uma nova constante pela fórmula $F = f - \frac{D^2}{4A} - \frac{E^2}{4C}$ (veja fórmula (3.3) da seção 5.3). Usando a invariância de Δ, temos a seguinte relação

$$F = f - \frac{1}{4AC}(D^2C + E^2A) = f - \frac{1}{4\Delta}G\,, \ G = D^2C + E^2A\,. \tag{4.5}$$

Levando em conta como os coeficientes A, C, D, E são determinados no passo de rotação (veja as fórmulas (2.4) da seção 5.2), encontramos a seguinte representação do termo G:

$$G = D^2C + E^2A = D^2\left(\frac{a+c}{2} - \frac{a-c}{2}\cos 2\varphi - \frac{b}{2}\sin 2\varphi\right)$$

$$+E^2\left(\frac{a+c}{2} + \frac{a-c}{2}\cos 2\varphi + \frac{b}{2}\sin 2\varphi\right) = \frac{a+c}{2}(D^2 + E^2)$$

$$-\left(\frac{a-c}{2}\cos 2\varphi + \frac{b}{2}\sin 2\varphi\right)(D^2 - E^2) = \frac{a+c}{2}(d^2 + e^2)$$

$$-\left(\frac{a-c}{2}\cos 2\varphi + \frac{b}{2}\sin 2\varphi\right)(d^2\cos 2\varphi - e^2\cos 2\varphi + 2de\sin 2\varphi)$$

$$= \frac{a+c}{2}(d^2+e^2) - \sin^2 2\varphi \left(\frac{a-c}{2} \cot 2\varphi + \frac{b}{2} \right) ((d^2-e^2)\cot 2\varphi + 2de) .$$

Finalmente, usando a relação trigonométrica $\sin^2 2\varphi = \frac{1}{1+\cot^2 2\varphi}$ e a fórmula $\cot 2\varphi = \frac{a-c}{b}$ do ângulo da rotação que elimina o termo misto (veja a fórmula (2.6) da seção 5.2), simplificamos G à forma:

$$G = \frac{a+c}{2}(d^2+e^2) - \frac{b^2}{b^2+(a-c)^2} \left(\frac{a-c}{2} \cdot \frac{a-c}{b} + \frac{b}{2} \right) ((d^2-e^2)\frac{a-c}{b} + 2de)$$

$$= \frac{a+c}{2}(d^2+e^2) - \frac{a-c}{2}(d^2-e^2) - bde = ae^2 + cd^2 - bde .$$

Assim, a fórmula (4.5) pode ser reescrita na forma

$$F = f - \frac{1}{4ac-b^2} \left(ae^2 + cd^2 - bde \right) \tag{4.6}$$

e a condição do sinal de F usada na subclassificação de equações elípticas e hiperbólicas pode ser reformulada em termos dos coeficientes da equação quadrática original.

No caso de uma equação parabólica (com $C = 0$), o termo constante é calculado de modo diferente: $F = f - \frac{D^2}{4A}$ (veja a fórmula (3.6) da seção 5.3). Usando a primeira relação de invariância em (4.4), reescrevemos F na forma

$$F = f - \frac{D^2}{4A} = f - \frac{D^2}{4(A+C)} = f - \frac{D^2}{4(a+c)} . \tag{4.7}$$

A expressão de D depende do valor de b. No caso especial $b = 0$, a rotação não se aplica ($\varphi = 0$), o que leva à relação simples $D = d$ e, consequentemente, F é representado em coeficientes originais na forma

$$F = f - \frac{d^2}{4(a+c)} .$$

Nos demais casos, quando $b \neq 0$, usando a equação (2.14) da seção 5.2

$$D = d\cos\varphi + e\sin\varphi = \frac{d\kappa + e}{\sqrt{1+\kappa^2}} , \tag{4.8}$$

com o parâmetro κ reescrito na forma (devido à relação $b^2 = 4ac$)

$$\kappa = \frac{a-c}{b} + \sqrt{1 + \left(\frac{a-c}{b}\right)^2} = \frac{a-c}{b} + \sqrt{\left(\frac{a+c}{b}\right)^2} = \frac{a-c}{b} + \left|\frac{a+c}{b}\right| , \tag{4.9}$$

expressamos D^2 na forma

$$D^2 = \frac{(d\kappa + e)^2}{1 + \kappa^2} .$$

Substituindo essa expressão em (4.7), chegamos à seguinte fórmula de F em termos dos coeficientes originais:

$$F = f - \frac{1}{4(a + c)} \frac{(d\kappa + e)^2}{1 + \kappa^2} . \tag{4.10}$$

Para o mesmo tipo parabólico (com $C = 0$), o coeficiente E, que diferencia o caso de uma parábola dos casos singulares de retas ou inexistência de soluções, também pode ser expresso em termos de coeficientes originais. De novo, se $b = 0$ (isto é, $\varphi = 0$), temos direto $E = e$ e a condição $E \neq 0$ se reescreve como $e \neq 0$. Caso $b \neq 0$, usamos a representação de E da equação (2.14) na seção 5.2:

$$E = -d \sin\varphi + e \cos\varphi = \frac{-d + e\kappa}{\sqrt{1 + \kappa^2}} . \tag{4.11}$$

A condição $E \neq 0$ se reduz então a $-d + e\kappa \neq 0$.

Observação. As fórmulas (4.8) e (4.11) válidas para $b \neq 0$ podem ser generalizadas para incluir, também, o caso $b = 0$. Para isso, reescrevemo-las na forma

$$D = \frac{d\mu + e|b|}{\sqrt{b^2 + \mu^2}} , \quad E = \frac{-d|b| + e\mu}{\sqrt{b^2 + \mu^2}} ,$$

onde

$$\mu = \kappa|b| = \operatorname{sgn}(b) \cdot (a - c) + |a + c| .$$

A equação parabólica com $A = 0$ é tratada de modo semelhante. Deixamos os detalhes desse caso a cargo do leitor.

Seção 5.5 Algoritmos de classificação de curvas quadráticas

Juntando os resultados da teoria considerada, podemos concluir que a classificação de equações quadráticas

$$ax^2 + bxy + cy^2 + dx + ey + f = 0 \tag{5.1}$$

pode ser feita tanto na forma original como as reduzindo à forma canônica. No primeiro caso, a classificação geral é simples, mas subclassificações específicas e visualização de formas canônicas podem exigir um cálculo adicional compatível com a redução completa via mudança explícita de coordenadas.

1 Classificação sem mudança de coordenadas

Para efetuar a *classificação geral* na forma original, calcula-se o discriminante

$$\Delta = ac - \frac{b^2}{4} \tag{5.2}$$

da equação (5.1) e a classificação se faz em função do sinal de Δ: se $\Delta > 0$, então a equação é elíptica; se $\Delta < 0$, hiperbólica; e se $\Delta = 0$, parabólica. Lembremos que o discriminante indica, também, se uma curva é central ($\Delta \neq 0$, isto é, curvas elípticas e hiperbólicas) ou não ($\Delta = 0$, isto é, curvas parabólicas).

De modo alternativo, pode ser resolvida a equação característica (2.12) da seção 5.2

$$\lambda^2 - (a+c)\lambda + ac - \frac{b^2}{4} = 0 \tag{5.3}$$

e as suas raízes podem ser usadas para divisão em três casos: se as duas raízes têm o mesmo sinal, então a equação é elíptica; se elas têm sinais opostos, a equação é hiperbólica; e se uma das raízes é nula, é parabólica.

A *subclassificação* depende do tipo da equação de acordo com as seguintes considerações.

Primeiro, separamos os casos de curvas centrais ($\Delta = ac - \frac{b^2}{4} \neq 0$) e os de não centrais ($\Delta = 0$). Consideremos inicialmente as centrais.

Para as curvas centrais, a equação original (5.1) pode ser reduzida, aplicando rotação para eliminar o termo misto e, em seguida, translação para eliminar os termos lineares, à forma (veja a equação (4.2) da seção 5.4)

$$AX^2 + CY^2 + F = 0\,, \tag{5.4}$$

onde os coeficientes principais A e C são definidos no passo de rotação (a translação não altera seus valores) e o coeficiente constante F é definido no passo de translação (a rotação não altera o valor do termo constante).

Os valores de A e C dependem só de coeficientes originais a, b, c e podem ser encontrados resolvendo o sistema (veja (2.10) da seção 5.2)

$$A + C = a + c\,,\ AC = ac - \frac{b^2}{4}\,, \tag{5.5}$$

que pode ser reduzido à equação característica (5.3). As soluções do último sistema (ou da equação característica) são escolhidas dependendo do sinal de b e podem ser expressas da seguinte maneira (veja (2.11) e explicações subsequentes na seção 5.2):

1) se $b = 0$, então $A = a$ e $C = c$; (5.6)

2) se $b>0$, então $A=\frac{a+c+\sqrt{(a+c)^2-4ac+b^2}}{2}$, $C=\frac{a+c-\sqrt{(a+c)^2-4ac+b^2}}{2}$; (5.7)

3) se $b<0$, então $A=\frac{a+c-\sqrt{(a+c)^2-4ac+b^2}}{2}$, $C=\frac{a+c+\sqrt{(a+c)^2-4ac+b^2}}{2}$. (5.8)

Equivalentemente, pode ser resolvida a equação característica (5.3) e as suas raízes atribuídas aos coeficientes A e C conforme a seguinte regra: se $b > 0$, então $A = \lambda_1 > \lambda_2 = C$, se $b < 0$, então $C = \lambda_1 > \lambda_2 = A$, e se $b = 0$, então $A = a$ e $C = c$.

O valor da constante F depende de todos os coeficientes da equação (5.1) e se define pela fórmula (veja (4.6) da seção 5.4)

$$F = f - \frac{1}{4ac - b^2}\left(ae^2 + cd^2 - bde\right). \tag{5.9}$$

Agora, dentro das curvas centrais, temos dois casos gerais diferentes – equações elípticas ($\Delta > 0$) e hiperbólicas ($\Delta < 0$). Em cada um desses casos, faremos subclassificações diferentes.

1. Para uma equação elíptica ($\Delta = AC > 0$), temos os seguintes três subcasos:

1) se $AF < 0$, então (5.4) (e consequentemente (5.1)) representa uma elipse, cuja forma canônica é

$$\frac{X^2}{p^2} + \frac{Y^2}{q^2} = 1\,,\; p = \sqrt{-\frac{F}{A}}\,,\; q = \sqrt{-\frac{F}{C}}\,;$$

2) se $F = 0$, há um só ponto cujas coordenadas satisfazem (5.1);

3) se $AF > 0$, então (5.1) não tem soluções.

Notemos que, em geral, uma equação elíptica (5.4) (e consequentemente (5.1)) pode ser expressa na forma

$$\frac{X^2}{\alpha^2} + \frac{Y^2}{\beta^2} = \operatorname{sgn}(-AF)\,,$$

onde α e β são duas constantes reais, definidas da seguinte maneira:

1) $\alpha = p = \sqrt{-\frac{F}{A}}\,, \beta = q = \sqrt{-\frac{F}{C}}$ no caso de uma elípse,

2) $\alpha = \sqrt{\frac{1}{|A|}}, \beta = \sqrt{\frac{1}{|C|}}$ no caso de um ponto,
3) $\alpha = \sqrt{\frac{F}{A}}, \beta = \sqrt{\frac{F}{C}}$ no caso quando não há soluções.

É interessante poder expressar condições em 1)-3) via coeficientes originais, o que possibilita fazer subclassificação sem cálculo explicito de coeficientes A, C, F. Lembremos que $\Delta = ac - \frac{b^2}{4} = AC$ (veja (2.10) da seção 5.2) e, portanto, a condição $\Delta > 0$ implica que os coeficientes A e C, assim como a e c, devem ser do mesmo sinal. Então, a condição $AF < 0$ pode ser reescrita como $(A + C)F < 0$ e a última equivale a $(a + c)F < 0$ (devido à invariância $a + c = A + C$ – veja (2.10) da seção 5.2), onde F se encontra via coeficientes originais pela fórmula (5.9).

2. Para uma equação hiperbólica ($\Delta = AC < 0$), temos os seguintes dois subcasos:
1) se $F \neq 0$, então temos uma hipérbole. Mais precisamente, se $AF < 0$ (o que equivale a $CF > 0$), então a forma canônica da hipérbole é

$$\frac{X^2}{p^2} - \frac{Y^2}{q^2} = 1\,,\ p = \sqrt{-\frac{F}{A}},\ q = \sqrt{\frac{F}{C}}\,;$$

caso contrário, isto é, $AF > 0$ (ou equivalentemente $CF < 0$), chegamos à forma canônica

$$\frac{X^2}{p^2} - \frac{Y^2}{q^2} = -1\,,\ p = \sqrt{\frac{F}{A}},\ q = \sqrt{-\frac{F}{C}}\,;$$

2) se $F = 0$, então temos duas retas concorrentes

$$Y = \pm\sqrt{-\frac{A}{C}}X\,.$$

Notemos que, em geral, uma equação hiperbólica (5.4) (e consequentemente (5.1)) pode ser escrita na forma

$$\frac{X^2}{\alpha^2} - \frac{Y^2}{\beta^2} = \operatorname{sgn}(-AF)\,,$$

onde constantes reais α e β são especificadas da seguinte maneira:
1a) $\alpha = \sqrt{-\frac{F}{A}},\ \beta = \sqrt{\frac{F}{C}}$ no caso $AF < 0$,
1b) $\alpha = \sqrt{\frac{F}{A}},\ \beta = \sqrt{-\frac{F}{C}}$ no caso $AF > 0$,
2) $\alpha = \sqrt{\frac{1}{|A|}},\ \beta = \sqrt{\frac{1}{|C|}}$ no caso $F = 0$ (o caso de duas retas concorrentes).

As condições dos subcasos 1) e 2) podem ser expressas em coeficientes originais, usando a fórmula (5.9) para F.

Para as curvas não centrais, ou seja, no caso parabólico ($\Delta = 0$), a equação original (5.1), após a rotação, se reduz à forma

$$Ax'^2 + Cy'^2 + Dx' + Ey' + f = 0\,, \tag{5.10}$$

onde $AC = 0$, isto é, um dos dois coeficientes A ou C é igual a 0. Consideremos abaixo o caso $C = 0$, notando que a segunda opção $A = 0$ tem tratamento análogo.

Se $C = 0$, então após a translação paralela adicional (que elimina o termo linear com x') a equação (5.10) é levada à forma (veja a primeira equação em (4.3) da seção 5.4)

$$AX^2 + EY + F = 0\,, \tag{5.11}$$

onde o coeficiente principal A e o coeficiente linear E são definidos no passo de rotação (a translação posterior não altera seus valores), e a constante F é definida no passo de translação (a rotação não altera o valor do termo constante).

Como A e C satifazem o mesmo sistema (5.5), a condição $C = 0$ implica que $A = a + c$ (qualquer que for b). Da forma de soluções para A (veja (2.11) e explicações subsequentes da seção 5.2) que reescrevemos abaixo:
1) se $b = 0$, então $A = a$,
2) se $b > 0$, então $A = \frac{a+c+\sqrt{(a+c)^2}}{2}$,
3) se $b < 0$, então $A = \frac{a+c-\sqrt{(a+c)^2}}{2}$,
segue que a condição $A \neq 0$ implica $b(a + c) \geq 0$, em particular, se $b \neq 0$, então $b(a + c) > 0$. Notamos que a recíproca também é válida: a condição $b(a + c) > 0$ implica $A \neq 0$.

Ainda, se $b \neq 0$, o valor de E é determinado pela fórmula (veja (2.4) da seção 5.2 e (4.11) da seção 5.4):

$$E = -d \sin\varphi + e\cos\varphi = \frac{-d + e\kappa}{\sqrt{1 + \kappa^2}}\,,$$

onde

$$\kappa = \frac{a - c}{b} + \sqrt{1 + \left(\frac{a-c}{b}\right)^2}\,.$$

Como $b^2 = 4ac$ e $b(a+c) > 0$, então a expressão de κ é simplificada a

$$\kappa = \frac{a-c}{b} + \sqrt{\left(\frac{a+c}{b}\right)^2} = \frac{a-c}{b} + \frac{a+c}{b} = 2\frac{a}{b} \tag{5.12}$$

e, consequentemente,

$$E = \frac{-d + e\kappa}{\sqrt{1+\kappa^2}} = \frac{-d + 2ea/b}{\sqrt{1+4a^2/b^2}}\,. \tag{5.13}$$

Finalmente, o valor da constante F é calculado pela fórmula (veja (4.7) da seção 5.4)

$$F = f - \frac{D^2}{4(a+c)}\,,$$

onde

$$D = \frac{d\kappa + e}{\sqrt{1+\kappa^2}} = \frac{2da/b + e}{\sqrt{1+4a^2/b^2}}\,.$$

Portanto,

$$F = f - \frac{1}{4(a+c)}\frac{(2ad+be)^2}{b^2+4a^2}\,. \tag{5.14}$$

Caso $b = 0$, então

$$A = a\,,\ E = e\,,\ F = f - \frac{d^2}{4a}\,. \tag{5.15}$$

3a. Descrevemos agora quatro subcasos referentes a uma equação parabólica (5.11):
1) se $E \neq 0$, então (5.11) é a equação de uma parábola que, usando mais uma translação

$$\tilde{X} = X\,,\ \tilde{Y} = Y + \frac{F}{E}\,,$$

pode ser reduzida à forma canônica

$$\tilde{Y} = -\frac{\tilde{X}^2}{E/A}\,;$$

2) se $E = 0$ e $AF < 0$, então (5.11) é a equação de duas retas paralelas ao eixo OY:

$$X = \pm\sqrt{-\frac{F}{A}}\,;$$

3) se $E = 0$ e $F = 0$, então (5.11) representa uma reta – o eixo OY:

$$X = 0\,;$$

4) se $E = 0$ e $AF > 0$, então (5.11) não tem soluções.

Vamos reformular as condições destes quatro subcasos em termos de coeficientes originais. A condição $E \neq 0$ equivale a $2ae \neq bd$. Respectivamente, $E = 0$ quer dizer $2ae = bd$. A condição $AF < 0$ se reescreve como $4(a+c)f < \frac{(2ad+be)^2}{b^2+4a^2}$ e as condições $AF = 0$ e $AF > 0$ na forma respectiva.

Para integridade do estudo, apresentaremos, a seguir, numa forma sucinta, os resultados correspondentes à segunda forma canônica analítica da equação parabólica em (4.3) (seção 5.4):

$$CY^2 + DX + F = 0\,. \tag{5.16}$$

Esse caso da equação parabólica ocorre numa das duas situações – quando $b(a+c) < 0$ ou $b = 0$. Independentemente da situação, o coeficiente do termo quadrado pode ser encontrado pela fórmula $C = a + c$. A condição $A = 0$ ($C \neq 0$) implica $b(a+c) \leq 0$ e, por isso, para $b \neq 0$, o valor de κ é determinado pela fórmula

$$\kappa = \frac{a-c}{b} + \sqrt{\left(\frac{a+c}{b}\right)^2} = \frac{a-c}{b} - \frac{a+c}{b} = -2\frac{c}{b} \tag{5.17}$$

e as expressões de D e F se simplificam a

$$D = \frac{-2dc/b + e}{\sqrt{1 + 4c^2/b^2}} \tag{5.18}$$

e

$$F = f - \frac{1}{4(a+c)}\frac{(2ce+bd)^2}{b^2+4c^2}\,, \tag{5.19}$$

respectivamente.

Caso $b = 0$, então $a = 0$ e, consequentemente,

$$C = c\,,\ D = d\,,\ F = f - \frac{e^2}{4c}\,. \tag{5.20}$$

3b. Os quatro subcasos da equação parabólica (5.16) são os seguintes: 1) se $D \neq 0$, então (5.16) é a equação de uma parábola que, usando mais uma translação

$$\tilde{X} = X + \frac{F}{D}\,,\ \tilde{Y} = Y\,,$$

pode ser reduzida à forma canônica

$$\tilde{X} = -\frac{\tilde{Y}^2}{D/C}\,;$$

2) se $D = 0$ e $CF < 0$, então (5.16) é a equação de duas retas paralelas ao eixo OX:

$$Y = \pm\sqrt{-\frac{F}{C}}\,;$$

3) se $D = 0$ e $F = 0$, então (5.16) representa uma reta – o eixo OX:

$$Y = 0\,;$$

4) se $D = 0$ e $CF > 0$, então (5.16) não tem soluções.

A condição $D \neq 0$ equivale a $2cd \neq be$, e $D = 0$ quer dizer $2cd = be$. A condição $CF < 0$ é reformulada como $4(a+c)f < \frac{(2ce+bd)^2}{b^2+4c^2}$, e as condições $AF = 0$ e $AF > 0$, na forma respectiva.

Os detalhes da dedução dos resultados para equação (5.16) e a expressão das condições 3b em termos de coeficientes originais ficam a cargo do leitor.

Representaremos agora a análise realizada na forma algorítmica concisa.

1. No primeiro passo, calculamos Δ e, de acordo com seu sinal, determinamos o tipo geral da equação.

   2a. Para uma equação elíptica ($\Delta > 0$), encontramos A e C pelas fórmulas (5.6)-(5.8), o termo constante F pela fórmula (5.9) e formamos a equação (5.4) com esses coeficientes.

      3a. Em seguida, para uma equação elíptica (5.4), dependendo do sinal do produto $A \cdot F$, especificamos se temos uma elipse ($AF < 0$), um só ponto ($AF = 0$), ou não temos soluções ($AF > 0$).

   2b. Para uma equação hiperbólica ($\Delta < 0$), encontramos A e C pelas fórmulas (5.6)-(5.8), o termo constante F pela fórmula (5.9) e formamos a equação (5.4) com esses coeficientes.

      3b. Em seguida, para uma equação hiperbólica (5.4), especificamos se temos uma hipérbole ($F \neq 0$) ou duas retas concorrentes ($F = 0$).

   2c. Para uma equação parabólica ($\Delta = 0$), encontramos A e C pelas fórmulas: $A = a, C = c$ se $b = 0$; $A = a+c, C = 0$ se $b(a+c) > 0$; $A =$

$0, C = a + c$ se $b(a+c) < 0$. Depois de encontrar A e C, calculamos os dois coeficientes restantes: se $C = 0$, então calculamos E e F pelas fórmulas (5.13) e (5.14) ou pelas fórmulas (5.15), dependendo se $b \neq 0$ ou $b = 0$, e formamos a equação (5.11); se $A = 0$, então calculamos D e F pelas fórmulas (5.18) e (5.19) ou pelas fórmulas (5.20), dependendo se $b \neq 0$ ou $b = 0$, e formamos a equação (5.16).

3c. Em seguida, para uma equação parabólica (5.11), especificamos uma das quatro situações possíveis: uma parábola ($E \neq 0$), duas retas paralelas ($E = 0$ e $AF < 0$), uma reta ($E = 0$ e $AF = 0$) ou nenhuma solução ($E = 0$ e $AF > 0$). Analogamente, para uma equação parabólica (5.16), temos: uma parábola ($D \neq 0$), duas retas paralelas ($D = 0$ e $CF < 0$), uma reta ($D = 0$ e $CF = 0$) ou nenhuma solução ($D = 0$ e $CF > 0$).

Observação. Como foi notado desde o início dessa seção, muitas fórmulas e condições desse algoritmo têm formas alternativas que também podem ser usadas.

2 Classificação com mudança de coordenadas

No primeiro passo, efetuamos a rotação de coordenadas com objetivo de eliminar o produto misto. A equação para o ângulo de rotação (veja (2.6) da seção 5.2)

$$\cot 2\varphi = \frac{a-c}{b} \tag{5.21}$$

tem uma única solução φ no intervalo $(0, \frac{\pi}{2})$. Com o ângulo encontrado, efetuamos a rotação de coordenadas pelas fórmulas (veja (2.2) da seção 5.2)

$$x = x'\cos\varphi - y'\sin\varphi\,,\; y = x'\sin\varphi + y'\cos\varphi\,. \tag{5.22}$$

Os coeficientes da equação (5.1) reescrita em coordenadas x', y'

$$Ax'^2 + Cy'^2 + Dx' + Ey' + f = 0\,, \tag{5.23}$$

são naturalmente encontrados substituindo (5.22) em (5.1) e reagrupando os termos respectivos. Suas expressões podem ser dadas da seguinte forma (veja (2.4) da seção 5.2):

$$A = a\cos^2\varphi + b\cos\varphi\sin\varphi + c\sin^2\varphi\,,\; C = a\sin^2\varphi - b\cos\varphi\sin\varphi + c\cos^2\varphi\,,$$

$$D = d\cos\varphi + e\sin\varphi\,,\; E = -d\sin\varphi + e\cos\varphi\,. \tag{5.24}$$

As fórmulas para A e C têm uma expressão simples, também, usando o ângulo duplo 2φ (veja (2.7) e (2.8) da seção 5.2):

$$A = a - \frac{b}{2}\cot 2\varphi + \frac{b}{2}\frac{1}{\sin 2\varphi}\,,\ C = a - \frac{b}{2}\cot 2\varphi - \frac{b}{2}\frac{1}{\sin 2\varphi}\,. \tag{5.25}$$

Observação 1. Muitas vezes, o valor do ângulo φ não se encontra de modo exato resolvendo (5.21), e sim, somente na forma aproximada. Nestes casos, tanto nas fórmulas de rotação (5.22) como nas de coeficientes (5.24) ou (5.25), as grandezas $\cos 2\varphi$, $\sin 2\varphi$, $\cos\varphi$ e $\sin\varphi$ podem ser expressas direto via $\cot 2\varphi$, sem utilizar o próprio ângulo φ. Realmente, usando as respectivas fórmulas trigonométricas e o fato de que o ângulo φ pertence ao intervalo $(0, \frac{\pi}{2})$, temos

$$\cos 2\varphi = \frac{\cot 2\varphi}{\sqrt{1+\cot^2 2\varphi}}\,,\ \sin 2\varphi = \frac{1}{\sqrt{1+\cot^2 2\varphi}} \tag{5.26}$$

e

$$\cos\varphi = \sqrt{\frac{1+\cos 2\varphi}{2}}\,,\ \sin\varphi = \sqrt{\frac{1-\cos 2\varphi}{2}}\,. \tag{5.27}$$

Observação 2. Coeficientes A e C podem ser encontrados, de modo alternativo, resolvendo o sistema (5.5), o que leva a um dos três casos (5.6)-(5.8) para A e C, ou ainda resolvendo a equação característica (5.3).

Observação 3. As expressões para D e E podem ser reescritas, também, com ângulo 2φ, usando as fórmulas (5.27).

Se ambos os coeficientes A e C são diferentes de 0 (isto é, temos uma curva central), então faremos mais uma mudança de coordenadas – a translação paralela

$$X = x' + \frac{D}{2A}\,,\ Y = y' + \frac{E}{2C}\,, \tag{5.28}$$

que elimina os termos lineares e transforma (5.23) para a forma canônica

$$AX^2 + CY^2 + F = 0\,,\ F = f - \frac{D^2}{4A} - \frac{E^2}{4C}\,. \tag{5.29}$$

Como (5.29) coincide com (5.4), então a sua classificação e subclassificação se faz do mesmo modo como foi feito para (5.4).

Se $C = 0$, isto é, temos uma equação parabólica, então usamos a translação ao longo do eixo Ox'

$$X = x' + \frac{D}{2A}\,,\ Y = y' \tag{5.30}$$

para eliminar o termo linear com x' e transformar (5.23) a forma

$$AX^2 + EY + F = 0\,, \ F = f - \frac{D^2}{4A}\,. \tag{5.31}$$

Assim, obtemos a equação (5.11), cuja subclassificação já foi descrita acima.

O caso $A = 0$ é tratado da mesma maneira e resulta em (5.16) e sua subclassificação.

Observação. Às vezes, para as curvas centrais, vale a pena trocar a ordem dos passos, efetuando primeiro translação (eliminação de termos lineares) e depois rotação (eliminação do produto misto). Embora isso complique um pouco o passo de translação, o segundo passo (rotação) pode ter uma simplificação essencial devido à eliminação da necessidade de recalcular os termos lineares. Neste caso, os parâmetros x_0, y_0 da translação paralela

$$x = x' + x_0\,, \ y = y' + y_0\,, \tag{5.32}$$

aplicada a (5.1) para eliminar os termos lineares, se encontram da resolução do sistema

$$2ax_0 + by_0 = -d\,, \ bx_0 + 2cy_0 = -e \tag{5.33}$$

com determinante $4\Delta = 4ac - b^2 \neq 0$ (veja (3.11) da seção 5.3).

Reunimos os resultados da classificação de equações quadráticas, expressas na forma canônica e na original, num formato resumido nas duas tabelas a seguir.

Tabela. Classificação de equações quadráticas na forma canônica analítica (parte 1)

tipo da equação	forma canônica analítica	subtipo; condição	forma canônica geométrica	figura
1. elíptica	$Ax^2 + Cy^2 + F = 0$, $AC > 0$	1.1) elipse; $AF < 0$	$\frac{x^2}{p^2} + \frac{y^2}{q^2} = 1$, $p=\sqrt{-\frac{F}{A}}$, $q=\sqrt{-\frac{F}{C}}$	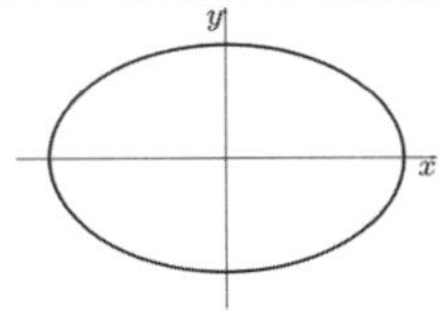
		1.2) um ponto; $F = 0$	$\frac{x^2}{p^2} + \frac{y^2}{q^2} = 0$ $\leftrightarrow x = y = 0$, $p=\sqrt{\frac{1}{\|A\|}}$, $q=\sqrt{\frac{1}{\|C\|}}$	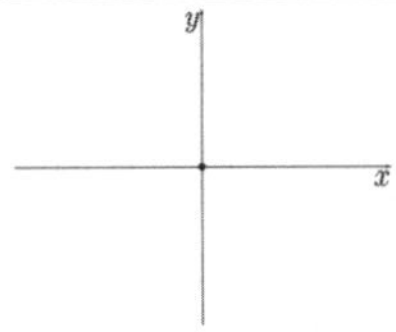
		1.3) sem soluções; $AF > 0$	$\frac{x^2}{p^2} + \frac{y^2}{q^2} = -1$, $p = \sqrt{\frac{F}{A}}$, $q = \sqrt{\frac{F}{C}}$	$\nexists$
2. hiperbólica	$Ax^2 + Cy^2 + F = 0$, $AC < 0$	2.1) hipérbole; $F \neq 0$	$\frac{x^2}{p^2} - \frac{y^2}{q^2} = 1$, $AF < 0$, $p=\sqrt{-\frac{F}{A}}$, $q=\sqrt{\frac{F}{C}}$ ou $-\frac{x^2}{p^2} + \frac{y^2}{q^2} = 1$, $AF > 0$ $p=\sqrt{\frac{F}{A}}$, $q=\sqrt{-\frac{F}{C}}$	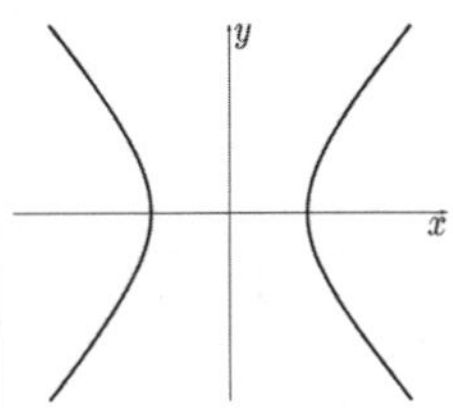
		2.2) duas retas interceptas na origem; $F = 0$	$\frac{x^2}{p^2} - \frac{y^2}{q^2} = 0$ $\leftrightarrow y = \pm\sqrt{-\frac{A}{C}}\, x$, $p=\sqrt{\frac{1}{\|A\|}}$, $q=\sqrt{\frac{1}{\|C\|}}$	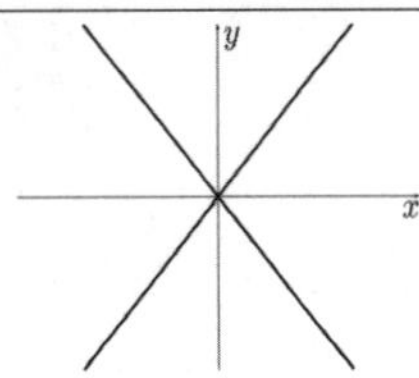

Tabela. Classificação de equações quadráticas na forma canônica analítica (parte 2)

tipo da equação	forma canônica analítica	subtipo; condição	forma canônica geométrica	figura
3. para-bólica	$Ax^2 + Ey + F = 0$, $A \neq 0$	3.1) parábola; $E \neq 0$	$Y = \frac{X^2}{4p}$, $X = x, Y = y + \frac{F}{E}$, $p = -\frac{E}{4A}$	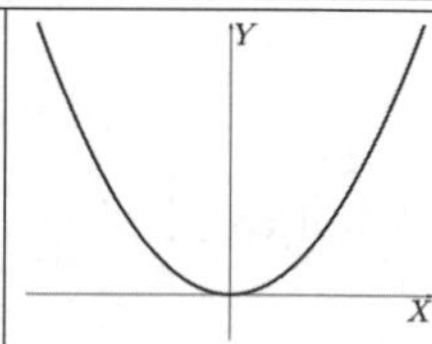
		3.2) duas retas paralelas; $E = 0, AF < 0$	$x = \pm\sqrt{-\frac{F}{A}}$	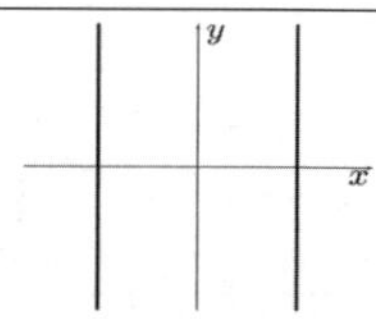
		3.3) uma reta – eixo Oy; $E = 0, F = 0$	$x = 0$	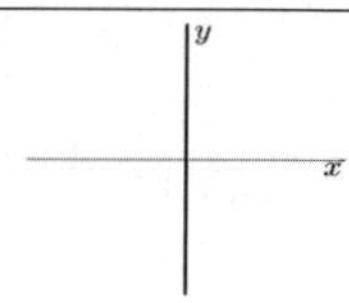
		3.4) sem soluções; $E = 0, AF > 0$	$x^2 + p^2 = 0$, $p = \sqrt{\frac{F}{A}}$	∄
	ou			
	$Cy^2 + Dx + F = 0$, $C \neq 0$	3.1) parábola; $D \neq 0$	$X = \frac{Y^2}{4q}$, $X = x + \frac{F}{D}, Y = y$, $q = -\frac{D}{4C}$	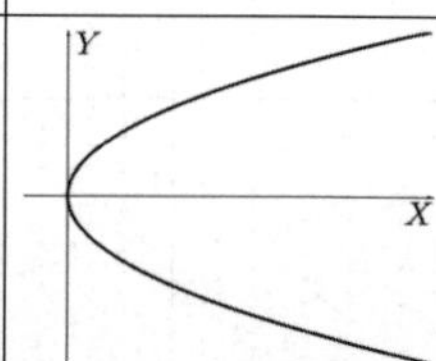
		3.2) duas retas paralelas; $D = 0, CF < 0$	$y = \pm\sqrt{-\frac{F}{C}}$	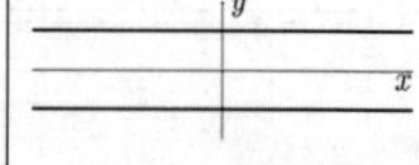
		3.3) uma reta – eixo Ox; $D = 0, F = 0$	$y = 0$	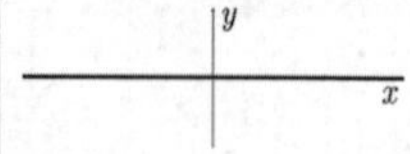
		3.4) sem soluções; $D = 0, CF > 0$	$y^2 + q^2 = 0$, $q = \sqrt{\frac{F}{C}}$	∄

Tabela. Classificação de equações quadráticas na forma original
Forma geral da equação original: $ax^2+bxy+cy^2+dx+ey+f=0$. Discriminante da equação original: $\Delta=ac-\frac{b^2}{4}$. Parâmetros da forma canônica: $p\neq 0$, $q\neq 0$.

tipo da equação; condição	parâmetro	subtipo; condição	forma canônica geométrica
1. elíptica; $\Delta>0$	$F=f-\frac{1}{4\Delta}(ae^2+cd^2-bde)$	1.1) elipse; $(a+c)F<0$	$\frac{X^2}{p^2}+\frac{Y^2}{q^2}=1$,
		1.2) um ponto; $F=0$	$\frac{X^2}{p^2}+\frac{Y^2}{q^2}=0$ $\leftrightarrow X=Y=0$
		1.3) sem soluções; $(a+c)F>0$	$\frac{X^2}{p^2}+\frac{Y^2}{q^2}=-1$
2. hiperbólica; $\Delta<0$	$F=f-\frac{1}{4\Delta}(ae^2+cd^2-bde)$	2.1) hipérbole; $F\neq 0$	$\frac{X^2}{p^2}-\frac{Y^2}{q^2}=\pm 1$, $(a+c)F\lesseqgtr 0$
		2.2) duas retas interceptas na origem; $F=0$	$\frac{X^2}{p^2}-\frac{Y^2}{q^2}=0$ $\leftrightarrow Y=\pm\frac{p}{q}X$
3. parabólica; $\Delta=0$	$F=f-\frac{1}{4(a+c)}\frac{(2ad+be)^2}{b^2+4a^2}$	3.1) parábola; $(a+c)b>0, bd\neq 2ae$ ou $b=c=0, e\neq 0$	$Y=\frac{X^2}{4p}$
		3.2) duas retas paralelas; $(a+c)b>0, bd=2ae, (a+c)F<0$ ou $b=c=0, e=0, (a+c)F<0$	$X=\pm p$
		3.3) uma reta; $(a+c)b>0, bd=2ae, F=0$ ou $b=c=0, e=0, F=0$	$X=0$
		3.4) sem soluções; $(a+c)b>0, bd=2ae, (a+c)F>0$ ou $b=c=0, e=0, (a+c)F>0$	$X^2+p^2=0$
	ou		
	$F=f-\frac{1}{4(a+c)}\frac{(2ce+bd)^2}{b^2+4c^2}$	3.1) parábola; $(a+c)b<0, be\neq 2cd$ ou $b=a=0, d\neq 0$	$X=\frac{Y^2}{4q}$
		3.2) duas retas paralelas; $(a+c)b<0, be=2cd, (a+c)F<0$ ou $b=a=0, d=0, (a+c)F<0$	$Y=\pm q$
		3.3) uma reta; $(a+c)b<0, be=2cd, F=0$ ou $b=a=0, d=0, F=0$	$Y=0$
		3.4) sem soluções; $(a+c)b<0, be=2cd, (a+c)F>0$ ou $b=a=0, d=0, (a+c)F>0$	$Y^2+q^2=0$

Exercícios resolvidos

Exemplo 1. Resolvemos o problema da classificação da equação

$$13x^2 + 10xy + 13y^2 - 4x - 8y - 1 = 0 \tag{5.34}$$

usando os métodos sem e com mudança de coordenadas.

Solução.

1. Classificação sem mudança de coordenadas.

Lembremos que a equação quadrática pode ser classificada calculando o seu discriminante $\Delta = ac - \frac{b^2}{4}$. Caso $\Delta > 0$, temos equação elíptica, caso $\Delta < 0$, temos a hiperbólica, e, para $\Delta = 0$, a equação é parabólica. No exemplo dado $\Delta = 13 \cdot 13 - \frac{10^2}{4} = 144 > 0$, ou seja, a equação é elíptica.

Para fazer subclassificação, precisamos determinar a constante F pela fórmula (5.9): $F = f - \frac{1}{4\Delta}\left(ae^2 + cd^2 - bde\right)$. Substituindo os coeficientes de (5.34), obtemos

$$\begin{aligned} F &= -1 - \frac{1}{4 \cdot 144}\Big(13 \cdot (-8)^2 + 13 \cdot (-4)^2 - 10 \cdot (-4) \cdot (-8)\Big) \\ &= -1 - \frac{1}{4 \cdot 144}(13 \cdot 80 - 4 \cdot 80) = -\frac{9}{4}. \end{aligned}$$

O sinal de a ou c não necessariamente é preservado sob a rotação e, por isso, não se pode julgar o subtipo da equação comparando os sinais de a (ou c) com sinal de F. No entanto, a grandeza $a + c = A + C$ é um invariante de rotação e, como para uma equação elíptica A e C têm o mesmo sinal, então verificar o sinal de AF (de acordo com subclassificação) é o mesmo que verificar o sinal de $(A{+}C)F$ ou $(a{+}c)F$. O último produto tem sinal negativo e então a equação (5.34) é uma elipse.

A este estudo podemos acrescentar o encontro da forma canônica, para a qual, além de F, precisamos dos coeficientes principais A e C, que são raízes da equação característica (5.3):

$$\lambda^2 - (a + c)\lambda + \Delta = \lambda^2 - 26\lambda + 144 = 0\,. \tag{5.35}$$

Como $b = 10 > 0$, então a maior raiz vem para A e a menor para C: $A = 18$ e $C = 8$. Portanto, a equação (5.34) se reduz a

$$18X^2 + 8Y^2 - \frac{9}{4} = 0 \tag{5.36}$$

ou à forma canônica geométrica

$$\frac{X^2}{1/8} + \frac{Y^2}{9/32} = 1\,.$$

Assim, em coordenadas canônicas X, Y, a equação original representa uma elipse com os vértices $A_1 = (-\sqrt{1/8}, 0)$, $A_2 = (\sqrt{1/8}, 0)$ no eixo OX e $B_1 = (0, -\sqrt{9/32})$, $B_2 = (0, \sqrt{9/32})$ no eixo OY e, então, com semi-eixo maior $\sqrt{9/32}$ no eixo OY e semi-eixo menor $\sqrt{1/8}$ no eixo OX, isto é, de alongamento maior em relação ao eixo OY e com os focos $F_1 = (0, -\sqrt{5/32}), F_2 = (0, \sqrt{5/32})$ localizados no eixo OY.

2. Classificação com mudança de coordenadas – algoritmo 1.
No primeiro passo, efetuamos a rotação de coordenadas com o objetivo de eliminar o produto misto. A equação (5.21) para o ângulo de rotação é

$$\cot 2\varphi = \frac{a-c}{b} = \frac{13-13}{10} = 0\,, \tag{5.37}$$

cuja solução 2φ do intervalo $(0, \pi)$ é $2\varphi = \frac{\pi}{2}$ e, consequentemente, $\varphi = \frac{\pi}{4}$. Portanto, a rotação (5.22) é definida na forma

$$x = x'\cos\varphi - y'\sin\varphi = \frac{\sqrt{2}}{2}(x'-y'),\ y = x'\sin\varphi + y'\cos\varphi = \frac{\sqrt{2}}{2}(x'+y').$$

Substituindo essas relações na equação original e simplificando, obtemos

$$\begin{aligned} &13\left(\frac{\sqrt{2}}{2}x' - \frac{\sqrt{2}}{2}y'\right)^2 + 10\left(\frac{\sqrt{2}}{2}x' - \frac{\sqrt{2}}{2}y'\right)\left(\frac{\sqrt{2}}{2}x' + \frac{\sqrt{2}}{2}y'\right) \\ &+13\left(\frac{\sqrt{2}}{2}x' + \frac{\sqrt{2}}{2}y'\right)^2 - 4\left(\frac{\sqrt{2}}{2}x' - \frac{\sqrt{2}}{2}y'\right) - 8\left(\frac{\sqrt{2}}{2}x' + \frac{\sqrt{2}}{2}y'\right) - 1 \\ &= 18x'^2 + 8y'^2 - 6\sqrt{2}x' - 2\sqrt{2}y' - 1 = 0\,. \end{aligned}$$

Eliminamos os termos lineares, agrupando-os com os respectivos quadrados

$$18\left(x' - \frac{\sqrt{2}}{6}\right)^2 + 8\left(y' - \frac{\sqrt{2}}{8}\right)^2 - 18\left(\frac{\sqrt{2}}{6}\right)^2 - 8\left(\frac{\sqrt{2}}{8}\right)^2 - 1 = 0\,.$$

Efetuamos a translação paralela

$$X = x' - \frac{\sqrt{2}}{6},\ Y = y' - \frac{\sqrt{2}}{8}$$

e obtemos a equação em coordenadas canônicas

$$18X^2 + 8Y^2 - \frac{9}{4} = 0$$

que coincide com (5.36) (como deve ser).

O desenho da Fig.5.1 mostra a elípse em consideração.

3. Classificação com mudança de coordenadas – algoritmo 2.
Neste algoritmo, primeiro verificamos que a equação (5.34) é elíptica, calculando seu discriminante: $\Delta = 13 \cdot 13 - \frac{10^2}{4} = 144 > 0$. Portanto, (5.34) descreve uma curva central, o que significa que existe uma única translação paralela (5.32)

$$x = x' + x_0\,, \; y = y' + y_0$$

tal que os termos lineares são eliminados da equação. Os números x_0, y_0 se encontram pela resolução do sistema (5.33)

$$2ax_0 + by_0 = -d\,, \; 2cy_0 + bx_0 = -e$$

o que, no caso específico de (5.34), resulta em

$$2 \cdot 13x_0 + 10y_0 = 4\,, \; 10x_0 + 2 \cdot 13y_0 = 8$$

com determinante $4\Delta = 4 \cdot 144 \neq 0$. Aplicando a translação com soluções $x_0 = \frac{1}{24}, y_0 = \frac{7}{24}$ do último sistema na equação original, obtemos

$$13(x'+\frac{1}{24})^2+10(x'+\frac{1}{24})(y'+\frac{7}{24})+13(y'+\frac{7}{24})^2-4(x'+\frac{1}{24})-8(y'+\frac{7}{24})-1$$

$$= 13x'^2 + 10x'y' + 13y'^2 - \frac{9}{4} = 0\,. \qquad (5.38)$$

Como essa equação não tem termos lineares, a eliminação do termo misto via rotação exige somente encontrar novos coeficientes A e C, o que pode ser feito resolvendo a mesma equação característica (5.35), cujas soluções já foram encontradas acima: $A = 18$ e $C = 8$. Então, após a rotação, a equação (5.38) é reduzida a

$$18X^2 + 8Y^2 - \frac{9}{4} = 0\,,$$

o que coincide com (5.36).

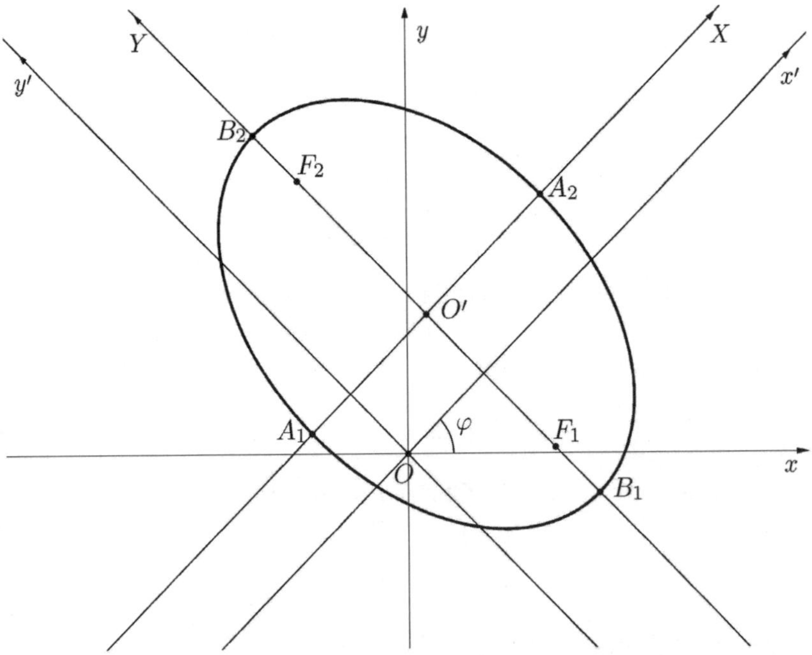

Figura 5.1 A elipse da equação (5.34) e as transformações de coordenadas

Notamos que a translação paralela não muda os coeficientes principais da equação quadrática e, por isso, temos a mesma equação característica (5.35) para A e C e a mesma equação (5.37) para $\cot 2\varphi$, obtendo então os mesmos valores de A, C e φ.

Exemplo 2. Resolvemos o problema da classificação da equação

$$3x^2 + 10xy + 3y^2 - 2x - 14y - 13 = 0 \tag{5.39}$$

usando os métodos sem e com mudança de coordenadas.

Solução.

1. Classificação sem mudança de coordenadas.
   Lembremos que a equação quadrática pode ser classificada calculando o seu discriminante $\Delta = ac - \frac{b^2}{4}$. Caso $\Delta > 0$, temos equação elíptica, caso $\Delta < 0$, temos a hiperbólica, e, para $\Delta = 0$, a equação é parabólica. No exemplo dado, $\Delta = 3 \cdot 3 - \frac{10^2}{4} = -16 < 0$, o que indica a equação hiperbólica.

Para fazer a subclassificação, precisamos determinar a constante F pela fórmula (5.9): $F = f - \frac{1}{4\Delta}\left(ae^2 + cd^2 - bde\right)$. Para (5.39), isso dá

$$F = -13 - \frac{1}{4\cdot(-16)}\Big(3\cdot(-14)^2 + 3\cdot(-2)^2 - 10\cdot(-2)\cdot(-14)\Big)$$

$$= -13 + \frac{1}{64}(600 - 280) = -8\,.$$

Como $F \neq 0$, a equação original é uma hipérbole.
A este estudo podemos acrescentar o encontro da forma canônica, resolvendo a equação característica (5.3) para os coeficientes A e C:

$$\lambda^2 - (a+c)\lambda + \Delta = \lambda^2 - 6\lambda - 16 = 0\,, \tag{5.40}$$

cuja solução é $\lambda_{1,2} = -2; 8$. Como $b = 10 > 0$, então escolhemos $A = 8$ e $C = -2$. Portanto, a equação (5.39) se reduz a

$$8X^2 - 2Y^2 - 8 = 0 \tag{5.41}$$

ou à forma canônica geométrica

$$X^2 - \frac{Y^2}{4} = 1\,.$$

Assim, em coordenadas canônicas X, Y, a equação original representa uma hipérbole com focos nos pontos $F_1 = (-\sqrt{5}, 0), F_2 = (\sqrt{5}, 0)$ e com os vértices $A_1 = (-1, 0)$, $A_2 = (1, 0)$, todos localizados no eixo OX.

2. Classificação com mudança de coordenadas – algoritmo 1.
No primeiro passo, efetuamos a rotação de coordenadas com o objetivo de eliminar o produto misto. A equação (5.21) para o ângulo de rotação é

$$\cot 2\varphi = \frac{a-c}{b} = \frac{3-3}{10} = 0\,, \tag{5.42}$$

cuja solução 2φ do intervalo $(0, \pi)$ é $2\varphi = \frac{\pi}{2}$ e, consequentemente, $\varphi = \frac{\pi}{4}$. Portanto, a rotação é definida na forma (veja (5.22))

$$x = x'\cos\varphi - y'\sin\varphi = \frac{\sqrt{2}}{2}(x' - y'),\; y = x'\sin\varphi + y'\cos\varphi = \frac{\sqrt{2}}{2}(x' + y').$$

Substituindo essas relações na equação original e simplificando, obtemos

$$\frac{3}{2}\left(x' - y'\right)^2 + \frac{10}{2}\left(x' - y'\right)\left(x' + y'\right) + \frac{3}{2}\left(x' + y'\right)^2$$

$$-\frac{2\sqrt{2}}{2}(x'-y')-\frac{14\sqrt{2}}{2}(x'+y')-13=8x'^2-2y'^2-8\sqrt{2}x'-6\sqrt{2}y'-13=0.$$

Para eliminar os termos lineares, agrupamo-los junto com os respectivos quadrados

$$8\left(x'-\frac{\sqrt{2}}{2}\right)^2-2\left(y'+3\frac{\sqrt{2}}{2}\right)^2-8\left(\frac{\sqrt{2}}{2}\right)^2+2\left(3\frac{\sqrt{2}}{2}\right)^2-13=0,$$

efetuamos a translação paralela

$$X=x'-\frac{\sqrt{2}}{2}\,,\ Y=y'+3\frac{\sqrt{2}}{2}$$

e simplificamos, obtendo a equação em coordenadas canônicas

$$8X^2-2Y^2-8=0\,.$$

Naturalmente, de novo chegamos à equação (5.41) e, então, são válidas as conclusões subsequentes descritas no primeiro método.
A curva estudada é mostrada na Fig.5.2.

3. Classificação com mudança de coordenadas – algoritmo 2.
Neste algoritmo, primeiro verificamos que a equação (5.39) é hiperbólica, calculando seu discriminante: $\Delta = 3\cdot 3-\frac{10^2}{4}=-16<0$. Neste caso, (5.39) descreve uma curva central, isto é, existe uma única translação paralela (5.32)

$$x=x'+x_0\,,\ y=y'+y_0$$

tal que os termos lineares são eliminados da equação. Os números x_0, y_0 se encontram da resolução do sistema (5.33)

$$2ax_0+by_0=-d\,,\ 2cy_0+bx_0=-e$$

o que, no caso específico de (5.39), dá o sistema

$$2\cdot 3x_0+10y_0=2\,,\ 10x_0+2\cdot 3y_0=14$$

com determinante $4\Delta=-64\neq 0$. Encontrando soluções $x_0=2, y_0=-1$ do último sistema e substituindo a translação especificada na equação original, obtemos

$$3(x'+2)^2+10(x'+2)(y'-1)+3(y'-1)^2-2(x'+2)-14(y'-1)-13$$

$$= 3x'^2 + 10x'y' + 3y'^2 - 8 = 0 \,. \tag{5.43}$$

Como essa equação não tem termos lineares, a eliminação do termo misto via rotação exige somente encontrar novos coeficientes A e C, resolvendo a equação característica (5.40), o que resulta em $A = 8$ e $C = -2$. Portanto, a equação (5.43) se reduz a

$$8X^2 - 2Y^2 - 8 = 0 \,,$$

ou seja, de novo obtemos a equação (5.41).

Se precisarmos especificar o ângulo de rotação aplicado a (5.43), então devemos resolver adicionalmente a equação (5.42) com a única solução $\varphi = \frac{\pi}{4}$ no intervalo $(0, \frac{\pi}{2})$.

Notamos que a translação paralela não muda os coeficientes principais da equação quadrática e, por isso, temos a mesma equação característica (5.40) para A e C e a mesma equação (5.42) para $\cot 2\varphi$, obtendo então os mesmos valores de A, C e φ.

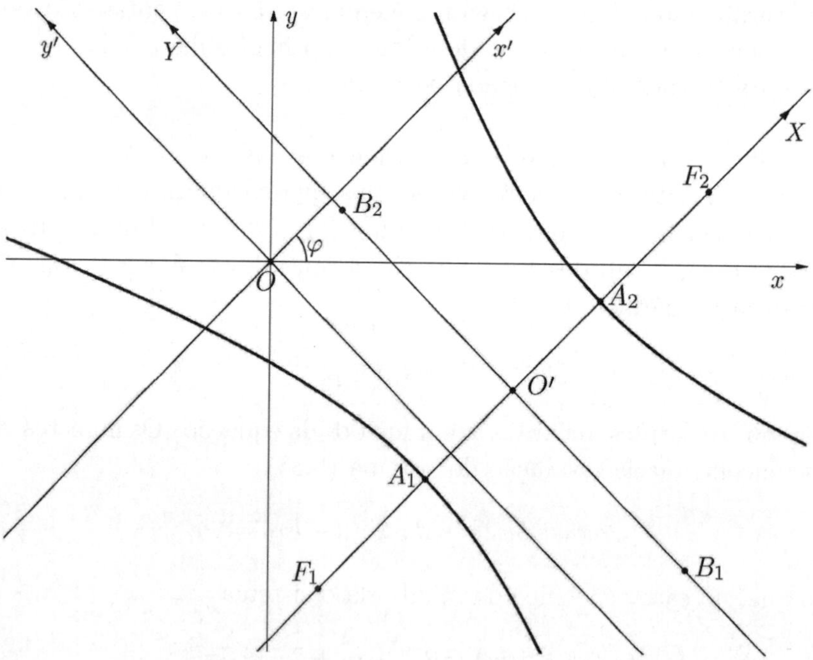

Figura 5.2 A hipérbole da equação (5.39) e as transformações de coordenadas

Exemplo 3. Resolvemos o problema da classificação da equação

$$2x^2 - 4xy + 2y^2 + 3x - 5y + 1 = 0 \tag{5.44}$$

usando os métodos sem e com mudança de coordenadas.

Solução.

1. Classificação sem mudança de coordenadas.
O discriminante da equação $\Delta = ac - \frac{b^2}{4} = 2 \cdot 2 - \frac{4^2}{4} = 0$ indica que a equação é parabólica.
Para fazer a subclassificação, determinamos, primeiro, qual termo quadrado vai restar depois da rotação com ângulo principal φ: como $b(a+c) = -4(2+2) = -16 < 0$, segue então que $A = 0$ e $C \neq 0$. Calculando o coeficiente D pela fórmula (5.18)

$$D = \frac{e - 2dc/b}{\sqrt{1 + 4c^2/b^2}} = \frac{-5 - 2 \cdot 3 \cdot 2/(-4)}{\sqrt{1 + 4 \cdot 2^2/(-4)^2}} = -\sqrt{2},$$

concluímos que a equação representa uma parábola devido à condição $D \neq 0$.
A este estudo podemos acrescentar a especificação da forma canônica, encontrando $C = a + c = 2 + 2 = 4$ e calculando a constante F pela fórmula (5.19):

$$F = f - \frac{1}{4(a+c)} \frac{(2ce + bd)^2}{b^2 + 4c^2}$$

$$= 1 - \frac{1}{4(2+2)} \frac{(2 \cdot 2 \cdot (-5) + (-4) \cdot 3)^2}{(-4)^2 + 4 \cdot 2^2} = 1 - 2 = -1\,.$$

Portanto, a equação (5.44) se reduz a

$$CY^2 + DX + F = 4Y^2 - \sqrt{2}X - 1 = 0$$

ou, depois da translação adicional

$$\tilde{X} = X + \frac{\sqrt{2}}{2}, \tilde{Y} = Y$$

à forma canônica da parábola

$$\tilde{X} = \frac{\tilde{Y}^2}{4 \cdot (\sqrt{2}/16)}, \tag{5.45}$$

com distância focal $\frac{\sqrt{2}}{8}$ e orientada ao longo do eixo $O\tilde{X}$.

2. Classificação com mudança de coordenadas.

No primeiro passo, efetuamos a rotação de coordenadas com o objetivo de eliminar o produto misto. A equação (5.21) para o ângulo de rotação

$$\cot 2\varphi = \frac{a-c}{b} = \frac{2-2}{-4} = 0$$

tem a solução $\varphi = \frac{\pi}{4}$ no intervalo $(0, \frac{\pi}{2})$. Portanto, a rotação é definida na forma (veja (5.22))

$$x = x'\cos\varphi - y'\sin\varphi = \frac{\sqrt{2}}{2}(x'-y')\,,\ y = x'\sin\varphi + y'\cos\varphi = \frac{\sqrt{2}}{2}(x'+y').$$

Substituindo essas relações na equação original e simplificando, obtemos

$$2\left(\frac{\sqrt{2}}{2}(x'-y')\right)^2 - 4\left(\frac{\sqrt{2}}{2}(x'-y')\right)\left(\frac{\sqrt{2}}{2}(x'+y')\right) + 2\left(\frac{\sqrt{2}}{2}(x'+y')\right)^2$$

$$+3\left(\frac{\sqrt{2}}{2}(x'-y')\right) - 5\left(\frac{\sqrt{2}}{2}(x'+y')\right) + 1 = 4y'^2 - \sqrt{2}x' - 4\sqrt{2}y' + 1 = 0.$$

Formando quadrado completo com dois termos de y'

$$4\left(y' - \frac{\sqrt{2}}{2}\right)^2 - \sqrt{2}\left(x' + \frac{\sqrt{2}}{2}\right) = 0$$

e fazendo mudança de variáveis (correspondente à translação da origem para o ponto $(-\frac{\sqrt{2}}{2}, \frac{\sqrt{2}}{2})$)

$$X = x' + \frac{\sqrt{2}}{2},\ Y = y' - \frac{\sqrt{2}}{2}\,,$$

chegamos à seguinte equação em coordenadas canônicas

$$4Y^2 - \sqrt{2}X = 0\,,$$

que é a equação de uma parábola (compare com (5.45)). Veja a curva analisada na Fig.5.3.

Observação. A segunda versão do algoritmo com mudança de coordenadas, quando a ordem de rotação e translação é invertida, não funciona neste caso, porque a curva em consideração não é central:

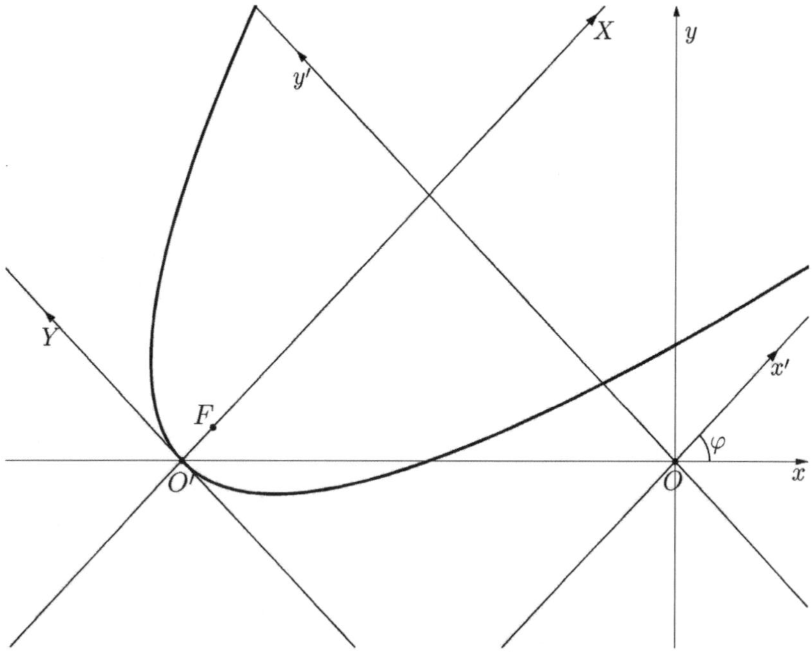

Figura 5.3 A parábola da equação (5.44) e as transformações de coordenadas

$\Delta = 2 \cdot 2 - \frac{4^2}{4} = 0$. Realmente, neste caso, o sistema do ponto de translação

$$4x_0 - 4y_0 = -3\,,\ -4x_0 + 4y_0 = 5$$

não tem soluções (duas equações incompatíveis).

Observação. Os três exemplos resolvidos mostram, em particular, que o ângulo de rotação não tem relação com o tipo de equação: o mesmo ângulo pode corresponder a qualquer um dos tipos e até subtipos das equações.

Exemplo 4. Resolvemos o problema da classificação da equação

$$4xy + 3y^2 + 16x + 12y - 36 = 0 \tag{5.46}$$

usando os métodos sem e com mudança de coordenadas.

Solução.

1. Classificação sem mudança de coordenadas.

Calculando o discriminante Δ, temos que $\Delta = ac - \frac{b^2}{4} = 0 \cdot 3 - \frac{16}{4} = -4 < 0$ e, portanto, trata-se de uma equação hiperbólica. Avaliando a constante F, temos que $F = f - \frac{1}{4\Delta}(ae^2 + cd^2 - bde) = -36 - \frac{1}{4\cdot(-4)} \cdot (0 \cdot 144 + 3 \cdot 256 - 4 \cdot 16 \cdot 12) = -36$. Nesse caso, como $F \neq 0$, temos que a equação representa uma hipérbole.
Com o objetivo de eliminar os termos lineares e o produto xy, definimos novos coeficientes A, C e F, sendo que F já foi calculado no passo anterior. Para A e C temos que resolver o sistema (5.5)

$$A+C = a+c = 0+3 = 3\,,\ AC = ac - \frac{b^2}{4} = 0\cdot 3 - \frac{4^2}{4} = -4\,. \qquad (5.47)$$

Como $b > 0$, a solução do último sistema é (veja as fórmulas (5.7))

$$A = \frac{a+c+\sqrt{(a+c)^2-4ac+b^2}}{2} = \frac{0+3+\sqrt{(0+3)^2-4\cdot 0\cdot 3+16}}{2} = 4\,,$$

$$C = \frac{a+c-\sqrt{(a+c)^2-4ac+b^2}}{2} = \frac{0+3-\sqrt{(0+3)^2-4\cdot 0\cdot 3+16}}{2} = -1$$

e a equação (5.46) em coordenadas canônicas se escreve na forma

$$4X^2 - Y^2 - 36 = 0 \qquad (5.48)$$

ou na forma canônica geométrica

$$\frac{X^2}{3^2} - \frac{Y^2}{6^2} = 1\,. \qquad (5.49)$$

Os vértices, em coordenadas canônicas X, Y são dados pelos pontos $(-3, 0)$ e $(3, 0)$, e os focos ficam nos pontos $(-c, 0)$ e $(c, 0)$, sendo que c pode ser facilmente encontrado aplicando uma relação entre a, b e c: $c^2 = a^2 + b^2 = 45$, isto é, $c = 3\sqrt{5}$ e, portanto, os focos estão em $(-3\sqrt{5}, 0)$ e $(3\sqrt{5}, 0)$.

2. Classificação com mudança de coordenadas – algoritmo 1.
O primeiro passo é encontrar o ângulo de rotação com o objetivo de eliminar o produto misto. A equação para o ângulo de rotação

$$\cot 2\varphi = \frac{a-c}{b} = -\frac{3}{4}\,,$$

pode ser resolvida aproximadamente dando o ângulo $\varphi \approx 1,1072 rad \approx 63,44^0$. Mas o valor exato de φ não é necessário para fazer todas as transformações da equação. Realmente, sabendo $\cot 2\varphi$, sem utilizar o próprio ângulo φ, podemos encontrar outras grandezas – $\cos 2\varphi$, $\cos\varphi$ e $\sin\varphi$ –, usando as respectivas fórmulas trigonométricas e a variação do ângulo $\varphi \in (0, \frac{\pi}{2})$ (veja as fórmulas (5.26) e (5.27)). Primeiro,

$$\cos 2\varphi = \frac{\cot 2\varphi}{\sqrt{1+\cot^2 2\varphi}} = \frac{-\frac{3}{4}}{\sqrt{1+\frac{9}{16}}} = -\frac{3}{5}.$$

Então,

$$\cos^2\varphi = \frac{1+\cos 2\varphi}{2} = \frac{1-\frac{3}{5}}{2} = \frac{1}{5}, \ \sin^2\varphi = \frac{1-\cos 2\varphi}{2} = \frac{1+\frac{3}{5}}{2} = \frac{4}{5}$$

e, consequentemente,

$$\cos\varphi = \frac{1}{\sqrt{5}}, \ \sin\varphi = \frac{2}{\sqrt{5}}.$$

Substituindo as fórmulas da rotação

$$x = x'\cos\varphi - y'\sin\varphi = \frac{1}{\sqrt{5}}(x'-2y'), \ y = x'\sin\varphi + y'\cos\varphi = \frac{1}{\sqrt{5}}(2x'+y') \tag{5.50}$$

na equação original (5.46), obtemos

$$\frac{4}{5}(x'-2y')(2x'+y') + \frac{3}{5}(2x'+y')^2 + \frac{16}{\sqrt{5}}(x'-2y') + \frac{12}{\sqrt{5}}(2x'+y') - 36$$
$$= 4x'^2 - y'^2 + 8\sqrt{5}x' - 4\sqrt{5}y' - 36 = 0.$$

Agora, colocamos os termos lineares dentro de quadrados completos

$$4(x'+\sqrt{5})^2 - (y'+2\sqrt{5})^2 - 36 = 0$$

e efetuamos a translação paralela

$$X = x' + \sqrt{5}, \ Y = y' + 2\sqrt{5}, \tag{5.51}$$

o que leva à equação da hipérbole em termos de X e Y

$$4X^2 - Y^2 - 36 = 0$$

ou, na forma canônica geométrica,

$$\frac{X^2}{3^2} - \frac{Y^2}{6^2} = 1$$

(compare as duas últimas fórmulas com as equações (5.48) e (5.49), respectivamente).

Como visto na resolução pelo primeiro método, temos que os vértices, em coordenadas X, Y, são localizados em $(-3,0)$ e $(3,0)$ e os focos em $(-3\sqrt{5},0)$ e $(3\sqrt{5},0)$. Usando (5.50) e (5.51), retornamos às coordenadas x e y:

$$x=\frac{1}{\sqrt{5}}(x'-2y')=\frac{1}{\sqrt{5}}(X-\sqrt{5}-2(Y-2\sqrt{5}))=\frac{1}{\sqrt{5}}(X-2Y+3\sqrt{5}),$$

$$y=\frac{1}{\sqrt{5}}(2x'+y')=\frac{1}{\sqrt{5}}(2(X-\sqrt{5})+Y-2\sqrt{5})=\frac{1}{\sqrt{5}}(2X+Y-4\sqrt{5}).$$

Então, os vértices da hipérbole em coordenadas x e y são dados por $(-\frac{3}{\sqrt{5}}+3, -\frac{6}{\sqrt{5}}-4)$ e $(\frac{3}{\sqrt{5}}+3, \frac{6}{\sqrt{5}}-4)$, enquanto os focos são dados por $(0,-10)$ e $(6,2)$.

O desenho da Fig.5.4 mostra a hipérbole considerada.

3. Classificação com mudança de coordenadas – algoritmo 2.

Neste algoritmo, primeiro verificamos o tipo da equação (5.46), calculando seu discriminante: $\Delta = ac - \frac{b^2}{4} = 0 \cdot 3 - \frac{16}{4} = -4 < 0$. Como a equação é hiperbólica (e por isso é central), então existe uma única translação paralela

$$x = x' + x_0\,,\ y = y' + y_0$$

tal que os termos lineares são eliminados da equação. Os números x_0, y_0 são encontrados da resolução do sistema

$$2ax_0 + by_0 = -d\,,\ 2cy_0 + bx_0 = -e\,,$$

o que, no caso específico de (5.46), dá o sistema

$$4y_0 = -16\,,\ 4x_0 + 6y_0 = -12\,.$$

Encontrando a solução $x_0 = 3, y_0 = -4$ do último sistema e substituindo a translação especificada na equação original, obtemos

$$4(x'+3)(y'-4)+3(y'-4)^2+16(x'+3)+12(y'-4)-36$$

$$= 4x'y' + 3y'^2 - 36 = 0\,.$$

Como essa equação não tem termos lineares, a eliminação do termo misto via rotação exige somente achar novos coeficientes A e C via resolução do sistema (5.47) usado no primeiro algoritmo de classificação, cuja solução foi encontrada na forma

$$A = \frac{a + c + \sqrt{(a + c)^2 - 4ac + b^2}}{2} = 4\,,$$

$$C = \frac{a + c - \sqrt{(a + c)^2 - 4ac + b^2}}{2} = -1\,.$$

Portanto, a equação (5.46) se reduz à equação de uma hipérbole

$$4X^2 - Y^2 - 36 = 0$$

ou seja, de novo chegamos à equação (5.48). Para definir os vértices e os focos é só continuar a resolução como no primeiro algoritmo.

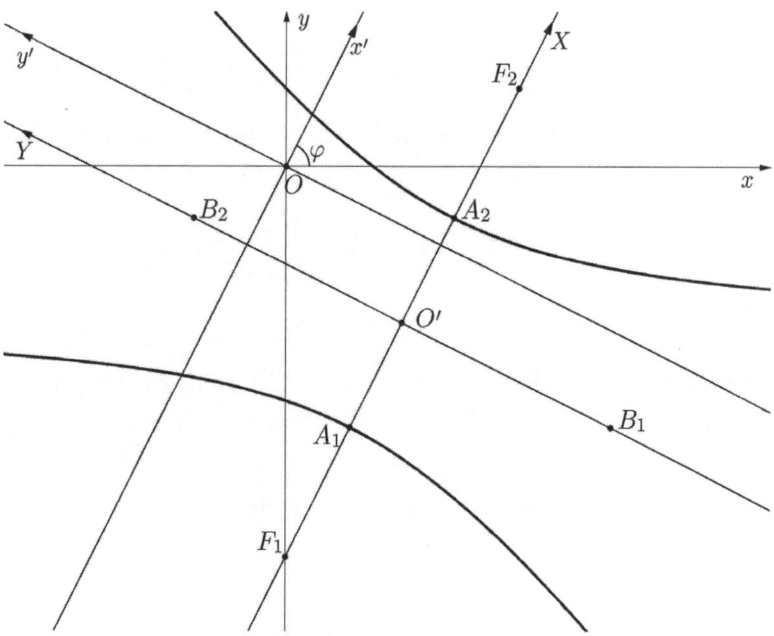

Figura 5.4 A hipérbole da equação (5.46) e as transformações de coordenadas

Exemplo 5. Resolvemos o problema da classificação da equação

$$16x^2 + 24xy + 9y^2 - 110x - 20y - 50 = 0 \qquad (5.52)$$

usando os métodos sem e com mudança de coordenadas.

Solução.

1. Classificação sem mudança de coordenadas.
O cálculo do discriminante $\Delta = ac - \frac{b^2}{4} = 16 \cdot 9 - \frac{24^2}{4} = 0$ mostra que a equação é parabólica. A desigualdade $b(a+c) = 24 \cdot (16+9) > 0$ implica que temos a forma canônica analítica (5.11)

$$AX'^2 + EY' + F = 0$$

com $A = a + c = 25$ $(C = 0)$. Para calcular os coeficientes E e F, utilizamos as fórmulas (5.13) e (5.14), respectivamente:

$$E = \frac{-d + 2ea/b}{\sqrt{1 + 4a^2/b^2}} = \frac{110 + 2 \cdot (-20) \cdot 16/24}{\sqrt{1 + 4 \cdot 16^2/24^2}} = 50\,,$$

$$F = f - \frac{1}{4(a+c)} \frac{(2ad + be)^2}{b^2 + 4a^2}$$

$$= -50 - \frac{1}{4(16+9)} \frac{(2 \cdot 16 \cdot (-110) + 24 \cdot (-20))^2}{24^2 + 4 \cdot 16^2} = -150\,.$$

Como $E \neq 0$, então a equação (5.52) representa uma parábola que pode ser escrita na forma:

$$25X'^2 + 50Y' - 150 = 0$$

ou ainda

$$X'^2 = -2(Y' - 3)\,.$$

O vértice da parábola em coordenadas X', Y' fica no ponto $(0,3)$, o foco – no ponto $(0, 3 - \frac{1}{2}) = (0, \frac{5}{2})$ e a reta diretriz é $Y' = 3 + \frac{1}{2} = \frac{7}{2}$.

2. Classificação com mudança de coordenadas.
No primeiro passo, encontramos o ângulo de rotação φ com o objetivo de eliminar o termo xy. Resolvendo a equação

$$\cot 2\varphi = \frac{a - c}{b} = \frac{7}{24}\,,$$

encontramos o valor aproximado do ângulo $\varphi \approx 0,6435rad \approx 36,87^0$. Para encontrar as fórmulas para coordenadas de rotação, podemos usar as fórmulas trigonométricas para o ângulo $\varphi \in (0, \frac{\pi}{2})$ (veja (5.26) e (5.27)):

$$\cos 2\varphi = \frac{\cot 2\varphi}{\sqrt{1 + \cot^2 2\varphi}} = \frac{\frac{7}{24}}{\sqrt{1 + \frac{49}{576}}} = \frac{7}{25}$$

e, consequentemente,

$$\cos^2\varphi = \frac{1+\cos 2\varphi}{2} = \frac{1+\frac{7}{25}}{2} = \frac{16}{25}, \quad \sin^2\varphi = \frac{1-\cos 2\varphi}{2} = \frac{1-\frac{7}{25}}{2} = \frac{9}{25}.$$

Então,

$$\cos\varphi = \frac{4}{5}, \quad \sin\varphi = \frac{3}{5}$$

e as fórmulas de rotação (5.22) assumem a forma

$$x = x'\cos\varphi - y'\sin\varphi = \frac{1}{5}(4x' - 3y'), \quad y = x'\sin\varphi + y'\cos\varphi = \frac{1}{5}(3x' + 4y'). \tag{5.53}$$

Os coeficientes da equação em coordenadas x', y' podemos encontrar usando fórmulas (2.4) (seção 5.2):

$$A = a\cos^2\varphi + b\cos\varphi\sin\varphi + c\sin^2\varphi = 16\cdot\frac{16}{25} + 24\cdot\frac{12}{25} + 9\cdot\frac{9}{25} = 25,$$

$$C = a\sin^2\varphi - b\cos\varphi\sin\varphi + c\cos^2\varphi = 16\cdot\frac{9}{25} - 24\cdot\frac{12}{25} + 9\cdot\frac{16}{25} = 0,$$

$$D = d\cos\varphi + e\sin\varphi = -110\cdot\frac{4}{5} - 20\cdot\frac{3}{5} = -100,$$

$$E = -d\sin\varphi + e\cos\varphi = 110\cdot\frac{3}{5} - 20\cdot\frac{4}{5} = 50.$$

(Os mesmos coeficientes podem ser encontrados substituindo (5.53) em (5.52).) Isso leva à seguinte equação em coordenadas rotacionadas:

$$25x'^2 - 100x' + 50y' - 50 = 0.$$

Reescrevendo essa equação na forma

$$25(x' - 2)^2 + 50(y' - 3) = 0$$

e efetuando a translação paralela

$$X = x' - 2, \quad Y = y' - 3,$$

chegamos a

$$25X^2 + 50Y = 0$$

ou

$$Y = -\frac{X^2}{2},$$

isto é, obtemos a forma canônica de uma parábola. Notamos que a relação entre as coordenadas X, Y e as usadas no primeiro algoritmo X', Y' é dada pela fórmula $X = X', Y = Y' - 3$.

Em coordenadas X, Y, o vértice da parábola está localizado em $(0, 0)$, o foco em $(0, -\frac{1}{2})$ e a reta diretriz é dada por $Y = \frac{1}{2}$. Para retornar às coordenadas originais x, y, juntamos as fórmulas de rotação e translação especificadas acima:

$$x = \frac{1}{5}(4(X + 2) - 3(Y + 3)) = \frac{1}{5}(4X - 3Y - 1),$$

$$y = \frac{1}{5}(3(X + 2) + 4(Y + 3)) = \frac{1}{5}(3X + 4Y + 18).$$

Então, o vértice da parábola em coordenadas x e y fica no ponto $(-\frac{1}{5}, \frac{18}{5})$, o foco – em $(\frac{1}{10}, \frac{16}{5})$ e a reta diretriz se define como $-6x+8y = 35$. Veja essa parábola na Fig.5.5.

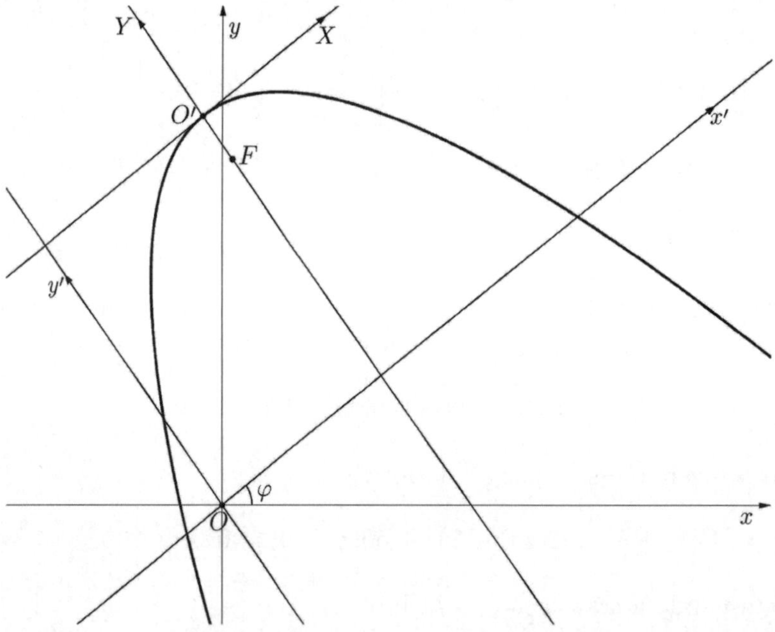

Figura 5.5 A parábola da equação (5.52) e as transformações de coordenadas

Exemplo 6. Resolvemos o problema da classificação da equação

$$4x^2 - 12xy + 9y^2 - 2x + 3y - 2 = 0 \tag{5.54}$$

usando os métodos sem e com mudança de coordenadas.

Solução.

1. Classificação sem mudança de coordenadas.
O cálculo do discriminante $\Delta = ac - \frac{b^2}{4} = 4 \cdot 9 - \frac{144}{4} = 0$ mostra que a equação é parabólica. A condição $b(a + c) = (-12) \cdot (4 + 9) < 0$ indica que $A = 0$ e $C = a + c = 13$. Para uma equação parabólica com $A = 0$, os dois coeficientes restantes da forma canônica analítica (5.16) se encontram pelas fórmulas (5.18) e (5.19):

$$D = \frac{-2dc/b + e}{\sqrt{1 + 4c^2/b^2}} = \frac{4 \cdot 9/(-12) + 3}{\sqrt{1 + 4 \cdot 81/144}} = 0\,,$$

$$F = f - \frac{1}{4(a+c)} \frac{(2ce + bd)^2}{b^2 + 4c^2}$$

$$= -2 - \frac{1}{4(4+9)} \frac{(2 \cdot 9 \cdot 3 + (-12) \cdot (-2))^2}{(-12)^2 + 4 \cdot 9^2} = -\frac{9}{4}\,.$$

Como $D = 0$ e $CF = -\frac{13 \cdot 9}{4} < 0$, então temos a equação de duas retas paralelas

$$CY^2 + F = 13Y^2 - \frac{9}{4} = 0$$

ou

$$Y = \pm \frac{3}{2\sqrt{13}}\,.$$

2. Classificação com mudança de coordenadas.
Primeiro, encontramos o ângulo de rotação φ, resolvendo a equação

$$\cot 2\varphi = \frac{a - c}{b} = \frac{5}{12}\,.$$

O valor aproximado do ângulo é $\varphi \approx 0,5880 rad \approx 33,69^0$. Para encontrar as fórmulas de rotação, em vez de usar o ângulo aproximado, podemos empregar fórmulas trigonométricas (5.26) e (5.27) para o ângulo $\varphi \in (0, \frac{\pi}{2})$:

$$\cos 2\varphi = \frac{\cot 2\varphi}{\sqrt{1 + \cot^2 2\varphi}} = \frac{\frac{5}{12}}{\sqrt{1 + \frac{25}{144}}} = \frac{5}{13}$$

e

$$\cos^2 \varphi = \frac{1 + \cos 2\varphi}{2} = \frac{1 + \frac{5}{13}}{2} = \frac{9}{13}\,,\ \sin^2 \varphi = \frac{1 - \cos 2\varphi}{2} = \frac{1 - \frac{5}{13}}{2} = \frac{4}{13}\,.$$

Então,

$$\cos\varphi = \frac{3}{\sqrt{13}}\,,\ \sin\varphi = \frac{2}{\sqrt{13}}$$

e as fórmulas de rotação são

$$\begin{aligned} x &= x'\cos\varphi - y'\sin\varphi = \frac{1}{\sqrt{13}}(3x' - 2y')\,,\\ y &= x'\sin\varphi + y'\cos\varphi = \frac{1}{\sqrt{13}}(2x' + 3y')\,. \end{aligned} \tag{5.55}$$

Os coeficientes da equação em coordenadas x', y' podemos encontrar usando fórmulas (2.4) da seção 5.2:

$$A = a\cos^2\varphi + b\cos\varphi\sin\varphi + c\sin^2\varphi = 4\cdot\frac{9}{13} - 12\cdot\frac{6}{13} + 9\cdot\frac{4}{13} = 0\,,$$

$$C = a\sin^2\varphi - b\cos\varphi\sin\varphi + c\cos^2\varphi = 4\cdot\frac{4}{13} + 12\cdot\frac{6}{13} + 9\cdot\frac{9}{13} = 13\,,$$

$$D = d\cos\varphi + e\sin\varphi = -2\cdot\frac{3}{\sqrt{13}} + 3\cdot\frac{2}{\sqrt{13}} = 0\,,$$

$$E = -d\sin\varphi + e\cos\varphi = 2\cdot\frac{2}{\sqrt{13}} + 3\cdot\frac{3}{\sqrt{13}} = \sqrt{13}\,,\ F = f = -2\,.$$

Isso leva à seguinte equação:

$$13y'^2 + \sqrt{13}y' - 2 = 0\,.$$

Notamos que a mesma pode ser obtida substituindo as fórmulas (5.55) na equação original. Já está claro que a equação representa duas retas paralelas. Para chegar à forma obtida no algoritmo sem mudança de coordenadas, efetuamos, adicionalmente, a translação

$$X = x'\,,\ Y = y' + \frac{1}{2\sqrt{13}}$$

que leva à equação

$$13Y^2 - \frac{9}{4} = 0$$

de duas retas paralelas

$$Y = \pm\frac{3}{2\sqrt{13}}$$

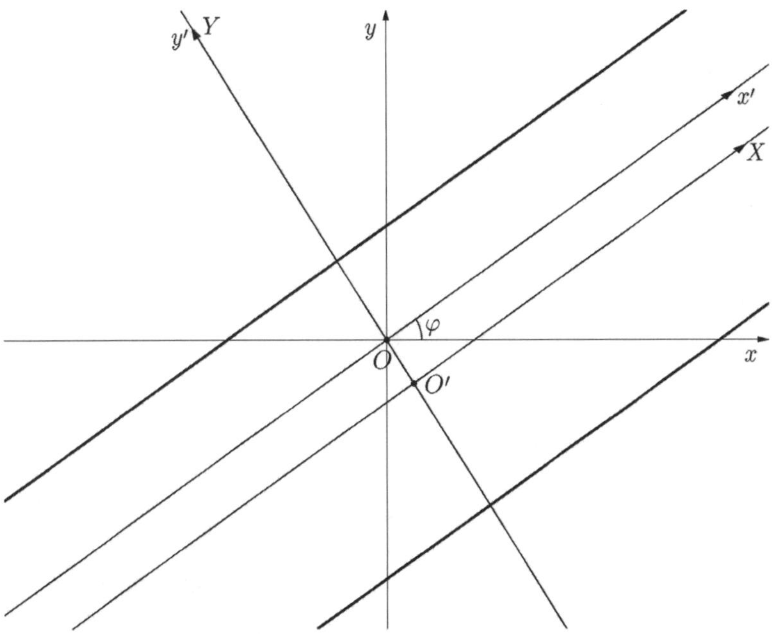

Figura 5.6 Duas retas paralelas de (5.54) e as transformações de coordenadas

encontradas no primeiro método. Em coordenadas originais, essa equação de duas retas paralelas se escreve na forma

$$-2x + 3y = -\frac{1}{2} \pm \frac{3}{2}\,.$$

A localização dessas retas pode ser vista na Fig.5.6.

Exemplo 7. Resolvemos o problema da classificação da equação

$$8x^2 + 4xy + 5y^2 - 64x - 52y + 200 = 0 \tag{5.56}$$

usando os métodos sem e com mudança de coordenadas.

Solução.

1. Classificação sem mudança de coordenadas.
O discriminante $\Delta = ac - \frac{b^2}{4} = 8 \cdot 5 - \frac{4^2}{4} = 36$ é positivo e, portanto, temos uma equação elíptica. Avaliando a constante F, temos

$$F = f - \frac{1}{4\Delta}(ae^2 + cd^2 - bde) = 200 - \frac{1}{4 \cdot 36}(8 \cdot (-52)^2 + 5 \cdot (-64)^2$$

$$-4 \cdot (-64) \cdot (-52)) = 200 - \frac{8 \cdot 16}{4 \cdot 36}(13^2 + 5 \cdot 32 - 8 \cdot 13) = 200 - \frac{8}{9} \cdot 225 = 0\,,$$

o que já diz que a equação representa só um ponto.
Para especificar a forma canônica, encontramos coeficientes A e C. Resolvendo a equação característica

$$\lambda^2 - (a+c)\lambda + \Delta = \lambda^2 - 13\lambda + 36 = 0\,,$$

cujas raízes são $\lambda_1 = 9$ e $\lambda_2 = 4$, escolhemos $A = \lambda_1 = 9$ e $C = \lambda_2 = 4$, de acordo com o sinal positivo de b. Assim, obtemos a seguinte forma canônica analítica:

$$9X^2 + 4Y^2 = 0\,.$$

2. Classificação com mudança de coordenadas – algoritmo 1.
Resolvendo a equação

$$\cot 2\varphi = \frac{a-c}{b} = \frac{3}{4}\,,$$

achamos o ângulo de rotação $\varphi \approx 0,4636rad \approx 26,57^0$. Para não usar o próprio φ, empregamos as fórmulas trigonométricas (5.26) e (5.27):

$$\cos 2\varphi = \frac{\cot 2\varphi}{\sqrt{1+\cot^2 2\varphi}} = \frac{\frac{3}{4}}{\sqrt{1+\frac{9}{16}}} = \frac{3}{5}\,,$$

$$\cos^2\varphi = \frac{1+\cos 2\varphi}{2} = \frac{1+\frac{3}{5}}{2} = \frac{4}{5}\,,\ \sin^2\varphi = \frac{1-\cos 2\varphi}{2} = \frac{1-\frac{3}{5}}{2} = \frac{1}{5}$$

e, consequentemente,

$$\cos\varphi = \frac{2}{\sqrt{5}}\,,\ \sin\varphi = \frac{1}{\sqrt{5}}\,.$$

Substituindo as fórmulas da rotação

$$\begin{aligned} x &= x'\cos\varphi - y'\sin\varphi = \frac{1}{\sqrt{5}}(2x'-y')\,,\\ y &= x'\sin\varphi + y'\cos\varphi = \frac{1}{\sqrt{5}}(x'+2y') \end{aligned} \tag{5.57}$$

na equação original, obtemos

$$\frac{8}{5}(2x'-y')^2 + \frac{4}{5}(2x'-y')(x'+2y') + \frac{5}{5}(x'+2y')^2 - \frac{64}{\sqrt{5}}(2x'-y')$$

$$-\frac{52}{\sqrt{5}}(x'+2y') + 200 = 9x'^2 + 4y'^2 - 36\sqrt{5}x' - 8\sqrt{5}y' + 200 = 0\,.$$

De modo alternativo, a mesma equação pode ser encontrada calculando seus coeficientes pelas fórmulas (2.4) da seção 5.2. Para eliminar os termos lineares, formamos junto com eles os quadrados completos

$$9(x' - 2\sqrt{5})^2 + 4(y' - \sqrt{5})^2 = 0$$

e efetuamos a translação paralela

$$X = x' - 2\sqrt{5}\,,\; Y = y' - \sqrt{5}\,,$$

o que leva à equação na forma canônica

$$9X^2 + 4Y^2 = 0\,. \tag{5.58}$$

Certificamos, de novo, que a única solução dessa equação é o ponto $P = (0,0)_{XY}$. As coordenadas originais desse ponto são $P = (3,4)$.

3. Classificação com mudança de coordenadas – algoritmo 2.
Neste algoritmo, primeiro verificamos o tipo da equação (5.56), calculando seu discriminante: $\Delta = ac - \frac{b^2}{4} = 40 - \frac{16}{4} = 36 > 0$. Como a equação é elíptica (e então ela é central), existe uma única translação paralela

$$x = x' + x_0\,, y = y' + y_0$$

tal que os termos lineares são eliminados da equação. Os números x_0, y_0 são encontrados pela resolução do sistema

$$2ax_0 + by_0 = -d\,,\; 2cy_0 + bx_0 = -e$$

ou seja, no caso da equação dada,

$$16x_0 + 4y_0 = 64\,,\; 4x_0 + 10y_0 = 52\,.$$

Encontrando a solução $x_0 = 3, y_0 = 4$ desse sistema e substituindo a translação especificada na equação original, obtemos

$$8(x'+3)^2 + 4(x'+3)(y'+4) + 5(y'+4)^2 - 64(x'+3) - 52(y'+4) + 200$$
$$= 8x'^2 + 4x'y' + 5y'^2 = 0\,. \tag{5.59}$$

Como essa equação não tem termos lineares, a rotação do sistema de coordenadas implica no recálculo somente de coeficientes de termos quadrados. Tanto o ângulo de rotação que elimina o termo misto, como os coeficientes correspondentes A e C dependem somente dos coeficientes com termos quadrados, os quais são os mesmos na equação original e na última. Portanto, usando as fórmulas de rotação (5.57) e os coeficientes $A = 9$ e $C = 4$, já calculados no método anterior, transformamos (5.59) à mesma equação (5.58).

Exercícios

Classificar usando todos os métodos aplicáveis à equação:
1) $3x^2 + 10xy + 3y^2 - 2x - 14y - 1 = 0$;
2) $25x^2 - 14xy + 25y^2 + 64x - 64y - 224 = 0$;
3) $4xy + 3y^2 + 16x + 12y - 36 = 0$;
4) $7x^2 + 6xy - y^2 + 28x + 12y + 28 = 0$;
5) $19x^2 + 6xy + 11y^2 + 38x + 6y + 29 = 0$;
6) $5x^2 - 2xy + 5y^2 - 4x + 20y + 20 = 0$;
7) $14x^2 + 24xy + 21y^2 - 4x + 18y - 139 = 0$;
8) $11x^2 - 20xy - 4y^2 - 20x - 8y + 1 = 0$;
9) $7x^2 + 60xy + 32y^2 - 14x - 60y + 7 = 0$;
10) $50x^2 - 8xy + 35y^2 + 100x - 8y + 67 = 0$;
11) $41x^2 + 24xy + 34y^2 + 34x - 112y + 129 = 0$;
12) $29x^2 - 24xy + 36y^2 + 82x - 96y - 91 = 0$;
13) $4x^2 + 24xy + 11y^2 + 64x + 42y + 51 = 0$;
14) $41x^2 + 24xy + 9y^2 + 24x + 18y - 36 = 0$;
15) $2xy - 2x + 4y + 12 = 0$;
16) $9x^2 + 12xy + 4y^2 - 24x - 16y + 3 = 0$;
17) $16x^2 - 24xy + 9y^2 - 160x + 120y + 425 = 0$;
18) $9x^2 + 24xy + 16y^2 - 18x + 226y + 209 = 0$;
19) $x^2 - 2xy + y^2 - 12x + 12y - 14 = 0$;
20) $4x^2 + 12xy + 9y^2 - 4x - 6y + 1 = 0$.

Seção 5.6 Invariantes de transformações de coordenadas

1 Invariantes de rotação e translação

A forma geométrica de curvas não depende da escolha de coordenadas cartesianas específicas, pois as últimas só determinam a localização da curva dada em relação ao sistema de coordenadas. Portanto, é natural esperar que as características de equações quadráticas

$$ax^2 + bxy + cy^2 + dx + ey + f = 0\,, \tag{6.1}$$

que determinam o tipo das curvas, também não dependam da escolha de coordenadas. (Ou, olhando na implicação oposta: se há combinações de coeficientes de equações quadráticas, que não mudam sua forma com a mudança de coordenadas cartesianas, então elas devem ser intimamente ligadas à classificação das equações.) Uma dessas características é o discriminante $\Delta = ac - \frac{b^2}{4}$ que determina se a equação quadrática é elíptica, hiperbólica ou parabólica. Outra, é a soma $a + c$, chamada de traço, que pode ser usada no lugar de coeficiente A ou $A+C$ para distinguir o caso da própria elipse dos dois casos elípticos singulares (um ponto e inexistência de soluções).

De fato, nos itens de rotação e translação já foi mostrado que a equação (6.1) tem duas *grandezas invariantes* $I_1 = a + c$ e $I_2 \equiv \Delta = ac - \frac{b^2}{4}$. Isso quer dizer que, quaisquer que sejam as novas coordenadas X, Y, obtidas de x, y via rotação e translação, a equação (6.1) em novas coordenadas

$$AX^2 + BXY + CY^2 + DX + EY + F = 0\,, \tag{6.2}$$

vai manter a mesma forma dos dois *invariantes*:

$$I_1 = A + C = a + c\,,\ I_2 = AC - \frac{B^2}{4} = ac - \frac{b^2}{4}\,. \tag{6.3}$$

Obviamente, operações aritméticas com I_1 e I_2 (soma, produto, etc.) também representam invariantes das mesmas transformações.

Mostremos agora que existe mais um invariante independente envolvendo os demais coeficientes da equação (6.1). Primeiro notemos que, na seção 5.5, foi visto que a grandeza $F = f + \frac{1}{4\Delta}\left(bde - ae^2 - cd^2\right)$ determina o subtipo das curvas nos casos elíptico e hiperbólico – ela separa situações de próprias elipse e hipérbole dos casos singulares de retas, pontos e soluções inexistentes. Pode-se, então, conjecturar que essa grandeza também é um invariante de rotação e translação. E de fato ela é, mas, por conveniência e seguindo a tradição, vamos considerar, em vez de F, a grandeza $I_3 = \Delta F$. Mostremos agora que I_3 é mais um invariante envolvendo todos os coeficientes da equação (6.1), isto é:

$$I_3 = \left(ac - \frac{b^2}{4}\right) f + \frac{1}{4}\left(bde - ae^2 - cd^2\right) = \left(AC - \frac{B^2}{4}\right) F + \frac{1}{4}\left(BDE - AE^2 - CD^2\right). \tag{6.4}$$

Consideremos primeiro uma rotação. Notemos que I_3 pode ser reescrito em coordenadas rotacionadas X, Y na forma

$$I_3 = I_2 F + \frac{1}{4}\left(BDE - AE^2 - CD^2\right). \tag{6.5}$$

Como I_2 é um invariante de rotação e translação e $F = f$ numa rotação, então o primeiro termo mantém a sua forma sob qualquer rotação. Para expressar o segundo termo de (6.5) em coeficientes originais, utilizaremos as fórmulas (2.4) da seção 5.2:

$$A = a\cos^2\varphi + b\cos\varphi\sin\varphi + c\sin^2\varphi\,,\ C = a\sin^2\varphi - b\cos\varphi\sin\varphi + c\cos^2\varphi\,,$$

$$B = 2(c-a)\cos\varphi\sin\varphi + b(\cos^2\varphi - \sin^2\varphi)\,,$$

$$D = d\cos\varphi + e\sin\varphi\,,\ E = -d\sin\varphi + e\cos\varphi\,.$$

A expressão BDE, então, é representada como

$$\begin{aligned} BDE &= ((c-a)\sin 2\varphi + b\cos 2\varphi)(d\cos\varphi + e\sin\varphi)(-d\sin\varphi + e\cos\varphi) \\ &= \frac{c-a}{2}(e^2-d^2)\sin^2 2\varphi + (c-a)de\sin 2\varphi\cos 2\varphi \\ &\quad + \frac{b}{2}(e^2-d^2)\sin 2\varphi\cos 2\varphi + bde\cos^2 2\varphi \end{aligned}$$

e para $AE^2 + CD^2$ temos

$$AE^2+CD^2=(a\cos^2\varphi+\frac{b}{2}\sin 2\varphi+c\sin^2\varphi)(d^2\sin^2\varphi-de\sin 2\varphi+e^2\cos^2\varphi)$$

$$+(a\sin^2\varphi - \frac{b}{2}\sin 2\varphi + c\cos^2\varphi)(d^2\cos^2\varphi + de\sin 2\varphi + e^2\sin^2\varphi)$$

$$= \frac{a}{2}d^2\sin^2 2\varphi + ae^2(1-\frac{1}{2}\sin^2 2\varphi) - ade\cos 2\varphi\sin 2\varphi + \frac{c}{2}e^2\sin^2 2\varphi$$

$$+cd^2(1-\frac{1}{2}\sin^2 2\varphi) + cde\cos 2\varphi\sin 2\varphi - \frac{b}{2}d^2\sin 2\varphi\cos 2\varphi + \frac{b}{2}e^2\sin 2\varphi\cos 2\varphi$$

$$-bde\sin^2 2\varphi = \frac{c-a}{2}(e^2-d^2)\sin^2 2\varphi + (c-a)de\sin 2\varphi\cos 2\varphi$$

$$+\frac{b}{2}(e^2-d^2)\sin 2\varphi\cos 2\varphi - bde\sin^2 2\varphi + ae^2 + cd^2\,.$$

Juntando os dois cálculos, temos

$$BDE - (AE^2 + CD^2) = bde - (ae^2 + cd^2)\,,$$

de onde segue a validade da fórmula (6.4).

Consideremos agora a translação geral

$$x = X + x_0\,,\ y = Y + y_0$$

com relações entre coeficientes (veja as fórmulas (3.9) da seção 5.3)

$$A = a\,,\ B = b\,,\ C = c\,,\ D = 2ax_0 + by_0 + d\,,$$

$$E = 2cy_0 + bx_0 + e\,,\ F = ax_0^2 + bx_0y_0 + cy_0^2 + dx_0 + ey_0 + f\,.$$

Então,

$$\left(AC - \frac{B^2}{4}\right)F = \left(ac - \frac{b^2}{4}\right)f + !\left(ac - \frac{b^2}{4}\right)(ax_0^2 + bx_0y_0 + cy_0^2 + dx_0 + ey_0)$$

e

$$BDE - AE^2 - CD^2 = b(2ax_0 + by_0 + d)(2cy_0 + bx_0 + e) - a(2cy_0 + bx_0 + e)^2$$

$$-c(2ax_0 + by_0 + d)^2 = x_0^2a(b^2 - 4ac) + y_0^2c(b^2 - 4ac) + x_0y_0b(b^2 - 4ac)$$

$$+x_0d(b^2 - 4ac) + y_0e(b^2 - 4ac) + bde - ae^2 - cd^2\,.$$

Multiplicando o último resultado por $\frac{1}{4}$ e somando com o primeiro, obtemos

$$I_3 = \left(AC - \frac{B^2}{4}\right)F + \frac{1}{4}(BDE - AE^2 - CD^2) = \left(ac - \frac{b^2}{4}\right)f + \frac{1}{4}(bde - ae^2 - cd^2)\,,$$

isto é, a fórmula (6.4) é válida.

2 Classificação com invariantes

A classificação (incluindo subclassificação) pode ser reformulada em termos de invariantes. Os resultados a seguir são as consequências diretas da definição de invariantes e da classificação dada na seção 5.5.

1. Se $I_2 > 0$, então a equação (6.1) é elíptica com seguintes subcasos:
1) se $I_1 I_3 < 0$, então (6.1) representa uma elipse;
2) se $I_1 I_3 = 0$, então há somente um ponto cujas coordenadas satisfazem (6.1);
3) se $I_1 I_3 > 0$, então (6.1) não tem soluções.

2. Se $I_2 < 0$, então (6.1) é do tipo hiperbólico com dois subcasos:
1) se $I_3 \neq 0$, então temos uma hipérbole;
2) se $I_3 = 0$, então temos duas retas concorrentes.

3. O caso de $I_2 = 0$ corresponde à equação parabólica que se divide em dois subcasos principais:
1) se $I_3 \neq 0$, então temos a própria parábola;

2) se $I_3 = 0$, então temos a situação singular, incluindo duas retas paralelas, uma reta ou o subcaso quando não há soluções.

Para completar a classificação do caso singular parabólico, é necessário introduzir mais um parâmetro (apenas três invariantes não são suficientes). Isso pode ser feito do modo apresentado na seção 5.5. Quando $C = 0$, a equação original se reduz à forma canônica (5.11)

$$AX^2 + EY + F = 0 \tag{6.6}$$

com seguintes subcasos singulares:
2a) se $E = 0$ e $AF < 0$, então a equação representa duas retas paralelas ao eixo OY;
2b) se $E = 0$ e $AF = 0$, então temos uma reta – o eixo OY;
2c) se $E = 0$ e $AF > 0$, então a equação não tem soluções.
(Veja a equação (5.11) e pontos 2)-4) da sua subclassificação representados na seção 5.5.)

O caso $A = 0$ se descreve de modo análogo, especificado a seguir. A equação canônica assume então a forma (5.16)

$$CY^2 + DX + F = 0 \tag{6.7}$$

e os subcasos singulares são os seguintes:
2a) se $D = 0$ e $CF < 0$, então a equação representa duas retas paralelas ao eixo OX;
2b) se $D = 0$ e $CF = 0$, então temos uma reta – o eixo OX;
2c) se $D = 0$ e $CF > 0$, então a equação não tem soluções.
(Veja a equação (5.16) e pontos 2)-4) da sua subclassificação representados na seção 5.5.)

Notemos que ambas as condições – $E = 0$ quando $C = 0$ e $D = 0$ quando $A = 0$ – podem ser substituídas pela condição com o invariante – $I_3 = 0$. Realmente, para (6.6) I_3 se reduz à expressão $I_3 = -\frac{AE^2}{4}$ e a condição $E = 0$ equivale a $I_3 = 0$ (uma vez que $A \neq 0$). Analogamente, para (6.7) I_3 tem a forma $I_3 = -\frac{CD^2}{4}$ e a condição $D = 0$ equivale a $I_3 = 0$ (por causa que $C \neq 0$). Assim, $I_3 = 0$ engloba ambos os casos.

As segundas condições – o sinal de AF no caso $C = 0$ e sinal de CF no caso $A = 0$ – também podem ser substituídas por uma única condição universal. Primeiro, observamos que nos coeficientes de (6.6) e (6.7) as duas condições podem ser substituídas por uma condição – o sinal de $(A + C)F$. Notamos, também, que essa grandeza é invariante sob a rotação. Infelizmente, ela (mais precisamente, o seu segundo fator) não é invariante sob a translação. No entanto, no caso parabólico em consideração, há uma maneira de modificar a grandeza acima para manter a sua forma. Para isso, notamos que há mais um invariante de rotação $D^2 + E^2$ que não é conservado sob translação. Juntando duas expressões na forma $J_1 = (a+c)f - \frac{1}{4}(d^2+e^2)$, encontramos uma grandeza invariante sob rotação e que mantém sua forma sob translações específicas, aplicadas para eliminar o termo linear no caso parabólico. Embora J_1 não seja um invariante sob uma translação geral, as suas propriedades são suficientes para usarmos na subclassificação parabólica.

Realmente, a aplicação de rotação para transformar (6.1) na forma simplificada parabólica (veja (5.10) da seção 5.5 com coeficiente nulo de y'^2)

$$A'x'^2 + D'x' + E'y' + f = 0$$

não muda a forma de J_1, ou seja, $J_1 = (a+c)f - \frac{1}{4}(d^2+e^2) = A'f - \frac{1}{4}(D'^2 + E'^2)$. A posterior translação, que leva a (6.6), modifica os coeficientes da seguinte maneira:

$$A = A' \,,\ D = 0 \,,\ E = E' \,,\ F = f - \frac{D'^2}{4A'} \,.$$

Então, temos

$$J_1 = A'f - \frac{1}{4}(D'^2 + E'^2) = A'(f - \frac{D'^2}{4A'}) - \frac{E'^2}{4} = AF - \frac{E^2}{4} = AF - \frac{1}{4}(D^2 + E^2) \,,$$

o que mostra a conservação da forma de J_1 sob a translação específica.

Da mesma maneira, se (6.1) é reduzida via rotação à forma

$$C'y'^2 + D'x' + E'y' + f = 0$$

(com coeficiente nulo de x'^2) e se aplica a translação para eliminar o termo linear y', então a relação específica entre coeficientes

$$C = C' \,,\ D = D' \,,\ E = 0 \,,\ F = f - \frac{E'^2}{4C'}$$

de novo garante a conservação da forma de J_1:

$$J_1 = C'f - \frac{1}{4}(D'^2 + E'^2) = C'(f - \frac{E'^2}{4C'}) - \frac{D'^2}{4} = CF - \frac{D^2}{4} = CF - \frac{1}{4}(D^2 + E^2) \,.$$

Assim, nos casos parabólicos singulares, J_1 tem comportamento de uma grandeza invariante:

$$J_1 = (a+c)f - \frac{1}{4}(d^2 + e^2) = (A + C)F - \frac{1}{4}(D^2 + E^2) \,.$$

Portanto, em termos de I_3 e J_1, as condições de subclassificações 2a)-2c) acima, em qualquer um dos casos $C = 0$ ou $A = 0$, podem ser substituídas pelas seguintes:
2a) se $I_3 = 0$ e $J_1 < 0$, então a equação representa duas retas paralelas;
2b) se $I_3 = 0$ e $J_1 = 0$, então temos uma só reta;
2c) se $I_3 = 0$ e $J_1 > 0$, então não há soluções.

Observação. Os leitores familiarizados com matrizes podem reconhecer que

$$I_1 = a + c\,, \ I_2 \equiv \Delta = ac - \frac{b^2}{4}$$

representam, respectivamente, o traço e o determinante da matriz

$$M = \begin{pmatrix} a & \frac{b}{2} \\ \frac{b}{2} & c \end{pmatrix}$$

da forma quadrática $ax^2 + bxy + cy^2$, enquanto

$$I_3 = \left(ac - \frac{b^2}{4}\right) f + \frac{1}{4}\left(bde - ae^2 - cd^2\right)$$

representa o determinante da matriz

$$\begin{pmatrix} a & \frac{b}{2} & \frac{d}{2} \\ \frac{b}{2} & c & \frac{e}{2} \\ \frac{d}{2} & \frac{e}{2} & f \end{pmatrix}$$

da parte esquerda da equação (6.1). Neste contexto, a invariância de I_1 e I_2 sob rotação representa o caso particular do teorema sobre invariantes de uma matriz sob a transformação de similaridade que expressa na forma matricial a modificação de uma matriz com a mudança de coordenadas. A especificidade do resultado é relacionada à ordem da matriz (dois no nosso caso), que implica nos dois invariantes – o traço e o determinante, e também a mudança especial de coordenadas – de cartesianas para outras cartesianas. Notemos que a invariância de I_3 sob a rotação é um resultado do gênero diferente, não ligado com uma transformação de similaridade, assim como a invariância de I_1, I_2 e I_3 sob translação, que envolve transformações não lineares, chamadas afins.

Mais uma relação com a teoria de matrizes segue do sistema

$$A + C = a + c = I_1\,, \ AC = ac - \frac{b^2}{4} = I_2$$

para encontro de coeficientes A e C na rotação que elimina o termo misto (sistema (2.10) da seção 5.2). O sistema se reduz à equação quadrática $A^2 - I_1 A + I_2 = 0$ (ou a mesma para C) que é a equação característica para a matriz $M = \begin{pmatrix} a & \frac{b}{2} \\ \frac{b}{2} & c \end{pmatrix}$, ou seja, a equação $det \begin{pmatrix} a-\lambda & \frac{b}{2} \\ \frac{b}{2} & c-\lambda \end{pmatrix} = 0$ para autovalores λ da matriz M. Como M é simétrica, então seus autovalores, garantidamente, são reais, o que foi demonstrado na seção 5.2 resolvendo explicitamente a equação para A.

Para concluir a exposição teórica dessa seção, apresentamos os resultados resumidos da classificação via invariantes na tabela a seguir.

Tabela. Classificação de equações quadráticas na forma original via invariantes

Forma geral da equação original: $ax^2 + bxy + cy^2 + dx + ey + f = 0$.

Invariantes da equação original sob rotação e translação:
$I_1 = a + c$, $I_2 \equiv \Delta = ac - \frac{b^2}{4}$, $I_3 = \left(ac - \frac{b^2}{4}\right) f + \frac{1}{4}\left(bde - ae^2 - cd^2\right)$.

Invariante da equação original parabólica sob a rotação e translação:
$J_1 = (a + c)f - \frac{1}{4}(d^2 + e^2)$.

Parâmetros da forma canônica geométrica: $p \neq 0$, $q \neq 0$.

tipo da equação	condição	subtipo; condição	forma canônica geométrica
1. elíptica	$I_2 > 0$	1.1) elipse; $I_1 I_3 < 0$	$\frac{X^2}{p^2} + \frac{Y^2}{q^2} = 1$
		1.2) um ponto; $I_1 I_3 = 0$	$\frac{X^2}{p^2} + \frac{Y^2}{q^2} = 0 \leftrightarrow X = Y = 0$
		1.3) sem soluções ; $I_1 I_3 > 0$	$\frac{X^2}{p^2} + \frac{Y^2}{q^2} = -1$
2. hiperbólica	$I_2 < 0$	2.1) hipérbole; $I_3 \neq 0$	$\frac{X^2}{p^2} - \frac{Y^2}{q^2} = 1$ ou $-\frac{X^2}{p^2} + \frac{Y^2}{q^2} = 1$
		2.2) duas retas interceptas; $I_3 = 0$	$\frac{X^2}{p^2} - \frac{Y^2}{q^2} = 0 \leftrightarrow Y = \pm\frac{q}{p} X$
3. parabólica	$I_2 = 0$	3.1) parábola; $I_3 \neq 0$	$Y = \frac{X^2}{4p}$ ou $X = \frac{Y^2}{4q}$
		3.2) duas retas paralelas; $I_3 = 0, J_1 < 0$	$X = \pm p$ ou $Y = \pm q$
		3.3) uma reta; $I_3 = 0, J_1 = 0$	$X = 0$ ou $Y = 0$
		3.4) sem soluções; $I_3 = 0, J_1 > 0$	$X^2 + p^2 = 0$ ou $Y^2 + q^2 = 0$

Exercícios resolvidos

Resolveremos a seguir alguns exemplos de classificação usando o método de invariantes. Consideremos as mesmas equações já analisadas na seção 5.5.

1. Classificar a equação

$$13x^2 + 10xy + 13y^2 - 4x - 8y - 1 = 0\,,$$

usando o método de invariantes.

Solução.

Primeiro, para determinar o tipo geral da equação, calculamos o discriminante $I_2 \equiv \Delta = ac - \frac{b^2}{4} = 13 \cdot 13 - \frac{10^2}{4} = 144 > 0$. Como I_2 é positivo, a equação é do tipo elíptico. Em seguida, para especificar o subtipo, avaliamos o invariante I_3: $I_3 = \Delta \cdot f + \frac{1}{4}\left(bde - ae^2 - cd^2\right) = 144 \cdot (-1) + \frac{1}{4}\left(10 \cdot 4 \cdot 8 - 13 \cdot 8^2 - 13 \cdot 4^2\right) = -324$. Com isso, $I_1 I_3 = 26 \cdot (-324) < 0$, o que indica que temos a equação de uma elipse.

2. Identificar o tipo da equação

$$3x^2 + 10xy + 3y^2 - 2x - 14y - 13 = 0\,,$$

usando o método de invariantes.

Solução.

Para determinar o tipo geral da equação, encontramos o discriminante $I_2 \equiv \Delta = ac - \frac{b^2}{4} = 3 \cdot 3 - \frac{10^2}{4} = -16 < 0$. O sinal negativo de I_2 indica que a equação considerada é hiperbólica. Para saber qual dos dois casos hiperbólicos temos, calculamos o invariante I_3: $I_3 = \Delta \cdot f + \frac{1}{4}\left(bde - ae^2 - cd^2\right) = -16 \cdot (-13) + \frac{1}{4}\left(10 \cdot 2 \cdot 14 - 3 \cdot 14^2 - 3 \cdot 2^2\right) = 128$. Como $I_3 \neq 0$, então a equação representa uma hipérbole.

3. Identificar o tipo da equação

$$2x^2 - 4xy + 2y^2 + 3x - 5y + 1 = 0\,,$$

usando o método de invariantes.

Solução.

O tipo geral é definido pelo discriminante da equação: $I_2 \equiv \Delta = ac - \frac{b^2}{4} = 2 \cdot 2 - \frac{4^2}{4} = 0$. O discriminante nulo corresponde ao tipo parabólico. Para especificar o subtipo, avaliamos o invariante I_3: $I_3 = \Delta \cdot f + \frac{1}{4}\left(bde - ae^2 - cd^2\right) = 0 \cdot 1 + \frac{1}{4}\left(-4 \cdot 3 \cdot (-5) - 2 \cdot 5^2 - 2 \cdot 3^2\right) = -2$. Como $I_3 \neq 0$, então a equação representa uma parábola.

4. Classificar a equação

$$4xy + 3y^2 + 16x + 12y - 36 = 0\,.$$

Solução.
Começamos avaliando o seu discriminante: $I_2 \equiv \Delta = ac - \frac{b^2}{4} = 0 \cdot 3 - \frac{4^2}{4} = -4$. O sinal negativo do discriminante indica que temos a equação hiperbólica. Para encontrar o subtipo, calculamos I_3: $I_3 = \Delta \cdot f + \frac{1}{4}\left(bde - ae^2 - cd^2\right) = -4 \cdot (-36) + \frac{1}{4}\left(4 \cdot 16 \cdot 12 - 0 \cdot 12^2 - 3 \cdot 16^2\right) = 144$. Como $I_3 \neq 0$, então a equação representa uma hipérbole.

5. Classificar a equação

$$16x^2 + 24xy + 9y^2 - 110x - 20y - 50 = 0\,.$$

Solução.
Calculamos, primeiro, o seu discriminante: $I_2 \equiv \Delta = ac - \frac{b^2}{4} = 16 \cdot 9 - \frac{24^2}{4} = 0$. Esse resultado revela que temos a equação parabólica. A especificação do subtipo é efetuado via avaliação de I_3: $I_3 = \Delta \cdot f + \frac{1}{4}(bde - ae^2 - cd^2) = 0 \cdot (-50) + \frac{1}{4}(24 \cdot (-110) \cdot (-20) - 16 \cdot 20^2 - 9 \cdot 110^2) = -\frac{62500}{4} \neq 0$. Esse resultado indica que temos uma parábola.

6. Determinar o tipo da equação

$$4x^2 - 12xy + 9y^2 - 2x + 3y - 2 = 0\,.$$

Solução.
A equação é do tipo parabólico, porque o seu discriminante é nulo: $I_2 \equiv \Delta = ac - \frac{b^2}{4} = 4 \cdot 9 - \frac{12^2}{4} = 0$. Para determinar o subtipo, calculamos o próximo invariante I_3: $I_3 = \Delta \cdot f + \frac{1}{4}\left(bde - ae^2 - cd^2\right) = 0 \cdot (-2) + \frac{1}{4}\left(-12 \cdot (-2) \cdot 3 - 4 \cdot 3^2 - 9 \cdot 2^2\right) = 0$. Nesse caso, não temos uma parábola e sim um dos subtipos singulares. Para especificar esse subtipo ainda precisamos avaliar a grandeza J_1: $J_1 = (a+c)f - \frac{1}{4}(d^2 + e^2) = (4+9) \cdot (-2) - \frac{1}{4}(2^2 + 3^2) = -\frac{117}{4} < 0$. Como J_1 é negativo, temos a equação de duas retas paralelas.

7. Determinar o tipo da equação

$$8x^2 + 4xy + 5y^2 - 64x - 52y + 200 = 0\,.$$

Solução.
A equação tem discriminante positivo $I_2 \equiv \Delta = ac - \frac{b^2}{4} = 8 \cdot 5 - \frac{4^2}{4} = 36 > 0$ e, portanto, seu tipo é elíptico. Para especificar o subtipo, avaliamos o invariante I_3: $I_3 = \Delta \cdot f + \frac{1}{4}\left(bde - ae^2 - cd^2\right) = 36 \cdot 200 + \frac{1}{4}\left(4 \cdot (-64) \cdot (-52) - 8 \cdot 52^2 - 5 \cdot 64^2\right) = 0$. Nesse caso, a equação representa um único ponto.

Exercícios

Resolver o problema de classificação dos exercícios 1)-20) da seção 5.5 usando o método de invariantes:
1) $3x^2 + 10xy + 3y^2 - 2x - 14y - 1 = 0$;
2) $25x^2 - 14xy + 25y^2 + 64x - 64y - 224 = 0$;
3) $4xy + 3y^2 + 16x + 12y - 36 = 0$;
4) $7x^2 + 6xy - y^2 + 28x + 12y + 28 = 0$;
5) $19x^2 + 6xy + 11y^2 + 38x + 6y + 29 = 0$;
6) $5x^2 - 2xy + 5y^2 - 4x + 20y + 20 = 0$;
7) $14x^2 + 24xy + 21y^2 - 4x + 18y - 139 = 0$;
8) $11x^2 - 20xy - 4y^2 - 20x - 8y + 1 = 0$;
9) $7x^2 + 60xy + 32y^2 - 14x - 60y + 7 = 0$;
10) $50x^2 - 8xy + 35y^2 + 100x - 8y + 67 = 0$;
11) $41x^2 + 24xy + 34y^2 + 34x - 112y + 129 = 0$;
12) $29x^2 - 24xy + 36y^2 + 82x - 96y - 91 = 0$;
13) $4x^2 + 24xy + 11y^2 + 64x + 42y + 51 = 0$;
14) $41x^2 + 24xy + 9y^2 + 24x + 18y - 36 = 0$;
15) $2xy - 2x + 4y + 12 = 0$;
16) $9x^2 + 12xy + 4y^2 - 24x - 16y + 3 = 0$;
17) $16x^2 - 24xy + 9y^2 - 160x + 120y + 425 = 0$;
18) $9x^2 + 24xy + 16y^2 - 18x + 226y + 209 = 0$;
19) $x^2 - 2xy + y^2 - 12x + 12y - 14 = 0$;
20) $4x^2 + 12xy + 9y^2 - 4x - 6y + 1 = 0$.

Índice remissivo

GRÁFICA PAYM
Tel. [11] 4392-3344
paym@graficapaym.com.br